高层建筑施工

（第二版）

主　编　刘俊岩

副主编　张　铭　刘　燕

主　审　赵志缙　李继业

同济大学 出版社
TONGJI UNIVERSITY PRESS

内 容 提 要

本书主要介绍高层建筑施工的一般规律、工程问题及关键施工技术。书中内容除着重介绍国内外高层建筑施工中成熟的技术外,还力求反映近年来我国在高层建筑施工中的新技术和创新发展。为了更好地培养学生解决工程实践问题的能力,全书在介绍基本概念和基本理论的同时,还补充了重大工程施工实例的分析,以及对新规范的理解和应用等内容。

本书共分 5 章,内容包括绪论、高层建筑基坑工程施工、大体积混凝土施工、高层建筑结构施工以及高层建筑施工实例。

本书可以作为高等院校土木工程专业及相关专业的教材使用,也可供土建类专业的技术人员参考。

图书在版编目(CIP)数据

高层建筑施工 / 刘俊岩主编. —2 版. —上海：同济
大学出版社,2014.1(2021.8 重印)
 ISBN 978 - 7 - 5608 - 5399 - 4

 Ⅰ.①高… Ⅱ.①刘… Ⅲ.①高层建筑—工程施工—高
等学校—教材 Ⅳ.①TU974

中国版本图书馆 CIP 数据核字(2013)第 321629 号

高层建筑施工(第二版)

刘俊岩 主编 张 铭 刘 燕 副主编 赵志缙 李继业 主审
责任编辑 高晓辉 **责任校对** 徐春莲 **封面设计** 陈益平

出版发行 同济大学出版社 www.tongjipress.com.cn
　　　　(地址:上海市四平路 1239 号 邮编:200092 电话:021-65985622)
经　销 全国各地新华书店
印　刷 江苏句容排印厂
开　本 787 mm×1092 mm 1/16
印　张 20.25
印　数 8 301—9 400
字　数 505 000
版　次 2014 年 1 月第 2 版 2021 年 8 月第 4 次印刷
书　号 ISBN 978 - 7 - 5608 - 5399 - 4

定　价 58.00 元

前　　言

进入 21 世纪以来，我国高层、超高层建筑蓬勃发展，工程科研人员、技术人员攻坚克难，取得了一系列高层建筑施工技术和科技创新成果，使我国当代施工技术在许多方面赶上甚至超过了世界先进水平。建筑施工是一门实践性强、发展很快的学科，就工程建设和人才培养而言，需要不断地汲取新知识、新技术，总结经验，并在实践中进行创新，科技创新已成为我国当代施工技术发展、企业发展的最大动力。

近年来，我们依托工程技术研究中心等产、学、研平台，加强了与国内特大型施工企业的合作，以重大工程项目为对象，开展施工关键技术的研发，并不断总结创新成果和工程经验，锻炼师资队伍，取得了以工程建设国家标准为代表的一些工程应用科技成果。

为了更好地反映我国当代高层建筑施工技术，紧密结合工程实际，我们组成了由高校"双师型"教师、国内大型施工企业工程科技人员组成的编写小组，对本书进行了修订。本书的第一版由我国建筑施工界著名学者、同济大学赵志缙教授担任主编，在本书修订策划期间，赵老师提出由刘俊岩教授担任第二版主编，他担任主审，并对本次修订提出了诸多建设性意见，遗憾的是修订期间赵老师突发疾病不幸逝世。但本书仍倾注了赵老师的心血，他渊博的学识、严谨的作风、高贵的品格永远留在了我们的心中，在此向恩师赵志缙教授再次表示崇高的敬意。

本次修订补充了近年来高层建筑施工中成熟的技术，力求反映我国在高层建筑施工中的新技术和创新发展。为了更好地培养学生解决工程实践问题的能力和创新能力，进一步补充了重大工程施工实例分析，以及对新规范的理解和应用等内容。

本书第一版曾多次重印，得到了广大读者的欢迎，本次修订传承了第一版的特点和部分内容，在此对第一版作者表示感谢和致敬。本次修订特别邀请了上海建工集团的工程技术老专家和一线工程技术负责人参与了编写，整理分析了部分重大工程的施工方案，以突出施工教学的实践性。

本书的第 1 章由济南大学刘俊岩教授、上海建工四建集团邱锡宏教授级高工编写；第 2.1 节、2.2 节、2.5 节、4.1 节由刘俊岩教授编写；第 2.5 节由中国海洋大学刘涛副教授编写；第 3.1 节、3.3 节、3.4 节、3.5 节由济南大学刘燕副教授编写；第 3.2 节由山东农业大学刘经强副教授编写；第 4.2 节、4.3 节由济南大学任锋副教授编写；第 4.4 节由济南大学谷传耀副教授编写；第 5 章由上海建工四建集团邱锡宏教授级高工、张铭教授级高工、楼楠高工、曹汉卿工程师编写。全书由刘俊岩教授进行统一修改和加工，山东农业大学李继业教授进行了最终审查。

由于作者水平有限，本书难免有不足之处，诚挚欢迎读者给予批评指正。

编者

2014 年 1 月

第一版前言

我国由于实行改革开放政策,经济得到飞速发展,因而近年来高层和超高层建筑的建设规模日益扩大,有的大城市一年施工的高层建筑达数百幢,不少中、小城市亦开始建造高层建筑。

高层建筑施工的技术要求较高,施工难度较大。在多数高等专科学校的建筑工程类系科和专业中,为帮助学生了解高层建筑的施工技术,开设了"高层建筑施工"课程,有些学校甚至将此作为施工类课程中的重要组成部分进行讲授,但到目前为止仍缺少适合高等专科学校层次使用的"高层建筑施工"教材。为适应当前的教学需要,由同济大学、济南大学、山东水利高等专科学校、山东建筑工程学院等联合编写了这本《高层建筑施工》,供有关学校试用。当然,本书亦可作为本科专业相应课程的教材使用。

近年来,我国高层建筑施工领域的理论和技术发展很快,有些方面已接近或赶上世界先进水平。我们在编写中,在极力反映国际上高层建筑施工先进技术的同时也尽可能介绍我国成熟的技术和创新发展的新技术,并力求结合高等专科教育的特点,使之更适合这一层次学生的学习。由于时间仓促,也限于作者的水平,不足之处在所难免,在此热忱欢迎读者给予批评指正,以便将来不断修订和改进。

本教材的 1,2.2.1~2.2.5.2,4.4,4.5 由同济大学赵志缙编写;2.1,2.2.5.3~2.2.7,2.3 由济南大学刘俊岩编写;3 由山东水利高等专科学校李继业编写;4.1~4.3 由济南大学率兵和山东建筑工程学院王好温编写。全书最后由赵志缙进行统一修改和加工。

编者
1999 年 2 月

目 录

1 绪 论

为解决城市用地有限和人口密集的矛盾,出现了高层建筑;国际交往的日益频繁和世界各国旅游事业的发展,更促进了高层建筑的蓬勃发展。同时,随着建筑科学技术的不断进步,在建筑领域内也出现了不少新结构、新材料和新工艺,这些又为现代高层建筑的发展提供了条件。

我国的高层建筑正在迅猛发展,已从北京、上海、天津、重庆、广州、深圳、武汉等大城市发展到其他大中城市,有些经济发达的小城市亦建有高层建筑。

1.1 高层建筑的定义

多少层或多么高的建筑物算是高层建筑? 不同的国家和地区有不同的理解。而且从不同的角度,如结构、消防和运输来看待该问题,亦会得出不同的结论。1972 年召开的国际高层建筑会议确定如下:第一类高层建筑,9~16 层(最高到 50 m);第二类高层建筑,17~25 层(最高到 75 m);第三类高层建筑,26~40 层(最高到 100 m);超高层建筑,40 层以上(高度 100 m 以上)。

国家标准《民用建筑设计通则》(GB 50352—2005)中规定,高层建筑是指 10 层及 10 层以上的住宅及高度大于 24 m 的公共建筑;建筑高度大于 100 m 的民用建筑为超高层建筑。

1.2 高层建筑的发展

高层建筑在古代就有,我国古代建造的不少高塔就属于高层建筑。如公元 523 年(1 400 多年前)建于河南登封市的嵩岳寺塔,10 层,高 40 m,为砖砌单筒体结构。公元 704 年改建的西安大雁塔,7 层,高 64 m。公元 1055 年建于河北定县的料敌塔,11 层,高达 82 m,砖砌双筒体结构,更为罕见。此外,还有建于 1056 年,9 层,高 67 m 的山西应县木塔等。这些高塔皆为砖砌或木制的筒体结构,外形为封闭的八边形或十二边形。这种形状有利于抗风和抗地震,也有较大的刚度,在结构体系上是很合理的。

同时,我国古代也出现了高层框架结构。如公元 984 年建于河北蓟县的独乐寺观音阁,即为高 22.5 m 的木框架结构。其他如高 40 m 的河北承德普宁寺的大乘阁等亦为木框架结构。

我国这些现存的古代高层建筑,经受了几百年甚至上千年的风雨侵蚀和地震等的考验,至今基本完好,这充分显示了我国劳动人民的高度智慧和才能,也表明我国古代在高层建筑的设计和施工方面就有较高的水平。

在国外古代亦建有高层建筑,古罗马帝国的一些城市就曾用砖石承重结构构建了 10 层左右的建筑。公元 1000 年前后,意大利建筑过一些高层建筑,例如,公元 1100—1109 年,意大利的 Bologna 城就建造了 41 座砖石承重的塔楼,其中有的竟高达 98 m。19 世纪前后,西欧一些城市还用砖石承重结构建造了高达 10 层左右的高层建筑。

古代的高层建筑,由于受当时技术经济条件的限制,不论是承重的砖墙还是筒体结构,墙壁都很厚,使用空间小,建筑物越高,这个问题就越突出。如1891年在美国芝加哥建造的Monadnock大楼,为16层的砖结构,其底部的砖墙厚度竟达1.8 m。这种小空间的高层建筑不能适应人们生活和生产活动的需要。因而,采用高强和轻质材料,发展各种大空间的抗风、抗震结构体系,就成为高层建筑结构发展的必然趋势。

近代高层建筑是从19世纪以后逐渐发展起来的,这与采用钢铁结构作为承重结构有关。1801年,英国曼彻斯特棉纺厂7层高,首先采用铸铁框架作为建筑物内部的承重骨架。1843年,美国长岛的黑港灯塔亦采用了熟铁框架结构。这就为将钢铁材料用于承重结构开辟了一条途径。此后一段时间内所建造的10层左右的高层建筑,大多采用内部铁框架与外承重砖墙相结合的结构形式。1883年,美国芝加哥的11层保险公司大楼首先采用由铸铁柱和钢梁组成的金属框架来承受全部荷重,外墙只是自承重,这已是近代高层建筑结构的萌芽。

1889年,美国芝加哥的一幢9层大楼首先采用钢框架结构。1903年,法国巴黎的Franklin公寓采用了钢筋混凝土结构。与此同时,美国辛辛那提城一幢16层的大楼也采用了钢筋混凝土框架结构。开启了将钢、钢筋混凝土框架用于高层建筑的时代。此后,从19世纪80年代末至20世纪初,一些国家又兴建了一批高层建筑,使高层建筑技术出现了新的飞跃。不但建筑物的高度一跃成为20~50层,而且在结构中采用了剪力墙的钢支撑,建筑物的使用空间显著扩大了。

19世纪末至20世纪初是近代高层建筑发展的初始阶段,这一时期的高层建筑结构虽然有了很大的进步,但因受到建筑材料和设计理论等限制,一般结构的自重较大,而且结构形式也较单调,多为框架结构。

近代高层建筑的迅速发展,是从20世纪50年代开始的。由于轻质高强材料的发展,新的设计理论和电子计算机的应用,以及新的施工机械和施工技术的涌现,都为大规模、较经济地修建高层建筑提供了可能。同时,由于城市人口密度的猛增,地价昂贵,迫使建筑物向高空发展也成了客观上的需要,因而不少国家都大规模地建造高层建筑,到目前为止,在不少国家,高层建筑几乎占了整个城市建筑面积的30%~40%。

目前,美国的高层建筑数量最多,160 m以上的就有100多幢。目前世界上最高的建筑是2010年1月投入使用的828 m高的阿拉伯联合酋长国迪拜塔;第二高建筑是2010年建成的地上101层高达508 m的中国台北101大楼;2008年8月竣工的上海环球金融中心,地上101层、地下3层,高度492 m,是目前中国第二高楼世界第三高楼。此外,1974年建成的地上110层、地下3层,高达443 m的西尔斯大厦(美国芝加哥);1931年建于纽约的102层高381 m的帝国大厦;1995年建于深圳的68层高384 m的地王商业大厦,1998年建于上海的高420 m的金茂大厦等也都是闻名于世的高层建筑。其他如英国、法国、日本、加拿大、澳大利亚、新加坡、俄罗斯、波兰、南非等国家以及我国香港特区等也修建了许多高层建筑。

我国的高层建筑始于20世纪初。1906年建造了上海和平饭店南楼,1922年建造了天津海河饭店(12层),1929年建造了上海和平饭店北楼(11层)和锦江饭店北楼(14层),1934年建造了上海国际饭店(24层)、上海大厦(20层)以及广州爱群大厦(15层),至1937年抗日战争开始,我国约建有10层以上的高层建筑35幢,主要集中在上海等沿海大城市。高82.5 m的国际饭店当时是远东最高的建筑。

20世纪50年代,我国在北京、广州、沈阳、兰州等地曾建造了一批高层建筑。60年代,在广州建造了 27 层高 87.6 m 的广州宾馆。70 年代,在北京、上海、天津、广州、南京、武汉、青岛、长沙等地兴建了一定数量的高层建筑,其中广州于 1977 年建成的 33 层高 115 m 的白云宾馆,是当时除港澳地区外国内最高的建筑。进入 80 年代,我国的高层建筑蓬勃发展,各大城市和一批中等城市都兴建了大量高层建筑。90 年代是我国高层建筑发展最快的时期,在大、中城市建造了大量高层建筑,其中包括一些世界著名的高层建筑。

1.3 高层建筑施工技术的发展

从 20 世纪 70 年代中期以来,尤其是近年来通过大量的工程实践,我国的高层建筑施工技术得到很大的发展。

在基础工程方面,高层建筑多采用桩基础、筏式基础、箱形基础或桩基与箱形基础的复合基础,涉及深基坑支护、桩基施工、大体积混凝土浇筑、深层降水等施工问题。近年来,由于深基坑的增多,支护技术发展很快,多采用排桩、水泥土桩挡墙、地下连续墙、土钉及复合土钉支护等;施工工艺有很大改进,支撑方式有内部钢管(或型钢)支撑、混凝土支撑,亦有在坑外用土锚拉固;内部支撑形式也有多种,有十字交叉支撑,有环状(拱状)支撑,亦有采用"中心岛"式开挖的斜撑;土锚的钻孔、灌浆、预应力张拉工艺亦有很大提高。

桩基础方面,混凝土方桩、预应力混凝土管桩、钢管桩等预制打入桩皆有应用,有的桩长已超过 70 m。在减少打桩对周围有害影响方面亦总结了一些经验,采用了一些有效措施。近年来混凝土灌注桩有很大发展,在钻孔机械、桩端压力注浆、成孔扩孔、动力试验、扩大桩径等方面都有很大提高,大直径钻孔灌注桩应用愈来愈多。

大体积混凝土裂缝控制的计算理论日益完善,为减少或避免产生温度裂缝,各地都采用了一些有效措施。由于商品混凝土和泵送技术的推广,万余立方米以上的大体积混凝土浇筑亦无困难,在测温技术和信息化施工方面亦积累了不少经验。在深基坑施工降低地下水位方面,已能利用轻型井点、喷射井点、真空深井泵和电渗井点技术进行深层降水,而且在预防因降水而引起附近地面沉降方面亦有一些有效措施。

在结构工程方面,已形成大模板、爬升模板和滑升模板的成套工艺,对钢结构超高层建筑的施工技术亦有了长足的进步。大模板工艺在剪力墙结构和筒体结构中已广泛应用,形成"全现浇"、"内浇外挂"、"内浇外砌"成套工艺,且已向大开间建筑方向发展。楼板除各种预制、现浇板外,还应用了各种配筋的薄板叠合楼板。爬升模板首先用于上海,工艺已成熟,不但用于浇筑外墙,亦可内外墙皆用;在提升设备方面已有手动、液压和电动提升设备,有带爬架的,亦有无爬架的,尤其与升降脚手架结合应用,优点更为显著。滑模工艺有很大提高,可施工高耸结构、剪力墙或筒体结构的高层建筑,也可施工框架结构和一些特种结构(如沉井等),在支承杆的稳定以及施工期间墙体的强度和稳定性计算方面亦有很大改进。

大批高层钢结构的建造大大提高了我国钢结构的施工技术,在钢构件加工、钢结构安装、厚钢板焊接、高强螺栓连接,以及防腐、防火涂装方面大有改进。钢管混凝土和型钢混凝土结构开始应用。

此外,在粗钢筋的机械连接、商品混凝土生产、泵送混凝土施工、大跨和特种结构安装、防水技术和玻璃幕墙等高级装饰技术等方面都有长足的发展。

随着我国高层和超高层建筑的进一步发展,传统技术会进一步提高,一些新理论、新技术、新工艺也在不断涌现,将使我国的高层建筑技术登上一个新的高峰。

2 高层建筑基坑工程施工

2.1 深基坑工程发展现状与趋势

随着我国城市化进程的加快,各大、中城市纷纷开发地下空间,超高层建筑、大型地下综合体的建设以及地铁建设热潮已蔓延至众多大中城市,带动了地下工程尤其是基坑工程向深、大、难方向发展。以上海为例,上海虹桥综合交通枢纽工程基坑总面积超过 35 万多平方米;500 kV 上海世博变电站基坑开挖深度超过了 33 m,是目前世界上最大的全地下变电站。受城市土地稀缺性、人防、停车等的影响,近年来我国大中城市高层建筑地下空间开发利用越来越受到重视,涌现了大量地下结构 2~3 层、开挖深度 10~18 m 的深基坑工程。

深基坑工程施工常在管线密布、建筑物密集、车流和人流量大的环境下进行,特别是我国复杂多样的地质环境,呈现出较大的地区差异性,如措施不力,基坑开挖和降水造成的地层位移、地基变形将危害到临近既有建筑、市政、电力、燃气管线等设施,并影响人们的人身安全,由此导致的工程事故也屡见不鲜。如 2005 年 7 月 12 日广州海珠城广场深基坑工程事故,造成邻近海员宾馆坍塌,3 栋居民楼倾斜,居民撤离,附近地铁停运,经济损失巨大。因此我们必须正确认识目前在地下空间建设中深基坑设计、施工、监测和环境保护方面的问题。

1. 基坑工程支护设计理论

目前,我国深基坑围护结构的主要形式有复合土钉墙、灌注桩挡墙、水泥土重力式挡墙、钢板桩和钢筋混凝土板桩挡墙、型钢水泥土搅拌桩挡墙和地下连续墙等。围护结构的支撑体系主要形式有锚拉体系、混凝土或钢管内支撑体系等。

针对围护桩(墙)结构的分析方法常用的有极限平衡法、平面弹性地基梁法和有限单元法。极限平衡法在基坑设计中一直被广泛应用,是我国相关设计人员最熟悉的基坑支护设计计算方法之一。该方法计算简单、使用方便,但是由于不考虑墙体变形和横向支撑变形,仅通过已知的水土压力计算墙体的倾斜,因此该法不宜用于空间效应明显、地层变化大、周围环境复杂的支护结构设计。

与极限平衡法相比,平面弹性地基梁法(地基反力法、弹性支点法)是将围护结构简化为竖直放在土中的梁,土体简化为竖向的温克尔弹性地基,可以考虑支撑轴力、墙体弯矩、土压力等随开挖过程的变化,能合理解释结构刚度和土刚度的作用,目前应用最为广泛。

有限单元法可以考虑深基坑工程的复杂性,模拟很多常规方法难以反映的因素,如土体的非线性、弹塑性桩土接触面的摩擦效应等,因此该方法在实践中得以广泛应用。

但是,近几十年来的重大地下工程事故表明,单纯的土体强度引起的基坑失稳所占比例并不多,很多事故都是由于围护结构或支撑体系等的局部破坏或局部变形过大引起的。因此黄茂松等人提出在地下工程设计中引入冗余度的设计思想,以提高地下工程这种多场多体的复杂工程的安全性和稳定性。冗余度设计思路为基坑工程的设计开辟了新的思路,但是目前尚未建立相应的设计理论与方法。

实践表明,基坑工程历来被认为是实践性很强的岩土工程问题,基坑的稳定性、支护结构的结构分析,以及地层的位移对周围建筑物和地下管线等的影响及保护的计算分析,目前尚不能准确地得出比较符合实际情况的结果,但是,有关地基的稳定及变形的理论,对解决这类实际工程问题仍然有非常重要的指导意义,故目前在工程实践中采用理论分析(包括数值模拟)、现场监测和经验判断三者相结合的方法,对基坑工程设计、施工及周围环境保护问题做出较合理的技术决策和现场的应变决策。

近年来,考虑应力路径的作用,土的各向异性、土的流变性、土的扰动、土与支护结构的共同作用等的计算理论以及有限单元法和系统工程等科学的研究日益引起基坑工程专家们的重视。

2. 基坑工程施工技术

基坑工程施工中对周边环境保护的问题,节能减排、走可持续的发展道路问题等,给工程技术人员带来了很大的挑战,同时也给基坑工程新技术的创新与应用提供了广阔的舞台。近几年,我国基坑工程施工中发展成熟的技术有明挖法、暗挖法、盖挖法、冻结法及注浆法等技术,这些技术大多已达到国际先进水平。近年来,我国基坑工程施工中还涌现了一批新技术,如支护结构与主体结构相结合技术、超深水泥土搅拌墙技术、软土大直径可回收式锚杆支护技术、预应力装配式鱼腹梁支撑技术等,这些新技术在节能降耗和可持续发展方面具有明显的优势,在工程应用中取得了良好的经济、社会和环境效益。

3. 基坑工程的环境土工效应

在密集建筑群附近开挖地下工程,不但要满足稳定性的要求,变形控制的要求也越来越重要。基于变形控制的设计模式和施工技术的研究已成为工程实践中亟须解决的问题。探索、研究开挖过程中支护结构变形、周围地层位移和邻近建筑变形三者之间的关系规律,正在成为基坑工程学者、工程技术人员研究的重点和难点问题。

当前开挖引起的环境土工效应问题在城市地下工程活动中备受关注。开挖过程中由于土体的应力释放,引起地层位移,状况加剧则会危及邻近区域建筑物和地下管线的安全和正常使用。高层建筑多处在城市中心区,周围建筑物密集,地下管线、隧道错综复杂,基坑开挖的环境敏感程度很高,尤其是一些年代久远的古老建筑和长期腐蚀条件下的市政管线,抵抗变形的承受能力大打折扣,对开挖的反应更为剧烈。而燃气管线等压力型管线一旦发生变形泄漏,危害将十分巨大。

基坑工程开挖对邻近建筑的影响,较多的还是采用整体有限元分析方法,整体有限元方法可以再现复杂的实际施工工况,模拟周围土体介质的力学特性以及建筑与土体的共同作用,但该方法工作量大、耗时长,需要专业软件并且建模复杂。土体本构模型的选择、结构刚度的等效、施工作用的模拟等方面若存在诸多问题,这些问题均会影响分析结果的可靠性,往往得不到与实际情况相符合的预测结果,在工程界难以推广。因此对于基坑开挖对周围环境的影响分析,主要是在区域内大量工程实测数据基础上进行统计和理论分析,探讨研究区域开挖应力自由边界面的变形形态与有关物理力学参数之间的关系,如围护墙体的侧向变形、坑外地表的沉降等,并采用数学函数进行变形曲线的拟合。鉴于实测数据不够充分,目前对基坑工程的变形研究还停留在开挖应力自由面上,针对整个自由土体位移场变形分布规律的实测和统计研究几乎没有。近年来,国内学者在此方面开展了诸多探索与研究,如上海开展的"对地表沉陷及岩土体形变数据的监控"工作,在地下空间开发利用中发挥了积极作用。

4. 基坑工程的风险监控

深基坑工程具有受地质条件影响大、施工速度快、施工技术复杂、不可预见因素多、对周边环境影响大等特点，是一项高风险的建设工程，风险管理已成为国内外大型地下工程施工中的例行程序，其中对施工安全风险的监控是风险管理中的重要手段。安全风险是一个动态的过程，国外先进的理念是提出地下工程"迭代"式设计、施工和管理，目的就是为了适应地下工程与工程地质条件、环境条件相互影响的复杂性，以期最大限度地规避安全风险。我国近年来在基坑工程中也提出了"动态设计、信息化施工"的理念，强化了对施工风险的辨识、分析与评价，这一措施的落实依赖于对基坑工程安全风险的监控。基坑工程安全风险具有独特性，事故的发生看似具有偶然性，但实际上，多数基坑安全事故的发生具有明显的征兆，是完全可以监控的。

基坑工程监测是保证基坑安全、保护周边环境的有效手段，也是动态设计、信息化施工的重要依据。2009年我国颁布实施了关于基坑工程的第一部国家标准《建筑基坑工程监测技术规范》(GB 50497—2009)，推动了我国基坑工程监测行业的发展，对基坑工程风险监控发挥了重要作用。

2.2 深基坑工程的地下水控制

随着我国城市地下空间的开发利用，地下综合体、地下交通枢纽、地铁车站、人防工程等大量兴建，深基坑越来越多。此外，高层建筑由于上部荷载大，大多采用补偿性基础，因此一般都设一层或多层地下室，这样有利于建筑物的稳定，并可充分利用地下空间。但同时由于基础埋深较大，基坑开挖较深，也给施工增大了难度。尤其是在地下水位较高地区开挖深基坑时，土的含水层被切断，地下水会不断地渗入基坑，容易造成流砂、边坡失稳和地基承载力下降，为此，在进行深基坑施工时必须做好地下水的控制工作。

地下水的控制方法主要有降水、截水和回灌等几种形式。地下水控制应根据工程地质和水文地质条件、支护形式、周边环境要求，并结合当地经验选用降水、截水、回灌的方法，这几种方法可以单独选用，也可以组合选用。

降水的方法有集水明排和井点降水两类。

集水明排属重力降水，它是在开挖基坑时沿坑底周围开挖排水沟，并每隔一定距离设置集水井，使基坑内挖土时渗出的水经排水沟流向集水井，然后用水泵将水排出坑外。这种方法的缺点是，地下水沿边坡面或坡脚或坑底渗出，使坑底软化或泥泞；当基坑开挖深度较大：坑内外水头差大时，如果土的组成较细，在地下水动水压力的作用下，还可能引起流砂、管涌、坑底隆起和边坡失稳。因此，集水明排这种地下水控制方法虽然设备简单、施工方便，但在深基坑工程中单独使用有一定的条件。

井点降水是应用最广泛的降水方法，是高地下水位地区基坑工程施工的重要措施之一。井点降水主要是将降水工具沉设到基坑外四周或坑内的土中，利用各种抽水工具，在不扰动土体结构的情况下，将地下水抽出，使地下水位降低到坑底以下，保证基坑开挖能在较干燥的施工环境中进行。井点降水的作用是：

(1) 通过降低地下水位消除基坑坡面及坑底的渗水，改善施工作业条件；

(2) 增加边坡稳定性，防止坡面和基底的土体流失，以避免流砂现象；

(3) 降低承压水位，防止坑底隆起与破坏；

（4）改善基坑的砂土特性，加速土的固结。

井点降水法主要有轻型井点法、喷射井点法、电渗井点法、管井井点法和深井井点法等。

在城市中心区建筑密集的地区开挖深基坑，降水时还要考虑对周围环境的影响。井点降水形成的盆式降水曲线，在使基坑内地下水位下降的同时，坑外一定区域内地下水位也有所下降，从而使基坑周围的土体固结下沉，如沉降较大则影响地上建筑物和地下管线等的安全与使用。

根据是否在基坑四周设置截水帷幕，可以把降水方案分为开敞式降水和封闭式降水两种。开敞式降水不在基坑四周设置截水帷幕，降水对坑外较大区域的地下水位均会造成下降，当土的密实度低、孔隙率高、压缩性较大时，宜造成土体固结下沉，如果降水期较长，这一特点尤为明显。因此如果开敞式降水造成的土体下沉，会影响到周边环境中的建筑、管线等的正常使用和安全时，则不应采用。

当因降水的原因可能会危及基坑及周边环境安全时，宜采用截水方法或回灌方法。

深基坑工程的截水方法经常采用的是截水帷幕，它是在基坑开挖前沿基坑四周设置隔水围护壁（亦称隔水帷幕），帷幕的底部宜深入坑底一定深度或到不透水层，由于围护壁是止水的，这样基坑内外的地下水就不能相互渗流。截水后，基坑内的水量或水压较大时，可以采用基坑内井点降水，这种方法既有效地保护了周边环境，同时又使坑内一定深度内的土层疏干并排水固结，改善了施工作业条件，并有利于围护壁及基底的稳定。

回灌法就是在降水井点和要保护的原有建筑物、地下管线之间打一排井点，在降水的同时，通过回灌井点向土层内灌入一定数量的水，从而阻止或减少回灌井点外侧建（构）筑物下的地下水流失，使原地下水位基本保持不变，这样就不会因降水而使土层产生固结下沉，消除或减少了周围的地面沉降，保证原有建筑物、地下管线的安全与使用。

地下水控制的设计是基坑工程设计的重要组成部分之一。其设计应满足支护结构设计要求，控制方法的选用要根据场地及周边水文地质条件、环境条件并结合基坑支护和基础施工方案综合分析后确定。地下水控制方法适用条件参见表 2-1。

表 2-1　　　　　　　　　　　　地下水控制方法适用条件

控制方法		土质类别	渗透系数/(m·d⁻¹)	降水深度/m	水文地质特征
集水明排			<20.0	<5	
井点降水	轻型井点	填土、砂土、粉土、黏性土	0.1～20.0	单级<6 多级<20	上层滞水或水量不大的潜水
	喷射井点		0.1～20.0	<20	
	电渗井点	黏性土、淤泥及淤泥质土	<0.1	根据选用的井点确定	
	管井井点	粉质黏土、粉土、砂土、碎石土、可溶岩、破碎带	0.1～200.0	不限	含水丰富的潜水、承压水、裂隙水
		砂土、碎石土	10.0～250.0	>10	
	真空深井井点	粉砂、粉土、富含薄层粉砂的粉质黏土、黏土、淤泥质土	0.001～0.5	8～18	上层滞水、潜水承压水

续表

控制方法	土质类别	渗透系数/(m·d^{-1})	降水深度/m	水文地质特征
截水	黏性土、粉土、砂土、碎石土、岩溶岩	不限	不限	
回灌	填土、粉土、砂土、碎石土	0.1~200.0	不限	

2.2.1 地下水的基本特性

2.2.1.1 水在土中渗流的基本规律

为了弄清水在土中渗流的基本规律,首先看一下最简单的一维渗流情况(图2-1)。只要土样的 A—A′ 与 B—B′ 面间存在并保持水头差 ΔH,水就会不断地从 A—A′ 面流向 B—B′ 面,形成稳定流。实验表明,单位时间内流过土样的水量 Q(m³/d 或 cm³/s)与水头差 ΔH(m 或 cm)成正比,与土样的横截面面积 A(m² 或 cm²)成正比,而与渗径长度 L(m 或 cm)成反比,亦即

$$Q \propto \frac{\Delta H}{L} A$$

或
$$Q = k \frac{\Delta H}{L} A \qquad (2\text{-}1)$$

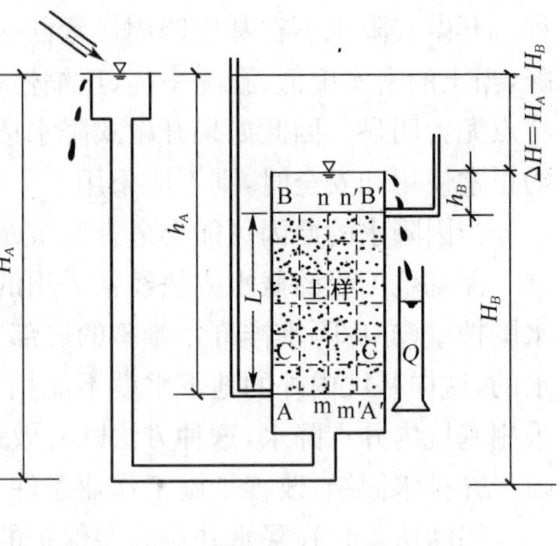

图 2-1 一维渗流实验示意图

式中,k 为比例系数,随土而异,反映土的透水性大小,称为土的渗透系数,单位为 m/d 或 cm/s。

单位时间内流过单位横截面积的水量,称为渗流速度 v(m/d 或 cm/s):

$$v = \frac{Q}{A} = k \frac{\Delta H}{L}$$

或
$$v = ki \qquad (2\text{-}2)$$

式中,$i = \frac{\Delta H}{L}$,代表单位长度渗径所消耗的水头差,亦称水力梯度。

从式(2-2)可以看出,水在土中的渗流速度 v 取决于两方面因素:一是土的透水性(反映为 k),二是水力条件(反映为 i),这就是水在土中的渗流基本规律,亦即达西定律。

理解达西定律时还要注意两个问题:

(1)渗流速度并不是水在土中渗流的真正速度,因为土中孔隙是弯弯曲曲的,实际渗径长度并不等于 L;横截面积 A 中不全是孔隙,实际过水面积也不等于 A;因此实际平均流速小于渗流速度 v。但工程实践中关心的是流经整个土体的流量,所以用表观的流速 v,同时按表观的横截面积 A、渗径长度 L 考虑是可以的,而且更为方便。

(2)达西定律 $v = ki$ 只适用于砂及其他较细颗粒的土中,而孔隙太大时(如卵石、砾石),流速太大,会有紊流现象,渗流速度 v 不再与水力梯度 i 的一次方成正比。另一方面,对塑性指标 I_p 特别大的黏土,由于结合水膜较厚,水力梯度太小时克服不了阻力,水渗流不

过去,只有当水力梯度 i 超过某一初始的水力梯度 i' 时才能渗流。因此,达西定律应用于高塑性致密黏土时改写成:

$$v = k(i - i') \qquad (2\text{-}3)$$

2.2.1.2 土的渗透系数

水在土中的流动称为渗流。水质点运动的轨迹称为"流线"。水在流动时如果流线互不相交,这种流动称为"层流";如果水在流动时流线相交,水中发生局部旋涡,这种流动称为"紊流"。水在土中的渗流一般多属于"层流",适用于达西定律。从达西定律 ($v = ki$) 中可以看出渗透系数 k 的物理意义,即土的渗透系数 k 是水力梯度 i 等于 1 时的渗流速度。渗透系数 k 反映土的透水性大小,是计算水井涌水量的重要参数之一,常用量纲为 m/d 或 cm/s。渗透系数 k 一般通过室内渗透实验或现场抽水试验测定,在地基土壤勘探时应提供各土层的 k 值。

影响土渗透系数的主要因素有土的粒度组成、密实度、饱和度、土的结构和构造等。一般土粒愈粗、大小愈均匀、形状愈圆滑,渗透系数值也就愈大;土愈密实,渗透系数值愈小;饱和度愈高,渗透系数值愈大;细粒土在天然状态下具有复杂结构,一旦结构被扰动,原有的过水通道将被改变,因而渗透系数值也就不同;土的构造因素对渗透系数值的影响也很大,如在黏性土中有很薄的砂土夹层的层理构造,会使土在水平方向的渗透系数值超过竖直方向渗透系数值几倍甚至几十倍,因此,在室内测定渗透系数时,土样的代表性很重要。另外,一个测点的渗透系数,不一定能代表整个土层的透水性,有条件时,应做现场抽水试验来测定 k 值较为可靠。

2.2.1.3 流网

土体中的稳定渗流可用流网表示,流网由一组流线和一组等势线组成。

以图 2-1 所示的一维渗流为例。如果在 A—A' 面上放置一些颜料,就会出现若干条反映水流方向的流线,如图中 $\overline{mn}$ 和 $\overline{m'n'}$,两条流线之间的空间称为流槽。等势线是总水头相等的各点连线,如 $\overline{AA'}$、$\overline{BB'}$、$\overline{CC'}$ 都是等势线。由等势线与流线分格出的网,就称为流网。任何流网都必须满足两个基本条件:一是流线与等势线应成正交,这是由流线和等势线的定义所决定的;二是流网中,由流线和等势线所包围的各个流区的 $\dfrac{b_i}{l_i}$ 值相等(b_i 为 i 流区的流线平均距离,l_i 为 i 流区的等势线平均距离),这是为了计算方便,有意使各个流槽的流量 ΔQ_i 相等,使各条等势线之间的水头差 ΔH_i 相等。

绘制流网的目的是可直观地考察水在土中的渗流途径,更重要的是可以计算渗流量以及确定土体中各点的水头和水力梯度。尤其是在实际工程中多遇到二维或三维渗流情况,这时绘制流网就很有用。

下面以图 2-2 所示的基坑渗流为例,介绍用图示法绘制流网的步骤。该例基坑中段可看作是二维稳定渗流问题。

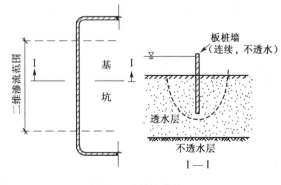

图 2-2 基坑渗流

流网绘图步骤如下：

（1）按一定比例绘出结构物和土层的剖面图（图 2-3）。

（2）判定边界条件，如 $a'a$ 和 bb' 为等势面（透水面），acb 和 ss' 为流线（不透水面）。

（3）先试绘若干条流线，流线应接近相互平行、不交叉，而且是缓和曲线（因为水总是找最短的路径走，改变方向总是沿缓和曲线）；流线应与进水面、出水面（等势线）成正交，并与不透水面（流线）接近平行、不交叉。图 2-3 所示的实曲线为流线。

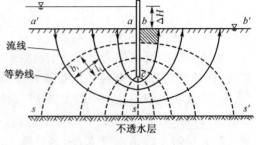

图 2-3　流网绘制

（4）加上若干条等势线，等势线必须与流线正交，而且每个流区的形状必须接近"方块"（亦即 $\dfrac{b_i}{l_i} = 1$）。如图 2-3 所示的虚曲线为等势线。

（5）反复修改、调整所有流线和等势线，直到满足上述条件为止。

根据流网，可以计算渗流量 Q。

设流槽数为 N_f，各个流槽的流量为 ΔQ，则沿基坑边长每延米的渗流量 $Q = N_f \Delta Q$；设水头落差数为 N_D，则各条等势线之间的水头差 $\Delta H_i = \dfrac{\Delta H}{N_D}$。因此根据达西定律：

$$\Delta Q = k \frac{\Delta H_i}{l_i} b^i \times 1$$

因为各个流区的 $\dfrac{b_i}{l_i}$ 值相等且 $\dfrac{b_i}{l_i} = 1$，所以

$$\Delta Q = k \Delta H_i = k \frac{\Delta H}{N_D} \tag{2-4}$$

$$Q = N_f \Delta Q = N_f k \frac{\Delta H}{N_D} = k \left(\frac{N_f}{N_D} \right) \Delta H \tag{2-5}$$

【例 2-1】 某基坑如图 2-2 所示，透水层土质为粉土，$k = 0.3\,\text{m/d}$，基坑内外总水头差 $\Delta H = 3\,\text{m}$，基坑绘制的流网如图 2-3 所示，求沿基坑边长每延米的渗流量。

解 根据流网可知，流槽数 $N_f = 4$，水头落差数 $N_D = 10$，由式（2-4）得各个流槽的流量 ΔQ 为

$$\Delta Q = k \frac{\Delta H}{N_D} = 0.3 \times \frac{3}{10} = 0.09\,(\text{m}^3/\text{d})$$

由式（2-5）得基坑边长每延米的渗流量 Q 为

$$Q = N_f \Delta Q = 4 \times 0.09 = 0.36\,(\text{m}^3/\text{d})$$

2.2.1.4　潜水与层间水

土中水除了有一部分是受电分子力作用吸附在颗粒表面的结合水之外，其余都是自由水。自由水能够传递静水压力，能够在重力和表面张力作用下在土中流动。地下水位以下土体中

的自由水称为地下水,它连续布满土中的所有孔隙,对土粒产生浮力作用。如果地下水位不是水平的,地下水就会从水头高处流向水头低处,产生渗流现象。

地下水分为潜水和层间水两种。潜水即从地表算起至第一层不透水层以上含水层中所含的水,这种水无压力,属于重力水。层间水即夹于两不透水层之间含水层中所含的水。如果水未充满此含水层,水没有压力,称无压层间水;如果水充满此含水层,水则带有压力,称承压层间水(图2-4)。

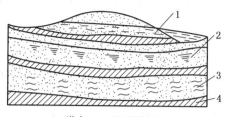

1—潜水;2—无压层间水;
3—承压层间水;4—不透水层

图2-4　地下水

2.2.2　动水压力和流砂

2.2.2.1　动水压力

水在土的孔隙内流动时受到土颗粒的阻力,从作用力与反作用力大小相等、方向相反的原理可知,水流过土体时必定有压力作用于土颗粒上。单位体积土内土颗粒骨架所受到的压力总和,称为动水压力 G_D。

从水的流动方向取一柱状土体 A_1A_2 作为脱离体(图2-5),其横截面面积为 F;Z_1、Z_2 为 A_1、A_2 在基准面以上的高程。

由于 $H_1>H_2$,存在压力差,水从 A_1 流向 A_2。作用于脱离体 A_1A_2 上的力有:

(1) A_1 处的总水压力,其值为 $\gamma_w h_1 F$,其方向与水流方向一致;

(2) A_2 处的总水压力,其值为 $\gamma_w h_2 F$,其方向与水流方向相反;

(3) 水柱重量在水流方向的分力,其值为 $n\gamma_w LF\cos\alpha$,n 为土的孔隙率;

(4) 土颗粒骨架重力在水流方向的分力,其值为 $(1-n)\gamma_w LF\cos\alpha$;

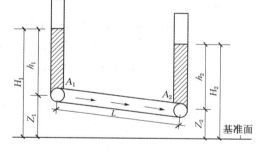

图2-5　动水压力

(5) 土颗粒骨架对水流的阻力,其值为 LFT,T 为单位阻力。

由静力平衡条件得:

$$\gamma_w h_1 F - \gamma_w h_2 F + n\gamma_w LF\cos\alpha + (1-n)\gamma_w LF\cos\alpha - LFT = 0$$

由图2-5可知:

$$\cos\alpha = \frac{Z_1 - Z_2}{L}$$

代入上式后整理得:

$$T = \gamma_w \frac{H_1 - H_2}{L}$$

式中,$\frac{H_1 - H_2}{L}$ 为水头差与渗流路径长度之比,即为水力梯度,以 i 表示。

那么,上式可写成:

$$T = \gamma_w i$$

由作用力等于反作用力,但方向相反的原理,可知水在土中渗流时,动水压力 G_D 为

$$G_D = -T = -\gamma_w i \qquad (2-6)$$

从式(2-6)可知,动水压力 G_D 与水力梯度成正比,即水位差愈大,动力压力 G_D 愈大;而渗流路径长度 L 愈长,则动水压力 G_D 愈小。动水压力的作用方向与水流方向相同,其量纲为 kN/m^3。

2.2.2.2　产生流砂的条件及流砂现象

水在土中渗流,当水流在水位差作用下对土颗粒产生向上的压力时,动水压力不但使土颗粒受到水的浮力,而且还使土颗粒受到向上的压力,当动水压力等于或大于土的浸水容重 γ'_w 时,即

$$G_D \geqslant \gamma'_w \qquad (2-7)$$

则土颗粒失去自重处于悬浮状态,土的抗剪强度等于零,土颗粒随着渗流的水一起流动,这种现象称为"流砂"。

流砂多发生在颗粒级配均匀而细的粉、细砂等砂性土中,这类土质具有相当高的渗透性。在黏土和粉质黏土中,由于不会发生渗流或渗流量很小,一般不会发生流砂现象。同样,在砾石中,由于它的高透水性而允许大量的抽汲,因而自然地形成较长的渗流流径,所以也不易发生流砂现象。

轻微的流砂现象会使一小部分细砂随着地下水一起穿过挡墙缝隙而流入基坑,增加基坑的泥泞程度;中等程度的流砂现象,在基坑底部靠近挡墙处会发现有一堆细砂缓缓涌起,形成许多小小的涌水孔,涌出的水夹带着一些细砂颗粒在慢慢地流动;严重的流砂现象涌砂速度很快,有时会像开水初沸时的翻泡,此时基坑底部成为流动状态,工人无法立足,作业条件恶化,其发展结果是基坑坍塌、基础发生滑移或不均匀下沉或悬浮,还会危及附近已有建(构)筑物的安全。因此在粉、细砂土中开挖基坑,必须采取各种有效措施以防止流砂现象的发生。

2.2.2.3　防止流砂现象的措施

目前防止流砂现象的措施主要有两类:降水和截水帷幕。

1. 降水

在基坑外将地下水位降至可能产生流砂的地层以下,然后再开挖。不同形式降水方法的选择,视工程性质、开挖深度、土质特性、经济等因素而定,浅基坑以轻型井点最为经济,深基坑则常用喷射井点或深井井点。

2. 截水帷幕

截水帷幕的作用主要是阻止或限制地下水渗流到基坑中去。此类方法有在工程四周打设封闭的钢板桩、沿基坑周边构筑水泥土墙或化学灌浆帷幕、地下连续墙等。也可以用冻结基坑周围土的方法来防止流砂,但此法造价昂贵,一般工程中不采用。

2.2.3　降低地下水位的方法

降水的方法主要有集水明排和井点降水两类。井点降水的方法有轻型井点、喷射井点、电渗井点、管井井点和深井井点。降水方法和设备的选择,应根据场地及周边水文地质条

件、环境条件、结合基坑支护和基础施工方案并考虑技术经济指标综合分析后确定。各种降水方法的适应条件参见表 2-1。此处只介绍深基坑工程常用的喷射井点和深井井点。

2.2.3.1 喷射井点

一层轻型井点的降水深度不超过 6 m,如果超过此限,就需采用多级轻型井点降水,这会增大基坑挖土量、延长工期和增加设备用量。为此,当降水深度大时,可考虑采用喷射井点降水。这种井点降深大、效果好,其一层井点可将地下水位降低 8~20 m,适用于土层渗透系数 0.1~20 m/d 的土层。

1. 工作原理

喷射井点有喷水井点和喷气井点之分,其工作原理相同,只是工作流体不同。前者以压力水作为工作流体,后者以压缩空气作为工作流体,目前多用前者。其主要设备由喷射井管、高压水泵(或空气压缩机)和管路系统组成。

喷射井点的工作原理如图 2-6、图 2-7 所示。喷射井管分内管和外管两部分,内管下端装有喷射扬水器,并与滤管相接。喷射扬水器由喷嘴、混合室、扩散室等组成,是喷射井点的主要工作部件。当喷射井点工作时,由地面高压水泵把压力为 0.7~0.8 MPa 的工作水经过总管分别压入井点管中,使水经过内外管之间的环行空间直达底端的喷射扬水器,在此处高压工作水由特制内管的两侧进水孔进入喷嘴喷出,在喷嘴处由于断面突然收缩变小,使工作水流具有极高的流速(30~60 m/s),在喷口附近造成负压(形成真空),在真空吸力作用下,地下水经过滤管被吸入混合室,与混合室里的工作水混合,然后进入扩散室中,由于扩散

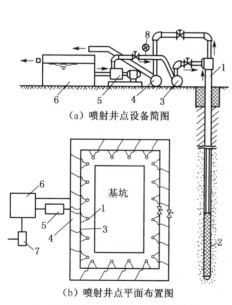

(a) 喷射井点设备简图

(b) 喷射井点平面布置图

1—喷射井管;2—滤管;3—供水总管;
4—排水总管;5—高压离心水泵;6—水池;
7—排水泵;8—压力表

图 2-6 喷射井点布置图

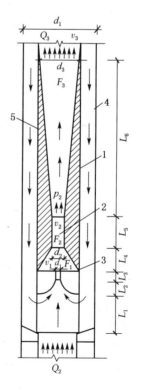

1—扩散室;2—混合室;3—喷嘴;
4—喷射井点外管;5—喷射井点内管

图 2-7 喷射井点扬水器构造

室的截面顺着水流方向逐渐扩大，水流速度相应减小，而水流压力相对增大，因而把地下水连同工作水一起扬升出地面，经管路系统流到循环水池。其中一部分水用低压水泵排走，另一部分重新用高压水泵压入井管作为高压工作水使用，如此循环作业，将地下水不断从井点管中抽走，使地下水逐渐下降，达到设计要求的降水深度。

目前我国已有成套喷射井点系统设备生产供应。

2．井点布置

采用喷射井点时，当基坑宽度小于 10 m 可采用单排布置，大于 10 m 则双排布置，当基坑面积较大时，宜环状布置。喷射井点间距一般为 2～3.5 m，采用环状布置时车辆进出口（道路）处的井点间距为 5～7 m。埋设时冲孔直径 400～600 mm，深度应比滤管底深 1 m 以上。

3．井点系统的安装与使用

1）安装工艺程序

喷射井点系统安装工艺流程见图 2-8。

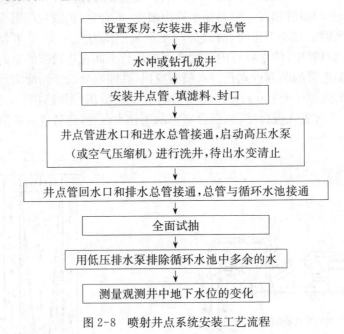

图 2-8　喷射井点系统安装工艺流程

2）井点埋设与使用阶段的注意事项

喷射井点运转期间常需进行监测，监测的主要内容包括：通过观测井及时监测地下水位变化；通过监测井点抽水量，分析降水效果及降水过程中出现的问题；通过监测井点管真空度，检查井点工作是否正常。

（1）井点堵塞的预防

井点堵塞是易发生的故障。如果井点发生堵塞，喷射井点的工作水压虽正常，但井点真空度超过附近正常井点很多，如果向被堵塞的井点内管中灌水，水渗不下去；如果邻近井点同时有几根堵塞，则附近基坑边坡土体潮湿，甚至出现边坡不稳或流砂现象。

造成井点堵塞的原因多为以下几方面：

① 井点四周填砂滤料后，未及时进行单根试抽排泥，以致泥砂沉淀下来，使滤管内芯管吸口淤塞。

② 井点滤管埋设位置和深度不合适,处于不透水的黏土层中。

③ 冲孔下管过程中,由于孔壁坍塌、缩孔,或遇硬黏土夹层而在冲孔时未作处理,导致滤网四周不能形成良好的砂滤层,使滤网被淤泥堵塞。

为了预防井点堵塞,在施工中尤其要注意以下几点:

① 喷射井点系统的安装要遵照施工工艺程序进行。井点管埋设宜用套管高压水冲枪成孔,应将冲孔套管内的泥浆稀释至含泥量为5%以下,并放入1/3黄砂后再放井管,接着再继续灌砂,在灌砂的同时,应将套管高压水冲枪缓缓拔出。每根井管埋设好后,进水口应立即和进水总管接通进行洗井,回水口排出的混合泥浆水应从排泥沟排除,不得接入循环水池。待混合水变清后再接入循环水池。

② 在成层土层中,井点滤管一般应设在透水性较大的土层中,必要时可扩大砂滤层直径,适当延伸冲孔深度或增设砂井。

③ 冲孔应垂直,孔径应不小于40 cm,孔深应大于井点底端1 m以上。拔冲管时应先将高压水阀门关闭,防止将孔壁冲坍。对土层中的硬黏土,夹层部位应使冲管反复上下冲孔和不断旋转冲管,使夹层的孔径扩大到设计要求。

如果发生了井点堵塞,可先通过井点内管反冲水疏通。若仍排除不了,则拔出井点滤管重新埋设。如果滤管埋深不当,应根据具体情况增设砂井;或在透水性较好的含水层中另设井点。

(2)喷射扬水器失效、井点倒灌水

这种故障会造成井点附近出现涌水冒砂、局部土层较湿或边坡局部不稳定现象。

造成喷射扬水器失效的原因主要有三个方面:

① 喷嘴被杂物堵塞。这种情况下,当关闭该井点时,压力表指针基本不动或上升很小。

② 喷嘴磨损严重,甚至已穿孔漏水,需要更换。

③ 喷嘴夹板焊缝开裂。

后两种情况中,当关闭该井点时,压力表指针上升很大。

为了预防上述情况,可采取下列措施:

① 保持工作水的清洁。尤其是在工作初期更应注意工作水的干净。一般井点全面试抽两天后,应更换清水,以后视水质浑浊程度定期更换清水。

② 严格检查喷射扬水器质量,重点是同心度和焊缝质量。如果喷嘴、混合室和扩散室的轴线不重合,产生偏差,则不但会降低真空度,而且由于水力冲刷,扬水器磨损较快,需经常更换。井点组装后,每根井点管应在地面作泵水试验和真空度测定,地面测定的真空度不宜小于93 kPa。

③ 装配喷射扬水器时要防止工具损伤喷嘴夹板焊缝。

④ 井点管和总管内必须除净铁屑、泥砂和焊渣等杂物,并加以保护,以防喷嘴堵塞。

喷嘴堵塞时应速将堵塞物排除,通常是先关闭该井点,松开管卡,将内管上提少许;敲击内管,使堵塞物振落到下部的沉淀管。如果堵塞物卡得过紧,振落不下,则可将内管全部拔出,排除堵塞物,重新组装。

当喷嘴夹板焊缝开裂或磨损穿孔漏水时,则应将内管拔出,更换喷嘴。

(3)工作水压力升不高,致使井点真空度很小

出现这种情况的原因可能是水泵负担的井点数量过多,也可能是循环水池内泥砂沉淀过多,堵塞了水泵的吸水口,以致工作水量不足,水压力升不高,使井点真空度很小。

预防工作水压力升不高的措施是要按照水泵实际性能来负担井点数量,要有备用水泵。为了防止水泵吸水口被泥砂堵塞,应保持抽出的水干净。要加强降水值班岗位责任制,注意观察水的含砂量和水池中的泥砂沉积高度。对于个别始终抽出浑浊水的井点,应先停止使用,查清原因后采取改善措施。此外,清理循环水池中的沉积泥砂应在维持井点连续降水的条件下进行。

2.2.3.2 管井及真空深井井点

管井井点降水是在深基坑周围埋置深于基底的井管,依靠深井潜水泵或深井泵将地下水从深井内扬升到地面排出,使地下水位降至坑底以下。

电动机安装在地面上,通过长轴传动使深井内的水泵叶轮旋转,这种叫作深井泵。而电动机和水泵均淹没在深井内工作的则称为深井潜水泵。

管井井点降水具有排水量大、降水深、不受吸程限制、井距大等优点。但其一次性投资大,成孔质量要求高。管井井点降水尤其适用于渗透系数较大(10~250 m/d)、土质为砂土、碎石土,地下水丰富、降水深(10~50 m)、面积大的情况,也可用于渗透系数大于0.1 m/d的粉质黏土、粉土等。

带真空的深井泵是在上海等地区应用较多的一种深层降水设备。每一个深井井点由井管和滤头组成,除单独配备一台电动机带动水泵外,还配备一台真空泵(图 2-9),真空泵开动后,可使井管内及井点周围形成部分真空,可增加流向井点的水力梯度并改善周围土的排水性,使得深井井点降水在低渗透性的粉砂、粉土和淤泥质黏土中亦能适用。真空深井井点降水深度可达 8~18 m,每个井点的降水服务范围在软土中可达 200 m² 左右。

1. 井点系统设备

井点系统设备由深井、井管、深井潜水泵和集水井等组成,如图 2-10 所示。

1) 井管

井管由滤水管、吸水管和沉砂管三部分组成,它可用钢管或混凝土管制成,管径一般 300~375 mm,内径应比潜水泵外径大 50 mm。

(1) 滤水管

在降水过程中,滤水管的滤网将土、砂颗粒过滤在管外,使清水流入管内。滤水管的长度取决于含水层的厚度、透水层的渗透速度及降水速度,一般为 3~9 m,其构造如图 2-11 所示。通常在钢管上分三段抽条(或开孔),在抽条(或开孔)后的管壁上焊 $\phi6$ mm 的垫筋,在垫筋外缠绕 #12 铁丝,呈螺旋形状,螺距为 1 mm 并与垫筋用锡焊焊牢,或外包 10 孔/cm² 和 41 孔/cm² 镀锌铁丝网各两层或外包尼龙网。

简易深井亦可采用钢筋笼作井管,用 4~8 根 $\phi12$~16 mm 钢筋作主筋,外设 $\phi6$~12 mm@150~250 mm 钢筋箍筋,并在内部设 $\phi16$@300~500 mm 加强箍筋,主筋

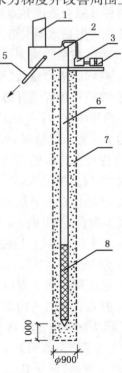

1—电气控制箱;2—溢水箱;3—真空泵;
4—电动机;5—出水管;6—井管;
7—滤料(砂);8—滤头

图 2-9　真空深井井点

与箍筋、加强筋之间点焊连接形成骨架,外包孔眼为 1 mm×1 mm 和 5 mm×5 mm 的铁丝网;也可以在主筋上外缠#8 铁丝,间距 2～3 mm,与主筋点焊固定,外包 14 目尼龙网;或沿钢筋骨架周边绑扎竹片或细竹竿,外包草帘、草袋各一层,用#12 铁丝扎紧。钢筋笼每节长 8 m,纵筋比井笼长 300 mm,以便接长,钢筋笼直径比井孔每边小 200 mm。

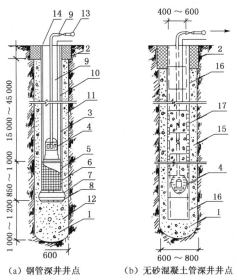

(a) 钢管深井井点　　(b) 无砂混凝土管深井井点

1—井孔;2—黏土封口;3—ϕ300～375 mm 井管;
4—潜水电泵;5—过滤段(内填碎石);6—滤网;
7—导向段;8—开孔底板(下铺滤网);9—出水管;
10—电缆;11—小砾石或中粗砂;12—中粗砂;
13—出出水总管;14—钢板井盖;15—小砾石;
16—沉砂管(混凝土实管);17—无砂混凝土过滤管

图 2-10　深井井点构造

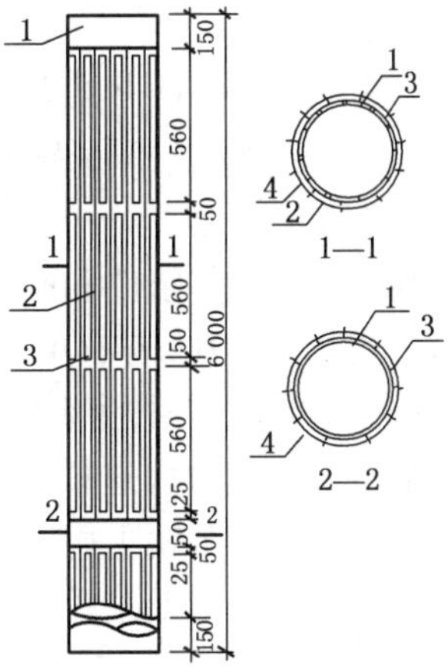

1—钢管;2—轴条后孔;3—ϕ6 mm 垫筋;
4—缠绕#12 铁丝(与垫筋用锡焊焊牢)

图 2-11　深井井点滤水管构造

当土质较好,深度在 15 m 以内时,也可以采用外径 380～600 mm、壁厚 50～60 mm、长 1.2～1.5 m 的无砂混凝土管作滤水管。

(2) 吸水管

吸水管连接滤水管,起挡土、贮水作用,采用与滤水管同直径的实钢管制成。

(3) 沉砂管

在降水过程中,沉砂管用于沉淀少量进入滤水管的砂粒,一般采用与滤水管同直径的钢管,下端用钢板封底。

2) 水泵

水泵选用取决于地下水位降深和排水量,可选用深井潜水泵或深井泵。水泵的出水量应大于设计值的 20%～30%。每口井配一台水泵,并带吸水管,同时配上一个控制井内水位的自动开关,井口安装一个阀门以便调节流量。另外,每个基坑井点群应有两台备用泵。

2. 井点布置

井点的布置视基坑面积面定,一般每 200～250 m² 面积设一个井点,布置时既要避开内支撑,又宜靠近支撑以便挖土时加以固定。井点的排水口应距离坑边一定距离,防止排出水回渗流入坑内。

井点滤水管宜设置在透水性较好的土层中,并深入到透水层 6～9 m,通常还应比所需降水的深度深 6～8 m。水泵安装应按设计要求置于预定深度,水泵吸水口应始终能保持在动水位以下,且应高于井底 1 m 以上。

3. 井点埋设与使用

1) 施工工艺程序

管井井点施工工艺流程见图 2-12。

2) 井点埋设与使用阶段的注意事项

(1) 成孔

成孔时要注意保证井孔垂直,也要注意保护井壁、井口,防止坍塌;要注意保证钻孔深度;还要注意井管沉放前一定要清孔。

成孔可根据土质条件和孔深要求,采用冲击钻、回转钻或潜水电钻钻孔;若有可能,也可利用少量用于护壁的人工挖孔桩作临时性降水深井。钻机钻杆应垂直钻进,以保证成孔垂直,这样,井管安设时才能居中,滤料厚度才能一致。在软土中成孔,一般要用泥浆护壁,孔口还要设置护筒,以防坍塌。钻孔深度要达到透水层,一般宜深入到透水层 6～9 m,在不设沉砂管时,钻孔深度应适当加深,加深值应比抽水期间可能沉积的泥砂高度略大。

井管沉放前应清底,一般用压缩空气洗井或用吊筒上下取出泥渣,也可以用压缩空气与潜水泵联合洗井。清底排渣后,要复测井孔的实际深度和井底沉淀物的厚度,保证它们达到设计要求。

(2) 安设井管,填充滤料

井管下放时,将预先制作好的井管用吊车或三脚架借助卷扬机分段下放,钢管要分段焊接,直下到井底。

井管安放应力求垂直并位于井孔中间,管顶部比自然地面高出约 500 mm。当采用无砂混凝土管作为井管

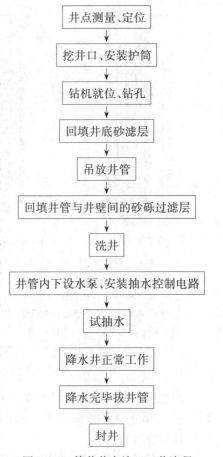

图 2-12 管井井点施工工艺流程

井点测量、定位

挖井口、安装护筒

钻机就位、钻孔

回填井底砂滤层

吊放井管

回填井管与井壁间的砂砾过滤层

洗井

井管内下设水泵、安装抽水控制电路

试抽水

降水井正常工作

降水完毕拔井管

封井

时,可在成孔完成后,逐节沉入无砂混凝土管,外壁绑上长竹片作导向,使接头对正。井管滤水管部分应放置在透水层适当范围内。

井管沉入后,要及时在井管与井壁间填充砂砾滤料。滤料宜选用磨圆度较好的硬质岩石,不应采用棱角状石渣料、风化料或其他黏土质岩石。滤料规格应按照土层实际情况选用,粒径还应大于滤网的孔径。砂砾滤料必须符合级配要求,要将设计砂砾规格上、下限以外的颗粒筛除,合格率要大于 90%,杂质含量不大于 3%。应用铁锹下料,避免砂砾分层不均匀和冲歪井管,填滤料要一次连续完成,从井底填到井口下 1 m 左右,然后在上部用黏土封口。

(3) 洗井

井管与孔壁间填充砂砾滤料后,安设水泵前应按规定先清洗滤井,冲除沉渣。采用泥浆护壁钻孔的深井,还要经过洗井来清除遗留的泥浆和孔壁泥皮;否则会使地下水向井内渗透

的通道不畅,严重影响单井降水能力,所以要把好洗井质量关。

洗井一般采用压缩空气法,其原理是当压缩空气通到井管下部时,井管内部为密度小于1的气水混合物,而井管外为密度大于1的泥水混合物,这样井管内外形成压力差,井管外的泥水混合物,在压力差作用下流进管内,于是井管内就变成了气、水、土三相混合物,其密度随掺气量的增加而降低,三相混合物不断被带出井外,滤料中的泥土成分则越来越少,直至清洁干净。洗井应在填好滤料并封口后尽快进行,以免时间过长,护壁泥浆逐渐硬化而难以破坏。

(4) 安设水泵

潜水泵在安装前,应对水泵本身和控制系统作一次全面检查。检查的项目包括:检验电动机的旋转方向,各部位螺栓是否拧紧,润滑油是否加足,电缆接头的封口有无松动,电缆线有无破坏折断等;然后在地面上运转 3~5 min,如无问题,方可放入井内使用。深井内的潜水泵可用绳索或吊车吊入,电泵上部应与井管口固定。每台泵应设置一个控制开关,主电源线沿深井排水管路设置。

深井泵的电动机安装在地面上,机座应安设平稳,电动机严禁逆转,为此宜设置转向逆止阀,以防转动轴解体。深井泵的吸水口宜高于井底 1 m 以上,以保证吸水畅通。

水泵安设完毕后应进行试抽水,满足要求后转入正常工作。

(5) 使用阶段注意事项

① 基坑内井点应同时抽水,使水位差控制在要求范围内。

② 加强水位监测,特别是靠近已有建(构)筑物的深井井点,宜在建(构)筑物附近设观测井,水位差过大时,应立即采取补救措施,如设置回灌井点等。

③ 防止排出的地下水回渗而流入基坑。

④ 潜水泵在运行时要注意检查电缆线是否和井壁相碰,以防磨损后水沿电缆芯掺入电动机内。应定期检查潜水泵密封的可靠性,以保证正常运转。

⑤ 位于基坑内的深井井点,由于井管较长,挖土至一定深度后,井管应与附近的支护结构支撑或立柱等连接,予以固定。在挖土过程中,要注意保护深井泵,避免被挖土机撞击。

⑥ 当基坑底部有不透水层时,为排除上层地下水,可采用砂井配合深井降水。下层水及部分上层水通过深井抽水降至预定水位线,剩余上层水通过砂井渗入到下层土中,从而达到较快降水的目的。砂井成孔后,用粒径 5 mm 的砾料与粗砂各 50% 混合填充,砂井深度至不透水层以下 1.0~1.5 m,砂井滤料填至不透水层以上 2~3 m 处为止,间距一般为 0.8~2.0 m。

⑦ 井管使用完毕后,应将井管拔出。拔除井管后的孔洞,应立即用砂土填实;对于穿过不透水层进入承压含水层的井管,拔除井管后应用黏土球填衬封死,杜绝井管位置发生管涌;用于坑内降水的深井,也可以在基础底板浇筑后,将埋入底板的井管段封死,上部井管割除。

2.2.4 截 水

当因坑外降水可能会危及基坑及周边环境安全时,宜采用截水的方法来控制地下水。

深基坑工程的截水常采用的是设截水帷幕,它是在基坑开挖前沿基坑四周设置隔水围护壁(亦称隔水帷幕)。截水帷幕的类型有水泥土搅拌桩帷幕、高压旋喷桩或摆喷帷幕、地下连续墙或咬合桩帷幕等,它们往往不只是为了挡水,常常同时作为基坑的支护结构用来挡土。当支护结构均采用排桩时,常用的截水方式是在桩间施工高压旋喷或摆喷桩,与排桩相互咬合形成组合帷幕。

截水帷幕的厚度应满足防渗要求，其渗透系数宜小于 $1.0 \times 10^{-6} \mathrm{cm/s}$。

当坑底以下存在连续分布、埋深较浅的隔水层时，为了阻止基坑内外的地下水相互渗流，截水帷幕的底部宜插入到隔水层（图 2-13）。其插入深度可按下式计算：

$$l = 0.2\Delta h - 0.5b \tag{2-8}$$

式中　l——帷幕插入隔水层的深度；

　　　Δh——作用水头；

　　　b——帷幕厚度。

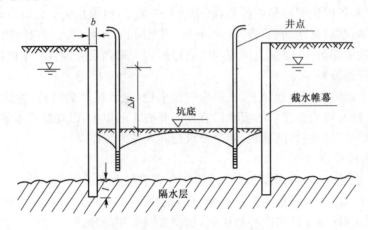

图 2-13　落底式竖向截水帷幕

截水后，基坑内的水量或水压较大时，可在基坑内用井点降水。这样既有效地保护了周边环境，同时又使坑内一定深度的土层疏干并排水固结，改善了施工作业条件，也有利于支护结构及基底的稳定。

当地下含水层渗透性较强、厚度较大时，可采用侧向截水与坑内井点降水相结合或采用侧向截水与水平封底相结合的方案。水平封底可采用化学注浆法或旋喷注浆法，如图 2-14 所示。

当坑底以下因含水层厚度大而采用悬挂式帷幕时，帷幕进入透水层的深度应满足《建筑基坑支护技术规程》（JGJ 120—2012）中对地下水从帷幕底绕流的渗透稳定性要求，并应对帷幕外地下水位下降引起的周边建（构）筑物、地下管线沉降进行分析。《建筑基坑支护技术规程》（JGJ 120—2012）中规定：悬挂式截水帷幕底端位于碎石土、砂土或粉土含水层时，对均质含水层，地下水渗流的流土稳定性应符合下式规定（图

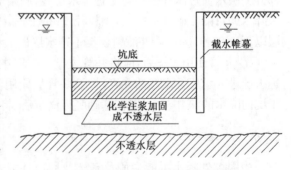

图 2-14　侧向截水与水平封底相结合

2-15），对渗透系数不同的非均质含水层，宜采用数值方法进行渗流稳定性分析。

$$\frac{(2D + 0.8D_1)\gamma'}{\Delta h\gamma_{\mathrm{w}}} \geqslant K_{\mathrm{se}} \tag{2-9}$$

式中　K_{se}——流土稳定性安全系数,安全等级为一、二、三级的支护结构,K_{se}分别不应小于

　　　　　　1.6,1.5,1.4;

　　　D——截水帷幕底面至坑底的土层厚度(m);

　　　D_1——潜水水面或承压水含水层顶面至基坑底面的土层厚度(m);

　　　γ'——土的浮重度(kN/m³);

　　　Δh——基坑内外的水头差(m);

　　　γ_w——水的重度(kN/m³)。

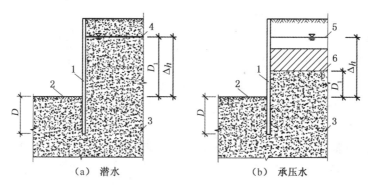

（a）潜水　　　　　　　　　（b）承压水

1—截水帷幕;2—基坑底面;3—含水层;4—潜水水位;5—承压水测管水位;6—承压含水层顶面

图 2-15　采用悬挂式帷幕截水时的流土稳定性验算

截水帷幕在平面布置上应沿基坑周边闭合,当采用非闭合形式时,应对地下水绕流引起的渗流破坏或水位下降进行分析。

作为截水帷幕的水泥土桩要确保相邻桩之间能够全长有效搭接,搭接宽度应满足规范的有关规定。水泥土桩一般采用单排或双排布置形式,为了克服施工位置偏差造成的搭接不足,对较深基坑宜采用双排桩截水帷幕。

截水帷幕施工方法、工艺和机具的选择应根据水文地质及施工条件等因素综合确定。

2.2.5　回灌

井点降水对周围建(构)筑物等的影响是由周围地下水流失造成的,因此当基坑周围有建筑物或地下管线需要保护或坑外水位降低过多时,宜采用回灌措施控制地下水位的变化。回灌措施包括回灌井点、回灌砂井、回灌砂沟等。

回灌井点就是在降水井点与要保护的已有建(构)筑物之间打一排井点,在井点降水的同时,向土层中灌入一定数量的水,形成一道隔水帷幕,使井点降水的影响半径不超过回灌井点的范围,从而阻止回灌井点外侧的建(构)筑物下的地下水的流失,如图 2-16 所示。

若采取如下措施:在降水井点与被保护建(构)筑物之间设置砂井作为回灌井,沿砂井布置

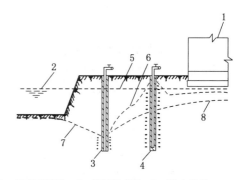

1—原有建筑物;2—开挖的基坑;3—降水井点;
4—回灌井点;5—原有地下水位线;
6—降水和回灌井点间水位线;
7—降低后地下水位线;
8—仅设降水井点的水位线

图 2-16　回灌井点布置

一道砂沟,将井点抽出的水,适时、适量地排入砂沟,再经砂井回灌到地下;实践证明此措施亦能收到良好的效果。

2.2.5.1 回灌井点(砂井、砂沟)布置

(1)回灌井点(砂井、砂沟)与降水井点的距离不宜小于6 m,以避免回灌水直接回到降水井点,造成两井"相通"。

(2)回灌井点(砂井)的间距应根据降水井点的间距和被保护物的平面位置确定。

(3)回灌井点(砂井)宜进入稳定降水曲面下1 m,且位于渗透性较好的土层中,过滤管的长度应大于降水井点过滤段的长度。

(4)在回灌井点保护范围内应设置水位观测井,以便根据水位调节回灌水量。

2.2.5.2 回灌井点(砂井、砂沟)施工要点

(1)回灌井点埋设方法及质量要求与降水井点基本相同。

(2)回灌水量可通过水位观测井中水位变化进行控制和调节,宜不超过原水位标高,尽可能保持抽灌平衡。

(3)为满足回灌注水压力的要求,应设置高位回灌水箱,以便靠水位差重力自流灌入土中,水箱高度可根据灌入水量配置。

(4)回灌水宜采用清水,以避免产生井点孔眼堵塞现象。

(5)回灌井点(砂井、砂沟)与降水井点应协调控制。降水的同时开始灌水,且不得中断,当其中一方停止工作时,另一方也应停止工作,恢复工作亦应同时进行。

2.3 深基坑工程的支护结构

2.3.1 支护结构的作用与构成

高层建筑上部结构传到地基上的荷载很大,为此应多建造补偿性基础。为了充分利用地下空间,有的设计有多层地下室,所以高层建筑的基础埋深较深,施工时基坑开挖深度较大,如北京外经贸委综合楼为−26.68 m、北京的京城大厦为−23.76 m、北京中银大厦为−22.715 m、上海金茂大厦为−19.65 m、上海银冠大厦为−19.5 m、武汉中南商业广场为−17.4 m、深圳鸿昌广场为−20.7 m等。许多城市的高层建筑施工都需开挖深度较大的基坑,给施工带来很多困难,尤其在软土地区或城市建筑物密集地区。施工场地邻近的已有建筑物、道路、纵横交错的地下管线等对沉降和位移很敏感,不允许采用较经济的放坡开挖,而需在人工支护条件下进行基坑开挖。对支护结构如何选型、合理的布置和计算、如何组织施工,以及施工过程中的支护结构监测和环境保护等,就是本章需要研究的问题。

支护结构的设计和施工,影响因素众多,如土层种类及其物理力学性能、地下水情况、周围环境、施工条件和施工方法、气候等因素都对支护结构产生影响;再加上荷载取值的精确性和计算理论方面存在的问题,要想使支护结构的设计完全符合客观实际,目前还存在一定的困难。为此,如施工过程稍有疏忽或未严格按照设计规定的工况进行施工,都易产生恶性事故,造成巨大的经济损失和社会影响,并严重拖延工期,在这方面已有不少教训。为此,虽然支护结构多数皆属施工期间挡土、挡水、保护环境等所用的临时结构,但其设计和施工都要采取极端慎重的态度,在保证施工安全的前提下,尽力做到经济合理和便于施工。

支护结构的种类很多，其构成亦各异：①重力式水泥土挡墙式。通常以挡墙的自重和刚度保护基坑壁，既挡土又挡水，一般不设内支撑，个别情况下必要时亦可辅以内支撑，以加大基坑的支护深度。②排桩与板墙式。由板桩、排桩（有的地区加止水帷幕）或地下连续墙等用作挡墙，另设内支撑或外拉的土层锚杆。③边坡稳定式。有土钉墙、锚喷支护和复合土钉墙支护，土钉墙是一种利用加固后的原位土体来维护基坑边坡土体稳定的支护方法，由土钉（群）、钢丝网喷射混凝土面板和加固后的原位土体三部分组成。锚喷支护是一种利用锚杆将不稳定土体的侧向压力传递到稳定岩土体中的一种支护形式。除上述三类支护结构外，还有其他一些形式，有时还可以两种类型组合应用，如上面用土钉墙下面用排桩支护等。

2.3.2　支护结构的选型

支护结构设计的第一步即支护结构选型，根据基坑的安全等级、开挖深度、周围环境情况、土层及地下水位，根据工程经验或专家系统并经过经济比较，正确地选择支护结构形式。

2.3.2.1　基坑侧壁的安全等级

根据我国的行业标准《建筑基坑支护技术规程》(JGJ 120—2012)，基坑根据其破坏后果的严重程度，分为表2-2所示的三级安全等级，在计算时要分别取用不同的重要性系数 γ_0。

表 2-2 　　　　　　　　　基坑侧壁安全等级和重要性系数 γ_0

安全等级	破坏后果	重要性系数 γ_0
一级	支护结构失效、土体过大变形对基坑周边环境或主体结构施工安全的影响很严重	1.10
二级	支护结构失效、土体过大变形对基坑周边环境或主体结构施工安全的影响一般	1.00
三级	支护结构失效、土体过大变形对基坑周边环境或主体结构施工安全的影响不严重	0.90

注：有特殊要求的建筑基坑侧壁安全等级，可根据具体情况另行确定。

2.3.2.2　基坑工程勘察要求

为使支护结构的设计和施工有据可依，在进行地基勘察阶段，对需进行支护的基坑工程，宜按下列要求进行勘察：确定勘察范围时，宜在开挖边界外按开挖深度的1～2倍范围内布置勘探点，对软土勘探范围尚宜扩大。当开挖边界外无法布置勘探点时，应通过调查取得相应资料。应查明基坑开挖深度及挡墙边界附近范围内的暗浜、地下管线及障碍物的分布及埋藏情况，当使用浅层小螺纹钻孔勘探难以查明时，可采用浅层物探方法进行普查。当基坑外无法布置勘探点时，应通过调查取得相关勘察资料并结合场地内的勘察资料进行综合分析。

勘探点的间距视地层条件而定，可在15～25 m范围内选择，地层变化较大时，应增加勘探点以查明地层分布规律。

勘探点的深度，应满足支护结构的设计要求，不宜小于基坑深度的2倍。在软土地区，为满足支护结构稳定性验算的要求,深度一般不宜小于基坑开挖深度的 2.5 倍,对重要的基坑工程宜穿透淤泥质软弱土层。当基坑面以下存在承压水含水层时,勘探孔深度应穿过承压含水层。

勘探时还要查明开挖范围及邻近场地地下水含水层和隔水层的层位、埋深和分布情况;查明各含水层(包括上层滞水、潜水、承压水)的补给条件和水力联系。同时要分析施工过程中水位变化对支护结构和基坑周边环境的影响,提出应采取的措施。

进行基坑工程勘察时,岩土工程测试参数应包括:土的常规物理试验指标;直接剪切试验测定固结快剪指标 ϕ、c 值;室内或原位试验测试渗透系数 K 等。

对基坑周边环境的勘查,应包括下述内容:

(1)查明基坑开挖影响范围内的建(构)筑物的位置、结构类型、层数、基础形式和尺寸、埋深、基础荷载及上部结构现状。

(2)查明基坑周边的各类地下构筑物和设施的位置、类型、尺寸、埋深等,包括上水、下水、电缆、煤气、污水、雨水、热力等管线、管道的分布和性状;既有供水、雨水、污水等地下输水管线,尚应包括其使用状况,尤其是有无渗漏现象。

(3)查明场地周围邻近地区地表水的汇流和排泄情况。

(4)查明场地四周道路与基坑的距离、最大车辆载重、道路的构造与道路行驶情况。

2.3.2.3 支护结构的形式

支护结构按其工作机理和挡墙形式,一般分为如图 2-17 所示的一些类型。下面简单介绍各种形式支护结构的特点及其适用范围,供支护结构选型时参考。

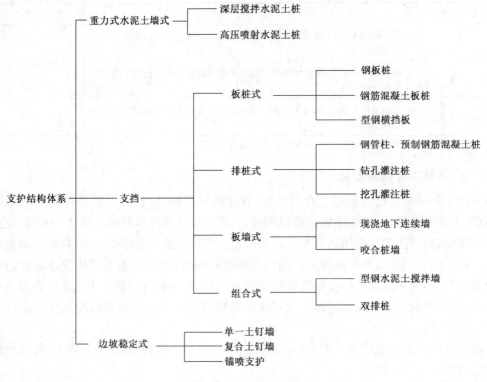

图 2-17 支护结构形式

1. 挡墙的选型

支护结构中常用的挡墙结构有下列一些类型。

1) 钢板桩

钢板桩常用的有简易的槽钢钢板桩和热轧锁口钢板桩。

(1) 槽钢钢板桩

槽钢钢板桩是一种简易的钢板桩挡墙,由槽钢并排或正反扣搭接组成。槽钢长 6～8 m,型号由计算确定。由于其抗弯能力较弱,多用于深度不超 4 m 的基坑,顶部近地面处设一道支撑或拉锚。

(2) 热轧锁口钢板桩

其形式有 U 形、Z 形、一字形、H 形和组合形。我国一般常用 U 形,即互相咬接形成板桩墙,只有在基坑深度很大时才用组合形。一字形在建筑施工中基本上不用,在水工等结构施工中有时用来围成圆形墩隔墙。U 形钢板桩可用于开挖深度 5～10 m 的基坑,目前我国各地区尚有应用。由于热轧锁口钢板桩一次性投资较大,多以租赁方式租用,用后拔出归还。在软土地基地区钢板桩打设方便,有一定挡水能力,施工迅速,且打设后可立即开挖,当基坑深度不太大、周围环境要求不太严格时往往是考虑的方案之一。

但是,钢板桩毕竟柔性较大,基坑较深时支撑(或拉锚)工程量较大,给坑内施工带来一定困难;而且,由于钢板桩用后拔除时带土,如处理不当会引起土层移动,将会给施工的结构或周围的设施带来危害,故应予以充分注意,采取有效技术措施以减少带土。

2) 钢筋混凝土板桩

这是一种传统的支护结构,截面带企口有一定挡水作用,顶部设圈梁,用后不再拔除,永久保留在地基土中,过去多用于钢板桩难以拔除的地段。有的施工单位将其用于高层建筑深基坑支护。其做法是先放坡开挖上层土(如地下水位高则用轻型井点降水),然后打设钢筋混凝土板桩,由于挡土高度减小,在开挖下层土时可用单锚板桩代替复杂的多支撑板桩,简化支撑或拉锚。如钢筋混凝土板桩沿基础边线精确地打设,还可兼作基础混凝土浇筑时的模板,简化了基础工程施工。但总的说来,此支护结构应用较少。

3) 钻孔灌注桩排桩挡墙

常用者为 $\phi600～\phi1\,000$ mm,做成排桩挡墙,顶部浇筑钢筋混凝土圈梁,设内支撑或外拉锚体系。我国各地都有应用,是支护结构中应用较多的一种。两层地下室及其以下的深基坑上海及江浙地区多采用钻孔灌注桩加内支撑支护体系;北京、济南等地区多采用钻孔灌注桩加外拉锚支护体系。其他地区也多应用。

灌注桩挡墙的刚度较大,抗弯能力强,变形相对较小,在土质较好的地区已有 7～8 m 悬臂者,在软土地区坑深不超过 14 m 皆可用之,经济效益较好。但其永久保留在地基土中,可能为日后的地下工程施工造成障碍。排桩挡墙桩与桩之间常留有间隙(排桩中心距不宜大于 2 倍的桩径),挡水效果差,有时将它与深层搅拌水泥土桩或高喷桩组合应用,前者抗弯,后者做成防水帷幕起挡水作用。

4) H 型钢支柱、木挡板支护挡墙

这种支护结构适用于土质较好、地下水位较低的地区,国外应用较多,国内亦有应用。如北京京城大厦深 23.5 m 的深基坑即用这种支护结构,它将长 27 m 的 488 mm×300 mm 的 H 型钢按 1.1 m 间距打入土中,用三层土锚拉固。上海有的工程亦曾应用,但总的来说,应用不多。

H 型钢支柱按一定间距打入,支柱间设木挡板或其他挡土设施,用后可拔出回收重复使用,较为经济,但一次性投资较大。

5) 地下连续墙

地下连续墙已成为深基坑的主要支护结构挡墙之一,国内大城市深基坑工程利用此支护结构为多,常用厚度为 600～1 000 mm,目前也可施工厚 450 mm 者,如北京王府井宾馆、京广大厦、广州白天鹅宾馆、上海电信大楼、海伦宾馆、上海国际贸易中心大厦、上海金茂大厦、济南绿地中心等著名的高层建筑的基础施工都曾采用地下连续墙。尤其是地下水位高的软土地区,当基坑深度大且邻近的建(构)筑物、道路和地下管线相距甚近时,它往往是首先考虑的支护方案。上海地铁的多个车站施工中都采用地下连续墙。当地下连续墙与"逆筑法"结合应用,可省去挖土后地下连续墙的内部支撑,还能使上部结构及早投入施工或使道路等及早恢复使用,对深度大、地下结构层数多的深基础的施工十分有利。我国已有不少"逆筑法"施工成功的先例。地下连续墙如单纯用作支护结构,费用较高,如施工后即成为地下结构的组成部分(即两墙合一)则较为理想,我国在这方面亦有许多成功应用的案例。

6) 深层搅拌水泥土桩挡墙

深层搅拌水泥土桩挡墙在软土地区近年来应用较多,尤以上海、江苏、浙江一带应用最多,适用于淤泥质土、淤泥等软弱地层的基坑。过去多用于地基加固工程。它是用特制进入土深层的深层搅拌机将喷出的水泥浆固化剂与地基土进行原位强制拌和而制成水泥土桩,相互搭接,硬化后即形成具有一定强度的壁状挡墙(有各种形式,计算确定),既可挡土又可形成隔水帷幕。对于平面呈任何形状、开挖深度不很深的基坑(一般认为不超过 7 m),皆可用作支护结构,比较经济。水泥土的物理力学性质,取决于水泥掺入比,多用 12% 左右。目前在上海地区广为应用,收到较好的效果,它特别适应于软土地区。

深层搅拌水泥土桩挡墙,属重力式挡墙,深度大时可在水泥土中插入加筋杆件,形成加筋水泥土挡墙,必要时还可辅以内支撑等。

7) 高压喷射水泥土桩挡墙

分为旋喷桩和摆喷桩两种形式。它是钻孔后将钻杆从地基土深处逐渐上提,同时利用插入钻杆端部的旋转喷嘴,将水泥浆固化剂喷入地基土中形成水泥土桩,桩体相连形成帷幕墙,可用作支护结构挡墙。在较狭窄地区亦可施工。它与深层搅拌水泥土桩一样,亦为重力式挡墙,只是形成水泥土桩的工艺不同而已,高喷桩的水泥掺量较大,一般多取天然土重的25%～40%。在施工高喷桩时,要控制好上提速度、喷射压力和喷射量旋转速度等工艺参数,否则质量难以保证。

8) 土钉墙及复合土钉墙

土钉墙是一种利用土钉加固后的原位土体来维护基坑边坡土体稳定的支护方法。它由土钉、钢丝网喷射混凝土面板和加固后的原位土体三部分组成。该种支护结构简单、经济、施工方便,是一种较有前途的基坑边坡支护技术,适用于地下水位以上或经降水后的黏性土或密实性较好的砂土地层,基坑深度一般不大于 12 m。

复合土钉墙是近年来发展起来的一种新型基坑支护形式,它由土钉墙与预应力锚杆、截水帷幕、微型桩中的一类或几类结合而成。通过土钉墙与不同复合构件的结合可以实现截水、控制变形、提高稳定性的目的。复合土钉墙适用范围很广,可用于黏土、粉质黏土、粉土、砂土、碎石土、全风化及强风化岩,夹有局部淤泥质土的地层中也可采用。复合土钉墙在软土地层中基坑开挖深度不宜大于 6 m,其他地层中基坑直立开挖深度不宜大于 13 m,可放坡时基坑开挖深度不宜大于 18 m。地下水位高于基坑底时应采取降排水措施或选用具有截水帷幕的复合土钉墙支护。坑底存在软弱地层时应经地基加固或采取其他加强措施后再采用。2011 年我国颁布了工程建设国家标准《复合土钉墙基坑支护技术规范》(GB 50739—2011),对其设计方法、施工要求做出了明确规定。目前该技术已经基本发展成熟,在我国得到广泛应用。

除上述者外,还有用人工挖孔桩(我国南方地区应用不少)、打入预制钢筋混凝土桩等支护结构挡墙。近年来 SMW 法(水泥土搅拌连续墙)在我国已成功应用,有一定发展前途。北京还采用了桩墙合一的方案。即将支护桩移至地下结构墙体位置,轴线桩既承受侧向土压力又承受垂直荷载,轴线桩间增加一些挡土桩承受土压力,桩间砌墙作为地下结构外墙,收到较好的效果,目前亦得到推广。

支护结构挡墙的选型,要应根据工程地区、水文地质条件、环境条件、施工条件以及使用条件等因素开展分析,通过工程类比和技术经济比较后合理确定。选择满足施工要求、对周围的不利影响小、施工方便、工期短、经济效益好的方案。而且支护结构挡墙选型要与支撑选型、地下水位降低、挖土方案等配套研究确定。图 2-18 为常用支护结构挡墙形式。

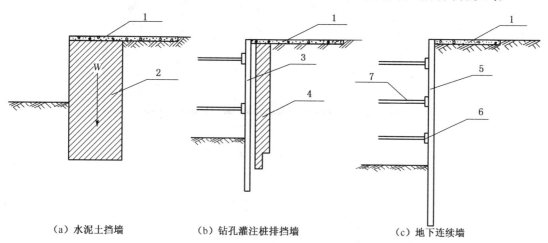

(a)水泥土挡墙　　(b)钻孔灌注桩排挡墙　　(c)地下连续墙

1—钢筋混凝土压顶板;2—水泥土挡墙;3—钻孔灌注桩排挡墙;
4—水泥土防水帷幕;5—地下连续墙;6—腰梁;7—内支撑

图 2-18　支护结构挡墙的形式

2. 支撑(拉锚)的选型

当基坑深度较大,悬臂的挡墙在强度和变形方面不能满足要求时,即需增设支撑系统。支撑系统分基坑内支撑和基坑外拉锚两类。基坑外拉锚又分为顶部拉锚与土层锚杆拉锚,前者用于不太深的基坑,多为钢板桩,在基坑顶部将钢板桩挡墙用钢筋或钢丝绳等拉结锚固在一定距离之外的锚桩上。土层锚杆锚固多用于较深的基坑。

内支撑结构选型的原则是:一是宜采用受力明确、连接可靠、施工方便,且对称平衡性、整体性强的结构形式;二是内支撑选型应与主体地下结构的结构形式、施工顺序协调,应便于主体结构施工;三是应利于基坑土方开挖和运输;需要时,应考虑内支撑结构作为施工平台。

目前支护结构的内支撑(图 2-19),常用的有钢结构支撑和钢筋混凝土结构支撑两类。钢结构支撑多用圆钢管和 H 型钢。为减少挡墙的变形,用钢结构支撑时可用液压千斤顶施加预顶力。

内支撑结构在综合考虑基坑平面的形状、尺寸、开挖深度、周边环境条件、主体结构的形式等因素的影响后,可选用水平对撑或斜撑(可采用单杆、桁架、八字形支撑)、正交或斜交的平面杆系支撑、环形杆系或板系支撑、竖向斜撑等形式(图 2-20 为内支撑结构常用类型)。

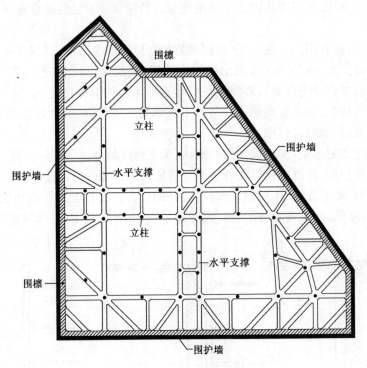

图 2-19 内支撑系统示意图

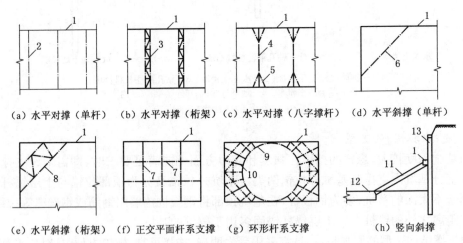

（a）水平对撑（单杆）　（b）水平对撑（桁架）（c）水平对撑（八字撑杆）　（d）水平斜撑（单杆）

（e）水平斜撑（桁架）　（f）正交平面杆系支撑　（g）环形杆系支撑　　　（h）竖向斜撑

1—腰梁或冠梁；2—水平单杆支撑；3—水平桁架支撑；4—水平支撑主杆；
5—八字撑杆；6—水平支撑角撑；7—水平正交支撑；8—水平斜交支撑；
9—环形支撑；10—支撑杆；11—竖向斜撑；
12—竖向斜撑基础；13—挡土构件

图 2-20 内支撑结构常用类型

1）钢结构支撑

钢结构支撑拼装和拆除方便、迅速，为工具式支撑，可多次重复使用，且可根据控制变形的需要施加预顶力。由于安装速度快，安装后能立即发挥支撑作用，对减小时间效应产生的位移非常有效。但与钢筋混凝土结构支撑相比，它的变形相对较大，由于圆钢管和型钢的承载能力不如钢筋混凝土结构支撑的承载能力大，因而支撑水平向的间距不能很大，且布置形式不太灵活，所以相对来说，对于机械挖土不太方便。在大城市建筑物密集地区开挖深基坑，支护结构多以变形控制，在减少变形方面钢结构支撑不如钢筋混凝土结构支撑，但如果分阶段根据变形多次施加预顶力亦能控制变形量，钢结构支撑仍为发展方向。

（1）钢管支撑

钢管支撑一般利用 ϕ609 钢管余料接长，用不同壁厚的钢管来适应不同的荷载，常用的壁厚 δ 为 12 mm，14 mm，亦有时用 16 mm 者。除 ϕ609 钢管外，亦有用较小直径钢管者，如 ϕ580，ϕ406 钢管等。钢管的刚度大，单根钢管有较大的承载能力，不足时还可两根钢管并用。

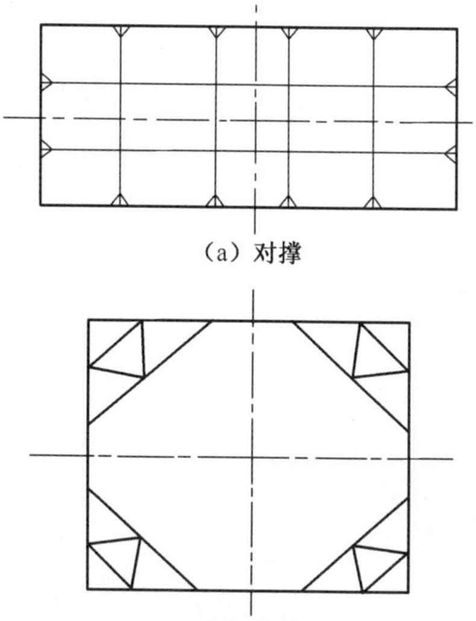

钢管支撑的形式，多为对撑或角撑（图 2-21）。当为对撑时，为增大间距在端部可加设琵琶撑，以减小腰梁的内力。当为角撑时，如间距较大、长度较长，亦可增设腹杆形成桁架式支撑。

对于两个方向钢支撑连接节点，纵横钢管支撑交叉处，上下叠交虽然施工方便，但结构整体性差，应尽量避免使用。宜增设特制的十字接头，使纵横钢管都与十字接头连接，纵横钢管处于同一平面内，钢管支撑形成一平面框架，刚度大，受力性能好（图 2-22）。

图 2-21　钢管支撑的形式

钢管支撑端部的活络头子和琵琶斜撑的具体构造，参见图 2-23。目前投入基坑工程使用的活络头子主要有楔形活络头子和箱体活络头子（图2-24、图 2-25）。

用钢管支撑时，挡墙的腰梁可为钢筋混凝土腰梁，亦可为型钢腰梁。前者刚度大，承载能力高，可增大支撑的间距。

（2）H 型钢支撑

H 型钢支撑用螺栓连接，为工具式钢支撑，现场组装方便，构件标准化，对不同的基坑能按照设计要求进行组合和连接，可重复使用，有推广价值。

H 型钢常用者为焊接 H 型钢和轧制 H 型钢。

图 2-22　钢管支撑十字节点

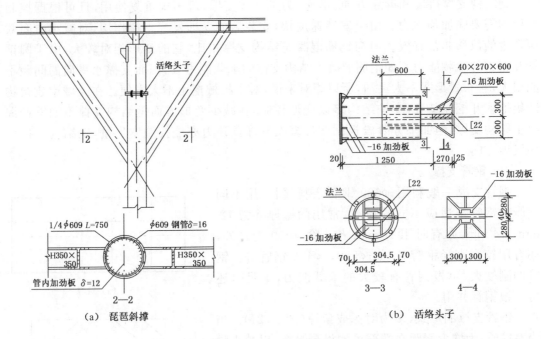

（a）琵琶斜撑　　　　　　　　（b）活络头子

图 2-23　琵琶斜撑与活络头子

图 2-24　楔形活络头子

图 2-25　预应力箱体

H 型钢支撑的构造如图 2-26 所示。

2）钢筋混凝土支撑

钢筋混凝土支撑是在上海等地区深基坑施工中发展起来的一种支撑形式，它多用于土模或模板，随着挖土逐层现浇，截面尺寸和配筋根据支撑布置和杆件内力大小而定。它刚度大，整体性变形小，能有效地控制挡墙变形和周围地面的变形，宜用于较深基坑和周围环境要求较高的地区。但混凝土支撑需要较长的现场制作和养护的时间，制作后不能立即发挥支撑作用，当支撑强度达到一定的材料强度后，才允许开挖下层土方，所以在施工中要尽快形成支撑，减少土壤蠕变变形，减少时间效应。

由于钢筋混凝土支撑为现场浇筑，因而其形式可随基坑形状而变化，故它有多种形式，如对撑,角撑,桁架式支撑,圆形、拱形、椭圆形等形状支撑(图 2-27)。

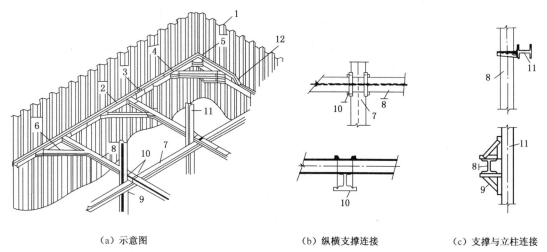

（a）示意图　　　　　　　（b）纵横支撑连接　　　　　　（c）支撑与立柱连接

1—钢板桩；2—型钢腰梁；3—连接板；4—斜撑连接件；5—角撑；6—斜撑；
7—横向支撑；8—纵向支撑；9—三角托架；10—交叉部紧固件；11—立柱；12—角部连接件

图 2-26　H 型钢支撑构造

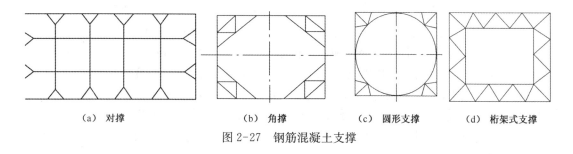

（a）对撑　　　　　（b）角撑　　　　　（c）圆形支撑　　　　　（d）桁架式支撑

图 2-27　钢筋混凝土支撑

钢筋混凝土支撑的混凝土强度等级多为 C30,截面尺寸由计算确定。腰梁的截面尺寸常用者为 600 mm×800 mm(高×宽)、800 mm×1 000 mm 和 1 000 mm×1 200 mm;支撑的截面尺寸常用者为 600 mm×800 mm(高×宽)、800 mm×1 000 mm、800 mm×1 200 mm 和 1 000 mm×1 200 mm。支撑的截面尺寸在高度方向要与腰梁相匹配。配筋由计算确定。

对平面尺寸大的基坑,在支撑交叉点处需设立柱,在垂直方向支承水平支撑。立柱可为四个角钢组成的格构式柱、圆钢管或型钢。考虑到承台施工时便于穿钢筋,格构式柱较好,应用较多。立柱的下端插入作为工程桩使用的灌注桩内,插入深度不宜小于 2 m,否则立柱就要作专用的灌注桩基础。因此,格构式立柱的平面尺寸要与灌注桩的直径匹配。

对于多层支撑的深基坑,在进行挖土时如要求挖土机不上支撑,有时有一定的困难(理论上应该要求挖土机不上支撑),如果遇到挖土机上支撑挖土,则设计支撑时要考虑这部分荷载,施工中亦要采取措施避免挖土机直接压支撑。

如果基坑的宽(长)度很大,所处地区的土质又较好,在内部支撑需耗费大量材料,且不便挖土施工,此时可考虑选用土层锚杆在基坑外面拉结固定挡墙,我国不少地区已广泛应用,并取得较好的经济效益。

2.3.3 荷载与抗力计算

作用于支护结构上的水平荷载,主要应考虑以下因素:①土的自重;②地下水;③周边建筑荷载;④周边材料堆放和机械设备荷载;⑤周边道路车辆运行荷载;⑥冻胀、温度变化、振动等因素产生的作用;⑦临水支护结构尚应考虑波浪作用和水流退落时的渗流力。

要求精确计算土压力是困难的,因为影响因素很多,它不仅取决于土质,还与挡墙的刚度、施工方法、基坑空间尺寸、无支撑时间的长短、气候条件等有关。

支护结构上的土压力计算是个比较复杂的问题,从土力学这门学科的土压力理论来讲,根据不同的计算理论和假定,得出了多种土压力计算方法,如朗肯(Rankine)压力、库仑土压力等。由于每种土压力计算方法都有各自的适用条件和局限性,也就没有一种统一的且普遍适用的土压力计算方法。

目前计算土压力多用朗肯土压力理论。其基本假定是:①挡墙背竖直、光滑;②墙后为砂性填土,且表面水平并无限长;③墙对破坏楔体无干扰。该理论由于未考虑墙背和填土间的摩擦力,求得的主动土压力偏大,而被动土压力偏小,用于设计围护墙偏于安全。

由上述朗肯土压力理论的基本假定可知,其墙后填土为匀质无黏性砂土,非一般基坑的杂填土、黏性土、粉土、淤泥质土等,不呈散粒状;朗肯理论的土体应力是先筑墙后填土,土体应力是增加的过程,而基坑开挖是土体应力释放过程,完全不同;朗肯理论将土压力视为定值,实际上土压力在开挖过程中是变化的;朗肯理论所解决的挡墙土压力为平面问题,实际上土压力存在显著的空间效应;朗肯理论属极限平衡原理,属静态设计原理,而土压力处于动态平衡状态,开挖后由于土体蠕变等原因,会使土体强度逐渐降低,具有时间效应;另外,在朗肯计算公式中,土工参数(φ, c 等)是定值,不考虑施工效应,实际上在施工过程中由于打桩、降水等施工措施,会引起挤土效应和土壤固结,使 φ, c 值得到提高。

由于上述原因,所以目前要精确计算土压力是困难的,只能根据具体情况选用较合理的计算公式,并进行必要的修正。

由于朗肯土压力方法能直接算出土压力分布,假定概念明确,《建筑基坑支护技术规程》(JCJ 120—2012)仍采用朗肯土压力方法计算支护结构上的土压力。荷载和抗力按 2.2.3.1,2.2.3.2,2.2.3.3 所列公式进行计算。

2.3.3.1 水平荷载标准值

按照《建筑基坑支护技术规程》(JGJ 120—2012)的规定,作用在支护结构外侧、内侧的主动土压力强度标准值、被动土压力强度标准值宜按下列公式计算:

1. 对于地下水位以上或水土合算的土层

$$p_{ak} = \sigma_{ak} K_{a,i} - 2c_i \sqrt{K_{a,i}} \tag{2-10}$$

$$K_{a,i} = \tan^2\left(45° - \frac{\varphi_i}{2}\right) \tag{2-11}$$

$$p_{pk} = \sigma_{pk} K_{p,i} + 2c_i \sqrt{K_{p,i}} \tag{2-12}$$

$$K_{p,i} = \tan^2\left(45° + \frac{\varphi_i}{2}\right) \tag{2-13}$$

式中　p_{ak}——支护结构外侧,第 i 层土中计算点的主动土
压力强度标准值(kPa),当 $p_{ak} < 0$ 时,应取
$p_{ak} = 0$;

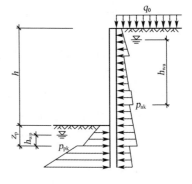

图 2-28　土压力计算

　　σ_{ak}, σ_{pk}——分别为支护结构外侧、内侧计算点的土
中竖向应力标准值(kPa),按式(2-18)、
式(2-19)规定计算;

　　$K_{a,i}$, $K_{p,i}$——分别为第 i 层土的主动土压力系数、
被动土压力系数;

　　c_i, φ_i——分别为第 i 层土的黏聚力(kPa)、内摩擦
角(°);

　　p_{pk}——支护结构内侧,第 i 层土中计算点的被动土压力强度标准值(kPa)。

　　2. 对于水土分算的土层

$$p_{ak} = (\sigma_{ak} - u_a)K_{a,i} - 2c_i\sqrt{K_{a,i}} + u_a \tag{2-14}$$

$$p_{pk} = (\sigma_{pk} - u_p)K_{p,i} + 2c_i\sqrt{K_{p,i}} + u_p \tag{2-15}$$

式中,u_a, u_p 分别为支护结构外侧、内侧计算点的水压力(kPa);当采用悬挂式截水帷幕时,应考虑地下水从帷幕底向基坑内的渗流对水压力的影响。

　　静止地下水的水压力可按下列公式计算:

$$u_a = \gamma_w h_{wa} \tag{2-16}$$

$$u_p = \gamma_w h_{wp} \tag{2-17}$$

式中　γ_w——地下水重度(kN/m³),取 $\gamma_w = 10$ kN/m³;

　　h_{wa}——基坑外侧地下水位至主动土压力强度计算点的垂直距离(m),对承压水,地
下水位取测压管水位,当有多个含水层时,应取计算点所在含水层的地下
水位;

　　h_{wp}——基坑内侧地下水位至被动土压力强度计算点的垂直距离(m),对承压水,地
下水位取测压管水位。

　　作用在支护结构上的土压力及其分布规律与支护体的刚度及侧向位移条件密切相关。当按变形控制原则设计支护结构,有可靠经验时,计算作用在支护结构的土压力可按支护结构与土体的相互作用原理确定,也可按地区经验确定。实测结果表明,只要支护结构顶部的位移不小于其底部的位移,土压力沿垂直方向分布可按三角形计算,刚性支护结构的土压力分布可由经典的库仑和朗肯土压力理论计算得到。但是,如果支护结构底部位移大于顶部位移,土压力将沿高度呈曲线分布,此时,土压力的合力较上述典型条件要大 10%～15%,在设计中应予以注意。相对柔性的支护结构的位移及土压力分布情况比较复杂,设计时应根据具体情况分析,选择适当的土压力值,有条件时土压力值应采用现场实测、反演分析等方法总结地区经验,使设计更加符合实际情况。

　　在土压力影响范围内,存在相邻建筑物地下墙体等稳定界面时,可采用库仑土压力理论计算界面内有限滑动楔体产生的主动土压力,此时,同一土层的土压力可采用沿深度线性分

布形式,支护结构与土之间的摩擦角宜取 0。

需要严格限制支护结构的水平位移时,支护结构外侧的土压力宜取静止土压力。

天然形成的成层土各土层的分布和厚度是不均匀的,应按照其变化情况将土层沿基坑划分为不同的剖面分别计算土压力,各土层计算厚度的取值应做到计算的土压力不小于实际土压力,并尽量使土压力计算准确。当土层厚度较均匀、层面坡度较平缓时,宜取邻近勘察孔的各土层厚度,或同一计算剖面内各土层厚度的平均值;当同一计算剖面内各勘察孔的土层厚度分布不均时,应取最不利勘察孔的各土层厚度。

2.3.3.2 土中竖向应力标准值

土中竖向应力标准值应按下式计算:

$$\sigma_{ak} = \sigma_{ac} + \sum \Delta\sigma_{k, j} \tag{2-18}$$

$$\sigma_{pk} = \sigma_{pc} \tag{2-19}$$

式中　σ_{ac}——支护结构外侧计算点,由土的自重产生的竖向总应力(kPa);

　　　σ_{pc}——支护结构内侧计算点,由土的自重产生的竖向总应力(kPa);

　　　$\Delta\sigma_{k, j}$——支护结构外侧第 j 个附加荷载作用下计算点的土中附加竖向应力标准值(kPa),应根据附加荷载类型,按下述公式计算。

(1) 均布附加荷载作用下的土中附加竖向应力标准值应按下式计算(图 2-29):

$$\Delta\sigma_k = q_0 \tag{2-20}$$

式中,q_0 为均布附加荷载标准值(kPa)。

(2) 局部附加荷载作用下的土中附加竖向应力标准值可按下列规定计算:

对于条形基础下的附加荷载(图 2-30(a)):

当 $d + a/\tan\theta \leqslant z_a \leqslant d + (3a+b)/\tan\theta$ 时,

$$\Delta\sigma_k = \frac{p_0 b}{b + 2a} \tag{2-21}$$

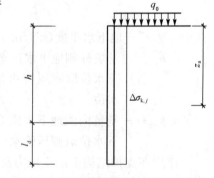

式中　p_0——基础底面附加压力标准值(kPa);

　　　d——基础埋置深度(m);

　　　b——基础宽度(m);

　　　a——支护结构外边缘至基础的水平距离(m);

　　　θ——附加荷载的扩散角,宜取 $\theta = 45°$;

图 2-29　均布竖向附加荷载作用下的土中附加竖向应力计算

　　　z_a——支护结构顶面至土中附加竖向应力计算点的竖向距离,当 $z_a < d + a/\tan\theta$ 或 $z_a > d + (3a+b)/\tan\theta$ 时,取 $\Delta\sigma_k = 0$。

对于矩形基础下的附加荷载(图 2-30(a)):

当 $d + a/\tan\theta \leqslant z_a \leqslant d + (3a+b)/\tan\theta$ 时,

$$\Delta\sigma_k = \frac{p_0 bl}{(b + 2a)(l + 2a)} \tag{2-22}$$

式中　b——与基坑边垂直方向上的基础尺寸(m);

l ——与基坑边平行方向上的基础尺寸(m)。

当 $z_a < d + a/\tan\theta$ 或 $z_a > d + (3a+b)/\tan\theta$ 时,取 $\Delta\sigma_k = 0$。

对作用在地面的条形、矩形附加荷载,按上述方法计算土中附加竖向应力标准值 $\Delta\sigma_k$ 时,应取 $d = 0$(图 2-30(b))。

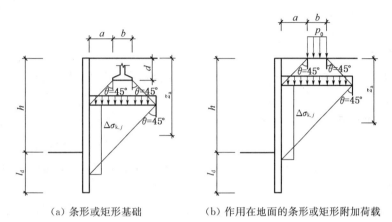

　　(a)条形或矩形基础　　　　(b)作用在地面的条形或矩形附加荷载

图 2-30　局部附加荷载作用下的土中附加竖向应力计算

　　(3)当支护结构顶部低于地面,其上方采用放坡或土钉墙时,挡土构件顶面以上土体对支护结构的作用宜按库仑土压力理论计算,也可将其视作附加荷载并按下列公式计算土中附加竖向应力标准值(图 2-31):

当 $a/\tan\theta \leqslant z_a \leqslant (a+b_1)/\tan\theta$ 时,

$$\Delta\sigma_k = \frac{\gamma h_1}{b_1}(z_a - a) + \frac{E_{ak1}(a+b_1-z_a)}{K_a b_1^2}$$

$$(2-23)$$

$$E_{ak1} = \frac{1}{2}\gamma h_1^2 K_a - 2ch_1\sqrt{K_a} + \frac{2c^2}{\gamma} \quad (2-24)$$

当 $z_a > (a+b_1)/\tan\theta$ 时,

$$\Delta\sigma_k = \gamma h_1 \quad (2-25)$$

当 $z_a < a/\tan\theta$ 时,

$$\Delta\sigma_k = 0 \quad (2-26)$$

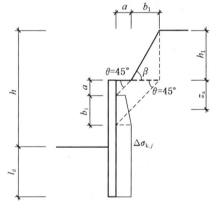

图 2-31　支护结构顶部以上采用放坡或土钉墙时土中附加竖向应力计算

式中　z_a ——支护结构顶面至土中附加竖向应力计算点的竖向距离(m);

　　　a ——支护结构外边缘至放坡坡脚的水平距离(m);

　　　b_1 ——放坡坡面的水平尺寸(m);

　　　θ ——扩散角,宜取 $\theta = 45°$;

　　　h_1 ——地面至支护结构顶面的竖向距离(m);

　　　γ ——支护结构顶面以上土的天然重度(kN/m³),对多层土取各层土按厚度加权的平均值;

c ——支护结构顶面以上土的黏聚力(kPa);

K_a——支护结构顶面以上土的主动土压力系数,对多层土取各层土按厚度加权的平均值;

E_{ak1}——支护结构顶面以上土体的自重所产生的单位宽度主动土压力标准值(kN/m)。

2.3.4 重力式水泥土墙

水泥土墙式支护结构包括深层搅拌水泥土桩排挡墙和高压喷射水泥土桩(旋喷桩、摆喷桩)挡墙,都属重力式支护结构,除个别情况除外,一般都不设支撑。

2.3.4.1 重力式水泥土墙设计验算

按重力式设计的水泥土墙,其破坏形式包括以下几类:①墙整体倾覆;②墙整体滑移;③坑外土体整体滑动;④基坑隆起;⑤墙身材料承载力不足而使墙体断裂;⑥地下水渗流造成的土体渗透破坏。

重力式水泥土墙的设计,墙的嵌固深度和墙的宽度是两个主要设计参数,土体整体滑动稳定性、基坑隆起稳定性与嵌固深度密切相关。墙的倾覆稳定性、墙的滑移稳定性不仅与嵌固深度有关,而且与墙宽有关。研究表明,一般情况下常常是整体稳定性条件决定嵌固深度下限。当墙的嵌固深度满足整体稳定条件时,抗隆起条件也会满足。因此,验算时采用按整体稳定条件确定嵌固深度,再按墙的抗倾覆条件计算墙宽,此墙宽一般能够同时满足抗滑移条件。

水泥土墙的上述各种稳定性验算均基于重力式结构的假定,墙体应满足抗拉、抗压和抗剪要求,保证水泥土墙为一个整体。在验算截面的选择上,需选择内力最不利的截面、墙身水泥土强度较低的截面,本条规定的计算截面,是应力较大处和墙体截面薄弱处,作为验算的重点部位。

重力式水泥土墙一般要验算下述内容。

1. 稳定性验算

1) 整体滑动稳定性

重力式水泥土墙可采用圆弧滑动条分法进行验算,当墙底以下存在软弱下卧土层时,稳定性验算的滑动面中应包括由圆弧与软弱土层层面组成的复合滑动面。

采用圆弧滑动条分法时,其稳定性按下式验算(图 2-32):

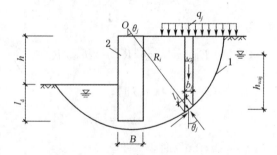

图 2-32 整体滑动稳定性验算

$$\min\{K_{s,1},\ K_{s,2},\ \cdots,\ K_{s,i},\ \cdots\} \geqslant K_s \tag{2-27}$$

$$K_{s,i} = \frac{\sum\{c_j l_j + [(q_j b_j + \Delta G_j)\cos\theta_j - u_j l_j]\tan\phi_j\}}{\sum(q_j b_j + \Delta G_j)\sin\theta_j} \tag{2-28}$$

式中 K_s——圆弧滑动稳定安全系数,其值不应小于1.3;

$K_{s,i}$——第 i 个圆弧滑动体的抗滑力矩与滑动力矩的比值,抗滑力矩与滑动力矩之比的最小值宜通过搜索不同圆心及半径的所有潜在滑动圆弧确定;

c_j,ϕ_j——分别为第 j 土条滑弧面处土的黏聚力(kPa)、内摩擦角(°);

b_j——第 j 土条的宽度(m);

θ_j——第 j 土条滑弧面中点处的法线与垂直面的夹角(°);

l_i——第 j 土条的滑弧长度(m),取 $l_i = b_j/\cos\theta_j$;

q_j——第 j 土条上的附加分布荷载标准值(kPa);

ΔG_j——第 j 土条的自重(kN),按天然重度计算,分条时,水泥土墙可按土体考虑;

u_j——第 j 土条滑弧面上的孔隙水压力(kPa),对地下水位以下的砂土、碎石土、砂质粉土,当地下水是静止的或渗流水力梯度可忽略不计时,在基坑外侧,可取 $u_j = \gamma_w h_{wa,j}$,在基坑内侧,可取 $u_j = \gamma_w h_{wp,j}$;滑弧面在地下水位以上或对地下水位以下的黏性土,取 $u_j = 0$;

γ_w——地下水重度(kN/m³);

$H_{wa,j}$——基坑外侧第 j 土条滑弧面中点的压力水头(m);

$H_{wp,j}$——基坑内侧第 j 土条滑弧面中点的压力水头(m)。

一般情况下,当墙的嵌固深度满足整体稳定条件时,抗隆起条件也会满足。因此,常常是整体稳定性条件决定嵌固深度下限。

2)滑移稳定性

重力式水泥土墙的滑移稳定性按下式验算(图 2-33):

$$\frac{E_{pk} + (G - u_m B)\tan\varphi + cB}{E_{ak}} \geqslant K_{sl} \qquad (2-29)$$

式中 K_{sl}——抗滑移安全系数,其值不应小于 1.2;

E_{ak},E_{pk}——分别为水泥土墙上的主动土压力、被动土压力标准值(kN/m);

G——水泥土墙的自重(kN/m);

u_m——水泥土墙底面上的水压力(kPa),水泥土墙底位于含水层时,可取 $u_m = \gamma_w(h_{wa} + h_{wp})/2$,在地下水位以上时,取 $u_m = 0$;

c,φ——分别为水泥土墙底面下土层的黏聚力(kPa)、内摩擦角(°);

B——水泥土墙的底面宽度(m);

h_{wa}——基坑外侧水泥土墙底处的压力水头(m);

h_{wp}——基坑内侧水泥土墙底处的压力水头(m)。

3)倾覆稳定性

一般情况下,重力式水泥土墙的墙宽取决于倾覆稳定性条件。重力式水泥土墙的倾覆稳定性按下式验算(图 2-34):

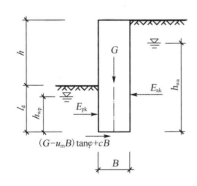

图 2-33　抗滑移稳定性验算

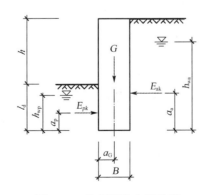

图 2-34　抗倾覆稳定性验算

$$\frac{E_{pk}a_p + (G - u_mB)a_G}{E_{ak}a_a} \geqslant K_{ov} \tag{2-30}$$

式中　K_{ov}——抗倾覆安全系数，其值不应小于 1.3；

$\quad\quad a_a$——水泥土墙外侧主动土压力合力作用点至墙趾的竖向距离(m)；

$\quad\quad a_p$——水泥土墙内侧被动土压力合力作用点至墙趾的竖向距离(m)；

$\quad\quad a_G$——水泥土墙自重与墙底水压力合力作用点至墙趾的水平距离(m)。

4）坑底隆起稳定性

重力式水泥土墙，其嵌固深度满足坑底隆起稳定性要求。隆起稳定性可按下列公式验算：

$$\frac{\gamma_{m2}l_dN_q + cN_c}{\gamma_{m1}(h + l_d) + q_0} \geqslant K_b \tag{2-31}$$

$$N_q = \tan^2\left(45° + \frac{\varphi}{2}\right)e^{\pi\tan\varphi} \tag{2-32}$$

$$N_c = (N_q - 1)/\tan\varphi \tag{2-33}$$

式中　K_b——抗隆起安全系数；安全等级二级、三级的水泥土重力式挡墙，K_b 分别不应小于 1.6、1.4；

$\quad\quad \gamma_{m1}$，γ_{m2}——分别为基坑外、基坑内墙底面以上土的重度(kN/m³)，对多层土，取各层土按厚度加权的平均重度；

$\quad\quad l_d$——挡墙嵌固深度(m)；

$\quad\quad h$——基坑深度(m)；

$\quad\quad q_0$——地面均布荷载(kPa)；

$\quad\quad N_c$，N_q——承载力系数；

$\quad\quad c$，φ——分别为挡墙底面以下土的黏聚力(kPa)、内摩擦角(°)。

当挡土构件底面以下有软弱下卧层时，坑底隆起稳定性的验算部位尚应包括软弱下卧层。软弱下卧层的隆起稳定性可按式(2-31)验算，但式中的 γ_{m1}，γ_{m2} 应取软弱下卧层顶面以上土的重度，l_d 应以 D 代替。D 为基坑底面至软弱下卧层顶面的土层厚度，单位 m。

当地下水位高于坑底时，尚应按规定进行地下水渗透稳定性验算。

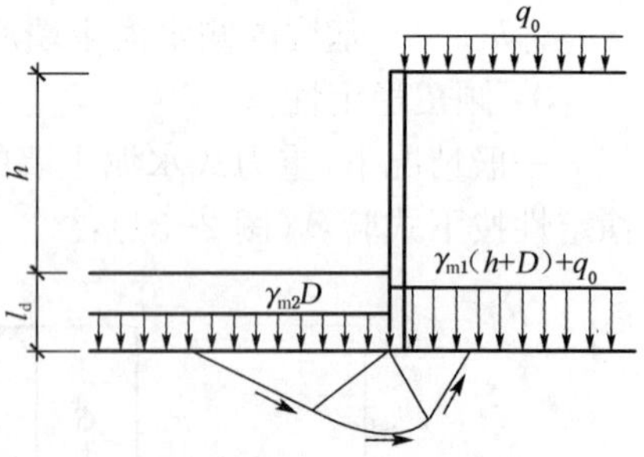

2. 正截面应力验算

重力式水泥土墙的正截面应力验算应包括下列部位：基坑面以下主动、被动土压力强度相等处；基坑底面处；水泥土墙的截面突变处。

重力式水泥土墙墙体的正截面应力验算按照下列公式验算：

拉应力

图 2-35　挡土构件底端平面下土的隆起稳定性验算

$$\frac{6M_i}{B^2} - \gamma_{cs}z \leqslant 0.15 f_{cs} \qquad (2\text{-}34)$$

压应力

$$\gamma_0 \gamma_F \gamma_{cs}z + \frac{6M_i}{B^2} \leqslant f_{cs} \qquad (2\text{-}35)$$

剪应力

$$\frac{E_{ak,i} - \mu G_i - E_{pk,i}}{B} \leqslant \frac{1}{6} f_{cs} \qquad (2\text{-}36)$$

式中 M_i——水泥土墙验算截面的弯矩设计值(kN·m/m);

B——验算截面处水泥土墙的宽度(m);

γ_{cs}——水泥土墙的重度(kN/m³);

z——验算截面至水泥土墙顶的垂直距离(m);

f_{cs}——水泥土开挖龄期时的轴心抗压强度设计值(kPa),应根据现场试验或工程经验确定;

γ_F——荷载综合分项系数,不应小于1.25;

$E_{ak,i}$, $E_{pk,i}$——分别为验算截面以上的主动土压力标准值、被动土压力标准值(kN/m),验算截面在基底以上时,取 $E_{pk,i}=0$;

G_i——验算截面以上的墙体自重(kN/m);

μ——墙体材料的抗剪断系数,取0.4~0.5。

2.3.4.2 水泥土墙式支护结构施工

深层搅拌水泥土桩排挡墙,是采用水泥作为固化剂,利用特制的深层搅拌机械,在地基深处就地将软土和水泥强制搅拌形成水泥土,利用水泥和软土之间所产生的一系列物理-化学反应,使软土硬化成整体性的并有一定强度的挡土、防渗墙。

深层搅拌水泥土桩挡墙,施工时振动和噪音小,工期较短,无支撑,它既可挡土亦可防水,而且造价低廉。普通的深层搅拌水泥土挡墙,通常用于不太深的基坑作支护,若采用加筋搅拌水泥土挡墙(SMWI法),则能承受较大的侧向压力,用于较深的基坑护壁。近年来,深层搅拌水泥土桩挡墙在国内已较广泛地用于软土地基的基坑支护工程,在上海等地区应用广泛,多用于深度不超过7m的基坑。深层搅拌水泥土桩施工时,由于搅松了地基土,对周围有时会产生一定影响,施工时宜采取措施预防。

1. 施工机具

1) 深层搅拌机

它是深层搅拌水泥土桩施工的主要机械。目前应用的有中心管喷浆方式和叶片喷浆方式两类。前者的输浆方式中的水泥浆是从两根搅拌轴之间的另一根管子输出,不影响搅拌均匀度,可适用于多种固化剂;后者是使水泥浆从叶片上若干个小孔喷出,使水泥浆与土体混合较均匀,适用于大直径叶片和连续搅拌,但因喷浆孔小易被堵塞,它只能使用纯水泥浆而不能采用其他固化剂。图2-36所示为SJB-1型深层搅拌机,它采用双搅拌轴中心管输浆方式,其技术性能见表 2-3。图 2-37 是利用钻机改装的 GZB-600 型深层搅拌机,它采用单轴搅拌、叶片喷浆方式。目前深层搅拌机的加固深度已可达 19 m。

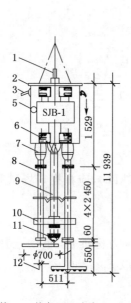

1—输浆管；2—外壳；3—出水口；4—进水口；
5—电动机；6—导向滑块；7—减速器；8—搅拌轴；
9—中心管；10—横向系统；11—球形阀；12—搅拌头
图 2-36　SJB-1 型深层搅拌机

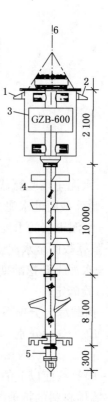

1—电缆接头；2—进浆口；3—电动机；
4—搅拌轴；5—搅拌头
图 2-37　GZB-600 型深层搅拌机

表 2-3　　　　　　　　　　　　　SJB-1 型深层搅拌机技术性能

深层搅拌机	搅拌轴数量/根	2	固化剂制备系统	灰浆拌制机台数×容量/L	2×200
	搅拌叶片外径/mm	700~800		灰浆泵输送量/(m³·h⁻¹)	3
	搅拌轴转数/(r·min⁻¹)	46		灰浆泵工作压力/kPa	1 500
	电机功率/kW	2×30		集料斗容量/m³	0.4
起吊设备	提升力/kN	大于100	技术指标	一次加固面积/m²	0.71~0.88
	提升高度/m	大于14		最大加固深度/m	10
	提升速度/(m·min⁻¹)	0.2~1.0		效率/(m·台班⁻¹)	40
	接地压力/kPa	60		总重(不包括吊车)/t	4.5

2）配套机械

主要包括灰浆搅拌机、集料斗、灰浆泵。其中,SJB-1 型深层搅拌机采用 HB6-3 型灰浆泵,GZB-600 型深层搅拌机采用 PA-15B 型灰浆泵。

2. 施工工艺

深层搅拌水泥挡墙的施工工艺流程如图 2-38 所示。

(1) 定位。用起重机(或用塔架)悬吊搅拌机到达指定桩位,对中。

(2) 预搅下沉。待深层搅拌机的冷却水循环正常后,启动搅拌机,放松起重机钢丝绳,使搅拌机沿导向架搅拌切土下沉。

(3) 制备水泥浆。待深层搅拌机下沉到一定深度时,即开始按设计确定的配合比拌制水泥浆(水灰比宜 0.45～0.50),压浆前将水泥浆倒入集料斗中。

(4) 提升、喷浆、搅拌。待深层搅拌机下沉到设计深度后,开启灰浆泵将水泥浆压入地基,且边喷浆边搅拌,同时按设计确定的提升速度提升深层搅拌机。提升速度不宜大于 0.5 m/min。

(5) 重复上下搅拌。为使土和水泥浆搅拌均匀,可再次将搅拌机边旋转边沉入土中,至设计深度后再提升出地面。桩体要互相搭接 200 mm,以形成整体。相邻桩的施工间歇时间宜小于 10 h。

(6) 清洗、移位。向集料斗中注入适量清水,开启灰浆泵,清洗全部管路中残存的水泥浆,并将黏附在搅拌头的软土清洗干净。移位后进行下一根桩的施工。桩位偏差应小于 50 mm,垂直度误差应不超过 1%。桩机移位,特别在转向时要注意桩机的稳定。在水泥土挡墙施工时,由于地基土的搅拌和水泥浆的喷入,扰动了原土层,会引起附近土层一定的变形。在施工时如周围存在需保护的设施,在施工速度和施工顺序方面需精心安排。

3. 水泥土的配合比

水泥土的无侧限抗压强度 q_u 一般为 500～4 000 kN/m²,比天然软土大几十倍至数百倍,相应的抗拉强度、抗剪强度亦提高不少。其内摩擦角一般为 20°～30°。变形模量 $E_{50}=(120～150)q_u$。作为重力式挡墙,《建筑基坑支护技术规程》(JGJ 120—2012)规定,水泥土墙体的 28 天无侧限抗压强度不宜小于 0.8 MPa,当需要增强墙体的抗拉性能时,可在水泥土桩中插入钢筋、钢管或毛竹等杆筋。

水泥掺入量取决于水泥土挡墙设计的抗压强度 q_u,水泥掺入比 a_w 与水泥土抗压强度的关系如图 2-39 所示。

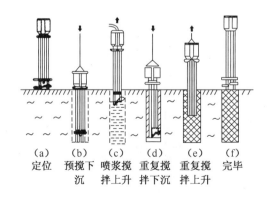

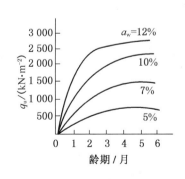

图 2-38 施工工艺流程   图 2-39 水泥掺入比与龄期强度的关系

水泥强度等级每提高一个等级，水泥土强度 q_u 增大 $20\%\sim30\%$。通常选用龄期为 3 个月的强度作为水泥土的标准强度较为适宜。

搅拌法施工要求水泥浆流动度大，水灰比一般采用 $0.45\sim0.50$，但软土含水量高，对水泥土强度增长不利。为了减少用水量，又利于泵送，可选用木质素磺酸钙作减水剂，另掺入三乙醇胺以改善水泥土的凝固条件和提高水泥土的强度。

4. 提高水泥土桩挡墙支护能力的措施

深层搅拌水泥土桩挡墙属重力式支护结构，主要由抗倾覆、抗滑移和抗剪强度控制截面和入土深度。目前这种支护的体积都较大，为此可采取下列措施，通过精心设计来提高其支护能力：

（1）卸荷。如条件允许可将基坑顶部的土挖去一部分，以减小主动土压力。

（2）加筋。可在新搅拌的水泥土桩内压入竹筋等，有助于提高其稳定性。但加筋与水泥土的共同作用问题有待研究。

（3）起拱。将水泥土桩挡墙做成拱形，在拱脚处设钻孔灌注桩，可大大提高支护能力，减小挡墙的截面。对于边长大的基坑，于边长中部适当起拱以减少变形，目前这种形式的水泥土桩挡墙已在工程中应用。

（4）挡墙变厚度。对于矩形基坑，由于边角效应，在角部的主动土压力有所减小。为此于角部可将水泥土桩挡墙的厚度适当减薄，以节约投资。

5. 工程实例

上海四平路某车库，设 58 个载重车位，基坑平面呈矩形，尺寸为 $86\ \mathrm{m}\times49\ \mathrm{m}$，开挖深度为 $5.75\ \mathrm{m}$，局部深 $6.75\ \mathrm{m}$。

基坑北侧 13 m 处有 5 层住宅楼多栋，西侧离一中学教学楼围墙仅 4 m，东侧 10 m 远处有平房仓库，南面是篮球场。根据周围环境，经技术经济比较，确定采用水泥土搅拌桩作基坑支护。它具有隔水性能好，在基坑内进行人工降水不会引起基坑周围地表土体位移和沉降，能确保民房及中学教学楼的安全等优点；同时，基坑内不设支撑，坑外不设拉锚，施工方便，造价较低。

该工程水泥土搅拌桩的布置如图 2-40 所示。

基坑东侧和南侧设计为 5 排水泥土搅拌桩组成的挡土墙，其宽度为 4.7 m，其中中间一排桩深 13 m，其余为 10 m；西侧和北侧设计为同 4 排水泥土搅拌桩组成的一封闭无底方筒，其外圈桩深 13 m，内圈桩深 10 m。在桩顶浇筑了 100 mm 或 200 mm 厚的钢筋混凝土路面。该工程的水泥掺入比为 $10\%\sim12\%$。

图 2-41 所示为三幢 24 层高层住宅的水泥土桩挡墙布置图，基坑开挖深度为 4.5 m，周围建筑及地下管线离基坑较近。

该水泥土桩挡墙多为格式，宽度 2.7 m，桩长 8 m。根据现场条件，要求尽可能节约支护结构费用，凡周围条件允许大开挖的部位均采用放坡大开挖，仅在边坡上部设水泥土桩隔水帷幕（宽 1.2 m）。

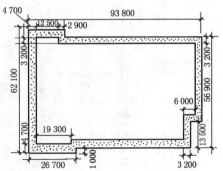

图 2-40　地下车库的深层搅拌水泥土桩挡墙平面布置图

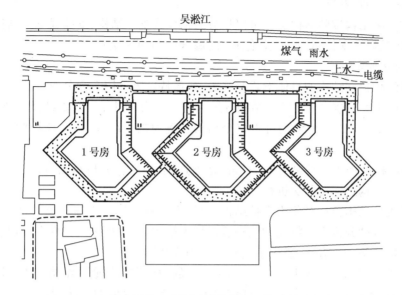

图 2-41　三幢高层住宅的深层搅拌水泥土挡墙的平面布置图

2.3.5　支挡式支护结构

支挡式支护结构是应用最多的一类,深基坑多数皆用之。这一类支护结构虽然包括的种类较多,但其计算原理相同。

支护结构挡墙的内力和变形计算方法很多,在各个不同发展阶段有各种不同的计算理论和方法,近年来其计算方法与计算技术及电子计算机的发展有很大关系。从目前来看,其计算方法有两大类。

一类是传统的极限平衡计算方法,此类方法是以土压力作为媒体,将挡墙从其与土体共同作用体中分离出来,以较简单的力学模型,用结构力学等知识(如静力平衡方程等)求解其内力和变形。此类方法简单实用,用一般计算工具(手工计算)即能胜任。但此类方法未考虑挡墙与土体的共同作用,难以考虑时空效应,一些计算假定与实际受力状况有较大差别,且不能计算支护结构位移。此类方法的关键是土压力的合理确定,过去常用的等值梁法、弹性曲线法等皆属此类,目前已很少采用。

另一类是桩(墙)土共同作用的计算方法,此类方法有杆系有限元法和连续介质有限元法,目前前者应用较多。杆系有限元法是将内支撑(或锚杆)、被动土体都视为弹性杆件,将挡墙作为弹性梁,根据基坑开挖的各个工况,以有限元方法分别求得挡墙的内力、水平位移及支撑(或锚杆)的轴力。连续介质有限元法是假定挡墙为二维弹性体,土体假定为线性弹性体、非线性弹性体、弹塑性体或其他模型,支撑或锚杆为一维弹性杆单元,根据基坑开挖的各个工况,分别求解挡墙的内力、位移、支撑(或锚杆)轴力、基坑周围土体与坑底土体的位移等。有限元方法是解决挡墙及支撑内力计算的有力工具,计算迅速,计算结果较准确,多以图形输出,可形象地表示出各工况的弯矩、剪力和位移的情况。有限元方法需利用计算程序以电子计算机进行计算,目前已有不少较成熟的计算程序可供选用。

2.3.5.1 支护结构分析

支挡式支护结构按照结构类型可以划分为锚拉式支挡结构、支撑式支挡结构、悬臂式支挡结构、双排桩以及支护结构与主体结构"两墙合一"的逆作法。

1. 结构分析方法

支挡式结构根据结构的具体形式与受力、变形特性等采用下列分析方法：

(1) 锚拉式支护结构可将整个结构分解为挡土结构、锚拉结构(锚杆及腰梁、冠梁)分别进行结构分析；支撑式支护结构可将整个结构分解为挡土结构、内支撑结构分别进行结构分析。

(2) 将结构的挡土构件部分(如排桩、地下连续墙)取作分析对象，按梁计算；挡土结构采用平面杆系结构弹性支点法进行分析。

支挡式支护结构分析对象为支护结构本身，不包括土体。土体对支护结构的作用视作荷载或约束。这种分析方法将支护结构看作杆系结构，一般都按线弹性考虑，是目前最常用和成熟的支护结构分析方法，适用于大部分支挡式结构。

由于挡土结构端部嵌入土中，土对结构变形的约束作用与通常结构支承不同，土的变形影响不可忽略，不能看作固定端。锚杆作为梁的支承，其变形的影响同样不可忽略，支点也不能看作铰支座或滚轴支座。因此，挡土结构按梁计算时，土和锚杆对挡土结构的支承应简化为弹性支座，应采用本节规定的弹性支点法计算简图。经计算分析比较，分别用弹性支点法和非弹性支座计算的挡土结构内力和位移相差较大，说明按非弹性支座进行简化是不合适的。

(3) 锚拉式支护结构作用在锚拉结构上的荷载应取挡土结构分析时得出的支点力。支撑式支护结构分解出的内支撑结构按平面结构进行分析，将挡土结构分析时得出的支点力作为荷载反向加至内支撑上。

值得注意的是，支撑式支护结构分解为挡土结构和内支撑结构，并分别分析计算，但需考虑挡土结构和内支撑结构相互之间的变形协调，其连接处应满足变形协调条件。当计算的变形不协调时，应调整在其连接处简化的弹性支座的弹簧刚度等约束条件，直至满足变形协调。

(4) 当有可靠经验时，可采用空间结构分析方法对支挡式支护结构进行整体分析或采用结构与土相互作用的分析方法对支挡式支护结构与基坑土体进行整体分析。

2. 设计工况

支护结构设计工况，是指设计时就要拟定锚杆或支撑与基坑开挖的关系，设计好开挖与锚杆或支撑设置的步骤，对每一开挖过程支护结构的受力与变形状态进行分析，并从中找出最大的内力和变形值，供设计挡墙和支撑体系之用。而在支护结构施工和基坑开挖时，也只有按设计的开挖步骤(设计工况)才能符合设计受力状况的要求。

支挡式结构应对下列设计工况进行结构分析，并应按其中最不利作用效应进行支护结构设计：

(1) 基坑开挖至坑底时的状况；

(2) 对锚拉式和支撑式支挡结构，基坑开挖至各层锚杆或支撑施工面时的状况；

(3) 在主体地下结构施工过程中需要以主体结构构件替换支撑或锚杆的状况，此时，主体结构构件应满足替换后各设计工况下的承载力、变形及稳定性要求；

（4）对水平内支撑式支挡结构,基坑各边水平荷载不对等的各种状况。

图 2-42 所示为基坑支护结构的支撑方案和地下结构布置情况,在计算挡墙和支撑的内力和变形时,则需计算下述各工况:第一次挖土至第一层混凝土支撑的顶面(如开槽浇筑第一层支撑),此工况的挡墙为一悬臂的挡墙;待第一层支撑形成并达到设计规定的强度后,第二次挖土至第二层混凝土支撑的底面(支模浇筑),此工况的挡墙存在一层支撑;待第二层支撑形成并达到设计规定强度后,第三次挖土则至坑底设计标高;待底板(承台)浇筑后并达到设计规定强度后,进行换撑,即在底板顶面浇筑混凝土带形成支撑点,同时拆去第二层支撑,以便支设模板浇筑地下二层的墙板和顶楼板。待地下二层的墙板和顶楼板浇筑并达到设计规定强度后,再进行换撑,即在地下二层顶楼板处加设支撑(一般浇筑成间断的混凝土带)形成支撑点,同时拆去第一层支撑,以使支设模板继续向上浇筑地下一层的墙板和楼板。为此,该支护结构挡墙需按 5 种工况分别进行计算其内力和变形。

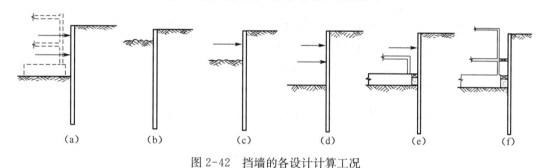

图 2-42 挡墙的各设计计算工况

3. 结构分析模型及内力计算

下面介绍行业标准《建筑基坑支护技术规程》(JGJ 120—2012)推荐的平面杆系结构弹性支点法。弹性支点法假定挡土结构为平面应变问题,取单位宽度的挡墙作为竖向放置的弹性地基梁,支撑和锚杆简化为弹簧支座,基坑内开挖面以下土体采用弹簧模拟,挡土结构外侧作用已知的土压力和水压力。图 2-43 为该规程采用的平面杆系结构弹性支点法结构分析模型。

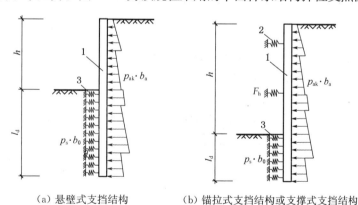

（a）悬壁式支挡结构　　（b）锚拉式支挡结构或支撑式支挡结构

1—挡土构件;2—由锚杆或支撑简化而成的弹性支座;3—计算土反力的弹性支座

图 2-43 弹性支点法计算

1) 主动土压力强度标准值

主动土压力强度标准值可参考第 2.3.3.1 节的内容确定;挡土结构采用排桩时,作用在单根支护桩上的主动土压力计算宽度应取排桩间距;挡土结构采用地下连续墙时,作用在单幅地下连续墙上的主动土压力计算宽度和土反力计算宽度(b_0)应取包括接头的单幅墙宽度。

2) 作用在挡土构件上的分布土反力

该规程规定,作用在挡土构件上的分布土反力可按下式计算:

$$p_s = k_s v + p_{s0} \tag{2-37}$$

挡土构件嵌固段上的基坑内侧土反力应符合下列条件:

$$P_{sk} \leqslant E_{pk} \tag{2-38}$$

式中　p_s——分布土反力(kPa);

　　　k_s——土的水平反力系数(kN/m^3);

　　　v——挡土构件在分布土反力计算点使土体压缩的水平位移值(m);

　　　p_{s0}——初始分布土反力(kPa),挡土构件嵌固段上的基坑内侧初始分布土反力可按式(2-10)或式(2-14)计算,但应将公式中的 p_{ak} 用 p_{s0} 代替,σ_{ak} 用 σ_{pk} 代替,μ_a 用 μ_p 代替,且不计 $(2c_i\sqrt{K_{a,i}})$ 项;

　　　P_{sk}——挡土构件嵌固段上的基坑内侧土反力标准值(kN),通过按式(2-37)计算的分布土反力得出;

　　　E_{pk}——挡土构件嵌固段上的被动土压力标准值(kN),通过按式(2-12)或式(2-15)计算的被动土压力强度标准值得出。

由于土反力与土的水平反力系数的关系采用线弹性模型,计算出的土反力将随位移 v 增加线性增长。但实际上土的抗力是有限的,如采用摩尔-库仑强度准则,则不应超过被动土压力。因此,当式(2-38)不符合时,应增加挡土构件的嵌固长度或取 $P_{sk} = E_{pk}$ 时的分布土反力。

式(2-37)中,基坑内侧土的水平反力系数 k_s 可按下式计算:

$$k_s = m(z - h) \tag{2-39}$$

式中　m——土的反力水平系数的比例系数(kN/m^4);

　　　z——计算点距地面的深度(m);

　　　h——计算工况下的基坑开挖深度(m)。

式(2-39)中,土的水平反力系数的比例系数 m 宜按桩的水平荷载试验及地区经验取值,缺少试验和经验时,可按下列经验公式计算:

$$m = \frac{0.2\varphi^2 - \varphi + c}{v_b} \tag{2-40}$$

式中　m——土的水平反力系数的比例系数(MN/m^4);

　　　c, φ——分别为土的黏聚力(kPa)、内摩擦角(°);

　　　v_b——挡土构件在坑底处的水平位移量(mm),当此处的水平位移不大于 10 mm 时,可取 $v_b = 10$ mm。

排桩的土反力计算宽度应按下列公式计算(图 2-44):

对圆形桩

$$b_0 = 0.9(1.5d + 0.5) \quad (d \leqslant 1 \text{ m}) \tag{2-41}$$

$$b_0 = 0.9(d + 1) \quad (d > 1 \text{ m}) \tag{2-42}$$

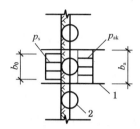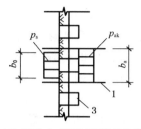

（a）圆形截面排桩计算宽度　　　　（b）矩形或工字形截面排桩计算宽度

1—排桩对称中心线；2—圆形桩；3—矩形桩或工字形桩

图 2-44　排桩计算宽度

对矩形桩或工字形桩

$$b_0 = 1.5b + 0.5 \quad (b \leqslant 1 \text{ m}) \tag{2-43}$$

$$b_0 = b + 1 \quad (b > 1 \text{ m}) \tag{2-44}$$

式中　b_0——单根支护桩上的土反力计算宽度(m)，当按式(2-41)—式(2-44)计算的 b_0 大于排桩间距时，b_0 取排桩间距；

D——桩的直径(m)；

b——矩形桩或工字形桩的宽度(m)。

3）锚杆和内支撑对挡墙的作用力

该规程规定，锚杆和内支撑对挡墙的作用力按下式确定：

$$F_h = k_R(v_R - v_{R0}) + P_h \tag{2-45}$$

式中　F_h——挡墙计算宽度内的弹性支点水平反力(kN)；

k_R——挡墙计算宽度内弹性支点刚度系数(kN/m)；

v_R——挡土构件在支点处的水平位移值(m)；

v_{R0}——设置锚杆或支撑时，支点的初始水平位移值(m)；

P_h——挡墙计算宽度内的法向预加力(kN)，采用锚杆或竖向斜撑时，取 $P_h = P \cdot \cos\alpha \cdot b_a/s$；采用水平对撑时，取 $P_h = P \cdot b_a/s$；对不预加轴向压力的支撑，取 $P_h = 0$；采用锚杆时，宜取 $P = (0.75 \sim 0.9)N_k$，采用支撑时，宜取 $P = (0.5 \sim 0.8)N_k$；

P——锚杆的预加轴向拉力值或支撑的预加轴向压力值(kN)；

α——锚杆倾角或支撑仰角(°)；

b_a——挡墙计算宽度(m)，对单根支护桩，取排桩间距，对单幅地下连续墙，取包括接头的单幅墙宽度；

s——锚杆或支撑的水平间距(m)；

N_k——锚杆轴向拉力标准值或支撑轴向压力标准值(kN)。

式(2-45)中,锚拉式支挡结构的弹性支点刚度系数 k_R 宜通过《建筑基坑支护技术规程》附录 A 规定的基本试验按下式计算:

$$k_R = \frac{(Q_2 - Q_1)b_a}{(s_2 - s_1)s} \qquad (2-46)$$

式中 Q_1, Q_2 ——锚杆循环加荷或逐级加荷试验中 Q—s 曲线上对应锚杆锁定值与轴向拉力标准值的荷载值(kN);对锁定前进行预张拉的锚杆,应取循环加荷实验中在相当于预张拉荷载的加载量下卸载后的再加载曲线上的荷载值;

s_1, s_2 ——Q—s 曲线上对应于荷载为 Q_1, Q_2 的锚头位移值(m);

s ——锚杆水平间距(m)。

缺少试验时,弹性支点刚度系数也可按下式计算:

$$k_R = \frac{3E_sE_cA_pAb_a}{[3E_cAl_f + E_sA_p(l - l_f)]s} \qquad (2-47)$$

$$E_c = \frac{E_sA_p + E_m(A - A_p)}{A} \qquad (2-48)$$

式中 E_s ——锚杆杆体的弹性模量(kPa);

E_c ——锚杆的复合弹性模量(kPa);

A_p ——锚杆杆体的截面面积(m^2);

A ——注浆固结体的截面面积(m^2);

l_f ——锚杆的自由段长度(m);

l ——锚杆长度(m);

E_m ——注浆固结体的弹性模量(kPa)。

当锚杆腰梁或冠梁的挠度不可忽略不计时,应考虑梁的挠度对弹性支点刚度系数的影响。

支撑式支挡结构的弹性支点刚度系数宜通过对内支撑结构整体进行线弹性结构分析得出的支点力与水平位移的关系确定。对水平对撑,当支撑腰梁或冠梁的挠度可忽略不计时,计算宽度内弹性支点刚度系数可按下式计算:

$$k_R = \frac{\alpha_R EAb_a}{\lambda l_0 s} \qquad (2-49)$$

式中 λ ——支撑不动点调整系数,支撑两对边基坑的土性、深度、周边荷载等条件相近,且分层对称开挖时,取 $\lambda = 0.5$;支撑两对边基坑的土性、深度、周边荷载等条件或开挖时间有差异时,对土压力较大或先开挖的一侧,取 $\lambda = 0.5 \sim 1.0$,且差异大时取大值,反之取小值;对土压力较小或后开挖的一侧,取 $(1 - \lambda)$;当基坑一侧取 $\lambda = 1$ 时,基坑另一侧应按固定支座考虑;对竖向斜撑构件,取 $\lambda = 1$;

α_R ——支撑松弛系数,对混凝土支撑和预加轴向压力的钢支撑,取 $\alpha_R = 1.0$,对不预加轴向压力的钢支撑,取 $\alpha_R = 0.8 \sim 1.0$;

E——支撑材料的弹性模量(kPa);

A——支撑截面面积(m^2);

l_0——受压支撑构件的长度(m);

s——支撑水平间距(m)。

4. 内力计算

根据《建筑基坑支护技术规范》(JGJ 120—2012)的规定,依据上述结构分析模型,利用杆系有限元方法计算出支护结构作用标准组合的弯矩、剪力和轴向力,然后按下式计算其内力设计值:

弯矩设计值 M $\qquad\qquad\qquad M = \gamma_0 \gamma_F M_k$ $\qquad\qquad$ (2-50)

剪力设计值 V $\qquad\qquad\qquad V = \gamma_0 \gamma_F V_k$ $\qquad\qquad$ (2-51)

轴向力设计值 N $\qquad\qquad\qquad N = \gamma_0 \gamma_F N_k$ $\qquad\qquad$ (2-52)

式中 M_k——按作用标准组合计算的弯矩值(kN·m);

$\qquad$ V_k——按作用标准组合计算的剪力值(kN);

$\qquad$ N_k——按作用标准组合计算的轴向拉力或轴向压力值(kN);

$\qquad$ γ_0——支护结构重要性系数,对安全等级为一级、二级、三级的支护结构,其结构重要性系数(γ_0)分别不应小于1.1、1.0、0.9;

$\qquad$ γ_F——作用基本组合的综合分项系数,不小于1.25。

结构分析时,按荷载标准组合计算的变形值不应大于按《建筑基坑支护技术规范》(JGJ 120—2012)第3.1.8条确定的变形控制值。

2.3.5.2 稳定性验算

排桩、地下连续墙、型钢水泥土墙等支挡式支护结构的稳定性验算一般包括整体稳定性验算、抗隆起稳定性验算、嵌固稳定性验算;当有地下水渗流作用时,还应进行抗渗流稳定性验算。

支挡式支护结构的稳定性与挡墙坑底以下的嵌固深度密切相关,挡墙嵌固深度须满足稳定性验算和变形验算要求,并结合地区工程经验综合确定。

1. 整体稳定性验算

支挡式支护结构一般均应进行整体稳定性验算。根据《建筑基坑支护技术规范》(JGJ 120—2012)的规定,锚拉式、悬臂式支挡结构和双排桩的整体稳定性验算可采用圆弧滑动条分法进行验算,其整体滑动稳定性应符合下列规定(图2-45):

$$\min\{K_{s,1}, K_{s,2}, \cdots, K_{s,i}, \cdots\} \geqslant K_s \qquad (2-53)$$

$$K_{s,i} = \frac{\sum\{c_j l_j + [(q_j b_j + \Delta G_j)\cos\theta_j - u_j l_j]\tan\varphi_j\} + \sum R'_{K,k}[\cos(\theta_k + \alpha_k) + \psi_v]/s_{x,k}}{\sum(q_j b_j + \Delta G_j)\sin\theta_j}$$

$$(2-54)$$

式中 K_s——圆弧滑动稳定安全系数;安全等级为一级、二级、三级的支挡式结构,K_s 分别不应小于1.35,1.3,1.25;

$\qquad$ $K_{s,i}$——第 i 个圆弧滑动体的抗滑力矩与滑动力矩的比值,抗滑力矩与滑动力矩之比的最小值宜通过搜索不同圆心及半径的所有潜在滑动圆弧确定;

c_j，φ_j——分别为第 j 土条滑弧面处土的黏聚力(kPa)、内摩擦角(°)；

b_j——第 j 土条的宽度(m)；

θ_j——第 j 土条滑弧面中点处的法线与垂直面的夹角(°)；

l_j——第 j 土条的滑弧长度(m)，取 $l_j = b_j/\cos\theta_j$；

q_j——第 j 土条上的附加分布荷载标准值(kPa)；

ΔG_j——第 j 土条的自重(kN)，按天然重度计算；

u_j——第 j 土条滑弧面上的水压力(kPa)；采用落底式截水帷幕时，对地下水位以下的砂土、碎石土、砂质粉土，在基坑外侧，可取 $u_j = \gamma_w h_{wa,j}$，在基坑内侧，可取 $u_j = \gamma_w h_{wp,j}$；滑弧面在地下水位以上或对地下水位以下的黏性土，取 $u_j = 0$；

γ_w——地下水重度(kN/m³)；

$h_{wa,j}$——基坑外侧第 j 土条滑弧面中点的压力水头(m)；

$h_{wp,j}$——基坑内侧第 j 土条滑弧面中点的压力水头(m)；

$R'_{K,k}$——第 k 层锚杆在滑动面以外的锚固段的极限抗拔承载力标准值与锚杆杆体受拉承载力标准值($f_{ptk}A_p$)的较小值(kN)；锚固段的极限抗拔承载力应按该规程第4.7.4条的规定计算，但锚固段应取滑动面以外的长度；对悬臂式、双排桩支挡结构，不考虑 $\sum R'_{K,k}[\cos(\theta_k + \alpha_k) + \psi_v]/s_{x,k}$ 项；

α_k——第 k 层锚杆的倾角(°)；

θ_k——滑弧面在第 k 层锚杆处的法线与垂直面的夹角(°)；

$s_{x,k}$——第 k 层锚杆的水平间距(m)；

ψ_v——计算系数，可按 $\psi_v = 0.5\sin(\theta_k + \alpha_k)\tan\varphi$ 取值；

φ——第 k 层锚杆与滑弧交点处土的内摩擦角(°)。

当挡土构件底端以下存在软弱下卧土层时，整体稳定性验算滑动面中应包括由圆弧与软弱土层层面组成的复合滑动面。

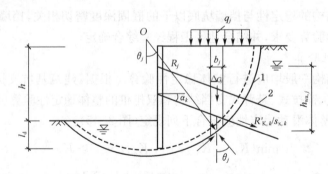

1—任意圆弧滑动面；2—锚杆

图 2-45　圆弧滑动条分法整体稳定性验算

2. 抗隆起稳定性验算

锚拉式支挡结构、支撑式支挡结构的抗隆起稳定性应符合下列规定(图2-46)：

$$\frac{\gamma_{m2}l_d N_q + cN_c}{\gamma_{m1}(h + l_d) + q_0} \geqslant K_b \qquad (2\text{-}55)$$

$$N_q = \tan^2\left(45° + \frac{\varphi}{2}\right)e^{\pi\tan\varphi} \qquad (2\text{-}56)$$

$$N_c = (N_q - 1)/\tan\varphi \qquad (2\text{-}57)$$

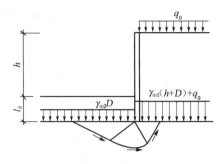

图 2-46 挡土构件底端平面下土的
隆起稳定性验算

式中 K_b——抗隆起安全系数,安全等级为一级、二级、三级的支护结构,K_b 分别不应小于 1.8、1.6、1.4;

γ_{m1},γ_{m2}——分别为基坑外、基坑内挡土构挡土构件底面以上土的天然重度 (kN/m^3);对多层土,取各层土按厚度加权的平均重度;

l_d——挡土构件的嵌固深度(m);

h——基坑深度(m);

q_0——地面均布荷载(kPa);

N_c,N_q——承载力系数;

c,φ——分别为挡土构件底面以下土的黏聚力(kPa)、内摩擦角(°)。

当挡土构件底面以下有软弱下卧层时,坑底隆起稳定性的验算部位尚应包括软弱下卧层。软弱下卧层的隆起稳定性可按式(2-55)验算,但式中的 γ_{m1},γ_{m2} 应取软弱下卧层顶面以上土的重度(图 2-47),l_d 应以 D 代替(D 为基坑底面至软弱下卧层顶面的土层厚度)。

锚拉式支挡结构、支撑式支挡结构,当坑底以下为软土时,其嵌固深度应满足以最下层支点为轴心的圆弧滑动稳定性要求(图 2-48)。在我国软土地区常常以这种方法作为挡土构件嵌固深度的控制条件。

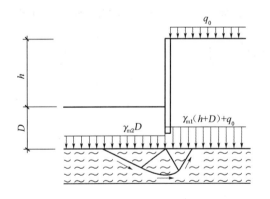

图 2-47 软弱下卧层的隆起稳定性验算

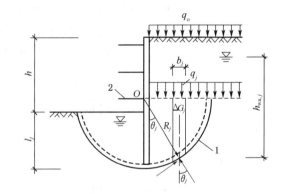

1—任意圆弧滑动面;2—最下层支点

图 2-48 以最下层支点为轴心的圆弧滑动稳定性验算

以最下层支点为轴心的圆弧滑动稳定性验算公式为

$$\frac{\sum\left[c_j l_j + (q_j b_j + \Delta G_j)\cos\theta_j\tan\varphi_j\right]}{\sum(q_j b_j + \Delta G_j)\sin\theta_j} \geqslant K_r \qquad (2\text{-}58)$$

式中 K_r——以最下层支点为轴心的圆弧滑动稳定安全系数,安全等级为一级、二级、三级

的支挡式结构,K_r 分别不应小于 2.2、1.9、1.7;

c_j,φ_j——分别为第 j 土条在滑弧面处土的黏聚力(kPa)、内摩擦角(°);

l_j——第 j 土条的滑弧段长度(m),取 $l_j = b_j/\cos\theta_j$;

q_j——第 j 土条顶面上的竖向压力标准值(kPa);

b_j——第 j 土条的宽度(m);

θ_j——第 j 土条滑弧面中点处的法线与垂直面的夹角(°);

ΔG_j——第 j 土条的自重(kN),按天然重度计算。

3. 嵌固稳定性

为了控制倾覆稳定性,悬臂式支挡结构的嵌固深度(l_d)应符合下列嵌固稳定性的要求(图 2-49):

$$\frac{E_{pk}a_{p1}}{E_{ak}a_{a1}} \geqslant K_e \tag{2-59}$$

式中 K_e——嵌固稳定安全系数,安全等级为一级、二级、三级的悬臂式支挡结构,K_e 分别不应小于 1.25、1.2、1.15;

E_{ak},E_{pk}——分别为基坑外侧主动土压力、基坑内侧被动土压力标准值(kN);

a_{a1},a_{p1}——分别为基坑外侧主动土压力、基坑内侧被动土压力合力作用点至挡土构件底端的距离(m)。

为了控制挡墙踢脚稳定性,单层锚杆或单层支撑的支挡式结构的嵌固深度(l_d)应符合下式嵌固稳定性的要求(图 2-50):

$$\frac{E_{pk}a_{p2}}{E_{ak}a_{a2}} \geqslant K_e \tag{2-60}$$

式中 K_e——嵌固稳定安全系数,安全等级为一级、二级、三级的锚拉式支挡结构和支撑式支挡结构,K_e 分别不应小于 1.25、1.2、1.15;

a_{a2},a_{p2}——基坑外侧主动土压力、基坑内侧被动土压力合力作用点至支点的距离(m)。

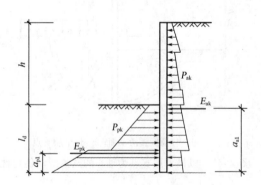

图 2-49 悬臂式结构嵌固稳定性验算

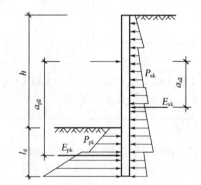

图 2-50 单支点锚拉式支挡结构和支撑式支挡结构的嵌固稳定性验算

挡土构件的嵌固深度除应满足上述稳定性要求外,对悬臂式结构,尚不宜小于 $0.8h$(h 为基坑深度);对单支点支挡式结构,尚不宜小于 $0.3h$;对多支点支挡式结构,尚不宜小于 $0.2h$。

2.3.5.3 截面承载力计算

1. 混凝土支护桩正截面承载力计算

(1) 沿周边均匀配置纵向钢筋的圆形截面钢筋混凝土支护桩,其正截面受弯承载力按下式计算(适用于截面内纵向钢筋数量不少于 6 根的圆形截面情况,图 2-51):

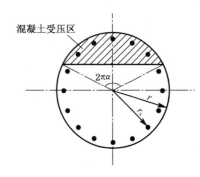

$$M \leqslant \frac{2}{3} f_{c} A r \frac{\sin^{3} \pi \alpha}{\pi} + f_{y} A_{s} r_{s} \frac{\sin \pi \alpha + \sin \pi \alpha_{t}}{\pi}$$

$$\tag{2-61}$$

$$\alpha f_{c} A \left(1 - \frac{\sin 2\pi\alpha}{2\pi\alpha}\right) + (\alpha - \alpha_{t}) f_{y} A_{s} = 0 \quad (2\text{-}62)$$

$$\alpha_{t} = 1.25 - 2\alpha \quad (2\text{-}63)$$

图 2-51 沿周边均匀配置纵向钢筋的圆形截面

式中 M——桩的弯矩设计值(kN·m);

f_{c}——混凝土轴心抗压强度设计值(kN/m²),当混凝土强度等级超过 C50 时,f_{c} 应用 $\alpha_{1} f_{c}$ 代替,当混凝土强度等级为 C50 时,取 $\alpha_{1} = 1.0$,当混凝土强度等级为 C80 时,取 $\alpha_{1} = 0.94$,其间按线性内插法确定;

A——支护桩截面面积(m²);

r——支护桩的半径(m);

α——对应于受压区混凝土截面面积的圆心角(rad)与 2π 的比值;

f_{y}——纵向钢筋的抗拉强度设计值(kN/m²);

A_{s}——全部纵向钢筋的截面面积(m²);

r_{s}——纵向钢筋重心所在圆周的半径(m);

α_{t}——纵向受拉钢筋截面面积与全部纵向钢筋截面面积的比值,当 $\alpha > 0.625$ 时,取 $\alpha_{t} = 0$。

(2) 沿受拉区和受压区周边局部均匀配置纵向钢筋的圆形截面混凝土支护桩,其正截面受弯承载力按下式计算(适用于截面受拉区内纵向钢筋数量不少于 3 根的圆形截面情况,图 2-52):

$$M \leqslant \frac{2}{3} f_{c} A r \frac{\sin^{3} \pi \alpha}{\pi} + f_{y} A_{sr} r_{s} \frac{\sin \pi \alpha_{s}}{\pi \alpha_{s}} + f_{y} A'_{sr} r_{s} \frac{\sin \pi \alpha'_{s}}{\pi \alpha'_{s}}$$

$$\tag{2-64}$$

$$\alpha f_{c} A \left(1 - \frac{\sin 2\pi\alpha}{2\pi\alpha}\right) + f_{y} (A'_{sr} - A_{sr}) = 0$$

$$\tag{2-65}$$

$$\cos \pi \alpha \geqslant 1 - \left(1 + \frac{r_{s}}{r} \cos \pi \alpha_{s}\right) \xi_{b} \quad (2\text{-}66)$$

$$\alpha \geqslant \frac{1}{3.5} \quad (2\text{-}67)$$

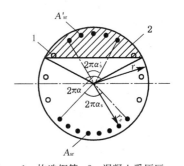

1—构造钢筋；2—混凝土受压区

图 2-52 沿受拉区和受压区周边局部均匀配置纵向钢筋的圆形截面

式中 α——计算的受压区混凝土截面面积的圆心

角(rad)与 2π 的比值;

α_s——对应于受拉钢筋的圆心角(rad)与 2π 的比值,α_s 宜在 $1/6\sim1/3$ 之间选取,通常可取 0.25;

A'_s——对应于受压钢筋的圆心角(rad)与 2π 的比值,宜取 $\leq0.5\alpha$;

A_{sr},A'_{sr}——沿周边均匀配置在圆心角、内的纵向受拉、受压钢筋的截面面积(m^2);

ξ_b——矩形截面的相对界限受压区高度,应按现行国家标准《混凝土结构设计规范》(GB 50010)的规定取值。

纵向配筋根数,宜使 $\alpha>1/3.5$,当不满足时,其正截面受弯承载力可按下式计算:

$$M\leqslant f_y A_{sr}\left(0.78r+r_s\frac{\sin\pi\alpha_s}{\pi\alpha_s}\right) \tag{2-68}$$

沿圆形截面受拉区和受压区周边实际配置的均匀纵向钢筋的圆心角应分别取为 $2\frac{n-1}{n}\pi\alpha_s$ 和 $2\frac{m-1}{m}\pi\alpha'_s$。配置在圆形截面受拉区的纵向钢筋的按全截面面积计算的最小配筋率不宜小于 0.2% 和 $0.45f_t/f_y$ 中的较大者,此处,f_t 为混凝土抗拉强度设计值。在不配置纵向受力钢筋的圆周范围内应设置周边纵向构造钢筋,纵向构造钢筋直径不应小于纵向受力钢筋直径的 1/2,且不应小于 10 mm;纵向构造钢筋的环向间距不应大于圆截面的半径和 250 mm 两者的较小值*。

2. 混凝土斜截面承载力计算

圆形截面支护桩的斜截面承载力,可用截面宽度(b)为 $1.76r$ 和截面有效高度(h_0)为 $1.6r$ 的矩形截面代替圆形截面后,按现行国家标准《混凝土结构设计规范》(GB 50010)对矩形截面斜截面承载力的规定进行计算,但其剪力设计值应按《建筑基坑支护技术规程》(JGJ 120—2012)第 3.1.7 条确定,此处,为圆形截面半径。等效成矩形截面的混凝土支护桩,应将计算所得的箍筋截面面积作为圆形箍筋的截面面积,且应满足该规范对梁的箍筋配置的要求。

2.3.5.4 支撑体系的设计与计算

内支撑体系受力明确,变形较小,使用可靠,能有效地保护周围环境,应用较广泛。近年来不论是结构形式还是计算理论皆有很大发展。

1. 设计和计算内容

支护结构的内支撑体系,包括冠梁或腰梁(亦称围檩)、支撑和立柱三部分,其设计和计算内容包括:

(1) 支撑体系材料选择和结构体系布置;

(2) 支撑体系结构的内力和变形计算;

(3) 支撑体系构件的强度和稳定验算;

(4) 支撑体系构件的节点设计;

(5) 支撑体系结构的安装和拆除设计。

---

* 注:① n, m 为受拉区、受压区配置均匀纵向钢筋的根数;

② f_t 为混凝土抗拉强度设计值。

2. 荷载

内支撑结构分析时,应考虑下列作用:

(1) 当简化为平面结构计算时,由挡土构件传至内支撑结构的水平荷载,包括土压力、水压力、基坑外的地面荷载及相邻建(构)筑物引起的挡墙侧向压力、支撑的预加压力等。

(2) 支撑结构自重;当支撑作为施工平台时,尚应考虑施工荷载;施工荷载要根据具体情况确定,如支撑顶面用作施工栈桥,上面要运行大的施工机械或运输工具,则根据具体情况估算确定。如挖土时挖土机上支撑,亦需考虑这部分施工荷载。如支撑上堆放材料,则亦应考虑。

(3) 当温度改变引起的支撑结构内力不可忽略不计时,应考虑温度应力;温度变化会引起钢支撑轴力改变,根据经验,对长度超过 40 m 的支撑,可考虑 10%～20% 的支撑内力变化。

(4) 当支撑立柱下沉或隆起量较大时,应考虑支撑立柱与挡土构件之间差异沉降产生的作用。当差异沉降较大时,在支撑构件上增加的偏心距会使水平支撑产生次应力,因此,应按此差异沉降量对内支撑进行结构分析。

3. 结构分析原则

实际工程中内支撑体系与支挡式挡墙连成一体形成了空间结构体系,从变形协调作用考虑,采用整体分析的空间分析方法更合理。但由于支护结构的空间分析方法建模相对复杂,一些模型参数的确定也缺乏足够的经验,因此,目前还是多采用将空间结构简化为平面结构的分析方法和平面有限元法。

依据《建筑基坑支护技术规程》(JGJ 120—2012)的规定,内支撑结构分析应按照以下原则进行:

(1) 水平对撑与水平斜撑,应按偏心受压构件进行计算;支撑的轴向压力应取支撑间距内挡土构件的支点力之和;腰梁或冠梁应按以支撑为支座的多跨连续梁计算,计算跨度可取相邻支撑点的中心距。

(2) 矩形平面形状的正交支撑,可分解为纵横两个方向的结构单元,并分别按偏心受压构件进行计算。

(3) 不规则平面形状的平面杆系支撑、环形杆或环形板系支撑,可按平面杆系结构采用平面有限元法进行计算;对环形支撑结构,计算时应考虑基坑不同方向上的荷载不均匀性;当基坑各边的土压力相差较大时,在简化为平面杆系时,尚应考虑基坑各边土压力的差异产生的土体被动变形的约束作用,此时,可在水平位移最小的角点设置水平约束支座,在基坑阳角处不宜设置支座。

(4) 在竖向荷载作用下内支撑结构宜按空间框架计算,当作用在内支撑结构上的施工荷载较小时,可按连续梁计算,计算跨度可取相邻立柱的中心距。

(5) 竖向斜撑应按偏心受压杆件进行计算。

(6) 当有可靠经验时,宜采用三维结构分析方法,对支撑、腰梁与冠梁、挡土构件进行整体分析。

4. 构件计算长度

(1) 水平支撑在竖向平面内的受压计算长度,不设置立柱时,取支撑的实际长度;设置立柱时,取相邻立柱的中心间距。

(2) 水平支撑在水平平面内的受压计算长度,对无水平支撑杆件交汇的支撑,取支撑的实际长度;对有水平支撑杆件交汇的支撑,取与支撑相交的相邻水平支撑杆件的中心间距;当水平支撑杆件的交汇点不在同一水平面内时,其水平平面内的受压计算长度宜取与支撑相交的相邻水平支撑杆件中心间距的1.5倍。

(3)对竖向斜撑,应按上述(1)、(2)的规定确定受压计算长度。

(4)立柱的受压计算长度,对单层支撑的立柱、多层支撑底层立柱的受压计算长度取底层支撑至基坑底面的净高度与立柱直径或边长的5倍之和;相邻两层水平支撑间的立柱受压计算长度取水平支撑的中心间距。

5. 构件截面承载力计算

(1)混凝土支撑构件及其连接的受压、受弯、受剪承载力计算应符合现行国家标准《混凝土结构设计规范》(GB 50010)的规定;钢支撑结构构件及其连接的受压、受弯、受剪承载力及各类稳定性计算应符合现行国家标准《钢结构设计规范》(GB 50017)的规定,钢支撑的承载力计算应考虑安装偏心误差的影响,偏心距取值不宜小于支撑计算长度的1/1 000,且对混凝土支撑不宜小于20 mm,对钢支撑不宜小于40 mm。

(2)立柱的受压承载力可按下列规定计算:在竖向荷载作用下,内支撑结构按框架计算时,立柱应按偏心受压构件计算;内支撑结构按连续梁计算时,可按轴心受压构件计算;立柱的基础应满足抗压和抗拔的要求。

(3)冠梁或腰梁一般可按水平方向的受弯构件计算。当冠梁或腰梁与水平支撑斜交或作为边桁架的弦杆时,应按偏心受压构件计算。冠梁或腰梁的受压计算长度,取相邻支撑点的中心距。钢冠梁或腰梁,当拼装点按铰接考虑时,其受压计算长度取相邻支撑点中心距的1.5倍。现浇混凝土冠梁或腰梁的支座弯矩,可乘以0.8~0.9的系数折减,但跨中弯矩应相应增加。

2.3.5.5 钢板桩施工

1. 常用钢板桩的种类

钢板桩是带锁口的热轧型钢,钢板桩靠锁口相互咬口连接,形成连续的钢板桩墙,用来挡土和挡水。钢板桩支护由于其施工速度快、可重复使用,因此在一定条件下使用会取得较好的效益。但钢板桩的刚度相对较小。

钢板桩断面形式很多,各国都制定有各自的规格标准。常用的截面形式为U形、Z形和直腹板式,如图2-53所示。国产的钢板桩只有鞍Ⅳ型和包Ⅳ型拉森式(U形)钢板桩,其他还有一些国产宽翼缘热轧槽钢可用于不太深的基坑作为支护应用。鞍Ⅳ型拉森式钢板桩宽(b)400 mm、高(h)310 mm,重77 kg/m,每延米桩墙的截面模量为2 042 cm³。

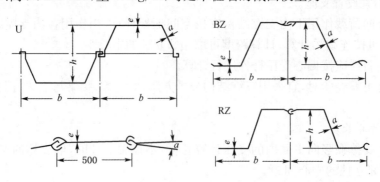

图2-53 常见钢板桩截面形式

2. 钢板桩打设前的准备工作

钢板桩的设置位置应便于基础施工,即在基础结构边缘之外并留有支、拆模板的余地。特殊情况下如利用钢板桩作箱基底板或桩基承台的侧模,则必须衬以纤维板或油毛毡等隔离材料,以便钢板桩拔出。

钢板桩的平面布置,应尽量平直整齐,避免不规则的转角,以便充分利用标准钢板桩和便于设置支撑。

对于多层支撑的钢板桩,宜先开沟槽安设支撑并预加顶紧力(约为设计值的50%),再挖土,以减少钢板桩支护的变形。

对于钢板桩挡墙应在板桩接缝处设置可靠的防渗止水的构造,必要时可在沉桩后在坑外钢板桩锁口处注浆防渗。

1) 钢板桩的检验与矫正

钢板桩在进入施工现场前需检验、整理。尤其是使用过的钢板桩,因在打桩、拔桩、运输、堆放过程中易变形,如不矫正不利于打入。

用于基坑临时支护的钢板桩,主要进行外观检验,包括表面缺陷、长度、宽度、厚度、高度、端头矩形比、平直度和锁口形状等。对桩上影响打设的焊接件应割除。如有割孔、断面缺损应补强。若有严重锈蚀,应量测断面实际厚度,以便计算时予以折减。经过检验,如误差超过质量标准规定时,应在打设前予以矫正。

矫正后的钢板桩在运输和堆放时尽量不使其弯曲变形,避免碰撞,尤其不能将连接锁口碰坏。堆放的场地要平整坚实,堆放时最下层钢板桩应垫木块。

2) 导架安装

为保证沉桩轴线位置的正确和桩的竖直,控制桩的打入精度,防止板桩的屈曲变形和提高桩的贯入能力,一般都需设置一定刚度的、坚固的导架,亦称"施工围檩"。

导架通常由导梁和围檩桩等组成,其形式在平面上有单面和双面之分,在高度上有单层和双层之分。一般常用的是单层双面导架。围檩桩的间距一般为2.5~3.5 m,双面围檩之间的间距一般比板桩墙厚度大8~15 mm。

导架的位置不能与钢板桩相碰。围檩桩不能随着钢板桩的打设而下沉或变形。导架的高度要适宜,要有利于控制钢板桩的施工高度和提高工效。

3) 沉桩机械的选择

打设钢板桩可用落锤、汽锤、柴油锤和振动锤。前三种皆为冲击打入法,为使桩锤的冲击力能均匀分布在板桩断面上,避免偏心锤击,防止桩顶面损伤,在桩锤和钢板桩之间应设桩帽。桩帽有各种现成规格可供选用,如无合适的型号,可根据要求自行设计与加工。

振动锤沉设钢板桩辅助设施简单,噪音小,污染少,宜用于软土、粉土、黏性土等土层,也可以用于砂土,但不宜用于细砂层。振动锤还可用于拔桩。

3. 钢板桩的打设

1) 打设方法的选择

钢板桩的打设方式分为"单独打入法"和"屏风式打入法"两种。

(1) 单独打入法

这种方法是从板桩墙的一角开始,逐块(或两块为一组)打设,直至结束。这种方法简便、迅速,不需要其他辅助支架,但是易使板桩向一侧倾斜,且误差积累后不易纠正。为此,这种方法只适用于板桩长度较小的情况。

（2）屏风式打入法

这种方法是将10～20根钢板桩成排插入导架内，呈屏风状，然后再分批施打。施打时先将屏风墙两端的钢板桩打至设计标高或一定深度，成为定位板桩，然后在中间按顺序分别以1/3和1/2板桩高度呈阶梯状打入，如图2-54所示。

屏风式打入法的优点是可减少倾斜误差积累，防止过大倾斜，对要求闭合的板桩墙，常采用此法。其缺点是插桩的自立高度较大，要注意插桩的稳定和施工安全。

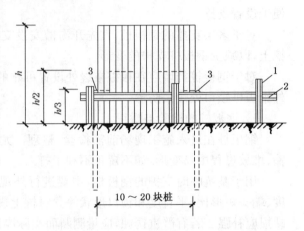

2）钢板桩的打设

先用吊车将钢板桩吊至插桩点处进行插桩，插桩时锁口要对准，每插入一块即套上桩帽轻轻加以锤击。在打桩过程中，为保证钢板桩的垂直度，要用两台经纬仪从两个方向加以控制。为防止锁口中心线平面位移，可在打桩进行方向的钢板桩锁口处设卡板，阻止板桩位移。同时在腰梁上预先算出每块板块的位置，以便随时检查校正。

1—腰梁桩；2—导梁；3—两端先打入的定位钢板桩

图2-54 导架及屏风式打入法

钢板桩分几次打入，如第一次由20 m高打至15 m，第二次则打至10 m，第三次打至导梁高度，待导架拆除后第四次打至设计标高。

打桩时，开始打设的第一、二块钢板桩的打入位置和方向要确保精度，它可以起样板导向作用，一般每打入1 m应测量一次。

打桩时若阻力过大，板桩难于贯入时，不能用锤硬打，可伴以高压冲水或振动法沉桩；若板桩有锈蚀或变形，应及时调整，还可在锁口内涂油脂，以减少阻力。

在软土中打板桩，有时会出现把相邻板桩带入的现象。为了防止出现这种情况，可以把相邻板桩焊在腰梁上，或者数根板桩用型钢连在一起；另外在锁口处涂油脂，并运用特殊塞子，防止土砂进入连接锁口。

钢板桩墙的转角和封闭合龙施工，可采用异形板桩、连接件法、骑缝搭接法或轴线调整法。

4. 钢板桩的拔除

在进行基坑回填土时，要拔除钢板桩，以便修整后重新使用。拔除钢板桩要研究拔除顺序、拔除时间以及桩孔处理方法。

对于封闭式钢板桩墙，拔桩的开始点宜离开角桩5根以上，必要时还可用跳拔的方法间隔拔除。拔桩的顺序一般与打设顺序相反。

拔除钢板桩宜用振动锤或振动锤与起重机共同拔除。后者适用于单用振动锤而拔不出的钢板桩，需在钢板桩上设吊架，起重机在振动锤振拔的同时向上引拔。

振动锤产生强迫振动，破坏板桩与周围土体间的黏结力，依靠附加的起吊力克服拔桩阻力将桩拔出。拔桩时，可先用振动锤将锁口振活以减小与土的黏结，然后边振边拔。为及时回填桩孔，当将桩拔至比基础底板略高时，暂停引拔，用振动锤振动几分钟让土孔填实。

拔桩会带土和扰动土层,尤其在软土层中可能会使基坑内已施工的结构或管道发生沉陷,并影响邻近已有建筑物、道路和地下管线的正常使用,对此必须采取有效措施。

对拔桩造成的土层中的空隙要及时填实,可在振拔时回灌水或边振边拔并填砂,但有时效果较差。因此,在控制地层位移有较高要求时,应考虑在拔桩的同时进行跟踪注浆。

2.3.5.6 地下连续墙与逆筑法施工

1. 地下连续墙施工工艺原理及适用范围

1) 施工工艺原理

地下连续墙施工工艺,即在工程开挖土方之前,用特制的挖槽机械在泥浆护壁的情况下,每次开挖一定长度(一个单元槽段)的沟槽,待开挖至设计深度并清除沉淀下来的泥渣后,将在地面上加工好的钢筋骨架(一般称为钢筋笼)用起重机械吊入充满泥浆的沟槽内,然后通过导管向沟槽内浇筑混凝土,由于混凝土是由沟槽底部开始逐渐向上浇筑,所以随着混凝土的浇筑,泥浆也被置换出来,待混凝土浇至设计标高后,一个单元槽段即施工完毕。各个槽段之间由特制的接头连接,形成连续的地下钢筋混凝土墙。如呈封闭状,则工程开挖土方后,地下连续墙就既可挡土又可止水,便利了地下工程和深基坑的施工。若将用作支护挡墙的地下连续墙又作为建筑物地下室或地下构筑物的结构外墙,即所谓的"两墙合一",则经济效益更加显著。

2) 适用范围

1950年在意大利米兰首先采用泥浆护壁进行地下连续墙施工。50年代后期这种技术传到法国、日本等国家,60年代又推广至英国、美国、苏联等国家,成为地下工程和深基础施工中的有效技术。目前国外施工的地下连续墙,最深的已达131 m,垂直精度可达1/2 000。

1958年,我国水电部门首先在青岛月子口水库用此技术修建了水坝防渗墙。改革开放后,在我国许多城市不少高层建筑的基坑施工中应用了地下连续墙。如上海的金茂大厦,地下3层,挖土深度19.6 m,地上88层,塔楼高420.5 m,满堂开挖的深基坑工程,挡土墙结构为两墙合一的地下连续墙,既作为挡土和挡水的支护体系,又作为支承上部结构的承重墙体系,其地下墙的设计壁厚1 m、槽深36 m。事实证明,在某些条件下,用地下连续墙或地下连续墙与"逆筑法"技术共同使用是施工深基础很有效的方法。

地下连续墙主要有以下优点:

(1) 适用于各种土质。除岩溶地区和承压水头很高的砂砾层必须结合其他辅助措施外,在其他各种土质中皆可应用地下连续墙。

(2) 可以在建筑物、构筑物密集地区施工。由于地下连续墙的墙体刚度大、整体性好,因而结构变形和地基变形都较小,能够紧邻现有建筑物及地下管线开挖深、大基坑,对沉降及变位较易控制。我国的实践经验是距离现有建筑物1 m左右就可顺利进行地下连续墙施工。

(3) 施工时振动小、噪音低。这也是地下连续墙能够在城市建设工程中得到飞速发展的重要原因之一,随着对限制"建筑公害"的呼声愈来愈高,这一优点尤为突出。

(4) 防渗性能好。地下连续墙为整体连续结构,防渗性能较好。近年来随着对地下连续墙接头构造的改进,又大大提高了其防渗性能,除特殊情况下,施工时坑外不再需要降水。坑内降水是为了降低土壤含水量,便于机械施工。

(5) 可与"逆筑法"施工技术结合,加快施工进度,缩短工期。

地下连续墙尽管有上述明显的优点,但也有其自身的缺点和尚待完善的方面,这主要表现在以下几个方面：

(1) 弃土及废泥浆的处理问题。除增加工程费用外，如处理不当，会造成新的环境污染。

(2) 地下连续墙若只是用作基坑的支护结构，则造价较高，不够经济。

(3) 现浇的地下连续墙的墙面不够光滑，如对墙面的光滑度要求较高，尚需加工处理或另作衬壁。

(4) 需进一步研究提高地下连续墙墙身接缝处抗渗、抗漏能力，提高施工精度和墙身垂直度的方法和措施。

作为支护结构，用地下连续墙比钻孔灌注桩和深层水泥土搅拌桩等昂贵，对其选用，必须经过全面的技术经济比较。一般来说，其在深基坑工程中的适用范围归纳起来有以下几个方面：

(1) 在软土地区适用于开挖深度超过 10 m 的深基坑。

(2) 在建筑物、地下设施密集地区且环境保护要求较高时施工深基坑。

(3) 用于以逆筑法施工的基坑支护结构与建筑物主体结构相结合的"两墙合一"。

2. 施工前的准备工作

在进行地下连续墙设计和施工之前，必须认真对施工现场和工程水文地质进行调查研究，以确保施工的顺利进行。

1) 施工现场情况调查

主要调查以下几个方面：①有关机械进场条件；②有关给排水和供电条件；③基坑周边环境；④建筑公害(振动、噪音、泥浆污染等)对周围的影响。

对基坑周边环境的调查应包括以下内容：

(1) 查明影响范围内建(构)筑物的结构类型、层数、基础类型、埋深、基础荷载大小及上部结构现状。

(2) 查明基坑周边的各类地下设施，包括上下水、电缆、煤气、污水、雨水、热力等管线或管道的分布和性状。

(3) 查明场地周围和邻近地区地表水汇流、排泄情况，地下水管渗漏情况以及对基坑开挖的影响程度。

(4) 查明基坑四周道路的距离、道路宽度及车辆载重情况。

2) 水文地质和工程地质调查

为使地下连续墙的设计、施工合理和完工后使用性能良好，必须事先对水文地质和工程地质做全面、正确的勘察。

基坑工程的水文地质和工程地质勘查宜与主体建筑的地基勘察同时进行。在建筑地基详细勘察阶段，对需要支护的工程宜按下列要求进行勘察工作：

(1) 勘察范围应根据开挖深度及场地的岩土工程条件确定，并宜在开挖边界外按开挖深度的1～2倍范围内布置勘探点，当开挖边界外无法布置勘探点时，应通过调查取得相应资料。对于软土，勘察范围尚宜扩大。

(2) 基坑周边勘探点的深度应满足基坑支护结构设计的要求，一般不宜小于基坑开挖深度的2.5倍。

(3) 勘探点间距应视地层条件而定，可在15～30 m内选择，地层变化较大时，应增加勘探点,查明分布规律。

工程地质和水文地质勘查应达到以下要求:

(1)查明场地土层的成因类型、结构特点、土层性质及夹砂情况。

(2)查明基坑及邻近场地填土、暗浜及地下障碍物等不良地质现象的分布范围与深度,并通过图件资料反映其对基坑的影响情况。

(3)查明开挖范围及邻近场地地下水含水层和隔水层的层位、埋深和分布情况,查明各含水层(包括上层滞水、潜水、承压水)的补给条件和水力联系。

(4)分析施工过程中水位变化对支护结构和基坑周边环境的影响,提出应采取的措施。

(5)查明支护结构设计所需的土、水等各项测试参数。

确定深槽的开挖方法,决定单元槽段长度,估计挖土效率,考虑护壁泥浆的配合比和循环工艺等,都与地质情况密切相关。如深槽用钻抓法施工,目前钻导孔所用的工程潜水电钻是正循环出土,当遇到砂土或粉砂层时,要注意不要因钻头喷浆冲刷而使钻孔直径过大而造成局部坍孔,从而影响地下连续墙的施工质量。

槽壁的稳定性也取决于土层的物理力学性质、地下水位高低、泥浆质量和单元槽段的长度。在制订施工方案时,为了验算槽壁的稳定性,就需要了解各层土的重力密度 γ、内摩擦角 φ、内聚力 c 等物理力学指标。此外,基坑坑底的土体稳定亦和坑底以下土的物理力学指标密切相关。

由此可见,全面而正确地掌握施工地区的水文、地质情况,对地下连续墙施工是十分重要的,对后面叙述的各种支护结构的施工也一样重要。

3)制订地下连续墙的施工方案

地下连续墙一般多用于土质条件较差的深基坑支护,且施工期间施工质量不能直接用肉眼观察,一旦发生质量事故,返工处理较为困难;工程又多是在建筑物密集地区施工,严重的质量事故还会危及邻近建筑物和地下设施的安全与使用,所以在施工之前制订详细的施工方案尤显重要。在详细研究了工程规模、质量要求、水文地质资料、周边环境和施工作业条件等内容之后,应编制工程的施工组织设计。地下连续墙的施工组织设计一般包括下列内容:

(1)工程规模和特点,水文、地质和周边环境以及其他与施工有关的条件的说明;

(2)挖掘机械等施工设备的选择;

(3)导墙设计;

(4)单元槽段划分及其施工顺序;

(5)预埋件和地下连续墙与内部结构连接的设计和施工详图;

(6)护壁泥浆的配合比、泥浆循环管路布置、泥浆处理和管理;

(7)废泥浆和土渣的处理;

(8)钢筋笼加工详图,钢筋笼加工、运输、吊放所用的设备和方法;

(9)混凝土配合比设计、混凝土供应和浇筑方法;

(10)动力供应和供水、排水设施;

(11)施工平面图布置:包括挖掘机械运行路线,挖掘机械和混凝土浇灌机架布置,出土运输路线和堆土场地,泥浆制备和处理设备,钢筋笼加工及堆放场地,混凝土搅拌站或混凝土运输路线及其他必要的临时设施等;

(12)安全措施、质量管理措施和技术组织措施等。

3. 地下连续墙施工

现浇钢筋混凝土地下连续墙的施工工艺过程通常如图 2-55 所示。其中修筑导墙、泥浆制备与处理、挖深槽、钢筋笼的制作与吊放以及混凝土的浇筑是地下连续墙施工中的主要工序。

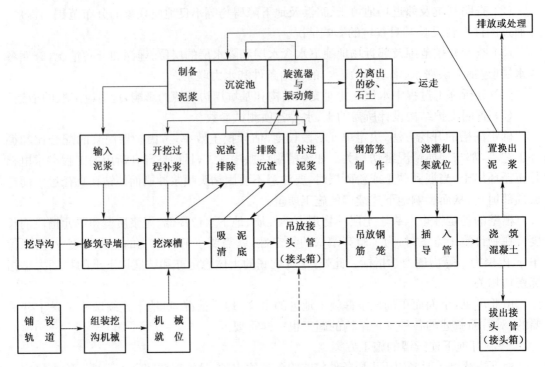

图 2-55　现浇钢筋混凝土地下连续墙的施工工艺过程

1）修筑导墙

导墙是地下连续墙挖槽之前修筑的临时结构,对挖槽起重要作用。

（1）导墙的作用

① 作挡土墙。在挖掘地下连续墙沟槽时,接近地表的土极不稳定,容易出现槽口坍塌,此处的泥浆也不能起到护壁作用,因此在单元槽段挖完之前,导墙就起挡土墙作用。为防止导墙在土压力和水压力作用下产生位移,在导墙的内侧每隔 1 m 左右加设上、下两道木支撑（其规格多为 5 cm×10 cm 和 10 cm×10 cm）,如附近地面有较大荷载或有机械运行时,还可在导墙中每隔 20～30 m 设一道钢闸板支撑,以防止导墙位移和变形。

② 作为测量的基准。它规定了沟槽的位置,表明了单元槽段的划分,同时亦作为测量挖槽标高、垂直度和精度的基准。

③ 作为重物的支承。它既是挖槽机械轨道的支承,又是钢筋笼、接头管等搁置的支点,有时还承受其他施工设备的荷载。

④ 存蓄泥浆。导墙可存蓄泥浆,稳定槽内泥浆液面。泥浆液面应始终保持在导墙面以下 20 cm,并高于地下水位 1.0 m,以稳定槽壁。

（2）导墙的形式

导墙一般为现浇的钢筋混凝土结构,也有钢制或预制的钢筋混凝土的装配式结构,它可重复使用。导墙必须有足够的强度、刚度和精度,必须满足挖槽机械的施工要求。

图 2-56 是几种常见的现浇钢筋混凝土导墙形式。

在确定导墙形式时,应考虑下列因素:表层土的特性;荷载情况;地下连续墙施工时对邻近建(构)筑物可能产生的影响;地下水位的高低及其水位变化情况。

图 2-56(a),(b)适用于表层土壤良好和导墙上荷载较小的情况,图 2-56(c),(d)适用于表层土为杂填土、软黏土等承载力较弱的土层,图 2-56(e)适用于导墙上荷载很大的情况,图 2-56(f)适用于导墙紧邻现有建(构)筑物的情况,图 2-56(g)适用于地下水位很高的情况。

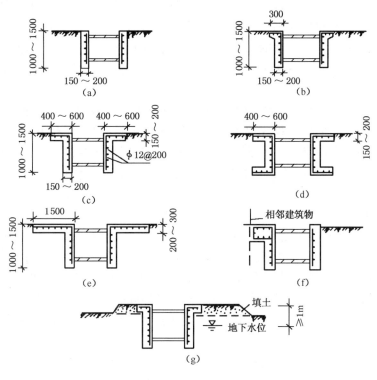

图 2-56 导墙形式

（3）导墙施工

现浇钢筋混凝土导墙的施工顺序为平整场地→测量定位→挖槽及处理弃土→绑扎钢筋→支模板→浇筑混凝土→拆模并设置横撑→导墙外侧回填土(如无外侧模板不进行此项工作)。

导墙的内墙面应平行于地下连续墙轴线,导墙内净宽一般比地下连续墙设计墙厚大 40 mm。导墙顶面应至少高出地面约 100 mm,以防止地面水流入槽内污染泥浆。导墙的深度一般为 1.0～2.0 m,具体深度与表层土质有关,如遇有未固结的杂填土层时,导墙深度必须穿过此填土层,特别是松散的、透水性强的杂填土必须挖穿,使导墙坐落在稳定性较好的老土层上。另外,导墙基底和土面密贴,可以防止槽内泥浆渗入导墙后面。

现浇导墙构筑可采用单侧立模(外侧为土壁),如表层土软弱松散,开挖后土壁不能垂直自立,则外侧亦需设立模板。导墙外侧的回填土应用黏土回填夯实,防止地面水从导墙背后渗入槽内,引起槽段坍方。

导墙的厚度一般为 0.15～0.20 m。配筋多为 $\phi12@200$,水平钢筋必须连接起来,使导墙成为整体。导墙的混凝土等级多为 C20。

值得注意的是,在导墙混凝土达到设计强度并加好支撑之前,严禁任何重型机械和运输设备在其旁边行驶,以防导墙受压变形。

2)泥浆护壁

(1)泥浆的作用

地下连续墙的深槽是在泥浆护壁下进行挖掘的,泥浆在成槽过程中有下列作用:

① 护壁作用。泥浆具有一定的比重,如槽内泥浆液面高出地下水位一定高度,泥浆在槽内就对槽壁产生一定的静水压力,可抵抗作用在槽壁上的侧向土压力和水压力,相当于一种液体支撑,可以防止槽壁倒坍和剥落,并防止地下水渗入。泥浆在槽壁上还会形成一层透水性很低的泥皮,从而可使泥浆的静水压力有效地作用于槽壁上,能防止槽壁剥落。泥浆还从槽壁表面向土层内渗透,待渗透到一定范围泥浆就黏附在土颗粒上,这种黏附作用可减少槽壁的透水性,亦可防止槽壁坍落。

② 携渣作用。泥浆具有一定的黏度,它能将钻头式挖槽机挖槽时挖下来的土渣悬浮起来,既便于土渣随同泥浆一同排出槽外,又可避免土渣沉积在开挖面上影响挖槽机械的挖槽效率。

③ 冷却和润滑作用。泥浆在深槽内可以降低钻具因连续冲击或回转而引起的温度剧升,同时又有润滑作用,可减轻钻具的磨损,有利于延长钻具的使用寿命,提高挖掘效率。

(2)泥浆的成分

护壁泥浆通常使用的是制备泥浆、自成泥浆或半自成泥浆。

制备泥浆是在挖槽前利用专用设备事先制备好泥浆,挖槽时输入沟槽。自成泥浆是用钻头式挖槽机挖槽时,向沟槽内输入清水,清水与钻削下来的泥土拌和,边挖槽边形成泥浆。自成泥浆的性能指标要符合规定的要求。当某些性能指标不符合规定的要求时,在形成自成泥浆的过程中,就要再加入一些需要的成分,这样形成的泥浆称为半自成泥浆。

膨润土泥浆是制备泥浆中最常用的一种,它的主要成分是膨润土和水,另外,还要适当地加入外加剂。

① 膨润土。膨润土是一种颗粒极细、遇水显著膨胀、黏性和可塑性都很大的特殊黏土,它是经加热、干燥和粉碎之后,用旋流分离器按其粉末粒径大小分级后出售的。

膨润土的主要成分是蒙脱石,它由 Si—Al—Si 三层结构重叠而成,在很薄的不定型的板状表面上吸附了大量的阳离子。一般情况下表面吸附的阳离子是钠离子(Na^+)和钙离子(Ca^{2+}),吸附钠离子的称为钠膨润土,吸附钙离子的称为钙膨润土。

膨润土的基本特性是具有触变性能、湿胀性能和胶体性能。

② 水。水的 pH 值和其中的杂质,亦影响泥浆的性质。自来水可直接使用,如用含有大量盐类的地下水、河水或使用性质不明的水,宜先进行拌合试验。

③ 外加剂。为使泥浆的性能适合于地下连续墙挖槽施工的要求,需根据具体情况有选择地适当加入外加剂。常用的外加剂有下列几种:

a. 分散剂。如果水泥中的 Ca^{2+} 离子、地下水或土中的 Na^+ 离子或 Mg^{2+} 离子混入泥浆,会使泥浆相对密度增大,黏度和凝胶化倾向增大,泥皮的形成能力降低,使膨润土凝聚而泥水分离,这不仅影响施工的精度,而且可能造成槽壁坍塌。

分散剂的种类很多,各有不同的作用,一般情况下其作用如下:提高膨润土颗粒的电位,分散剂吸附在膨润土颗粒表面,提高其负电荷,增大排斥力,可抵消由于混入的阳离子产生电位中和而带来的影响;通过与有害离子反应使有害离子产生惰性;置换吸附在膨润土颗粒表面的有害离子,使颗粒又重新在泥浆中呈分散状态。常用的分散剂有碱类、木质素磺酸盐类、复合磷酸盐类和腐殖酸类等四类。

b. 增粘剂。一般常用羧甲基纤维素(CMC),它是一种高分子化学糊糊,呈白色粉末状,易溶于水,溶解于水后成为黏度很大的透明液体,触变性较小。

泥浆中掺加 CMC 能起下列作用:可提高泥浆的黏度;可提高泥皮的形成能力;可包围膨润土颗粒,具有胶体保护作用,可防止水泥或盐类污染泥浆。

c. 加重剂。当泥浆和地下水之间的水位差较小,不能保证槽壁稳定时,需加大泥浆的相对密度以维持槽壁的稳定。常用的加重剂掺和物重晶石(相对密度 4.1~4.2)是一种灰白色粉末,掺入泥浆后能增大泥浆的相对密度、黏度和凝胶强度。

d. 防漏剂。如果槽壁为透水性较大的砂或砂砾层,或由于泥浆黏度不够、形成泥皮的能力较弱等因素,会出现泥浆漏失现象。此时,需在泥浆中掺入一定数量的防漏剂,如锯末、砭石粉末、稻草末、水泥(用量在 17 kg/m³ 以下)、有机纤维素聚合物等。

(3) 泥浆质量的控制指标

在地下连续墙施工过程中,为检验泥浆的质量,使其具备物理和化学的稳定性、合适的流动性、良好的泥皮形成能力以及适当的相对密度,需对制备的泥浆和循环泥浆利用专用仪器进行质量控制,控制指标如下:

① 相对密度。在 4℃时,同体积的泥浆与水的重量比称为相对密度。泥浆的相对密度越大,对槽壁的压力也越大,槽壁也越稳固。但如泥浆相对密度过大,则会使附着于槽壁上的泥皮增厚而疏松,不利固壁;同时还会影响混凝土的浇筑质量;而且由于流动性差而使泥浆循环设备的功率消耗增大。

测定泥浆相对密度可用泥浆比重计。宜每两小时测定一次。膨润土泥浆相对密度宜为1.05~1.15,普通黏土相对密度宜为 1.15~1.25。

② 黏度。黏度是液体内部阻碍其相对流动的一种特性。黏度大,泥浆悬浮土渣、钻屑的能力强,但易糊钻头,使钻挖的阻力加大,生成的泥皮也厚;黏度小,悬浮土渣、钻屑的能力弱,对防止泥浆漏失和流砂也不利。泥浆黏度要根据土层来选择,参见表 2-6。

表 2-4　　　　　　　　　不同土层护壁泥浆性质的控制指标

性质 指标 土层	黏度/s	相对密度	含砂量	失水量	胶体率	稳定性	泥皮厚度/mm	静切力/kPa	pH 值
黏土层	18~20	1.15~1.25	<4%	<30%	>96%	<0.003	<4	3~10	>7
砂砾石层	20~25	1.20~1.25	<4%	<30%	>96%	<0.003	<3	4~12	7~9
漂卵石层	25~30	1.10~1.20	<4%	<30%	>96%	<0.004	<4	6~12	7~9
碾压土层	20~22	1.15~1.20	<6%	<30%	>96%	<0.0003	<4	—	7~8
漏失土层	25~40	1.10~1.25	<15%	<30%	>97%	—	—	—	—

泥浆黏度的测定方法,有漏斗黏度计法和黏度-比重计(V·G 计)法。

③ 含砂量。泥浆中所含不能分散的颗粒的体积占泥浆体积的百分比称为含砂量。含砂量大,相对密度增大,黏度降低,悬浮土渣、钻屑的能力减弱,土渣等易沉落槽底,增加机械的磨损。

泥浆的含砂量愈小愈好,一般不宜超过 5%。含砂量一般用 ZNH 型泥浆含砂量测定仪测定。

④ 失水量和泥皮厚度。泥浆在沟槽内受压力差的作用，泥浆中的部分水会渗入土层，这种现象叫泥浆失水，失水的数量叫失水量。泥浆在失水的同时，其中不能透过土层的颗粒就黏附在槽壁上形成泥皮，泥皮反过来又可阻止或减少泥浆中水分的漏失。

泥浆的失水量小，泥皮薄而致密，有利于稳定槽壁；失水量大，形成的泥皮厚而疏松。

失水量和泥皮厚度通常用过滤试验同时进行测定。

⑤ pH 值。泥浆 pH 值表示泥浆酸碱性的程度。pH＝7，呈中性；pH＜7，呈酸性；pH＞7，呈碱性。膨润土泥浆呈弱碱性，pH 值一般为 8～9，pH＞11 的泥浆会产生分层现象，失去护壁作用。在施工中如有水泥或呈碱性的地下水混入泥浆，就会增大泥浆的碱性，所以 pH 值的变化能反映泥浆性质的变化。

现场多用石蕊试纸测定泥浆的 pH 值。

⑥ 稳定性。稳定性指泥浆各成分混合后呈悬浮状态的性能。常用相对密度差试验确定。即将泥浆静置 24 h，经过沉淀后，上、下层的相对密度差要求不超过控制指标。

⑦ 静切力。施加外力，使静止的泥浆开始流动的一瞬间阻止其流动的阻力称静切力。静切力大，泥浆悬浮土渣和钻屑的能力强，但钻孔阻力也大；静切力小，土渣和钻屑易沉淀。

⑧ 胶体率。泥浆静置 24 h 后，其呈悬浮状态的固体颗粒与水分离的程度，即泥浆部分体积与总体积之比为胶体率。

胶体率高的泥浆，可使土渣、钻屑呈悬浮状态。要求泥浆的胶体率应高于 96％，否则要掺加碱(Na_2CO_3)或火碱(NaOH)进行处理。

上述泥浆性能的控制指标，在不同情况下，试验的内容亦有所不同。

在确定泥浆配合比时，要测定上述各项性能指标。在检验黏土造浆性能时，要测定胶体率、相对密度、黏度和含砂量。新生产的泥浆、回收重复利用的泥浆、浇筑混凝土前槽内的泥浆，主要测定黏度、相对密度和含砂量。

（4）泥浆的制备

① 泥浆配合比。选择泥浆既要考虑护壁、携渣效果，又要考虑经济性，应因地制宜地选用。在黏性土或粉质黏土为主的地质条件下，如土质中黏土含量大于 50％，塑性指标大于 20，含砂量小于 5％，二氧化硅与三氧化铝含量的比值为 3～4，可以采用自成泥浆或半自成泥浆进行深槽护壁，以降低泥浆费用。此法在成槽过程中，泥浆的密度通过调节进水量和钻进速度来控制。采用直接输入清水造浆，应通过导管从钻机钻头孔射出，不得将水直接注入槽内。

确定膨润土泥浆配合比时，首先根据为保持槽壁稳定所需的黏度来确定膨润土的掺量（一般为 6％～9％）和增粘剂 CMC 的掺量（一般为 0.05％～0.08％）。

分散剂的掺量一般为 0～0.5％，在地下水丰富的砂砾层中挖槽，有时可不用分散剂。另外，分散剂的掺量超过一定限度后，不再增加分散效果，甚至有时反而会降低其效果。我国最常用的分散剂是纯碱。

加重剂一般使用重晶石，根据日本冲野的建议，可按下式计算重晶石的数量：

$$m = \frac{4V(d_2 - d_1)}{4 - d_2} \tag{2-69}$$

式中　m——重晶石的掺量(t)；

　　　V——泥浆重(kL)；

d_1——原来泥浆的相对密度；

d_2——需达到的泥浆相对密度。

防漏剂的掺量，不是在一开始配制泥浆时确定的，而是根据挖槽过程中泥浆的漏失情况逐渐掺加。常用的掺量为 $0.5\%\sim1.0\%$，如漏失很大，掺量可能增大到 5% 或将不同的防漏剂混合使用。

总之，确定泥浆的配合比，要根据材料的特性，参考常用的配合比，通过试配经过不断修正，最后确定适用的配合比。试配制出的泥浆要按泥浆控制指标进行试验确定。

常用泥浆参考配合比见表 2-5。

表 2-5　　　　　　　　　　泥浆参考配合比（以重量%计）

土质	膨润土	酸性陶土	纯黏土	CMC	纯碱	分散剂	水	备注
黏性土	6～8	—	—	0～0.02	—	0～0.5	100	
砂	6～8			0～0.05		0～0.5	100	
砂砾	8～12	—	—	0.05～0.1		0～0.5	100	掺防漏剂
软土		8～10		0.05	4		100	上海基础公司用
粉质黏土	6～8	—	—	—	0.5～0.7		100	
粉质黏土	1.65		8～12			0.3	100	半自成泥浆
粉质黏土	—		12	0.15		0.3	100	半自成泥浆

注：① CMC 配成 1.5% 的溶液使用；碱和分散剂亦配成 15% 溶液使用；
　　② 分散剂常用的有碳酸钠或三（聚）磷酸钠。

② 泥浆制备。泥浆制备包括泥浆搅拌和泥浆贮存。

泥浆搅拌机常用的有高速回转式搅拌机和喷射式搅拌机两类。如图 2-57 所示为喷射式搅拌机工作原理，它是用泵把水喷射成射流状，利用喷嘴附近的真空吸力，把加料器中膨润土吸出与射流进行拌合。用此法拌和泥浆，在泥浆达到设计浓度之前，可以循环进行。即喷嘴喷出的泥浆进入贮浆罐，如未达到设计浓度，贮浆罐中之泥浆再由泵经喷嘴与膨润土拌和，如此循环直至泥浆达到设计浓度。目前，我国使用的喷射式搅拌机多由德国、日本进口，当泥浆浓度为 $6\%\sim10\%$ 时，其制备能力为 $8\sim60\ \mathrm{m^3/h}$，泵的压力为 $0.3\sim0.4\ \mathrm{MPa}$。

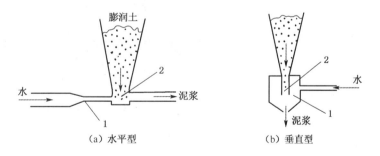

（a）水平型　　　　　　（b）垂直型

1—喷嘴；2—真空部位

图 2-57　喷射式搅拌机工作原理

制备泥浆的投料顺序，一般为水、膨润土、CMC、分散剂、其他外加剂。由于 CMC 溶液可能会妨碍膨润土溶胀，宜在膨润土之后投入。

膨润土泥浆一定要充分搅拌，拌好后，在贮浆池(罐)内一般要静止 24 h 以上，最低不得少于 3 h，以便膨润土颗粒充分溶胀，确保泥浆质量。

贮存泥浆宜用钢的贮浆罐或地下、半地下式贮浆池，其容积一般应超过一个单元槽段挖土量的 1.5～2.0 倍。

(5) 泥浆处理

在地下连续墙施工过程中，泥浆要与地下水、砂、土、混凝土接触，膨润土、掺和料等成分会有所消耗，而且也混入一些土渣和电解质离子等，使泥浆受到污染而质量恶化。被污染后性质恶化了的泥浆，经处理后可重复使用，如果污染严重或处理不经济者则舍弃。

泥浆处理分土渣分离处理(物理再生处理)和污染泥浆化学处理(化学再生处理)两种。

① 土渣分离处理。泥浆中混入大量土渣，会使黏附在槽壁上的泥皮厚而弱，从而使槽壁的稳定性变差；浇筑混凝土时，土渣极易卷入混凝土中，影响混凝土的质量；土渣还会使槽底沉渣增多，使建成后的地下连续墙沉降量增大；含有大量土渣的泥浆黏度增大，泥浆循环发生困难，而且也加重了泵和管道的磨损。因此，对于重复使用的循环泥浆，土渣的分离处理这道工序非常重要。

分离土渣有机械处理和重力沉降处理两种方法，两种方法共同使用效果最好。

a. 重力沉降处理。重力沉降处理是利用泥浆与土渣的相对密度差使土渣产生沉淀，以排除土渣的方法。该方法需要在现场设置一个沉淀池，沉淀池一般还要分隔成几个，其间由埋管或开槽口连通，以满足泥浆循环、再生、舍弃等工艺要求。沉淀池的容积愈大，泥浆在沉淀池中停留的时间愈长，土渣沉淀分离的效果愈好。

b. 机械处理。机械处理是利用振动筛与旋流器排除土渣的方法。图 2-58 是反循环出土的泥浆机械处理过程示意图。反循环排出的带有土渣的泥浆由吸力泵送至振动筛，经振动筛将泥浆和土渣分离，此时分离后的泥浆仍含有部分小粒径的土渣，再由旋流器供应泵将其送入旋流器，旋流器高速旋转而产生离心力，由于土渣的质量较大，产生了较大的离心力，

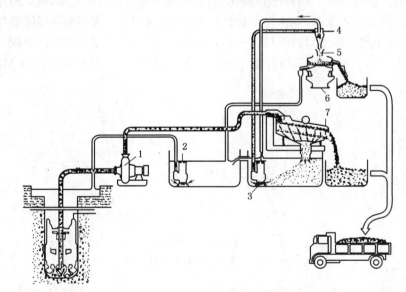

1—吸力泵；2—回流泵；3—旋流器供应泵；4—旋流器；5—排渣管；6—脱水机；7—振动筛

图 2-58　反循环出土的泥浆处理

土渣被甩至旋流器壁上并下滑排出,而微粒土渣和泥浆则呈溢流由上面排出,至沉淀池中进行沉淀。沉淀后的泥浆再由回流泵经输浆管送入深槽内。

② 污染泥浆化学处理。浇筑混凝土时从深槽内被置换出来的旧泥浆中混入了大量的有害离子,如受水泥污染后大量的钙离子会吸附在膨润土颗粒的表面,土颗粒极易相互凝聚,使泥浆产生凝胶化,凝胶化后的泥浆泥皮形成能力减弱,槽壁稳定性变差,而且黏度增高,土渣分离困难,在泵和管道内流动阻力增大。

恶化了的泥浆要进行化学处理,一般是使用分散剂置换膨润土表面的有害阳离子,使颗粒又重新在泥浆中呈分散状态。经化学处理后再进行土渣分离处理。

泥浆经过处理后,应测试其性能指标,发现有不符合规定指标要求时,可再补充掺入材料进行再生调剂。经再生调剂后的泥浆,送入贮浆池(罐),待新掺入的材料与处理过的泥浆完全融合后再重复使用。

3) 挖深槽

挖槽的主要工作包括:单元槽段划分;挖槽机械的选择与正确使用;制订防止槽壁坍塌的措施和特殊情况的处理方法等。

挖槽约占地下连续墙施工工期的一半,因此提高挖槽的效率是缩短工期的关键。同时,槽壁形状基本上决定了墙体外形,所以挖槽的精度又是保证地下连续墙质量的关键之一。因此,挖槽是地下连续墙施工中的关键工序。

(1) 单元槽段划分

地下连续墙施工时,预先沿墙体长度方向把地下墙划分为多个某种长度的施工单元,这种施工单元称为"单元槽段"。挖槽是按照一个个单元槽段进行挖掘的,在一个单元槽段内,挖掘机械可以挖一个或几个挖掘段。划分单元槽段就是将各种单元槽段的形状和长度标明在墙体平面图上,它是地下连续墙施工组织设计中的一个重要内容。

单元槽段的最小长度不得小于一个挖掘段,即不得小于挖掘机械挖土工作装置的一次挖土长度。从理论上讲单元槽段愈长愈好,因为这样可以减少槽段接头数量,增加了地下连续墙的整体性和截水防渗能力,并且简化施工,提高工效。但是在实际工作中,单元槽段的长度又受到诸多因素的限制,必须根据设计、施工条件进行综合考虑。一般决定单元槽段长度的因素有:

① 设计构造要求。如墙的深度和厚度。

② 地质水文条件。当土层不稳定时,为防止槽壁倒坍,缩短挖槽时间,应减少单元槽段的长度。

③ 地面荷载及相邻建筑物的影响。较大的地面荷载和高大建(构)筑物,会增大槽壁受到的侧向压力,影响槽壁稳定性。在这种情况下,应缩短单元槽段长度,以缩短槽段开挖与暴露时间。

④ 现有起重机的起重能力和钢筋笼的吊放方法。钢筋笼多为整体吊装,要根据施工单位起重机械的起重能力,估算钢筋笼的重量及尺寸,以此推算单元槽段长度。

⑤ 单位时间内混凝土的供应能力。一般情况下一个单元槽段长度内的全部混凝土,宜在 4 h 内浇筑完毕,所以

$$单元槽段长度(m) = \frac{4\ h内混凝土的最大供应量(m^3)}{墙宽(m) \times 墙深(m)}$$

⑥ 工地上具备的泥浆池容积。

⑦ 混凝土导管的作用半径。

图 2-59 为采用多头钻成槽机挖掘深槽时一个单元槽段的组成及掘削顺序。

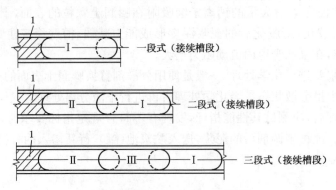

1—已完槽段；Ⅰ，Ⅱ，Ⅲ—掘削顺序

图 2-59　多头钻单元槽段组成及掘削顺序

单元槽段之间的接头位置一般应避免设在转角处及地下连续墙与内部结构的连接处，以保证地下连续墙有较好的整体性。

单元槽段的长度多取 5～7 m，但也有取 10 m 甚至更长的情况。

（2）挖槽机械选择

在地下连续墙施工中常用的挖槽机械，按其工作机理主要分为挖斗式、回转式和冲击式三大类。

① 挖斗式挖槽机。挖斗式挖槽机是以其斗齿切削土体，切削下来的土体收容在斗体内，再从沟槽内提出地面开斗卸土，然后又返回沟槽内挖土，以如此重复的循环作业进行挖槽。

为了保证挖掘方向，提高成槽精度，一种主要措施是在抓斗上部安装导板，即成为我国常用的导板抓斗；另一种措施是在挖斗上装长导杆，导杆沿着机架上的导向立柱上下滑动，成为液压抓斗，这样既保证了挖掘方向又增加了斗体自重，提高了对土的切入力。

如图 2-60 所示为索式斗体推压式导板抓斗。如图 2-61 所示为导杆液压抓斗。

如果抓斗斗体的上下和开闭是由钢索操纵的，称为索式抓斗。如果是用导杆使抓斗上下并通过液压开闭斗体的称作导杆抓斗。

挖斗式挖槽机构造简单、耐久性好、故障少，适用于较松软的土质。对于较硬的土层也可以用钻抓法施工，即用索式导板抓斗与导向钻机组合成钻抓式成槽机进行挖槽。我国用的钻抓式成槽机如图 2-62 所示。施工时先用潜水电钻根据抓斗的开斗宽度钻两个导孔，孔径与墙厚相同，然后用抓斗抓除两导孔间的土体。如图 2-63 所示为钻抓法施工的工艺布置。

② 回转式挖槽机。这类挖槽机是以回转的钻头切削土体进行挖掘，钻下的土渣随循环的泥浆排出地面。按照钻头数目，回转式挖槽机分为单头钻和多头钻，单头钻主要用来钻导孔，多头钻用来挖槽。

我国使用的 SF-60 和 SF-80 型多头钻，是参考日本 BW 钻机结合我国国情设计制造的。它由机架、钻机、滑轮组、卷扬机、电力系统、管道系统、测重、测斜等部分组成，如图 2-64、图 2-65 所示。这种多头钻采用动力下放、泥浆反循环排渣、电子测斜纠偏和自动控制给进成槽,具有一定的先进性。其技术性能见表2-6。

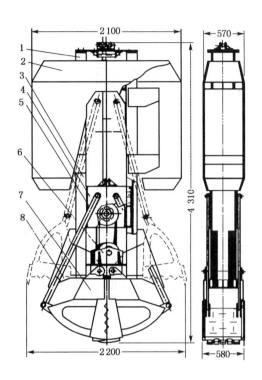

1—导轮支架;2—导板;3—导架;4—动滑轮座;
5—提杆;6—定滑轮;7—斗体;8—弃土压板
图2-60 索式斗体推压式导板抓斗

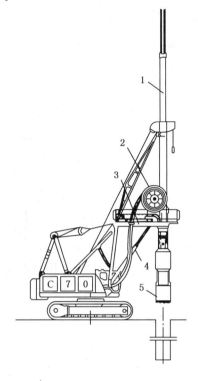

1—导杆;2—液压管线回收轮;3—平台;
4—调整倾斜度用的千斤顶;5—抓斗
图2-61 导杆液压抓斗构造示意图

表2-6 SF型多头钻的技术性能

类别	项目	SF-60型	SP-80型
钻机尺寸	外形尺寸/mm	4 340×2 600×600	4 540×2 800×800
	钻头个数/个	5	5
	钻头直径/mm	600	800
	钻头重量/kg	9 700	10 200
成槽能力	成槽厚度/mm	600	800
	一次成槽有效长度/mm	2 000	2 000
	设计挖掘深度/m	40~60	
	挖掘效率/(m·h^{-1})	8.5~10.0	
	成槽垂直精度	1/300	
机械性能	潜水电机/kW	4极18.5×2	
	传动速比	$i=50$	
	钻头转速/(r·min^{-1})	30	
	反循环管内径/mm	150	
	输出扭矩/(N·m)	—	

用多头钻挖槽对槽壁的扰动少,完成的槽壁光滑,尺寸较准确;吊放钢筋笼顺利;混凝土超量少;效率高;无噪音;现场作业人员少;操作安全;施工文明。它适用于软黏土、砂性土及

小粒径的砂砾层等地质条件。特别在密集的建筑群内,或邻近高层及重要建筑物处皆能安全而高效率地进行施工。

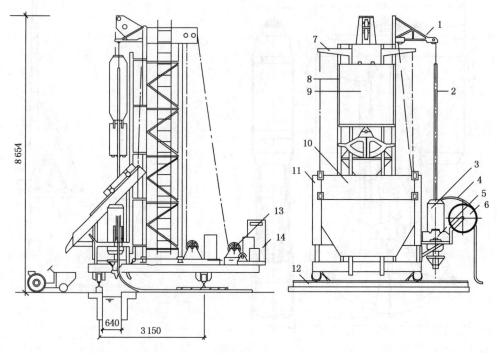

1—电钻吊臂;2—钻杆;3—潜水电站;4—泥浆管及电缆;5—钳制台;6—转盘;7—吊臂滑车;8—机架立柱;
9—导板抓斗;10—出土上滑槽;11—出土下滑槽架;12—轨道;13—卷扬机;14—控制箱

图 2-62 钻抓式成槽机

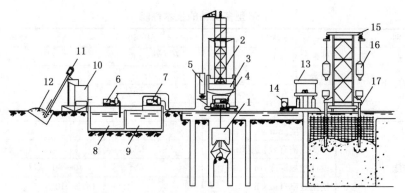

1—导板抓斗;2—机架;3—出土滑槽;4—翻斗车;5—潜水电钻;6,7—吸泥泵;
8—泥浆池;9—泥浆沉淀池;10—泥浆搅拌机;11—螺旋输送机;12—膨润土;
13—接头管顶升架;14—油泵车;15—混凝土浇灌机;16—混凝土吊斗;17—混凝土导管

图 2-63 地下连续墙用钻抓法施工的工艺布置

③ 冲击式挖槽机。目前,我国使用的主要是钻头冲击式挖槽机,它是通过各种形状钻头的上下运动,冲击破碎土层,借助泥浆循环把土渣携出槽外。它适用于老黏性土、硬土和夹有孤石等较为复杂的地层情况。

钻头冲击式挖槽机的排土方式有正循环方式和反循环方式两种。

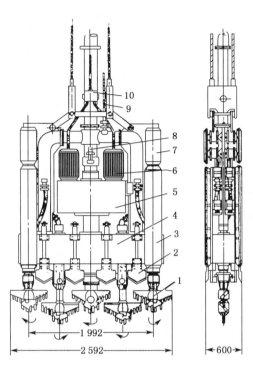

1—钻头；2—侧刀；3—导板；4—齿轮箱；5—减速箱；6—潜水电动机；
7—纠偏装置；8—高压进气管；9—泥浆管；10—电缆接头

图 2-64　多头钻机的钻头

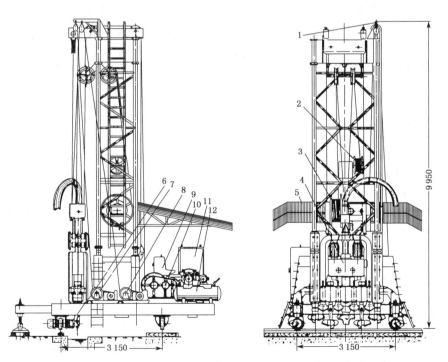

1—小台令；2，3—电缆收线盘；4—多头钻机机头；5—雨篷；6—行走电动机；
7，8—卷扬机；9—操作台；10—卷扬机；11—配电箱；12—空气压缩机

图 2-65　多头钻成槽机

泥浆正循环方式就是将泥浆通过钻杆从钻头前端高压喷出,携带被破碎的土渣一同上升至槽壁顶部排出,然后经泥水分离装置排除土渣后,再用泥浆泵将泥浆送至钻头处,使之循环。

泥浆反循环方式是泥浆经导沟流入槽内,携带土渣一起被吸入钻头,通过钻杆和管道排出地面,经泥水分离装置排除土渣后再把泥浆补充到挖槽内。驱动泥浆吸进钻头空心钻杆的是砂石吸水泵或压缩空气,也可以二者混用。此法泥浆的上升速度快,可以把较大颗粒的土渣携出,而且土渣亦不会堆积在挖槽工作面上。泥浆反循环方式与挖槽断面积无关,土渣排出量和土渣的最大直径取决于排浆管的直径。但是,当挖槽断面较小时,泥浆向下流动较显著,作用在槽壁上的泥浆压力较正循环方式低,因而会减弱泥浆的护壁作用。

（3）挖槽中的注意事项

使用多头钻开挖深槽时,如果是在软塑黏土中钻进,进尺过快,钻渣量过大,有可能使排浆口堵塞,从而造成"糊钻",影响钻进。在黏性土层中挖槽,如果钻速过慢,切削下来的泥土也难以从钻头及侧刀上甩开而附着在钻头及侧刀上,从而造成"抱钻",也会影响钻进。所以施钻时要注意控制钻进速度,不要过快或过慢,钻进速度的确定要考虑土的坚硬程度并与排泥速度协调。

挖槽过程中还要防止发生"卡钻",即钻机被卡在槽内,难以上下。造成卡钻的原因可能是多方面的,如泥渣沉淀在钻机周围,将钻机与槽壁之间的孔隙堵塞;中途停止钻进未及时将钻机提出槽外;槽壁局部坍方,将钻机埋住;钻进过程中遇到地下障碍物被卡住;槽孔偏斜过大等均有可能造成卡钻。因此,针对以上情况,钻进中要注意不定时的交替紧绳、松绳,将钻头慢慢下降或空转,避免泥渣淤积堵塞造成卡钻。中途停止钻进时,应及时将钻机提出槽外。要注意控制泥浆密度,防止槽壁坍方。挖槽前应探明障碍物并及时处理。槽孔出现偏斜弯曲时,应及时扫孔纠正。此外,还要注意钻头磨损严重时应及时补焊加大,以防因钻头直径变小,造成槽孔宽度变小,使钻机上的导板箱被托住而不能钻进。

挖槽时如果遇到孔隙率很大的砾石地层,护壁泥浆会大量渗入孔隙流失,遇到未经处理的落水洞、暗沟等,泥浆也会沿洞、沟大量流失,使槽内浆位迅速下降,造成"漏浆"。出现这种情况,应立即停止使用吸力泵,并及时向导槽内输送尽量多的泥浆,同时将挖槽机提出来。对砾石层要提高泥浆黏度和密度,并掺入堵漏材料,及时补浆和堵漏,保持槽内泥浆面处于正常位置。落水孔洞、暗沟要先填充优质黏土,然后重新施钻。

挖槽过程中还要防止槽孔偏斜和弯曲。为此,钻机使用前应调整悬吊装置,防止偏心,机架底座应保持水平,并安设平稳;钻进中如遇到较大孤石、探头石或局部坚硬土层,应辅以冲击钻破碎;在有倾斜度的软硬地层交界处及扩孔较大处,应采取低速钻进;要合理安排掘削顺序,间隔施钻并适当控制钻压。若已出现槽孔偏斜弯曲,一般可在偏斜处用钻机上下往复扫孔,使槽孔正直;若偏差严重,则应回填砂黏土到偏孔处1 m以上,待沉积密实后,再重新施钻。

地下连续墙施工时保持槽壁稳定、防止槽壁坍方是十分重要的问题。如果一旦发生坍方,将可能导致地面沉陷而使挖槽机械倾覆,对邻近的建筑物和地下管线也会造成破坏。坍方还有可能将挖槽机埋住,拖延工期。如果在浇筑混凝土过程中产生坍方,坍方的土体混入混凝土中,会造成墙体缺陷,甚至会使墙体内外贯通,成为产生管涌的通道。因此,槽壁坍方是地下连续墙施工中极为严重的事故。

与槽壁稳定有关的因素是多方面的,但可以归纳为泥浆、地质条件与施工三个方面。

① 泥浆。泥浆质量和泥浆液面的高低对槽壁稳定有很大影响。成槽应根据土质情况

选用合格泥浆,并通过试验确定泥浆配合比和泥浆密度。泥浆液面愈高所需泥浆的相对密度愈小,即槽壁失稳的可能性愈小。因此,泥浆液面一定要高出地下水位一定高度,一般宜高出 0.5～1.0 m。如发现有漏浆或跑浆现象,应及时堵漏和补浆。

② 水文、地质条件。地下水位愈高,平衡它所需要的泥浆相对密度也愈大,槽壁失稳的可能性也愈大,因此,地下水位的相对高度,对槽壁稳定的影响很大。要注意地下水位的变化,如降雨会使地下水位急剧上升,地面水再绕过导墙流入槽段,这样就使泥浆对地下水的超压力减小,极易产生槽壁塌方。当采用泥浆护壁开挖深度大的地下连续墙深槽时,要重视地下水的影响。必要时可部分或全部降低地下水位,将对保证槽壁稳定起到很大的作用。

地基土的条件直接影响槽壁稳定,试验证明,土的内摩擦角 φ 愈小,所需泥浆的相对密度愈大;反之,所需泥浆的相对密度就愈小。φ 值的大小在一定程度上反映了土质的好坏,内摩擦角越大,土质条件越好,就越不易发生槽壁塌方。为此,施工中应根据不同的土质条件选用不同的泥浆配合比。

③ 施工方面。地下连续墙施工时单元槽段的划分亦影响槽壁的稳定性。槽段的长深比越小,土拱作用越小,槽壁越不稳定。因此,一般一个单元槽段不要超过 2～3 个挖掘段。此外,单元槽段的长度也影响挖槽时间,挖槽时间长会使泥浆质量恶化,从而也影响槽壁的稳定。

施工中还要注意控制钻进进尺或钻机回转速度,以减小对槽壁的扰动,尤其是在松软砂层中钻进,速度不要过快或空转过长。

成槽后应及时吊放钢筋笼、浇灌混凝土,以免搁置时间过长,造成泥浆沉淀而失去护壁作用。还要注意施工期间地面荷载不要过大,防止附近的车辆和机械对地层产生振动等。

当挖槽出现坍塌迹象时,如泥浆大量漏失,液位明显下降,泥浆内有大量泡沫上冒或出现异常的扰动,导墙及附近地面出现沉降,排土量超过设计断面的土方量,多头钻或抓斗升降困难等,此时应首先将挖槽机提至地面,然后迅速采取措施,避免坍塌进一步扩大。常用的措施是立即进行补浆,严重的塌方,应用优质黏土(掺入 20％水泥)回填至坍塌处以上 1～2 m,待沉积密实后再行钻进。

4) 清底

挖槽结束后,悬浮在泥浆中的土颗粒将逐渐沉淀到槽底,此外,在挖槽过程中未被排出而残留在槽内的土渣,以及吊放钢筋笼时从槽壁上刮落的泥皮等都堆积在槽底。在挖槽结束后清除槽底沉淀物的工作称为清底。

清底是地下连续墙施工中的一项重要工作。如不清底,残留在槽底的沉渣会使地下连续墙底部与持力层地基之间形成夹层,使地下连续墙的沉降量增大,承载力降低,并削弱墙体底部的截水防渗能力,甚至可能会导致管涌;而且,沉渣混入混凝土中会使混凝土强度降低,随着浇筑过程中混凝土的流动被挤至接头处,则严重影响接头部位的防渗性能;沉渣会使混凝土的流动性降低,影响浇筑速度,还会造成钢筋笼上浮;如沉渣过厚,钢筋笼插不到设计位置,则使墙体结构配筋发生变化。因此,必须认真做好清底工作,减少沉渣带来的危害。

清除沉渣的方法,常用的有砂石吸力泵排泥法、压缩空气升液排泥法、潜水泥浆泵排泥法、抓斗直接排泥法。前三种应用较多,图 2-66 为其工作原理图。清底后,槽内泥浆的相对密度应在 1.15 以下。

清底一般安排在插入钢筋笼之前进行,对于以泥浆反循环法进行挖槽的施工,可在挖槽后紧接着进行清底工作。如果清底后到混凝土浇筑前的间隔时间较长,亦可在浇筑混凝土前利用混凝土导管再进行一次清底。如图 2-66(d)所示,在混凝土导管顶部加盖,用泵压入清水或密度小的新鲜泥浆,将槽底含渣量大的泥浆置换出来,以保证墙体质量。

另外,单元槽段接头部位附着的土渣和泥皮会显著降低接头处的防渗性能,宜用刷子刷除或用水枪喷射高压水流进行冲洗。

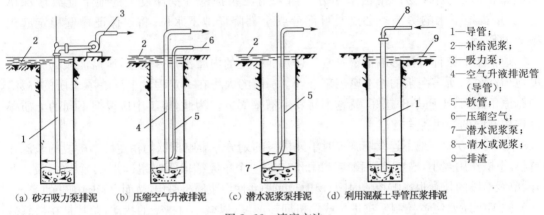

(a) 砂石吸力泵排泥　　(b) 压缩空气升液排泥　　(c) 潜水泥浆泵排泥　　(d) 利用混凝土导管压浆排泥

1—导管;
2—补给泥浆;
3—吸力泵;
4—空气升液排泥管(导管);
5—软管;
6—压缩空气;
7—潜水泥浆泵;
8—清水或泥浆;
9—排渣

图 2-66　清底方法

5) 地下连续墙的接头施工

地下连续墙的接头一般可分为两大类:一类是施工接头,即浇筑地下连续墙时两相邻单元墙段的纵向连接接头;另一类是结构接头,即已竣工的地下连续墙在水平向与其他构件(内部结构的楼板、柱、梁、底板等)相连接的接头。地下连续墙的接头形式很多,一般应本着满足受力和防渗要求,并方便施工的原则进行选择。

(1) 施工接头

常用的施工接头有以下几种形式:

① 接头管(亦称锁口管)接头。这是目前地下连续墙施工中应用最多的一种。接头管接头的施工程序如图 2-67 所示。施工时,待一个单元槽段土方挖完后,于槽段的端部用吊车放入接头管,然后边吊放钢筋笼并浇筑混凝土,待混凝土强度达到 0.05~0.20 MPa 时(一般在混凝土浇筑后 3~5 h,视气温而定),开始用吊车或液压顶升架提拔接头管,上拔速度应与混凝土浇筑速度、混凝土强度增长速度相适应,一般为 2~4 m/h,并应在混凝土浇筑结束后 8 h 以内将接头管全部拔出。接头管拔出后,单元槽段的端部形成半圆形,继续施工时即形成两相邻单元墙段的接头。

② 接头箱接头。是一种可用于传递剪力和拉力的刚性接头。施工方法与接头管相似,只是以接头箱代替了接头管,施工过程如图 2-68 所示。单元槽段挖完后吊下接头箱,由于接头箱在浇筑混凝土的一侧是敞开的,所以可以容纳钢筋笼端部的水平钢筋或纵向接头钢板插入接头箱内。浇筑混凝土时,由于接头箱的敞开口被焊在钢筋笼上的钢板所遮挡,因而浇筑的混凝土不会进入接头箱内。接头箱拔出后,再开挖后期单元槽段,吊放后期墙段钢筋笼,浇筑混凝土形成新的接头。这种接头形式由于两相邻单元槽段的水平钢筋交错搭接,因而所形成的接头是一种刚性整体接头。

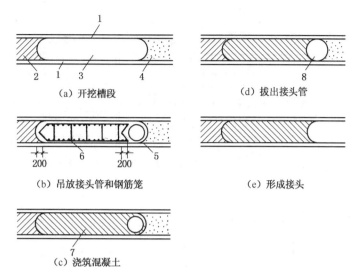

（a）开挖槽段　　　　　　　　　　（d）拔出接头管

（b）吊放接头管和钢筋笼　　　　　　（e）形成接头

（c）浇筑混凝土

1—导墙；2—已浇筑混凝土的单元槽段；3—开挖的槽段；4—未开挖的槽段；5—接头管；
6—钢筋笼；7—正在浇筑混凝土的单元槽段；8—接头管拔出后的孔洞

图 2-67　接头管接头的施工程序

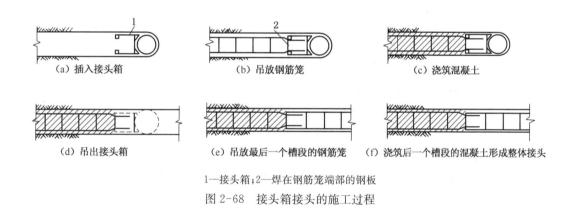

（a）插入接头箱　　　　　（b）吊放钢筋笼　　　　　（c）浇筑混凝土

（d）吊出接头箱　　（e）吊放最后一个槽段的钢筋笼　（f）浇筑后一个槽段的混凝土形成整体接头

1—接头箱；2—焊在钢筋笼端部的钢板

图 2-68　接头箱接头的施工过程

图 2-69、图 2-70 所示是用 U 形接头管与滑板式接头箱施工的钢板接头。它是在两相邻单元槽段的交界处利用 U 形接头管放入开有方孔且焊有封头钢板的接头钢板，以增强接头的整体性。接头钢板上开有大量方孔，其目的是为了增强接头钢板与混凝土之间的黏结。滑板式接头箱的端部设有充气的锦纶塑料管，用来密封止浆，防止新浇筑的混凝土浸透。为了便于抽拔接头箱，在接头箱与封头钢板和 U 形接头管接触处皆设有聚四氟乙烯滑板。

③ 隔板式接头。隔板的形状分为平隔板、榫形隔板和 V 形隔板，如图 2-71 所示。由于隔板与槽壁之间难免有缝隙，为防止新浇筑的混凝土渗入，要在钢筋笼的两边铺贴维尼布等化纤布，化纤布可把单元槽段钢筋笼全部罩住，也可以只有 2～3 m 宽。要注意吊入钢筋笼时不要损坏化纤布。在图示的三种形式隔板式接头中，榫形接头的钢筋交错搭接，能使各单元墙段连成整体，是一种较好的接头方式。但此接头方式在插入钢筋笼时较困难，且此处浇筑混凝土时，混凝土的流动亦受阻碍，施工中需加以注意。

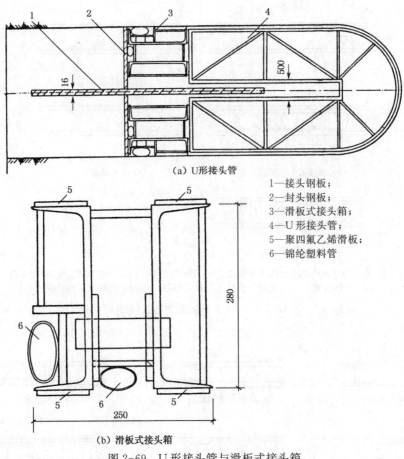

（a）U形接头管

1—接头钢板；
2—封头钢板；
3—滑板式接头箱；
4—U形接头管；
5—聚四氟乙烯滑板；
6—锦纶塑料管

（b）滑板式接头箱

图 2-69　U形接头管与滑板式接头箱

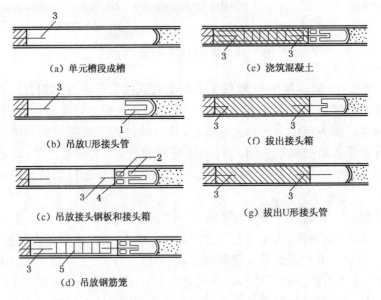

（a）单元槽段成槽　　　　　　（e）浇筑混凝土

（b）吊放U形接头管　　　　　（f）拔出接头箱

（c）吊放接头钢板和接头箱　　（g）拔出U形接头管

（d）吊放钢筋笼

1—U形接头管；2—接头箱；3—接头钢板；4—封头钢板；5—钢筋笼

图 2-70　U形接头管与滑板式接头的施工程序

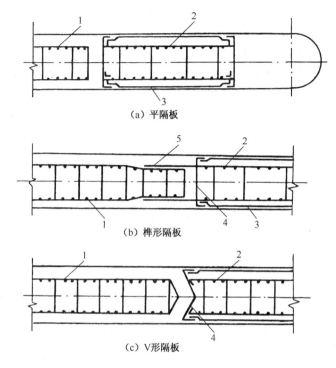

（a）平隔板

（b）榫形隔板

（c）V形隔板

1—正在施工槽段的钢筋笼；2—已浇筑混凝土槽段的钢筋笼；3—化纤布；4—钢隔板；5—接头钢筋

图 2-71　隔板式接头

（2）结构接头

地下连续墙与内部结构的楼板、柱、梁、底板等连接的结构接头，常用的有下列几种：

① 预埋连接钢筋法。如图 2-72 所示，它是在浇筑墙段混凝土之前，将设计的连接钢筋弯折后预埋在地下连续墙内，待基坑开挖后露出墙体时，再凿开预埋连接钢筋处的墙面，将露出的预埋连接钢筋弯成设计形状，与后浇结构的受力钢筋连接。

② 预埋连接钢板法。如图 2-73 所示，它是将预埋连接钢板与槽段钢筋笼固定后，一起吊入槽内，然后浇筑混凝土墙体，待基坑开挖后露出墙体时，再凿开预埋连接钢板的墙面，用焊接方式将后浇结构中的受力钢筋与预埋连接钢板焊接牢固。

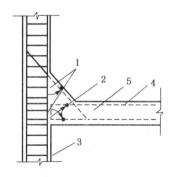

1—预埋的连接钢筋；2—焊接处；3—地下连接墙；
4—后浇结构中的受力钢筋；5—后浇结构

图 2-72　预埋连接钢筋法

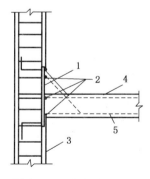

1—预埋连接钢板；2—焊接处；3—地下连续墙；
4—后浇结构；5—后浇结构中的受力钢筋

图 2-73　预埋连接钢板法

③ 预埋钢筋锥螺纹接头法。这是目前应用最多的一种结构接头。它是将连接钢筋的一端(与后浇结构受力钢筋连接的一端)套上锥螺纹接头连接套筒,用力矩扳手拧紧,套筒的另一端加上密封盖,预理在地下连续墙内,待基坑开挖露出墙体时,拧下密封盖,再用力矩扳手将后浇结构的受力钢筋拧入连接套筒。钢筋连接端使用前应加工成锥螺纹丝头,丝头的锥度、牙形、螺距等必须与连接套筒匹配。

地下连续墙中当有其他的预埋件或预留孔洞时,可利用泡沫苯乙烯塑料、木箱等进行覆盖,但要注意不要因泥浆浮力而使覆盖物移位或损坏,并且在基坑开挖时要易于从混凝土面上被取下。

6) 钢筋笼加工与吊放

① 钢筋笼加工。钢筋笼根据地下连续墙墙体配筋图和单元槽段的划分来制作。单元槽段的钢筋笼应装配成一个整体。必须分段时宜采用焊接或机械连接,接头位置宜选在受力较小处,并相互错开。

钢筋笼两端部与接头管或相邻墙段混凝土接头面之间应留有不大于 150 mm 的间隙,钢筋笼下端 500 mm 长度范围内宜按 1∶10 的坡度向内弯折,且钢筋笼的下端与槽底之间宜留有不小于 500 mm 的间隙。

钢筋笼主筋净保护层厚度不宜小于 70 mm,保护层垫块厚 50 mm,在垫块和墙面之间留有 20~30 mm 的间隙。由于用砂浆垫块易在吊放钢筋笼时破碎,且易擦伤槽壁面,故近年来多用薄钢板制作垫块,焊于钢筋笼上,也有用塑料块作为垫块的。

制作钢筋笼时要预先确定浇筑混凝土用导管的位置,由于这部分要上下贯通,因而周围需增设箍筋和连接筋进行加固。横向钢筋有时会阻碍导管插入,所以应把横向钢筋放在外侧,纵向钢筋放在内侧。纵向钢筋的净距不得小于 100 mm。

由于钢筋笼尺寸大、刚度小,起吊时易产生变形,因此,要结合起吊方式和吊点布置,在钢筋笼内布置一定数量(一般是 2~4 榀)的纵向桁架,如图 2-74 所示。

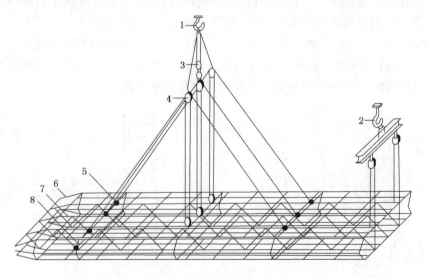

1,2—吊钩;3,4—滑轮;5—卸甲;6—端部向内弯曲;7—纵向桁架;8—横向架立桁架

图 2-74　钢筋笼的构造与起吊方法

制作钢筋笼时,要根据配筋图确保钢筋的正确位置、间距及根数。纵向钢筋接长宜用气压焊、搭接焊等。钢筋连接除四周两道钢筋的交点需全部点焊外,其余的可采用50%的交错点焊。成型用的临时扎结铁丝在钢筋点焊连接后应全部拆除。

钢筋笼上如果贴有泡沫苯乙烯塑料块等预埋件,一定要固定牢固。泡沫苯乙烯塑料块过多,或泥浆相对密度过大,还会使钢筋笼上浮而难以插入槽内,这种情况下有时须对钢筋笼施加配重。如果钢筋笼单侧受到过大浮力,会使钢筋笼倾斜,插入时难免会擦落槽壁土渣,此时亦应增加配重加以平衡。

钢筋笼的制作速度要与挖槽速度协调一致,由于制作时间长,因此,必须有足够大的场地。用于钢筋笼成型的平台尺寸应大于最大钢筋笼的尺寸,并保证一定的平整度。

② 钢筋笼吊放。钢筋笼的起吊、运输和吊放应制订周密的施工方案,主要解决好两个问题:一是在吊放过程中不能使钢筋笼产生不可恢复的永久变形;二是插入过程中不要造成槽壁坍塌。

钢筋笼起吊应用横吊梁或吊架,吊点布置和起吊方式要防止起吊时引起钢筋笼变形。起吊时不能使钢筋笼下端在地面上拖引,应先将钢筋笼水平起吊,然后通过主机和辅助起重机的协调操作,使钢筋笼吊直后对准槽口。为防止钢筋笼吊起后在空中摆动,应在钢筋笼下端系上曳引绳以人力操纵控制。

插入钢筋笼时,吊点中心必须对准槽段中心,缓慢垂直落入槽内,此时必须注意不要因起重臂摆动而使钢筋笼产生横向摆动,以致造成槽壁坍塌。

钢筋笼插入槽内后,应检查其顶端高度是否符合设计要求,然后用横担或在主筋上设弯钩将其搁置在导墙上。

如果钢筋笼是分段制作的,下段钢筋笼插入槽内后应先悬挂在导墙上,然后将上段钢筋笼垂直吊起,上下两段钢筋笼成直线连接。

若钢筋笼不能顺利插入槽内时,不能强行插入,以免引起钢筋笼变形或槽壁坍塌,应该重新吊出,查明原因加以解决。

7) 混凝土浇筑

混凝土配合比的设计除满足设计强度要求外,还应考虑到采用导管法在泥浆中浇筑混凝土的施工特点和对混凝土强度的影响。混凝土一般按照比设计规定的强度等级提高 5 MPa 进行配合比设计。水泥应采用 ♯425 或 ♯525 普通硅酸盐水泥或矿渣硅酸盐水泥;石子宜用卵石,最大粒径不大于导管内径的 1/6 和钢筋最小净距的 1/4,一般宜用 5~25 mm 的河卵石,如用碎石,应适当增加水泥用量和提高砂率,以保证所需的坍落度与和易性。砂宜用粒度良好的河砂,水灰比不大于 0.6,单位水泥用量,粗骨料如为卵石应在 370 kg/m³ 以上,如用碎石并掺加减水剂时,应在 400 kg/m³ 以上,混凝土的坍落度宜为 18~20 cm。

地下连续墙的混凝土浇筑机具可选用履带式起重机、卸料翻斗、混凝土导管和贮料斗,并配备简易浇筑架,组成一套设备。为便于混凝土向料斗供料和装卸导管,还可以选用混凝土浇筑机架进行地下连续墙的浇筑,机架可以跨在导墙上沿轨道行驶。

地下连续墙混凝土用导管法进行浇筑。由于导管内混凝土和槽内泥浆的压力不同,导管下口处存在压力差,因而混凝土可以从导管内流出。

在整个浇筑过程中,混凝土导管应埋入混凝土内 2~4 m,最小埋深不得小于 1.5 m,使从导管下口流出的混凝土将表层混凝土向上推动而避免与泥浆直接接触,否则混凝土流出时会把混凝土上升面附近的泥浆卷入混凝土内。但导管的最大插入深度亦不宜超过9 m,插入太深,将会影响混凝土在导管内的流动,有时还会使钢筋笼上浮。

开导管前下料斗内的混凝土量要保证能使导管内的泥浆完全排出,并使冲出后的混凝土足以封住并高出管口,以防止泥浆卷入混凝土内。因此,下料斗内开管前初存的混凝土量要经过计算确定。开导管前首批混凝土量 V 可按下式计算(图2-75):

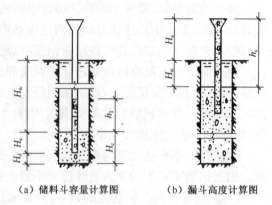

(a) 储料斗容量计算图　　(b) 漏斗高度计算图

图 2-75　开导管时混凝土用量计算简图

$$V = h_1 \times \frac{\pi d^2}{4} + H_c A \qquad (2-70)$$

式中　d——导管直径(m);

H_c——首批混凝土要求浇筑的深度(m),$H_c = H_d + H_e$,H_d 为管底至槽底的高度,取 0.4~0.5 m;H_e 为导管的埋深,一般取 1.5 m;

A——浇筑槽段的横截面面积(m^2);

h_1——槽段内混凝土达到 H_c 时,导管内混凝土柱与导管外泥浆压力平衡所需高度(m),$h_1 = \frac{H_w \gamma_w}{\gamma_c}$,$H_w$ 为预计浇筑混凝土顶面至导墙顶面高差(m),γ_w 为槽内泥浆的重度,取 1.2 kN/m^3,γ_c 为混凝土拌合物重度,取 2.4 kN/m^3。

浇筑时要保持槽内混凝土面均衡上升,浇筑速度一般为 30~35 m^3/h,速度快的可达到甚至超过 60 m^3/h。导管不能做横向运动,否则会使沉渣和泥浆混入混凝土内。导管的提升速度应与混凝土的上升速度相适应,避免提升过快造成混凝土脱空现象,或提升过晚而造成埋管拔不出的事故。

导管的间距取决于其浇筑有效半径和混凝土的和易性。当浇筑速度 $v \leqslant 5$ m/h 时,浇筑有效半径可参考下述经验公式确定:

$$R = 6.25sv \qquad (2-71)$$

式中　R——混凝土浇筑有效半径(m);

s——混凝土的坍落度(m);

v——混凝土浇筑(上升)速度(m/h)。

单元槽段端部易渗水,导管距槽段端部的距离不得超过 2 m。管距过大,两根导管的中间部位混凝土面低,泥浆易卷入。如采用多根导管同时浇筑时,各导管处的混凝土面高差不宜大于 0.3 m。

当混凝土浇筑到离顶部约 3 m 附近时,导管内混凝土不易流出,这时要放慢浇筑速度,或将导管埋深减为 1 m,如果仍浇筑不下去,可将导管上下抽动,但抽动范围不得超过

30 cm。浇到墙顶层时,由于混凝土与泥浆混杂,混凝土面上存在的一层浮浆层,需要清除掉。因此,混凝土面高度应比设计高度超浇 300~500 mm,待混凝土硬化后,再用风镐将浮浆层凿去,以利于新老混凝土的结合。

为保证混凝土的均匀性,混凝土浇筑时中途不得中断,遇到特殊情况,间歇时间一般应控制在 15 min 内,但任何情况下不得超过 30 min,每个单元槽段的浇筑时间,一般应控制在 4~6 h 内浇完。

在混凝土浇筑过程中,不能使混凝土溢出料斗流入导沟,否则会使泥浆质量恶化。浇筑混凝土后被置换出来的泥浆要进行处理,防止泥浆溢出地面。

在混凝土浇筑过程中,还要随时用探锤测量混凝土面实际标高(应至少量测 3 个点取其平均值),计算混凝土上升高度和导管埋入深度,统计混凝土浇筑量,及时做好记录。

4. 逆筑法施工

1) "逆筑法"的工艺原理及其特点

高层建筑多层地下室传统的施工方法,是放坡大开挖或用支护结构支护后垂直开挖,挖至设计标高后浇筑钢筋混凝土底板,再由下而上逐层施工各层地下室结构,待地下结构完成后再进行地上结构施工。

"逆筑法"的施工程序与传统的施工方法正相反。其工艺原理是:先沿建筑物周围施工地下连续墙,在建筑物内部按柱网轴线施工少量中间支承柱(亦称中柱桩),然后进行地下首层的梁板楼面结构施工。完成后同时施工地下、地上结构。待地下室大底板完成后,再进行复合柱、复合墙的施工,如图2-76所示。但在地下室浇筑钢筋混凝土底板之前,地面上的上部结构允许施工的层数要经计算确定。

"逆筑法"施工,根据以地面一层楼面结构下挖土是封闭还是敞开,分为"封闭式逆筑法"和"明暗结合式逆筑法"。前者可以地面上、下结构同时进行施工;后者上部结构不能与地下结构同时进行施工。

"逆筑法"施工主要有以下特点:

(1) 利用地下连续墙及中间支承柱作为"逆筑法"施工期间承受地上、地下结构荷载及施工荷载的构件;利用地下室楼板作为地下连续墙支护的支撑。其中地下连续墙的深度、厚度和中间支承柱的深度和柱径需经过设计计算确定。

(2) "逆筑法"挖土采用地下室首层楼板结构完成后,然后挖楼板底下的土,挖至下一层楼板标高后,浇筑该层楼板结构,然后再挖该层楼板下的土,再浇筑楼板,如此直至地下室大底板完成。"逆筑法"开挖土方采用人力开挖、坑底水平运土,然后由设置在基坑两端的取土口专用设备,将挖出的土方提升、装

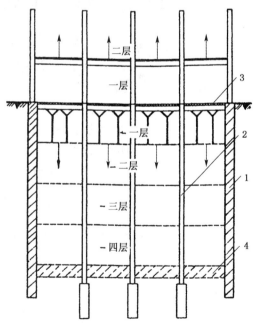

1—地下连续墙;2—中间支承柱;
3—地面层楼面结构;4—板地
图 2-76 "逆筑法"工艺原理

车、外运。

（3）地下室楼板采用土模（或者用模板浇筑），用土模时挖土至标高后做出混凝土垫层，在梁模的搁支点上用砂浆找平，直接将梁模搁置在砂浆找平层上，挖土、混凝土垫层、砂浆找平，必须按要求严格控制误差。

采用"逆筑法"施工，由于地下室可与地上结构同时施工，因此，可使工程的总工期缩短；由于利用地下室的梁板楼面结构作为地下连续墙的内部支撑，因而基坑变形小，相邻建筑物的沉降小；与传统方法比较，"逆筑法"施工基础底板较易满足抗浮要求，使底板设计趋向合理；由于节省了支护结构的支撑，还大大降低了施工费用。"逆筑法"施工的缺陷是由于自上而下施工，上面已覆盖，使下面的施工作业条件较差，需采用一些特殊的施工技术，保证施工质量的要求更加严格。

"逆筑法"适用于高层建筑多层地下室结构和多层地下构筑物结构施工，如地铁车站、地下停车场、地下仓库等。该技术70年代后被一些发达国家采用，我国于80年代进行试验研究，90年代在广州、上海等地陆续推广应用。上海地铁工程曾在1号、2号线的淮海路和南京路下的车站采用"开敞式逆筑法"施工。由上海第二建筑工程公司施工的恒积大厦工程以"逆作法"施工地下4层、地上5层，仅用了5个月，整个工期明显加快，并减少支撑费用约400万元，周边管线沉降仅为15 mm，四周道路及民房位移均在5 mm之内，取得了显著的经济效益和社会效益。此后"逆作法"施工又在明天广场等工程中得到应用。

2）"逆筑法"施工工艺

"封闭式逆筑法"是首先施工地面一层的梁板结构，该层楼板上要预留挖土用洞口，然后再进行地下一层的挖土，同时地上结构可以开始施工，实现地下、地上两个方向的同时施工。因此，"封闭式逆筑法"向上和向下施工的分界线是地面层±0.00处。

"明暗结合式逆筑法"的最大特点是地下室一层的土方采用大开口明挖，施工效率较高。地下一层土方开挖后，施工地下一层的楼面结构、地面一层的楼面结构，当形成二层楼板加外墙、中柱的箱形结构后，上部结构与地下室就可以同时向上下两个方向施工。图2-77所示为某工程采用"明暗结合式逆筑法"的施工工序，其向上、向下施工的分界线为地下室一层楼板。此外第一层土方开挖时，为了控制悬臂的支护挡墙的变形（尤其是在软土地层中），还可以采用盆式挖土的方法，保留墙边土体；大开挖后首先浇筑地面一层楼板，然后再对称挖除支护墙边斜坡土并及时浇筑垫层与地下一层楼板。这样做可以有效控制土体变形，减少时空效应的影响。

（1）中间支承柱施工

中间支承柱（中柱桩）的作用，是在"逆筑法"施工期间，在地下室底板未浇筑之前与地下连续墙一起承受地下和地上各层的结构自重和施工荷载；在地下室底板浇筑后，与底板连接成整体作为地下室结构的一部分，将上部结构及承受的荷载传递给地基，因此，中间支承柱是地下室结构的永久承力柱。

中间支承柱底板以下部分多用灌注桩形式，底板以上部分多为钢管柱或型钢柱，后来再包裹混凝土作为正式地下室柱，从地面层向上一般是将钢柱再转换成混凝土柱。

一般情况下，每根工程桩承受一根柱传来的荷载，但是如果结构跨度大，工程桩承载力小，逆作法时就不能采用一柱一桩，而需采用一柱多桩，即一个工程柱在逆作施工时，加做三根、四根工程桩上的临时钢柱。这种做法虽解决了工程桩承载力有限的问题,但同时也使成本与施工难度增大。研制开发巨型桩是提高单桩承载力的根本途径之一,那样就可以保证一柱一桩,而且上部结构施工速度取消限制,可进一步缩短总工期。

中间支承柱一般布置在柱子位置或纵横墙相交处,施工时其轴线位置与垂直度必须严格控制,要求偏差在 20 mm 以内。中间支承柱要按下部工程桩的种类设计专用定位器并采取相应的定位措施。如果是钻孔灌注桩要适当扩大钻孔,钢筋笼固定立柱要全方位测量垂直度,定位下放,并用临时支架固定后再浇灌混凝土。

图 2-78 是用反循环钻孔灌注桩施工方法浇筑中间支承柱的施工过程示意图。用反循环潜水电钻钻孔后,吊放钢管,吊放后要用定位装置调整其位置,确保钢管位置的准确。为使钢管下部与现浇混凝土柱能较好地结合,可在钢管下端加焊竖向分布的钢筋。钢管内插入浇筑混凝土用的导管,开始浇灌混凝土,混凝土柱的顶端一般高出底板 30 mm 左右,高出部分浇筑底板时凿除,以保证底板与中间支承柱连成一体。混凝土浇筑完毕后,吊出导管。由于钢管外面不浇筑混凝土,钻孔上段中的泥浆需进行固化处理,以便在开挖土方时,防止泥浆流淌,恶化施工环境。泥浆的固化处理方法是将水泥直接投入钻孔内,然后用空气压缩机通过软管进行压缩空气吹拌,形成自凝泥浆,使其自凝固化。

中间支承柱还可以用大直径套管灌注桩的施工方法施工,亦有用挖孔桩的施工方法进行施工的,还可用大直径钢管桩作为中间支承桩。

（2）地下挖土

在封闭情况下,地下挖土难度大,不仅是影响工期的关键因素,而且挖土是产生土体变形的主要原因,也是施工安全的关键。因此,要预先部署好挖土作业流程及运输车辆路线,由信息化施工统一控制挖土位置和速度,提高挖土效率。

采用"逆作法"施工较多的上海的施工经验是:先从两端的取土口,直接用取土设备挖出工作面,然后由人力从取土口的挖土工作面向基坑中间开挖。挖出的土方用双轮手推车运至取土口,然后由取土设备装车外运,参见图 2-77。

"逆作法"施工技术在香港应用得也相当普遍,有一套颇为成熟的施工经验。地下挖土多采用大、小挖机（6 m³ 反铲挖土机、0.35 m³ 挖土机）、小型铲土机及土方运输车等机械完成。地下室和地面层楼板上按设计要求预留孔洞,最大的可达 30 m×10 m（用作临时车道口）,最小的一般为 10 m×10 m,供地下挖土及材料运输之用。地下一层挖土时,大挖机停在临时洞口边,先将洞口附近的土挖空,再放下小挖机和铲土机挖远离洞口处的土方,并将挖下的土运至洞口位置,由大挖机将土方装车运走。地下二层挖土时,一般是设置一个临时车道,由地面层通往地下一层,这样运输车辆就可以直接开到地下一层楼面,挖机在洞口边挖土装车,其他操作方法同地下一层挖土。地下三层挖土可由挖机先将土方挖出,堆在地下二层楼面洞口边,再由停在地下一层的挖机将堆土挖起装车,运输车辆仍然从临时车道出入;也有的部位将洞口与上层洞口适当错开,挖机停在地下二层楼面上,将下层的土挖起直接举到停在地下一层的运输车上。香港的"逆作法"施工,中间支承柱一般均采用巨型柱,为"逆作法"相关技术的使用提供了保证。

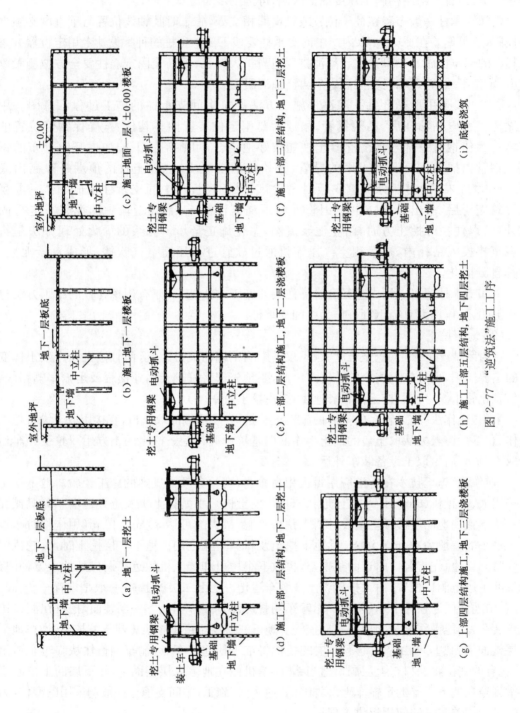

（a）地下一层挖土

（b）施工地下一层楼板

（c）施工地面一层（±0.00）楼板

（d）施工上部一层结构，地下二层挖土

（e）上部二层结构施工，地下二层浇楼板

（f）施工上部三层结构，地下三层挖土

（g）上部四层结构施工，地下三层浇楼板

（h）施工上部五层结构，地下四层挖土

（i）底板浇筑

图 2-77 "逆筑法"施工工序

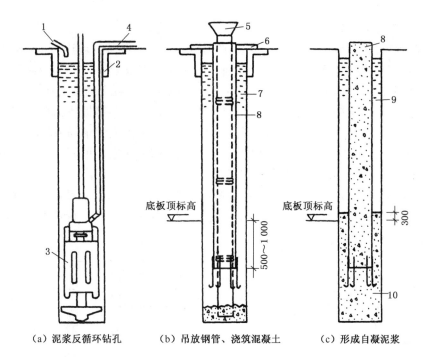

（a）泥浆反循环钻孔　　　（b）吊放钢管、浇筑混凝土　　　（c）形成自凝泥浆

1—补浆管；2—护筒；3—潜水电站；4—排浆管；5—混凝土导管；6—定位装置；
7—泥浆；8—钢管；9—自凝泥浆；10—混凝土桩

图 2-78　用反循环钻孔灌注桩施工方法浇筑中间支承柱

（3）地下室楼板支模

根据地下室楼板结构的形式和土质条件，楼板支模可采取土模承重或搭架支模两种方法。

土模承重的方法是：先将土挖至设计标高，整平夯实，浇筑一层厚约 50 mm 的素混凝土垫层，待混凝土稍硬后，按图弹出轴线与梁边线，并在梁模板的支点上进一步用水泥砂浆找平，使其标高误差控制在规范要求内，然后搁置模板，如图 2-79 所示。

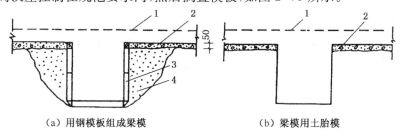

（a）用钢模板组成梁模　　　　　（b）梁模用土胎模

1—楼板面；2—素混凝土层与隔离层；3—钢模板；4—填土

图 2-79　"逆作法"施工时的梁、板模板

搭架支模的方法是：挖土至该层楼板面下 1.2 m 左右以后，先在其表面浇筑 100 m 厚的素混凝土垫层，然后再搭设短钢管排架，支立模板。有时为求简便，将挖土面控制在楼板底 30 cm 左右，完成垫层后，直接铺条木搁栅，然后将夹板模固定，搁栅通过木楔调节高低以控制模板的平整度。

（4）地下结构相关节点施工

地下连续墙施工时应按设计图纸要求，在与楼板连接的部位预埋连接钢筋（预埋钢板或锥螺纹套筒），绑扎楼板钢筋时，凿出预埋钢筋（钢板或锥螺纹套筒）将其与楼板钢筋焊接或机械连接。楼板位置的墙体还需要凿入 6 cm 左右，以保证混凝土的紧密啮合。

柱梁节点是在施工中间支承柱时即在相应楼板标高处预埋钢板或锚筋节点，待地下开挖暴露出节点后，清除节点上的淤泥，按设计要求焊接上各类锚固钢筋或锥螺纹套筒，然后绑扎或连接梁的钢筋、浇捣混凝土，使楼板结构与中间支承柱连接可靠、安全，并满足"逆作法"施工状态下的施工荷载要求，参见图 2-80(a)。

复合柱、墙与梁的节点是当模板垫层完成后，先按施工图定出柱、墙的竖向主筋位置，然后将主筋穿透垫层并按设计的搭接长度插入土中，参见图 2-80(b)。待地下室底板完成后，再由下而上施工外包复合柱、复合墙。

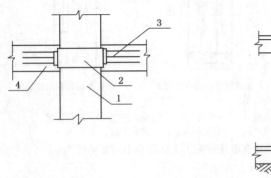 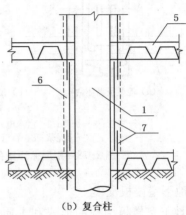

（a）梁柱节点　　　　　　　　　　　　　（b）复合柱

1—中间支承柱；2—预埋钢圈；3—锚固钢筋；4—梁；5—地下室楼板；6—复合柱；7—复合柱竖向钢筋

图 2-80　柱梁节点

（5）"逆作法"施工期间的结构沉降差控制

在"逆作法"施工期间，其全部结构施工荷载主要靠中间支承柱和地下连续墙承担，因此控制整个结构的差异沉降是十分重要的。

① 为提高地下连续墙和中间支承柱的垂直承载力，减小沉降差，在施工地下墙与中间支承柱时预埋注浆管，并对墙底与柱底的沉渣进行压密注浆。

② 根据工程桩的静载试验 $P—S$ 曲线及地质报告提供的数据，暂定一个地基垂直承载刚度，然后按实际施工的各工况荷载由计算机模拟沉降量计算，得出在极限沉降差内（由设计决定，一般为 20 mm）上部结构能施工的层数。

③ 在结构的平面柱网线上和周边地下墙轴线上设置沉降观测点。一般每 2 天观测 1 次，当上部结构施工浇筑一个楼层混凝土后一周内观测 1 次。各点的高程均采用二次闭合测量，得到的观察数据先进行三阶多项式平滑计算（由专用计算机程序计算）以提高数据的真实性。

④ 根据计算机处理后的沉降观测数据和观测沉降时的上部荷载，进行荷载（P）、沉降（S）的 N 次多项式曲线拟合（由专用计算机程序完成）。

根据得到的 $P—S$ 荷载沉降拟合曲线来预测施工下一层楼板和上一层楼板结构后的沉降差，从而协调地下、地上结构施工进度，使整个结构沉降差控制在设计范围内。当出现相邻柱间沉降差超过报警值时,应及时采取停止上部结构施工、局部放慢或加速挖土、个别地方进行注浆和加固等措施,实现信息化动态控制施工。

(6)"逆作法"施工的地下通风、用电和照明措施

通风、照明和用电安全是"逆作法"施工措施中的重要组成部分,稍有不慎将会酿成事故。

地下室的施工几乎是在封闭的环境内进行,通风相当重要。一方面应在上层楼板适当位置预留孔洞,在一些孔洞处设置抽风机向外排气;另一方面应安装数只大功率涡流鼓风机向地下施工操作面送风,清新空气经操作面后再由排气孔和取土口流出,形成空气流通循环,保证施工作业面的通风条件。在作业面上施工的工人应配戴防护罩防止尘埃吸入,同时对地下室的空气质量应定期检测。

地下施工用动力、照明线路应设置专用的防水线路,并埋设在楼板、梁、柱结构中,专用的防水电箱应设置在柱上,不得随意挪动。随着地下工作面的推进,自电箱至各用电设备的线路均需采用双层绝缘电线,并架空铺设在楼板底。施工完毕后应及时收拢架空线,并切断电箱电源。灯具布置应严格按照施工需要,同时设置一个应急照明系统。

2.3.5.7 排桩挡墙施工要点

排桩挡墙也称柱列式挡墙,它是把单个桩体,如钻孔灌注桩、挖孔灌注桩及其他混合式桩等并排连接起来形成的地下挡土结构。

排桩挡墙中应用最多的是钻孔灌注桩,其设计要求和施工要点如下。

1. 设计中的有关要求

钻孔灌注桩采用水下浇筑混凝土,混凝土强度等级不宜低于C20,所用水泥通常为 #425普通硅酸盐水泥。钢筋采用 I 级($f_y = 210$ kN/mm^2)和 II 级($f_y = 310$ kN/mm^2)。纵向受力钢筋常用螺纹钢筋,宜沿截面均匀对称布置,按受力大小沿深度分段配置,如非均匀布置,施工时要保证与设计方向一致。螺旋箍筋常用 6~8 mm 圆钢,间距 200~300 mm。

钻孔灌注桩挡墙的桩体布置,我国常用间隔排列式。当基坑不考虑地下水影响且土质较好时,间隔排列的间距常取2.5~3.5倍的桩径。基坑开挖后,排桩的桩间土可采用钢丝网混凝土护面、砖砌等处理方法进行防护。对那些土质好,暴露时间短的工程,有时也可以不对桩间土进行防护处理。如果地下水位较高,基坑需考虑防水时,间隔排列的钻孔灌注桩则必须与其他防水措施结合使用,此时桩间隙一般宜为 100~150 mm。图2-81是钻孔灌注桩挡墙的几种墙体防渗措施。其中用水泥土搅拌桩止水在上海等软土地区普遍采用。防渗帷幕应贴近围护桩,其净距不宜大于 150 mm;防渗帷幕的深度应按坑底垂直抗渗流稳定性验算确定;防渗帷幕的厚度应根据基坑开挖深度、土层条件、环境保护要求等综合考虑确定,一般不宜小于 1.20 m;顶部宜设置厚度不小于 150 mm 的混凝土面层,并与桩顶冠梁整浇成一体。当土层渗透性大或环境保护要求较严时,宜在搅拌桩帷幕与灌注桩之间注浆。

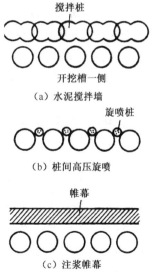

图 2-81 钻孔灌注桩排桩挡墙的墙体防渗措施

单桩形成的挡墙其水平整体刚度不如地下连续墙,其变形对环境的影响相对不易控制。为了保障桩墙整体刚度,设计上要在桩顶设置钢筋混凝土冠梁,使桩头连成一体,以减小桩顶位移及地表变形。冠梁可兼作支撑腰梁,桩内主筋锚入冠梁的长度由计算确定。腰梁宜选用刚度大、整体性好,能与桩体可靠连接的形式和材料,保证桩墙受力的整体性。当桩前被动区为软弱地基而不能提供有效的地基抗力时,应对桩前被动区土体进行加固,并尽可能把最下一道支撑落低,以改善墙体的受力状况。

2. 施工要点

关于钻孔灌注桩的施工,在"建筑施工技术"课程中已有较详细地叙述,此处不再重复。作为排桩挡墙,要求桩位顺轴线或垂直轴线方向的偏差均不宜超过 50 mm。垂直度偏差不宜大于 0.5%。施工时桩底沉渣厚度不宜超过 200 mm;当用作承重结构时,桩底沉渣按《建筑桩基技术规范》的要求执行。需要时,排桩宜采取隔桩施工,应在浇筑混凝土 24 h 后进行邻桩成孔施工。

2.3.5.8 SMW 工法施工

SMW 工法即劲性水泥土搅拌桩法,它是在水泥土搅拌桩内插入 H 型钢或其他种类的受拉材料形成承力和防水的复合结构。该工法在日本应用普遍,称为 SMW 工法,我国在 1994 年首次应用于上海软弱地层取得成功,目前正逐渐推广使用。图 2-82 为 SMW 桩示意图。

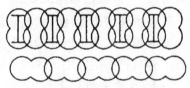

图 2-82 SMW 工法桩示意图

1. SMW 工法的特点及适用条件

SMW 工法桩同钻孔灌注桩或挖孔灌注桩组成的排桩挡墙比较,结构的密封性能良好,所以结构的止水防渗好;由于无须再设防渗墙,因此采用该支护形式占地小,而且施工工期短。SMW 工法桩与深层水泥土搅拌桩挡墙比较,由于通常假设作用于挡墙的水土侧压力全部由型钢单独承受,水泥土搅拌体仅作为抗渗止水结构和一种安全储备加以考虑。因此作为挡墙,它的支承荷载的作用,即结构强度的安全可靠性又优于深层水泥土搅拌桩挡墙,若配以多道支撑,可适用于深基坑开挖。该工法桩与地下连续墙比较,具有构造简单、施工方便、成本低、工期短等优点,在一定条件下可取代作为围护的地下连续墙,具有较大发展前景。

SMW 工法桩以水泥土搅拌桩工法为基础,凡是适合应用水泥土搅拌桩的场合都可以使用 SMW 工法桩。而且,SMW 工法桩特别适用于以黏土和粉细砂为主的松软地层。适宜的基坑深度与施工机械有关,国内目前基坑开挖深度一般为 6～10 m,国外尤其是在日本基坑开挖深度达到 20 m 以上时也可采用 SMW 工法。

2. SMW 工法施工

1) 工艺流程

SMW 工法是以三轴型或多轴型全断面搅拌的钻掘搅拌机在现场向一定深度进行钻掘,同时在钻头处喷出水泥固化剂(水泥掺入比较高)与地基土进行原位强制拌和,各施工单元间采取搭接施工,然后在水泥土混合体未结硬之前插入 H 型钢等加劲材料,待水泥土硬化后,便形成一道有一定强度和刚度的、连续完整的、无接缝的壁状挡墙。SMW 工法工艺流程图如图 2-83 所示。

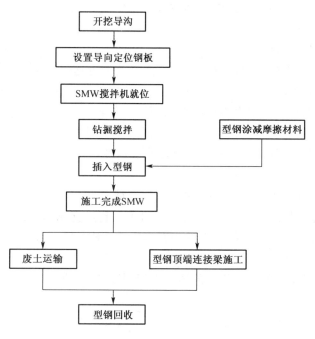

图 2-83 SMW 工法工艺流程图

2）施工要点

（1）沿挡墙方向作一沟槽，以防在钻掘搅拌过程中部分流返回地面的浆液污染环境。沟槽边设吊架，以便固定插入的型钢。

（2）在搅拌成桩时，所需水泥浆的 70%～80% 宜在下行钻进时灌入，其余的 20%～30% 宜在钻头上行时灌入，以填充钻具撤出留下的空隙。上行时，螺旋钻最好反向旋转，且不能停止，以防产生真空，导致柱体墙的坍塌。

（3）压浆速度应和下沉（或提升）速度相配合，确保额定浆量在桩身长度范围内均匀分布。下沉速度应比提升速度慢一倍左右，以便水泥与土体充分搅拌均匀。在土性变化较大的场地施工时，应根据各种土质情况选择水泥浆液的配合比，以便得到较均匀的墙体，确保工程质量。搅拌桩制作后应立即插入 H 型钢。

（4）型钢加工制作或焊接要满足平整度和垂直度，不允许有扭曲现象；在运输和吊放时要防止碰撞；插入时要尽可能做到靠型钢自重插入，避免冲击打入，影响拔出。为便于型钢的拔出，可在型钢表面涂上减摩擦材料。施工前应作型钢的拉拔试验，以便型钢顺利回收。

（5）型钢回收前，先凿除桩顶的素混凝土层和冠梁，露出型钢锚固头，然后由拔桩机起拔型钢，最后由吊机将型钢放置堆场。型钢拔出后的空隙用 6%～8% 的水泥浆液填充。

2.3.5.9 支撑结构施工

深基坑的支护体系由挡墙和支撑系统两部分组成。支撑系统又分为两类：基坑外拉锚和基坑内支撑。此处主要介绍内支撑结构施工。

在基坑工程中，支撑结构是承受挡墙所传递的土压力、水压力的结构体系。支撑结构体系包括腰（冠）梁、支撑、立柱及其他附属构件。

1. 支撑结构的构造要求

1）钢支撑和钢腰梁的构造要求

支撑结构的腰梁（围檩）直接与挡墙相连，挡墙上的力通过腰梁传递给支撑结构，因此，腰梁的刚度对整个支撑结构的刚度影响很大。支撑杆件是支撑结构中的主要受压构件，支撑杆件相对于受荷面来说有垂直于荷载面和倾斜于荷载面两种形式，由于受自重和施工荷载的作用，支撑杆件是一种压弯构件，在各受压支撑杆件中增设三向约束节点构造或将支撑杆件设计成支撑桁架，将加强支撑杆件的刚度和稳定性。

（1）钢腰梁的构造要求

① 钢腰梁可采用 H 型钢、工字钢、槽钢或组合截面，截面宽度应大于 300 mm。

② 钢腰梁连接节点宜设置在支撑点附近，且不应超过支撑间距的 1/3；腰梁分段的预制长度不应小于支撑间距的 2 倍，拼接点的强度不应低于构件的截面强度。

③ 钢腰梁安装前，应在挡墙上设置安装牛腿。安装牛腿可用角钢或直径不小于 25 mm 的钢筋与挡墙主筋或预埋件焊接组成的钢筋牛腿，其间距不宜大于 2 m，牛腿焊缝应由计算确定。

④ 钢腰梁与排桩、地下连续墙之间的空隙（一般要求留设不小于 60 mm 的水平向统长空隙），宜采用不低于 C20 的细石混凝土填充。

⑤ 基坑平面的转角处，当纵横向腰梁不在同一平面相交时，其节点构造应满足两个方向腰梁端部的相互支承要求。

（2）钢支撑的构造要求

① 钢支撑的截面可采用 H 型钢、钢管、工字钢、槽钢或组合截面。

② 水平支撑的现场安装节点应尽量设置在纵横向支撑的交汇点附近。相邻两横向（或纵向）水平支撑间的纵向（或横向）支撑的安装节点数不宜多于两个。节点强度不应低于构件的截面强度。

③ 纵向和横向钢支撑的交汇点宜在同一标高上连接。当纵横向支撑采用重叠连接时，其连接构造及连接件的强度应满足支撑在平面内的强度和稳定要求。

钢支撑与钢腰梁的连接可采用焊接或螺栓连接。支撑端头应设置厚度不小于 10 mm 的钢板作封头端板，端板与支撑杆件满焊，焊缝高度及长度能承受全部支撑力或与支撑等强度，必要时，节点处支撑与腰梁的翼缘和腹板均应加焊加劲板，肋板数量、尺寸应满足支撑端头局部稳定要求和传递支撑力的要求。各类钢结构支撑构件的构造尚应符合国家现行《钢结构设计规范》的有关规定。

2）现浇混凝土支撑和腰梁的构造要求

（1）钢筋混凝土支撑构件的混凝土强度等级不应低于 C20。

（2）钢筋混凝土支撑体系在同一平面内应整体浇筑，基坑平面转角处的腰梁连接点应按刚节点设计。

（3）支撑构件的长细比应不大于 75，截面高度不应小于其竖向平面计算跨度的 1/20。腰梁的截面高度（水平向截面尺寸）不应小于其水平向计算跨度的 1/8，截面宽度不应小于支撑的截面高度。

（4）支撑和腰梁的纵向钢筋直径不宜小于 16 mm，沿截面四周纵向钢筋的最大间距应小于 200 mm。箍筋直径不应小于 8 mm，间距不大于 250 mm。支撑的纵向钢筋在腰梁内的锚固长度不宜小于 30 倍钢筋直径。

（5）混凝土腰梁与挡墙之间不留水平间隙。在竖向平面内腰梁可采用吊筋与墙体连接，吊筋的间距一般不大于 1.5 m，直径应根据腰梁及水平支撑的自重由计算确定。

3）立柱的构造要求

立柱是支承支撑的构件，立柱多采用格构式钢柱、钢管或 H 型钢。钢立柱下面（基坑开挖面以下）要有立柱桩支承，立柱桩宜采用直径不小于 650 mm 的钻孔灌注桩，其上部钢立柱在桩内的埋入长度应不小于钢立柱长边的 4 倍，并与桩内钢筋笼焊接。立柱桩下端应支承在较好的土层上，开挖面以下的埋入长度应满足支撑结构对立柱承载力和变形的要求，一般宜大于基坑开挖深度的 2 倍，并且穿过淤泥或淤泥质土层。立柱桩可以借用工程桩，也可以单独设计立柱桩。

立柱与水平支撑杆件的连接可采用铰接构造。当采用钢牛腿连接时，钢牛腿的强度和稳定性应经过计算确定。

立柱穿过主体结构底板的部位要设止水带，止水带通常采用钢板，钢板满焊在钢立柱的杆件四周，与混凝土底板浇筑在一起。

2. 支撑结构的施工要点

1）支撑结构安装与拆除的一般要求

（1）支撑结构的安装与拆除，应同基坑支护结构的设计计算工况相一致，这是确保基坑稳定和控制基坑变形达到设计要求的关键。

（2）在基坑竖向平面内严格遵守分层开挖和先撑后挖的原则。每挖一层后及时加设好一道支撑，随挖随撑，严禁超挖。每道支撑加设完毕并达到规定强度后，才允许开挖下一层土。

（3）在每层土开挖中可分区开挖，支撑也可随开挖进度分区安装，但一个区段内的支撑应形成整体。同时开挖的部分，在位置及深度上，要以保持对称为原则，防止支护结构承受偏载。

（4）支撑安装宜开槽架设。当支撑顶面需运行挖土机械时，支撑顶面的安装标高宜低于坑内土面 20～30 cm，钢支撑与基坑土之间的空隙应用粗砂回填，并在挖土机及土方车辆的通道处架设道板。

（5）利用主体结构换撑时，主体结构的楼板或底板混凝土强度应达到设计强度的 80% 以上；设置在主体结构与围护墙之间的换撑传力构造必须安全可靠。

（6）支撑安装的容许偏差应控制在规定范围之内。项目包括钢筋混凝土支撑的截面尺寸、支撑的标高差、支撑挠曲度、立柱垂直度、支撑与立柱的轴线偏差、支撑水平轴线偏差等。

2）现浇混凝土支撑施工

下面以钢筋混凝土圆环内支撑为例，介绍现浇混凝土支撑施工的要点。

（1）施工程序

圆环内支撑的施工程序应以控制在施工过程中减少对周围土体变形为前提，同一层支撑结构允许实行分段施工，其施工程序的选定依据是：根据设计资料，土体变形较小区域可先行施工，变形较大的薄弱区域应最后施工。

首道支撑的工艺流程如下:基坑第一层土全面挖至支撑垫层标高→底模或垫层施工→凿护壁结构锚固筋、格构立柱顶清理→定圆心、测量弹性→钢筋绑扎→模板安装及固定→防护栏杆预留孔或预埋铁件→监测沉降钉、轴力监测仪、爆破用预留纸管的埋设→混凝土支撑浇筑施工→混凝土养护→拆模、清理→下层土方开挖。

(2)护壁结构顶部处理

首道支撑腰梁一般与护壁结构顶部冠梁共用,以提高顶部刚度,因此护壁结构主筋按设计要求应留出足够长度的箍筋,并须将凿出外露的锚筋整理、校直。

(3)基坑预降水

预降时间由土层渗透系数决定,同时为防止雨水及地面明水入坑,导致坑底土层破坏,发生支撑施工时不均匀沉降,还应开设明排水沟,便于保持坑底干燥施工。

(4)土方开挖

根据基坑平面形状、设计工况、周边环境和土方挖运设备准备情况,周密研究,合理确定开挖方案。

土方开挖必须遵循对称均匀、先撑后挖的原则进行。另外,机械挖土至离支撑底标高10～20 cm后,要采用人工铲土,以达到底面平整。

由于圆环内支撑与腰梁之间(即腹杆连接区域)的操作面较小,轻型挖机需直接就位于上铺走道板的支撑上向下挖下层土方,故支撑设计时应予考虑。

(5)模板施工

支撑的底模或垫层可采用板材、竹笆加油毡、素混凝土或铺碎石振动灌浆,从施工方便考虑,宜优先采用铺设板材的方法。

腰梁和腹杆的模板可用九夹板或定型钢模,圆环应用定型钢模竖拼,根据梁高与圆弧要求,按施工设计编制模板拼装图,竖杆及弧形横杆可用 $\phi48$ 钢管、扣件、对拉螺栓拉结牢固。

模板就位安装校正固定后,按常规钢模要求,每间隔1 500 mm左右,上、下设水平拉杆及剪力撑,以保证模板不位移。

(6)钢筋施工

钢筋绑扎一般先绑扎圆环和腰梁的钢筋,然后绑扎腹杆钢筋。腹杆主筋按设计要求长度伸入圆环和腰梁内,多腹杆节点处钢筋的伸入和绑扎应合理交叉,以免影响梁的有效高度。

腹杆主筋以整根直料为宜,腰梁、圆环钢筋施工时宜采用绑扎搭接接头,以利爆破拆除施工。

腰梁与护壁结构连接,可用 $\phi25$ 斜向吊筋焊接于护壁结构的主筋上。

(7)混凝土施工

混凝土浇捣、养护、拆模等,均按施工规程的常规要求操作。应注意的是:支撑必须在混凝土强度达到设计强度80%以上,才能开挖支撑以下的土方。

圆心定位、测量弹线后的技术复核、隐蔽工程验收、监测点的埋设、质量验收等应随各道工序及时进行。

利用主体结构换撑时,必须符合换撑技术的有关要求;采用爆破法拆除支撑结构前,必须对周围环境和主体结构采用有效的安全防护措施。

3) 钢支撑施工

以钢腰梁和钢支撑为例,钢支撑安装顺序为基坑挖土至该道支撑底标高→在挡墙上弹出钢腰梁轴线标高→在挡墙上设置钢腰梁的安装牛腿→安装钢腰梁→根据腰梁标高在钢立柱上焊支撑托架→安装水平支撑→在纵横支撑交叉处及支撑与立柱相交处用夹具固定→用细石混凝土填充钢腰梁与挡墙之间的空隙→给支撑施加预压应力→下层土方开挖。

预应力施工是钢支撑施工的重要组成部分,及时、可靠地施加预应力可以有效地减少墙体变形和周围地层位移,并使支撑受力均匀。施加预应力的方法有两种:一种是用千斤顶在腰梁与支撑的交接处加压,在缝隙处塞进钢楔锚固,然后就撤去千斤顶;另一种是用特制的千斤顶作为支撑的一个部件,安装在各根支撑上,预加荷载后留在支撑上,待挖土结束拆除支撑时,卸荷拆除。为了确保钢支撑预应力的精确性,可采取以下措施:

(1) 支撑安装完毕后,应及时检查各节点的连接状况,经确认符合要求后方可施加预应力。

(2) 预应力的施加宜在支撑的两端同步对称进行,由专人统一指挥以保证施工达到同步协调。

(3) 预应力应分级施加,重复进行。一般情况下,预应力控制值不宜小于支撑设计轴力的 50%,但也不宜过高,当预应力控制值超过支撑设计轴力的 80% 以上时,应防止支护结构的外倾、损坏和对坑外环境的影响。

(4) 预应力加至设计要求的额定值后,应再次检查各连接点的情况,必要时对节点进行加固,待额定压力稳定后予以锁定。

(5) 施加预应力的时间应选择在一昼夜气温最低的时间,一般宜在凌晨,以最低限度地减少气温对钢支撑应力的影响。

4) 换撑技术

在地下结构施工阶段,内支撑的存在给施工带来诸多不便,如竖向钢筋与内支撑相碰;内支撑与外墙板相交处要采取防水措施等。此外,如果在墙体、楼面浇捣时,保留着支撑不拆除,待外防水、回填土完成后再割除支撑,还会使钢支撑的损耗很大,而靠人力将割短的支撑从地下室运出来耗工耗时多,费用也大。换撑技术可有效地解决好这些问题。

所谓换撑技术,即不是待地下主体结构及填土完成后才割除所有内支撑,而是在地下结构与围护墙之间设置传力构造,利用主体结构梁和楼板的刚度来承受水、土压力,从而自下而上随结构施工逐层拆换内支撑,如图 2-84 所示。

利用主体结构换撑时,在设置支撑位置时就要考虑地下结构施工和换撑的结合。同时,换撑还应符合下列要求:

(1) 主体结构的楼板或底板混凝土强度达到设计强度的 80% 以上。

(2) 在主体结构与围护墙之间设置可靠的换撑传力构造。

(3) 如楼面梁板空缺较多时,应增设临时支撑系统(如补缺或设临时梁)。支撑截面应按换撑传力要求,由计算确定。

(4) 当主体结构的底板和楼板分块施工或设置后浇带时,应在分块或后浇带的适当部位设置可靠的传力构件。

2.3.5.10 土锚设计与施工

土层锚杆(亦称土锚)是一种受拉杆件,它一端(锚固段)锚固在稳定的地层中,另一端与支护结构的挡墙相连接,将支护结构和其他结构所承受的荷载(土压力、水压力以及水上浮力等)通过拉杆传递到稳定土层中的锚固体上,再由锚固体将传来的荷载分散到周围稳定的地层中去。

利用土层锚杆支承支护结构(钢板桩、灌注桩、地下连续墙等)的最大优点是在基坑施工时坑内无支撑,开挖土方和地下结构施工不受支撑干扰,施工作业面宽敞,改善施工条件,目前在高层建筑深基坑工程中的应用已日益增多。土层锚杆的应用已由非黏性土层发展到黏性土层,近年来,已有将土层锚杆应用到软黏土层中的成功实例,今后随着对锚固法的不断改进以及检测手段的日臻完善,土锚的适用范围及应用会更加广泛。

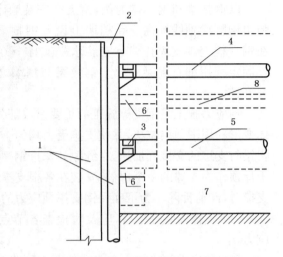

1—围护墙;2—冠梁;3—钢腰梁;4—上道支撑;
5—下道支撑;6—传力带;7—底板;8—楼盖
图 2-84 换撑技术示意图

1. 锚杆支护体系的构造

锚杆支护体系由支护挡墙、腰梁(围檩)及托架、锚杆三部分组成。腰梁的目的是将作用于支护挡墙上的水、土压力传递给锚杆,并使各杆的应力通过腰梁得到均匀分配。锚杆由锚头、拉杆(拉索)和锚固体三部分组成(图 2-85)。

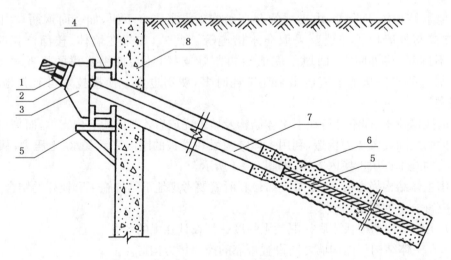

1—锚具;2—垫板;3—台座;4—腰梁;5—拉杆;6—锚固体;7—自由段套管;8—围护挡墙
图 2-85 锚杆构造

土层锚杆根据主动滑动面,分为非锚固段和锚固段 L_e(图 2-86)。土层锚杆的非锚固段处于不稳定土层中,要使它与土层尽量脱离,土层一旦有滑动时,它可以伸缩,其作用是将锚头所承受的荷载传递到锚固段去。非锚固段的长度应按挡墙与稳定地层之间的实际距离决定。锚固段处于稳定土层中,要使它与周围土层结合牢固,通过与土层的紧密接触将锚杆所受荷载分布到周围土层中去,锚固段是承载力的主要来源,它的长度主要根据每根锚杆需承受的抗拔力来决定。

锚杆的非锚固段与锚杆的自由段是有区别的。锚杆的自由段是杆体由套管与注浆体隔离,不受注浆固结体约束可自由伸长的部分,锚杆的自由段应超过理论上的主动滑动面,而非锚固段是滑动面以内的部分。

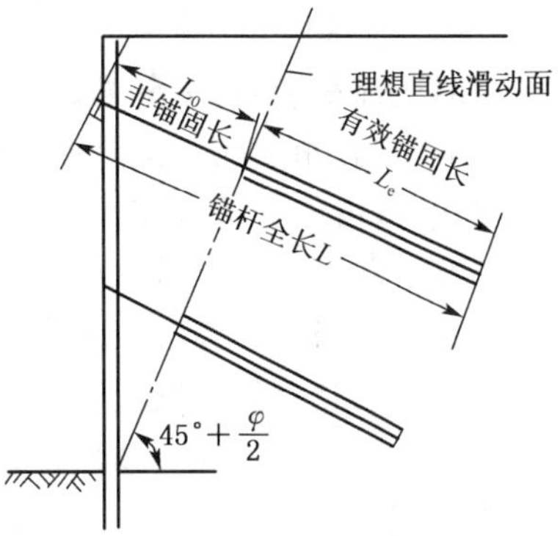

图 2-86　土层锚杆的非锚固段与锚固段

2. 土锚设计

土锚的设计包括材料选择、锚杆布置和锚固体设计等。由于土锚的承载能力受诸多因素影响(地质、材料、施工因素等),因此若按弹塑性理论和土力学原理进行精确的设计计算是十分复杂的,且与实际情况有出入,所以一般还是根据经验数据进行设计,然后通过现场试验进行检验。

1) 材料选择

土锚的受拉杆件在张拉时应具有足够大的弹性变形与强度,为了降低用钢量,大多宜采用高强度钢。

当前我国常用的拉杆材料为钢绞线和粗钢筋。粗钢筋通常用 $\phi 22\sim 32$ mm,灌浆锚杆的拉杆钢筋宜选用变形钢筋,以增加钢筋与砂浆的握裹力。钢绞线近年来应用较多,多为高强低松弛钢绞线。

锚杆灌浆应采用水泥浆或水泥砂浆,注浆固结体强度不宜低于 20 MPa,所用水泥宜选用普通硅酸盐水泥,不宜采用矿渣硅酸盐水泥和火山灰硅酸盐水泥,也不得采用高铝水泥。细骨料应选用粒径小于 2 mm 的中细砂,砂的含泥量不应超过 3%,砂中所含云母、有机质、硫化物及硫酸盐等有害物质的含量按重量计不应大于 1%。搅拌用水不应含有影响水泥正常凝结与硬化的有害杂质,不得用污水。

2) 土锚布置

土锚的锚固区应设置在主动土压力滑动面以外且地层稳定的土体中,以便使锚固段有足够的锚固力,确保在设计荷载的作用下正常工作。锚固区在布置时还应考虑离开原有建筑物基础一定距离,锚杆成孔和注浆不应扰动原有基础。如果布置的锚杆超出了建筑红线,应取得有关方面的同意。

土锚的自由段长度不应小于 5 m,且应穿过潜在滑动面并进入稳定土层不小于 1.5 m,杆体在自由段应设置隔离套管。

(1) 土锚间距

锚杆的间距取决于支护结构承受的荷载和每根锚杆能承受的拉力值。锚杆的间距愈大,每根锚杆承受的拉力亦愈大,因此需要计算确定。另外,间距过大,将增加腰梁应力,需加大腰梁断面;缩小间距,可使腰梁应力减小,但若间距过小,会产生"群锚效应",即锚杆之间发生相互干扰,降低了单根锚杆的极限抗拔力而造成危险。一般要求锚杆上下排垂直间距不宜小于 2.0 m,水平间距不宜小于 1.5 m。

（2）土锚倾角

对土锚来说,水平分力是有效的,而垂直分力无效,锚杆的水平分力随着锚杆倾角的增大而减小,倾角太大不但降低了锚固效果,而且由于垂直分力的增加,还增加了支护结构底部的压力,可能会造成支护结构和周围地基的沉降。因此,从这点考虑出发锚杆倾角应是越小越好。但是实际上,锚杆的设置方向还与可锚固土层的位置、支护结构的位置以及施工条件等有关。当土层为多层土时,锚杆的锚固体最好位于土质较好的土质中,以提高锚杆的承载能力。如北京的京城大厦的深基础工程中,原设计第一层锚杆倾角为13°,锚杆的锚固段部分处于淤泥层中,经试验,承载能力只有500～550 kN,后将倾角改为25°,使其处于砂土层中,承载能力提高至750 kN以上。锚杆还要避开邻近的地下构筑物和管道;而且最好不与原有的或设计中的锚杆相交叉;锚杆倾角的大小还影响钻孔是否方便,尤其在软土层中钻孔时,如倾角过小需用套管钻进;此外,它还影响灌浆是否方便。因此,一般要求锚杆倾角为15°～25°,且不应大于45°,不应小于10°,锚杆的锚固段宜设置在强度较高的土层中。

（3）土锚层数

土锚的层数取决于支护结构的截面和其所承受的荷载,除能取得合理的平衡以外,还应考虑支护结构允许的变形量和施工条件等综合因素。

最上层锚杆的上面应有足够的覆土厚度,一般不宜小于4 m,以防由于锚杆向上的垂直分力作用而使地面隆起。覆土厚度经计算确定,应保证覆土重量大于锚杆的垂直分力。此外,在可能产生流砂的地区布置土锚时,锚头标高与砂层应有一定距离,以防渗流距离过短造成流砂从钻孔涌出。

3）土锚的承载能力

土锚的承载能力即土锚的极限抗拔力。土锚的承载能力通常取决于:拉杆的极限抗拉强度;拉杆与锚固体之间的极限握裹力;锚固体与土体间的极限侧阻力。由于拉杆与锚固体之间的极限握裹力远大于锚固体与土体之间的极限侧阻力,所以在拉杆选择适当的前提下,锚杆的承载能力主要取决于后者。

锚杆承载能力的计算理论很多,但由于土锚的承载能力受材料、施工工艺和锚杆构造等多种因素影响,所以目前所有的计算土层锚杆承载能力的公式还都不能反映诸多因素,还不能提供一个精确的计算结果。因此锚杆的承载能力除经公式计算外,现场还需按有关规程要求进行锚杆验收试验。

目前计算土锚极限抗拔力的基本公式为

$$P_{ug} = F + Q = \pi D_1 \int_{Z_1}^{Z_1+l_1} \tau_z \mathrm{d}z + \pi D_2 \int_{Z_2}^{Z_2+l_2} \tau_z \mathrm{d}z + qA \qquad (2\text{-}72)$$

式中　P_{ug}——土层锚杆的极限抗拔力(kN);

　　　F——锚固体周围表面的总侧阻力(kN);

　　　Q——锚固体受压面的总端阻力(kN);

　　　D_1——锚固体直径(cm);

　　　D_2——锚固体扩孔部分的直径(cm);

　　　τ_z——深度z处单位面积上的极限侧阻力(MPa),即相应深度锚固段周边土层的极限抗剪强度;

　　　q——锚固体扩孔部分土体的抗压强度(MPa);

A——锚固体扩孔部分的承压面积(cm^2);

l_1,l_2,Z_1,Z_2——长度(cm),如图 2-87 所示。

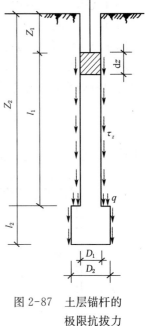

土体抗剪强度 τ_z 值是影响土层锚杆承载能力的重要因素之一,其值受诸多因素的影响而变化,如土层的物理力学性质、灌浆材料、灌浆压力、土锚类型、埋置深度等。对于非高压灌浆的锚杆,土体抗剪强度可按下式计算:

$$\tau_z = c + k_0 \gamma h \tan \varphi \qquad (2\text{-}73)$$

式中　c——钻孔壁周边的内聚力;

φ——钻孔壁周边土的内摩擦角;

γ——土体的重力密度;

h——锚固段上部土层的厚度(取平均值);

k_0——锚固段孔壁的土压系数,取决于土层性质,$k_0 = 0.5 \sim 1.0$。

对于采用高压灌浆的土层锚杆,则土体抗剪强度按下式计算:

$$\tau_z = c + \sigma \tan \varphi \qquad (2\text{-}74)$$

图 2-87　土层锚杆的极限抗拔力

式中,σ 为钻孔壁周边的法向压应力;其他符号同前。

锚杆的设计容许荷载等于极限抗拔力除以安全系数。安全系数受多种因素的影响,如地质勘查资料的可靠度、计算依据及施工水平、工程的安全等级等。一般临时性的土层锚杆采用的安全系数应不小于 1.3。

4) 土锚的稳定性

当用土锚保持深基坑支护结构的稳定时,设计时必须仔细验算各种可能的破坏形式,必须研究支护结构与土锚所支护土体的整体稳定性。通常认为土锚锚固段所需的长度要满足承载力的要求,而土锚所需的总长度则取决于稳定的要求。

土锚的稳定性分为整体稳定性和深部破裂面稳定性两种,其破坏形式如图 2-88 所示。

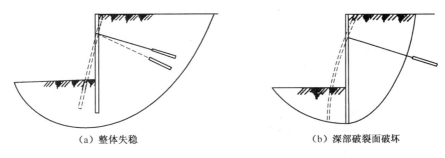

(a) 整体失稳　　　　　　　　　　(b) 深部破裂面破坏

图 2-88　土层锚杆的失稳

整体失稳时,土层滑动面在支护结构的下面,由于土体的滑动,使支护结构和土层锚杆失效而整体失稳。对于此种情况一般可采用瑞典圆弧滑动面条分法具体试算边坡的整体稳定。土锚锚固段一定要在滑动面之外,稳定安全系数应不小于 1.5。

深部破裂面稳定的验算可采用德国 Kranz 的简易计算法,计算简图如图 2-89 所示。整个系统中假定深部滑动线通过锚固体中点 c 与支护结构底端 b，并由 c 垂直向上延长到 d，cd 为假想墙。这样，由支护结构、深部滑动线、假想墙包围的土体 $abcd$ 上，作用力有土体自重 G、作用于支护结构上的主动土压力的反作用力 E_a、作用于假想墙上的主动土压力 E_1 和作用于 bc 面上的反力 Q。当土体 $abcd$ 处于平衡状态时，即可利用力多边形求得土层锚杆所能承受的最大拉力 T_{max} 及其水平分力 T_{hmax}。T_{hmax} 与土层锚杆设计的水平分力 T_h 之比值称为锚杆的稳定安全系数 k_s，当

$$k_s = \frac{T_{hmax}}{T_h} \geqslant 1.5 \tag{2-75}$$

则认为不会出现上述的深部破裂面破坏。

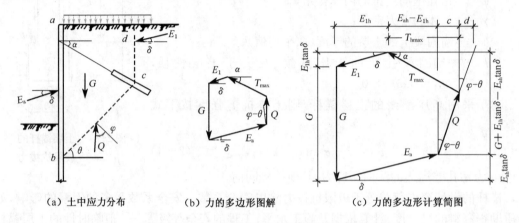

(a) 土中应力分布　　(b) 力的多边形图解　　(c) 力的多边形计算简图

图 2-89　土层锚杆深部破裂面稳定性计算简图

锚杆承受的最大拉力 T_{hmax} 可以根据图 2-89 中力的平衡得出：

$$T_{hmax} = E_{ah} - E_{1h} + c$$

$$c + d = (G + E_{1h}\tan\delta - E_{ah}\tan\delta)\tan(\varphi - \theta)$$

而　　　　　　　　　　$$d = T_{hmax}\tan\alpha \cdot \tan(\varphi - \theta)$$

故　　$$T_{hmax} = E_{ah} - E_{1h} + (G + E_{1h}\tan\delta - E_{ah}\tan\delta)\tan(\varphi - \theta) - T_{hmax}\tan\alpha \cdot \tan(\varphi - \theta)$$

整理后得：

$$T_{hmax} = \frac{E_{ah} - E_{1h} + (G + E_{1h}\tan\delta - E_{ah}\tan\delta)\tan(\varphi - \theta)}{1 + \tan\alpha \cdot \tan(\varphi - \theta)} \tag{2-76}$$

式中　G——假想墙与深部滑动线范围内的土体重量(N)；

　　　E_a——作用在基坑支护结构上的主动土压力的反作用力(N)；

　　　E_1——作用在假想墙上的主动土压力(N)；

　　　Q——作用在 bc 面上反力的合力(N)；

　　　φ——土的内摩擦角(°)；

　　　δ——基坑支护结构与土之间的摩擦角(°)；

　　　θ——深部滑动面与水平面间的夹角(°)；

　　　α——土层锚杆的倾角(°)；

E_{1h}，E_{ah}，T_{hmax}——分别为 E_1，E_a，T_h 的水平分力(N)。

综上所述，以基坑支护为例，土锚的设计程序如图 2-90 所示。

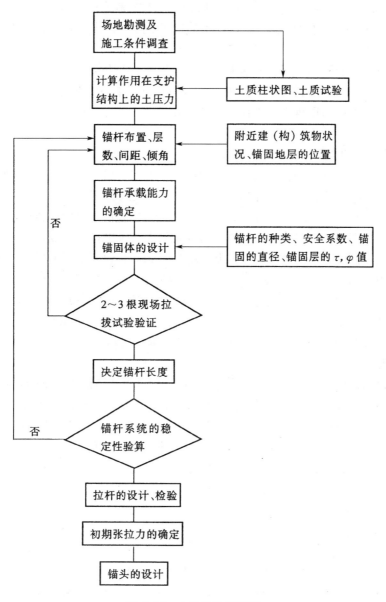

图 2-90　土锚的设计程序

3. 土锚施工

土锚施工包括锚杆的加工、钻孔、安放拉杆、灌浆、养护、张拉锚固和验收试验。在正式开工之前还需进行必要的准备工作。

1) 施工准备工作

在土锚正式施工之前一般须进行下列准备工作：

(1) 充分研究设计文件、地质水文资料、环境条件。土层锚杆施工必须清楚工程区域的土层分布及相应的物理力学特性，为确定土层锚杆的布置和选择钻孔方法提供科学依据。

查明锚杆设计位置的地下障碍物情况,研究土层锚杆施工时附近的地下管线、建(构)筑物的影响,同时也应研究附近的施工(如打桩、降水、爆破)对土层锚杆施工带来的影响。

(2)编制施工组织设计。确定土层锚杆的施工顺序,制定施工方案;选定并准备钻孔机械、张拉机具及其他配套机械设备,制订设备的进场、正常使用和保养制度;安排施工进度;提出保证质量、保证安全和节约成本的技术措施。

(3)修建施工便道及排水沟,安装临时水、电线路,保证供水、排水和电力供应。

(4)认真检查锚杆原材料型号、品种、规格,核对质检单,必要时进行材料性能试验。

(5)进行技术交底,明确设计意图和施工技术要求。

2)钻孔

(1)钻孔机械的选择

锚杆钻机有多种类型,各种类型有不同的施工工艺特点与适用条件。按工作原理分,主要有回转式钻机、螺旋钻机和旋转冲击式钻机。主要根据土质、钻孔深度和地下水的情况进行选择。

① 回转式钻机。回转式钻机钻头安装在套管的底端,是由钻机回转机构带动钻杆给孔底钻头以一定的钻速和压力,被切削下来的土通过循环水流排出孔外而成孔。根据钻进土层软硬不同,可选用不同的钻头。这种钻机适用于黏性土及砂性土地基。如在地下水位以下钻进,对土质松散的粉质黏土、粉细砂、砂卵石及软黏土等地层应用套管保护孔壁,以避免坍孔。

② 螺旋钻机。螺旋钻机是利用回转的螺旋钻杆,在一定的钻压和钻速下,在向土体钻进的同时将切削下来的松动土体顺螺叶排出孔外。螺旋钻进不需用水循环,不使用套管护壁,因此辅助作业时间减少、钻进速度快。适用于无地下水条件下黏土、粉质黏土及较密实的砂层中成孔。

③ 旋转冲击钻机。旋转冲击钻机的旋转、冲击、钻进以及钻机装卸、移动都靠油压装置运行,钻机一般有三台油压泵,三个动作可同时作用,旋转中前端打击向前走并打入套管。既可采用干作业法钻进,也可采用清水循环护壁套管钻进。旋转冲击钻机特别适用于砂砾石、卵石层及涌水地基,是一种适用于土锚工程、各种灌浆作业等多种钻孔用的机械。钻孔直径 $\phi80\sim\phi30$ mm,可钻任何角度的孔,根据土质情况可分别使用旋转、冲击,能迅速装卸,钻孔速度快。目前,这类钻机主要是进口的,如德国的 Salggitter AB 403 型、日本的 MCD-7、RPD-65 等。

(2)钻孔方法的选择

钻孔方法的选择主要取决于土质和钻孔机械,常用的土层锚杆钻孔方法有干作业钻进法和水作业钻进法两种。

① 干作业钻进法。一般选用不护壁的螺旋钻机干作业成孔,成孔有两种施工方法:一种方法是钻孔与安放钢拉杆分为两道工序,首先用螺旋钻机钻孔,成孔后钻杆退出孔洞,用空气压缩机风管冲洗孔穴,清除孔内残留土屑,然后再插入钢拉杆;另一种方法是将钻孔与插入钢拉杆合为一道工序,即钻孔时将钢拉杆插入空心的螺旋钻杆内,随着钻孔的深入,钢拉杆与螺旋钻杆一同到达设计规定的深度,然后提出螺旋钻杆 15~20 cm,并开始进行压力灌浆,边灌浆边继续退钻杆,直至退出,而钢拉杆则锚固在孔内。此方法灌浆时螺旋叶间充填的土可起到保护孔壁、防止坍滑和堵塞灌浆液的外流,提高灌浆压力的作用。

干作业钻进法适用于黏土、粉质黏土、密实性和稳定性较好的砂土等地层,要求土层锚杆要处于地下水位以上、呈非浸水状态时使用。干作业成孔法具有施工操作方便、场地无积水、工效高、适宜冬季作业等优点。

② 水作业钻进法。该法在土层锚杆施工中应用较多,一般选用回转式钻机或旋转冲击式钻机成孔。钻进时冲洗液(压力水)从钻杆中心流向孔底,在一定水头压力(0.15～0.30 MPa)下,水流携带钻削下来的土屑从钻杆与孔壁之间的孔隙处排出孔外。钻进时要不断供水冲洗,始终保持孔口的水位。待钻到规定深度后,继续用压力水冲洗残留在孔内的土屑,直至水流不浑浊时为止。

水作业钻进法的优点是可以把钻孔过程中的钻进、出渣、固壁、清孔等工序一次完成,可防止塌孔,不留残土。适用于各种软硬土层,特别适合于有地下水或土的含水率大及有流砂的土层。但此法施工,工地如无良好的排水系统会积水较多,给施工带来麻烦。

③ 成孔质量。成孔质量是保证锚杆质量的关键,要求孔壁平直,不得塌陷和松动。保证孔口处不坍塌;对易塌孔的土层(如杂填土地层)应设置护壁套管钻进;钻孔达到规定深度后,安放锚杆前,对于干作业造孔的要用高压风将孔内残留土屑清除干净;对于水作业造孔的要用水冲洗,直至孔口流出清水为止,以便保证安放钢拉杆的位置准确和灌注水泥浆的质量。此外,钻孔时不得使用膨润土循环泥浆护壁,以免在孔壁上形成泥皮,降低锚固体与孔壁间的摩阻力。还有钻孔直径、钻孔深度、钻孔倾斜度均应符合设计要求,钻孔定位的水平误差、标高误差以及偏斜度也应控制在规定范围之内。

3) 安放拉杆

土锚用的拉杆,常用的有钢管(钻杆用作拉杆)、粗钢筋、钢丝束和钢绞线。主要根据土锚的承载能力和现有材料的情况来选择。承载能力较小时,多用粗钢筋;承载能力较大时,多用钢绞线。

在锚杆的加工与安放过程中,尤其要解决好两个问题,一是锚杆自由段的防腐和隔离处理;二是插入锚杆时的对中措施。

对有自由段的土层锚杆,自由段的防腐和隔离处理非常重要。我们知道,地下水对钢材具有腐蚀性,锚杆自由段若不进行防腐处理,时间久了,锚杆会因锈蚀而断裂,危及支护结构的安全。锚杆的自由段处于不稳定土层中,一旦土层有滑动,自由段拉杆应可以自由伸缩,所以,要使自由段与土层和注浆体隔离。

锚杆的防腐和隔离处理方法很多,以下介绍各类锚杆拉杆的几种防腐、隔离处理方法。

钢筋拉杆的防腐、隔离层施工时,宜先清除拉杆上的铁锈,再涂一度环氧防腐漆冷底子油,待其干燥后,再涂一度环氧玻璃铜(或玻璃聚氨酯预聚体等),待其固化后,再缠绕两层聚乙烯塑料薄膜;也可以在除锈去污后的钢筋拉杆上涂上润滑油脂,然后套上塑料管,与锚固段相交处的塑料管管口应密封并用铅丝绑紧。

钢丝束拉杆的防腐、隔离方法是用玻璃纤维布缠绕两层,外面再用粘胶带缠绕;亦可将钢丝束拉杆的自由段插入特别护管内,护管与孔壁间的空隙可与锚固段同时进行灌浆。

钢绞线拉杆自由段的防腐、隔离方法是在其杆体上涂防腐油脂,然后套上聚丙烯防护套。

钢丝束和钢绞线通常是以涂油脂和包装物保护的形式送到现场,为此,下料切断后,要清除有效锚固段的防护层,并用溶剂或蒸汽仔细清除防护油脂,以保证锚固段拉杆与锚固体砂浆有良好的黏结。

土层锚杆的长度一般都在 10 m 以上,为了将拉杆安放在钻孔的中央,防止自由段产生过大的挠度和插入钻孔时不搅动土壁,并保证锚固段有足够的保护层厚度、拉杆与锚固体有足够的握裹力,所以要在拉杆表面设置定位器(或撑筋环)。图2-91所示是钢筋拉杆用的定位器,定位器间距一般2m左右,外径宜小于钻孔直径1cm。图2-92所示为钢丝束拉杆的撑筋环,钢丝束的外层钢丝绑扎在撑筋环上,内层钢丝则从撑筋环的中间穿过,撑筋环的间距为0.5~1.0m,这样锚固段就形成一连串的菱形,使钢丝束与锚固体砂浆的接触面积增大,增强了黏结力。

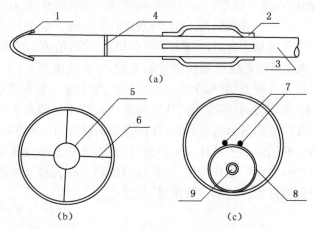

1—挡土板;2—支承滑条;3—拉杆;4—半圆环;5—ϕ38钢管内穿 ϕ32拉杆;6—35×3钢带;
7—2ϕ32钢筋;8—ϕ65钢管 $l=60$,间距1~1.2 m;9—灌浆胶管

图2-91　钢筋拉杆用定位器

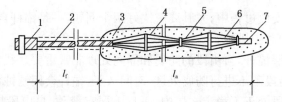

1—锚头;2—自由段及防腐层;3—锚固体砂浆;4—撑筋环;5—钢丝束结;6—锚固段的外层钢丝;7—小竹筒

图2-92　钢丝束拉杆的撑筋环

4) 压力灌浆

压力灌浆是土层锚杆施工中的一个重要工序,灌浆的作用是:①形成锚固段;②防止钢拉杆腐蚀;③充填土层中的孔隙和裂缝。

灌浆液采用水泥砂浆或水泥浆,灌浆液的配合比(重量比)应根据设计要求确定,一般水泥砂浆的灰砂比为1:1~1:2,水灰比0.38~0.45,如需提高早期强度,搅拌时可加入适量的氯化钠(不超过水泥重的0.1%)和三乙醇胺(水泥重量的0.03%)。水泥宜使用普通硅酸盐水泥,细骨料应选用粒径小于2mm的中细砂,拌和水中不应含有影响水泥正常凝结与硬化的有害杂质。各种物料在搅拌机中应拌和均匀,为避免大块浆液堵塞压浆泵,砂浆需经过滤网再注入压浆泵。拌和良好的砂浆(或水泥浆)应具有高可泵性、低泌浆性,且凝固时只有少量或没有膨胀,使浆液达到足够的强度。灌浆的浆液需用立方试块,在7~28 d龄期时进行抗压强度试验。

灌浆多为底部灌浆,灌浆管应随锚杆一同放入钻孔内,灌浆方法有一次灌浆法和二次灌浆法两种。

一次灌浆法只用一根灌浆管,灌浆管的一端绑扎在锚杆底部并随锚杆同时送入钻孔内,灌浆管端距孔底宜为 10～20 cm,另一端与压浆泵连接。开动压浆泵将搅拌好的浆液注入钻孔底部,自孔底向外灌注,待浆液流出孔口时,用水泥袋等堵塞孔口,并用湿黏土封口,严密捣实,再以 2～4 MPa 的压力进行补灌,要稳压数分钟灌浆才告结束。

二次灌浆法要用两根灌浆管,第一次灌浆用灌浆管的管端距离锚杆末端 50 cm 左右(图 2-93),管底出口处用胶布等封住,以防沉放时土进入管口。第二次灌浆用灌浆管的管端距离锚杆末端 100 cm 左右,管底出口处亦用胶布等封住,且从管端 50 cm 处向上每隔 2 m 左右做出 1 m 长的花管,花管的孔眼为 $\phi 8$ mm,花管做几段视锚固长度而定。

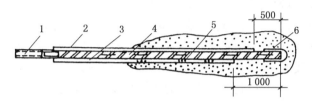

1—锚头;2—第一次灌浆用灌浆管;3—第二次灌浆用灌浆管;4—粗钢筋锚杆;5—定位器;6—塑料瓶

图 2-93 二次灌浆法灌浆管的布置

第一次灌浆是灌注水泥砂浆,浆液由压浆泵经灌浆管压入钻孔,第一次灌浆量根据孔径和锚固段的长度而定。待第一次灌浆初凝后,利用留在灌浆锚固体内的另一根灌浆管,进行第二次灌浆,利用 BW200-40/50 型等泥浆泵,控制压力范围为 2.5～5.0 MPa,使第一次灌浆锚固体在压力灌浆下产生裂缝并被浆液填充,如图 2-94 所示。由于锚固体直径扩大,增加了土中的径向压应力,锚固体周围的土受到压缩,孔隙比减少,含水量减小,锚固体的粗糙表面也提高了土的内摩擦角。因此,二次灌浆法可以显著提高土层锚杆的承载能力。

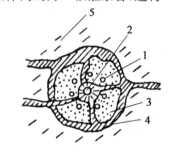

1—钢丝束拉杆;2—灌浆管;3—第一次灌浆锚固体;4—第二次灌浆锚固体;5—土体

图 2-94 二次灌浆后锚固体的截面

5) 张拉和锚固

灌浆后的锚杆养护 7～8 d 后,锚固段强度大于 15 MPa 并达到设计强度等级的 75% 以上后,便可对锚杆进行张拉和锚固。

张拉前先在支护结构上安装腰梁,承压面应平整,并与锚杆轴线方向垂直。

张拉设备与预应力结构张拉所用设备相同,锚具选用与锚杆匹配,如变形钢筋,多用螺丝端杆锚具,钢绞线多用夹片式锚具,钢丝束多用镦头锚。

张拉前要先校核张拉设备,检验锚具硬度,清洁锚具孔内油污、泥砂。锚杆张拉应按一定程序进行,锚杆的张拉顺序,应考虑对邻近锚杆的影响;锚杆张拉之前,应取 0.1～0.2 倍设计承载力对锚杆预张拉 1～2 次,使其各部位的接触紧密,杆体完全平直;锚杆张拉控制应力不应超过锚杆杆体强度标准值的 0.75 倍,锁定荷载宜取设计荷载的 0.9～1.0 倍。

在黏性土,特别是在饱和淤泥质黏土层中,预应力锚杆会发生蠕变现象,此外,钢材的松弛、支护结构的变形、地基变形都会导致预应力的损失。为此,一般在张拉 3～5 d 后,根据锚杆内应力损失情况,再进行一次重复张拉,补足预应力,可有效地改善锚杆的长期工作性能。

6) 土锚的试验

目前土层锚杆的承载能力尚无完善的计算方法,理论研究工作尚落后于工程实践,因此,在土层锚杆工程中,试验是检查土锚质量的重要手段,也是验证和改善土层锚杆设计和施工工艺的重要依据。

土层锚杆的现场试验项目主要包括基本试验和验收试验。

基本试验亦称极限抗拔力试验,它是在土锚工程正式施工前,在基坑工程现场,选择具有代表性的地层(通常是物理力学性能较差者)进行锚杆拉拔试验,为锚杆设计提供依据。试验要求用作拉拔试验的锚杆参数、材料、造孔直径及注浆工艺等必须与实际使用的工程锚杆相同。对同一地层同种锚杆,拉拔试验的锚杆数量不得少于 3 根;灌浆后的锚杆,要待砂浆达到 70% 以上的强度后才能进行拉拔试验。基本试验采用循环加、卸荷法,最大的试验荷载不宜超过锚杆杆体承载力标准值的 0.9 倍。锚杆的极限承载力取破坏荷载的前一级荷载,当在试验最大荷载下,仍未达到锚杆破坏标准,则取最大荷载作为锚杆极限承载力。

锚杆工程完成后,必须进行验收试验,以确认核实施工锚杆是否已达到设计预定的承载能力。试验方法与拉拔试验相同,但最大试验荷载只取到锚杆轴向受拉承载力设计值;试验锚杆的数量取锚杆总数的 5%,且不得少于 3 根。通过验收试验,取得锚杆的荷载-变位性状的数据,并可与极限抗拔力试验的成果对照核实,以判断施工锚杆是否符合设计要求。

4. 锚杆技术新发展

1) 单孔复合锚固压力分散型锚杆

为了解决传统锚杆荷载传递中的应力集中问题,国内外对单孔复合锚固方法进行了研究应用。

单孔复合锚固体系是在同一钻孔中安装几个单元锚杆,而每个单元锚杆均有自己的杆体、自由长度和锚固长度,而且承受的荷载也是通过各自的张拉千斤顶施加,并通过预先的补偿张拉(补偿每个单元在同等荷载下因自由长度不等而引起的位移差)而使所有单元锚杆始终承受相同的荷载。由于将集中力分散为若干个较小的力分别作用于长度较小的锚固段上,使得锚固段上的黏结应力峰值大大减小且分布均匀,能最大限度地调用锚杆整个范围内的地层强度。此锚固系统的锚固长度理论上是没有限制的,锚杆承载力可随锚固长度的增加而增加。近十多年来,这种锚杆在日本得到很大发展,被命名为 KTB 工法,主要用于永久边坡工程。单孔复合锚固压力分散型锚杆的灌浆体分段受压,对孔壁产生均匀径向力,使黏结强度增大;受荷时,灌浆体受压,不易开裂,预应力钢筋外有防腐层,耐久性好;能拆除锚杆芯体,不影响锚杆所处地层的后期开发。

2) 扩体型锚杆

采用扩张锚根的方法来提高锚杆承载力是十分有效的。扩张锚根固定的锚杆主要有两种形式,一种是仅在锚根底端扩张成一个大的扩体,称为底端扩体型锚杆;另一种是在锚根(锚固体)上扩成多个扩体,称为多段扩体型锚杆。

底端扩体型锚杆主要用于不易塌孔的黏性土中,钻孔底端的孔穴,可用配有绞刀的专用钻机或在钻孔内放置少量炸药爆破形成。用爆破方法来扩张钻孔保证锚杆的埋置深度(离地面深度不小于 5 m),以减少对周围土体的破坏,影响锚杆的固定强度。多段扩体型锚杆是采用特制的扩孔器在锚固段上扩成多个圆锥形扩体,每个圆锥体的承载力可达 200~300 kN。

3）可回收（可拆芯）锚杆

为避免锚杆留在土层中成为障碍物，近年来开发了可回收锚杆。可回收锚杆是指在工程完成后可将锚杆杆体回收的临时性工程用锚杆，分为机械式可回收锚杆、化学式可回收锚杆、力学式可回收锚杆三类。锚杆使用完成后可以拆除杆体，使锚杆的使用不影响周边地块的开发利用。

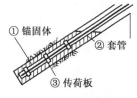

机械式可回收锚杆将锚杆杆体与机械的联结器联结起来，回收时施加与紧固方向相反力矩，使杆体与机械联结器脱离后取出。如采用全长带有螺纹的预应力钢筋作为拉杆，拆除时，先用空心千斤顶卸荷，然后再旋转钢筋，使其撤出。其构造如图 2-95 所示，它由三部分组成：锚固体、带套管全长有螺纹的预应力钢筋、传荷板。

4）施工机械、施工工艺不断发展

自钻式锚杆由中空螺纹杆体、钻头、垫板螺母、连接套和定位套组成。钻杆即锚杆杆体，在强度很低和松散地层中钻

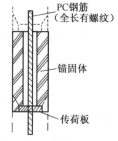

图 2-95　机械式可回收锚杆

进不需退出，并可利用中空杆体注浆，避免普通锚杆钻孔后坍塌卡钎及插不进杆体的缺点，先锚后注浆，将杆体与钻进的钻杆及注浆管合为一体，解决在松软、破碎地层中成孔困难、杆体无法安装的难题，套管跟进技术则解决了松散地层及高水位下砂土中的成孔难题。锚杆的二次或多次灌浆则可以提高土层与注浆体的黏结强度，提高锚杆的抗拔承载力。

我国沿海地区大面积分布着深厚淤泥质土，含水量高、孔隙比大、强度低、灵敏度高，成孔较困难。采用液压钻机慢转速钻进，尽可能减少钻进过程对锚固地层的扰动；用泥浆循环冲洗，排除孔内残土；设土工布注浆袋、采用二次压力注浆等综合工艺后，实现了锚杆在淤泥质土中的工程应用，一般 18 m 长锚杆的抗拔力可达到 120 kN 以上。

高压气动钻机、扩孔钻头、自锁式锚具、高承载力张拉千斤顶等施工机械也在工程中得到了开发应用。

2.3.6　土钉墙和复合土钉墙

2.3.6.1　土钉墙设计

1. 土钉墙的特点和适用范围

土钉墙是采用土钉加固的基坑侧壁土体与护面等组成的结构。它是将拉筋插入土体内部全长度与土黏结，并在坡面上喷射混凝土，从而形成加筋土体加固区带，用以提高整个原位土体的强度、限制其位移，并增强基坑边坡坡体的自身稳定性。土钉墙适用于开挖支护和天然边坡加固，是一项实用的原位岩土加筋技术。

土钉墙的类型，按施工方法不同，可分为钻孔注浆型土钉墙、击入型土钉墙两类。击入型土钉用于易塌孔填土、砂土、粉土或易缩径的软土中，多为钢管土钉。钻孔注浆型土钉墙在我国应用最广，可用于永久性或临时性的支护工程中，它的施工方法及原理如下：

基坑分层开挖，每步开挖后，首先在基坑坡面上钻直径为 70～120 mm 的一定深度的横孔，然后插入钢筋，再用水泥浆或水泥砂浆填充钻孔孔洞，从而形成与周围土体密实黏合的土钉，最后在基坑坡面上设置与土钉端部连接的构件，并用喷射混凝土组成土钉面层，形成

由纵横密布的土钉群、喷射混凝土面层及原位土体组成的支护结构。

1）土钉墙的特点

（1）安全可靠

当基坑边坡直立高度超过临界高度，或坡顶有较大荷载以及环境因素的改变等，都会引起基坑边坡失稳，这是由于土体自身的抗剪强度较低、抗拉强度很小的缘故。而土钉墙由于在土体内增设了一定长度与分布密度的锚固体，使之与土体牢固结合并共同工作，从而弥补了土体自身强度的不足。土钉在其加固的复合土体中的这种"箍束骨架"作用，大大提高了土坡的整体刚度与稳定性。

土钉墙的另一优势是它还可增强土体破坏的延性，改变基坑边坡破坏时突然塌方的性质，这一点与前面介绍的桩排挡墙等明显不同。桩排挡墙等支护体系属于被动制约机制的支挡结构，这类支挡结构可承受侧压力并限制土体的变形发展，但它并未改变土的边坡位移增加到一定程度后可能产生脆性破坏的性质，所以一旦产生桩体倾覆破坏，位移速率大，很难及时采取有效措施，将对安全及工期产生很大影响。而土钉墙属于主动制约机制的支挡体系，它在超载作用下的变形特征，表现为持续的渐进性破坏，即使在土体内已出现局部剪切面和张拉裂缝，并随着超载集度的增加而扩展，但仍可持续一段较长时间而不发生整体塌滑，表明其仍具有一定的强度，从而为土体的加固、排除险情提供了充裕的时间，并使相应的加固方法简单易行。

土钉墙是先开挖后支护，分层分段施工，具有土钉墙比土方开挖稍后一步施工的特点，这个特点对那些复杂的地层结构特别有利，在开挖过程中，可视土质条件的局部变化，采取相应的技术措施来解决，易于使土坡得到稳定。

（2）可缩短基坑施工工期

目前的桩排挡墙等支护体系都在土方开挖前施工，占用施工工期，而土钉墙与土方开挖同期施工，并与开挖形成流水施工。对工期紧的工程，可达到拆迁一块、开挖一块的快速施工要求。

（3）施工机具简单、易于推广

设置土钉采用的钻孔机具及喷射混凝土设备一般多是可移动的小型机械，移动灵活，所需场地也小。此类机械的振动小、噪音低，在城市地区施工具有明显的优越性。钻孔、压力灌浆和面层喷射混凝土，已是土层锚杆、喷锚等支护体系成熟的工艺，易于掌握，普及性强。

（4）经济效益较好

在材料用料方面，土钉墙每平方米边坡支护面积大大低于桩排挡墙等支护体系的材料用量。比人工挖孔桩使用的机械少，人工配备与人工挖孔桩大致相当，所以总成本明显低于桩排挡墙。

土钉墙在其应用上也有一定的局限性：

① 土钉墙支护位移较排桩等支护形式位移大，当基坑潜在滑动面内有需要保护的建筑物、重要管线时，不宜采用。

② 对地下水十分敏感，如开挖深度内存在地下水，必须提前进行降水。此外，还要严防雨水等地表水下渗，以保证土钉墙的稳定性。

③ 土钉施工时要先挖土层 1～2 m 深，在喷射混凝土和安装土钉前需要在无支护情况下稳定至少几个小时，因此土层必须有一定的天然"凝聚力"。否则需先进行地基加固处理

来维持坡面稳定，从而使施工复杂化并且造价加大。

④ 软土开挖支护不宜采用土钉墙。因为软土的内摩擦角小，使得土钉锚固体与软土的界面摩阻力小，土钉的承载能力小，另外在软土中成孔也较困难，故技术经济综合效益不理想。

2）土钉墙的适用范围

综上所述，土钉墙适宜于地下水位以上或经人工降水后的有一定黏结性的杂填土、黏性土、粉土及微胶结砂土的基坑开挖支护，不宜用于含水丰富的粉细砂层、砂卵石层和淤泥质土，不应用于没有临时自稳能力的淤泥、饱和软弱土层。目前，在上述地质条件下，多可采用复合土钉墙支护代替土钉墙。土钉墙基坑支护的开挖深度适宜于 5～12 m。

2. 土钉墙的设计

1）土钉墙的构造要求

土钉墙的构造如图 2-96 所示，构造要求如下：

（1）土钉墙的坡比不宜大于 1∶0.2，当基坑较深、土的抗剪强度较低时，宜取较小坡比。

（2）土钉必须与面层有效连接，应设置加强钢筋，当面层的局部受冲切承载力不足时，应采用设置承压板等加强措施，承压板或加强钢筋应与土钉钢筋焊接连接。

（3）土钉的长度宜为开挖深度的 0.5～1.2 倍，间距宜为 1～2 m，与水平面夹角宜为 5°～20°。

（4）土钉钢筋宜采用 HRB400、HRB500 级钢筋，钢筋直径宜为 16～32 mm，钻孔直径宜为 70～120 mm；土钉应全长设置对中定位支架，其间距宜取 1.5～2.5 m。

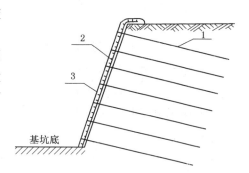

1—土钉；2—铺设钢筋网；3—喷射混凝土面层
图 2-96 土钉墙的构造

（5）注浆材料宜采用水泥浆或水泥砂浆，其强度不宜低于 20 MPa。

（6）喷射混凝土面层中宜配置钢筋网，钢筋直径宜为 6～10 mm，间距宜为 150～250 mm；喷射混凝土强度等级不宜低于 C20，面层厚度宜取 80～100 mm；坡面上下段钢筋网搭接长度应大于 300 mm。

（7）土钉墙墙顶应采用砂浆或混凝土护面，在坡顶和坡脚应设排水措施，在坡面上可根据具体情况设置泄水孔。

2）土钉墙设计计算

土钉墙的设计内容主要包括开挖基坑的平面布置、立面布置、土钉的几何尺寸设计、土钉的抗拔力验算和土钉墙的整体稳定性验算、现场监测要求、应急预案、冬雨季施工措施等。此处主要介绍一下土钉的承载力验算和土钉墙的整体稳定性验算方法。

（1）土钉承载力计算

土钉的承载力是由土钉的抗拔承载力和杆体的抗拉承载力的较小值决定的，但工程实践中，土钉墙极少发生杆体的抗拉破坏，因此，土钉承载力主要是进行土钉抗拔承载力的计算。

单根土钉的抗拔承载力应符合下式规定：

$$\frac{R_{k,j}}{N_{k,j}} \geqslant K_t \qquad (2\text{-}77)$$

式中 K_t——土钉抗拔安全系数,安全等级为二级、三级的土钉墙,K_t 分别不应小于 1.6, 1.4;

$N_{k,j}$——第 j 层土钉的轴向拉力标准值(kN),应按式(2-78)确定;

$R_{k,j}$——第 j 层土钉的极限抗拔承载力标准值(kN),应通过抗拔试验确定,也可按式(2-82)估算。

单根土钉的轴向拉力标准值可按下式计算:

$$N_{k,j} = \frac{1}{\cos \alpha_j} \xi \eta_j p_{ak,j} s_{xj} s_{zj} \tag{2-78}$$

式中 $N_{k,j}$——第 j 层土钉的轴向拉力标准值(kN);

α_j——第 j 层土钉的倾角(°);

ξ——墙面倾斜时的主动土压力折减系数,可按式(2-79)确定;

η_j——第 j 层土钉轴向拉力调整系数,可按式(2-80)计算;

$p_{ak,j}$——第 j 层土钉处的主动土压力强度标准值(kPa),应按《建筑基坑支护技术规程》(JGJ 120—2012)第 3.4.2 条确定;

s_{xj}——土钉的水平间距(m);

s_{zj}——土钉的垂直间距(m)。

坡面倾斜时的主动土压力折减系数 ξ 可按下式计算:

$$\xi = \tan \frac{\beta - \varphi_m}{2} \left(\frac{1}{\tan \dfrac{\beta + \varphi_m}{2}} - \frac{1}{\tan \beta} \right) \bigg/ \tan^2 \left(45° - \frac{\varphi_m}{2} \right) \tag{2-79}$$

式中 ξ——主动土压力折减系数;

β——土钉墙坡面与水平面的夹角(°);

φ_m——基坑底面以上各土层按土层厚度加权的内摩擦角平均值(°)。

土钉轴向拉力调整系数(η_j)可按下列公式计算:

$$\eta_j = \eta_a - (\eta_a - \eta_b) \frac{z_j}{h} \tag{2-80}$$

$$\eta_a = \frac{\sum (h - \eta_b z_j) \Delta E_{aj}}{\sum (h - z_j) \Delta E_{aj}} \tag{2-81}$$

式中 η_j——土钉轴向拉力调整系数;

z_j——第 j 层土钉至基坑顶面的垂直距离(m);

h——基坑深度(m);

ΔE_{aj}——作用在以 s_{xj}, s_{zj} 为边长的面积内的主动土压力标准值(kN);

η_a——计算系数;

η_b——经验系数,可取 0.6~1.0。

单根土钉的极限抗拔承载力标准值可按下式估算,但应通过《建筑基坑支护技术规程》(JGJ 120—2012)规定的土钉抗拔试验进行验证:

$$R_{k,j} = \pi d_j \sum q_{sk,i} l_i \tag{2-82}$$

式中 $R_{k,j}$——第 j 层土钉的极限抗拔承载力标准值(kN);

d_j——第 j 层土钉的锚固体直径(m),对成孔注浆土钉,按成孔直径计算,对打入钢管土钉,按钢管直径计算;

$q_{sk,i}$——第 j 层土钉在第 i 层土的极限黏结强度标准值(kPa),应由土钉抗拔试验确定,无试验数据时,可根据工程经验并结合表 2-7 取值;

l_i——第 j 层土钉在滑动面外第 i 土层中的长度(m),计算单根土钉极限抗拔承载力时,取图 2-97 所示的直线滑动面,直线滑动面与水平面的夹角取 $\frac{\beta+\varphi_m}{2}$。

表 2-7 土钉的极限黏结强度标准值

土的名称	土的状态	q_{sk}/kPa	
		成孔注浆土钉	打入钢管土钉
素填土		15~30	20~35
淤泥质土		10~20	15~25
黏性土	$0.75 < I_L \leqslant 1$	20~30	20~40
	$0.25 < I_L \leqslant 0.75$	30~45	40~55
	$0 < I_L \leqslant 0.25$	45~60	55~70
	$I_L \leqslant 0$	60~70	70~80
粉土		40~80	50~90
砂土	松散	35~50	50~65
	稍密	50~65	65~80
	中密	65~80	80~100
	密实	80~100	100~120

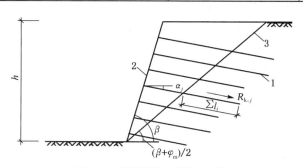

1—土钉；2—喷射混凝土面层；3—滑动面

图 2-97 土钉抗拔承载力计算

(2) 土钉墙稳定性验算

土钉墙应对基坑分层开挖的各工况进行整体滑动稳定性验算。整体滑动稳定性可采用圆弧滑动条分法进行验算;采用圆弧滑动条分法时,其整体稳定性应符合下列规定(图 2-98):

$$\min\{K_{s,1}, K_{s,2}, \cdots, K_{s,i}, \cdots\} \geqslant K_s \qquad (2-83)$$

$$K_{s,i} = \frac{\sum\left[c_j l_j + (q_j b_j + \Delta G_j)\cos\theta_j \tan\varphi_j\right] + \sum R'_{k,k}\left[\cos(\theta_k + \alpha_k) + \psi_v\right]/s_{x,k}}{\sum(q_j b_j + \Delta G_j)\sin\theta_j} \qquad (2-84)$$

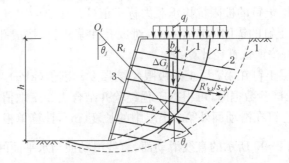

图 2-98　土钉墙整体滑动稳定性验算

式中　K_s——圆弧滑动整体稳定安全系数,安全等级为二级、三级的土钉墙,K_s 分别不应小于 1.3、1.25;

$K_{s,i}$——第 i 个滑动圆弧的抗滑力矩与滑动力矩的比值,抗滑力矩与滑动力矩之比的最小值宜通过搜索不同圆心及半径的所有潜在滑动圆弧确定;

c_j,φ_j——第 j 土条滑弧面处土的黏聚力(kPa)、内摩擦角(°);

b_j——第 j 土条的宽度(m);

q_j——作用在第 j 土条上的附加分布荷载标准值(kPa);

ΔG_j——第 j 土条的自重(kN),按天然重度计算;

θ_j——第 j 土条滑弧面中点处的法线与垂直面的夹角(°);

$R'_{k,k}$——第 k 层土钉对圆弧滑动体的极限拉力值(kN),应取土钉在滑动面以外的锚固体极限抗拔承载力标准值与杆体受拉承载力标准值($f_{yk}A_s$ 或 $f_{ptk}A_p$)的较小值,锚固段应取圆弧滑动面以外的长度;

α_k——第 k 层土钉或锚杆的倾角(°);

θ_k——滑弧面在第 k 层土钉处的法线与垂直面的夹角(°);

$s_{x,k}$——第 k 层土钉的水平间距(m);

ψ_v——计算系数,可取 $\psi_v = 0.5\sin(\theta_k + \alpha_k)\tan\varphi$,$\varphi$ 为第 k 层土钉与滑弧交点处土的内摩擦角(°)。

当基坑面以下存在软弱下卧土层时,整体稳定性验算滑动面中尚应包括由圆弧与软弱土层层面组成的复合滑动面。基坑底面下有软土层时还应进行坑底隆起稳定性验算。

2.3.6.2　复合土钉墙设计

1. 复合土钉墙的特点和适用范围

复合土钉墙是由土钉墙与预应力锚杆、截水帷幕、微型桩中的一类或几类结合而成的基坑支护形式。复合土钉墙中强调以土钉为主要受力构件,整体稳定性主要由土和钉的共同作用提供,同时考虑预应力锚杆、截水帷幕、微型桩对整体稳定性的贡献。

复合土钉墙基坑支护的形式主要有下列七种形式(图 2-99):截水帷幕复合土钉墙[图 2-99(a)]、预应力锚杆复合土钉墙[图 2-99(b)]、微型桩复合土钉墙[图 2-99(c)]、截水帷幕—预应力锚杆复合土钉墙[图 2-99(d)]、截水帷幕—微型桩复合土钉墙[图 2-99(e)]、微型桩—预应力锚杆复合土钉墙[图 2-99(f)]、截水帷幕—微型桩—预应力锚杆复合土钉墙[图 2-99(g)]。

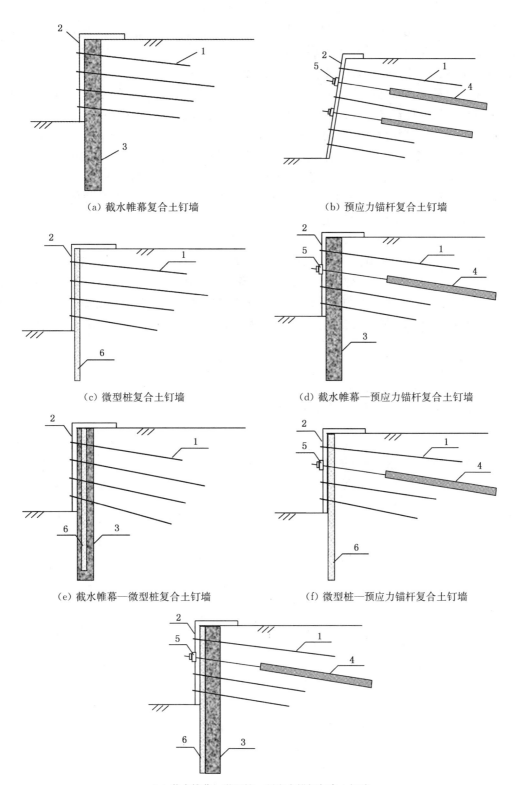

（a）截水帷幕复合土钉墙　　　　　　　　（b）预应力锚杆复合土钉墙

（c）微型桩复合土钉墙　　　　　　　　（d）截水帷幕—预应力锚杆复合土钉墙

（e）截水帷幕—微型桩复合土钉墙　　　　　（f）微型桩—预应力锚杆复合土钉墙

（g）截水帷幕—微型桩—预应力锚杆复合土钉墙

1—土钉；2—喷射混凝土面层；3—截水帷幕；4—预应力锚杆；5—围檩；6—微型桩

图2-99　复合土钉墙基坑支护形式

复合土钉墙适用于黏土、粉质黏土、粉土、砂土、碎石土、全风化及强风化岩,夹有局部淤泥质土的地层中也可采用。软土地层中基坑开挖深度不宜大于 6 m,其他地层中基坑直立开挖深度不宜大于 13 m,可放坡时基坑开挖深度不宜大于 18 m。

地下水位高于基坑底时应采取降排水措施或选用具有截水帷幕的复合土钉墙支护;坑底存在软弱地层时应经地基加固或采取其他加强措施后再采用;周边环境对基坑变形有较高控制要求或基坑开挖深度较深时,宜采用有预应力锚杆参与工作的复合土钉墙形式;基坑侧壁土体自立性较差时,宜采用有微型桩参与工作的复合土钉墙形式;当受多种因素影响时,应根据具体情况采取多种组合构件共同参与工作的复合土钉墙形式。

复合土钉墙支护方案的选型应综合考虑土质、地下水、周边环境以及现场作业条件,通过工程类比和技术经济比较后确定。

2. 复合土钉墙的设计

复合土钉墙应按照承载能力极限状态和正常使用极限状态两种极限状态进行设计。支护结构的构件强度、基坑稳定性、锚杆的抗拔力等应按承载能力极限状态进行验算;支护结构的位移计算、基坑周边环境的变形应按正常使用极限状态进行验算。复合土钉墙用于对变形控制有严格要求的基坑支护时,应根据工程经验采用工程类比法,并结合数值法进行变形分析预测。

下面介绍国家标准《复合土钉墙基坑支护技术规范》(GB 50739—2011)中的设计要求。

1) 土钉和锚杆承载力计算

土钉抗拔承载力标准值 R_{jk} 应符合下列要求:

$$R_{jk} \geqslant 1.4 T_{jk} \qquad (2\text{-}85)$$

土钉轴向荷载标准值 T_{jk}(图 2-100)可按下列公式计算:

$$T_{jk} = \frac{1}{\cos \alpha_j} \zeta p S_{xj} S_{zj} \qquad (2\text{-}86)$$

$$p = p_{m} + p_{q} \qquad (2\text{-}87)$$

式中 S_{xj}——第 j 根土钉与相邻土钉的平均水平间距;

       S_{zj}——第 j 根土钉与相邻土钉的平均竖向间距;

       ζ——坡面倾斜时荷载折减系数,可按《复合土钉墙基坑支护技术规范》(GB 50739—2011)第 5.2.4 条确定;

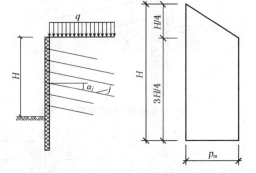

(a) 复合土钉墙   (b) 土体自重引起的侧压力分布

图 2-100 土钉轴向荷载标准值计算

       p——土钉长度中点所处深度位置的土体侧压力;

       p_{m}——土钉长度中点所处深度位置由土体自重引起的侧压力,可按图 2-100(b)求出;

       p_{q}——土钉长度中点所处深度位置由地面及土体中附加荷载引起的侧压力,计算方法按现行行业标准《建筑基坑支护技术规程》(JGJ 120—2012)的有关规定执行。

土体自重引起的侧压力峰值 $p_{m, max}$ 可按下列公式计算,且不宜小于 $0.2 \gamma_{m1} H$。

$$p_{m, max} = \frac{8E_a}{7H} \tag{2-88}$$

$$E_a = \frac{k_a}{2} \gamma_{m1} H^2 \tag{2-89}$$

$$k_a = \tan^2 \left(45° - \frac{\varphi_{ak}}{2} \right) \tag{2-90}$$

式中　$p_{m, max}$——土体自重引起的侧压力峰值；

　　　H——基坑开挖深度；

　　　E_a——朗肯主动土压力；

　　　γ_{m1}——基坑底面以上各土层加权平均重度，有地下水作用时应考虑地下水位变化造成的重度变化；

　　　k_a——主动土压力系数。

坡面倾斜时的荷载折减系数 ζ 可按下列公式计算：

$$\zeta = \tan \frac{\beta - \varphi_{ak}}{2} \left(\frac{1}{\tan \frac{\beta + \varphi_{ak}}{2}} - \frac{1}{\tan \beta} \right) \bigg/ \tan^2 \left(45° - \frac{\varphi_{ak}}{2} \right) \tag{2-91}$$

预应力锚杆的抗拔承载力和杆体抗拉承载力验算应按现行行业标准《建筑基坑支护技术规程》(JGJ 120—2012)的有关规定执行。

2）复合土钉墙稳定性验算

复合土钉墙必须进行基坑整体稳定性验算。验算可考虑截水帷幕、微型桩、预应力锚杆等构件的作用。

基坑整体稳定性分析(图 2-101)可采用简化圆弧滑移面条分法，按下列公式进行验算。最危险滑裂面通过试算搜索求得。验算时应考虑开挖过程中各工况，验算公式宜采用分项系数极限状态表达法：

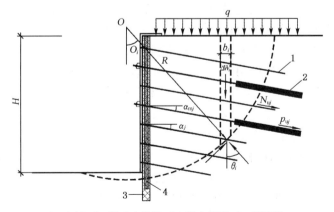

1—土钉；2—预应力锚杆；3—截水帷幕；4—微型桩；

q—地面附加分布荷载；R—假定圆弧滑移面半径；b_i—第 i 个土条的宽度

图 2-101　复合土钉墙整体稳定性分析计算

$$K_{s0} + \eta_1 K_{s1} + \eta_2 K_{s2} + \eta_3 K_{s3} + \eta_4 K_{s4} \geqslant K_s \qquad (2\text{-}92)$$

$$K_{s0} = \frac{\sum c_i L_i + \sum W_i \cos \theta_i \tan \varphi_i}{\sum W_i \sin \theta_i} \qquad (2\text{-}93)$$

$$K_{s1} = \frac{\sum N_{uj} \cos(\theta_j + \alpha_j) + \sum N_{uj} \sin(\theta_j + \alpha_j) \tan \varphi_j}{s_{xj} \sum W_i \sin \theta_i} \qquad (2\text{-}94)$$

$$K_{s2} = \frac{\sum P_{uj} \cos(\theta_j + \alpha_{mj}) + \sum P_{uj} \sin(\theta_j + \alpha_{mj}) \tan\varphi_j}{s_{2xj} \sum W_i \sin \theta_i} \qquad (2\text{-}95)$$

$$K_{s3} = \frac{\tau_q A_3}{\sum W_i \sin \theta_i} \qquad (2\text{-}96)$$

$$K_{s4} = \frac{\tau_y A_4}{s_{4xj} \sum W_i \sin \theta_i} \qquad (2\text{-}97)$$

式中　K_s——整体稳定性安全系数,对应于基坑安全等级一、二、三级分别取 1.4,1.3,
1.2,开挖过程中最不利工况下可乘 0.9 的系数;

K_{s0},K_{s1},K_{s2},K_{s3},K_{s4}——整体稳定性分项抗力系数,分别为土、土钉、预应力锚杆、截水帷幕及微型桩产生的抗滑力矩与土体下滑力矩比;

c_i,φ_i——第 i 个土条在滑弧面上的黏聚力及内摩擦角;

L_i——第 i 个土条在滑弧面上的弧长;

W_i——第 i 个土条重量,包括作用在该土条上的各种附加荷载;

θ_i——第 i 个土条在滑弧面中点处的法线与垂直面的夹角;

η_1,η_2,η_3,η_4——土钉、预应力锚杆、截水帷幕及微型桩组合作用折减系数,可按《复合土钉墙基坑支护技术规范》(GB 50739—2011)第 5.3.3 条取值;

s_{2xj},s_{4xj}——第 j 根预应力锚杆或微型桩的平均水平间距;

N_{uj}——第 j 根土钉在稳定区(即滑移面外)所提供的摩阻力,可按《复合土钉墙基坑支护技术规范》(GB 50739—2011)第 5.3.4 条取值;

P_{uj}——第 j 根预应力锚杆在稳定区(即滑移面外)的极限抗拔力,按现行行业标准《建筑基坑支护技术规程》(JGJ 120—2012)的有关规定计算;

α_j——第 j 根土钉的倾角;

α_{mj}——第 j 根预应力锚杆的倾角;

θ_j——第 j 根土钉或预应力锚杆与滑弧面相交处,滑弧切线与水平面的夹角;

φ_j——第 j 根土钉或预应力锚杆与滑弧面交点处土的内摩擦角;

τ_q——假定滑移面处相应龄期截水帷幕抗剪强度标准值,根据试验结果确定;

τ_y——假定滑移面处微型桩的抗剪强度标准值,可取桩体材料的抗剪强度标准值;

A_3,A_4——单位计算长度内截水帷幕、单根微型桩的截面积。

组合作用折减系数的取值应符合下列要求：

（1）η_1宜取 1.0。

（2）$P_{uj} \leqslant 300$ kN 时，η_2 宜取 0.5～0.7，随着锚杆抗力的增加而减小。

（3）截水帷幕与土钉墙复合作用时，η_3宜取 0.3～0.5，水泥土抗剪强度取值较高、水泥土墙厚度较大时，η_3宜取较小值。

（4）微型桩与土钉墙复合作用时，η_4宜取 0.1～0.3，微型桩桩体材料抗剪强度取值较高、截面积较大时，η_4宜取较小值。基坑支护计算范围内主要土层均为硬塑状黏性土等较硬土层时，η_4取值可提高 0.1。

（5）预应力锚杆、截水帷幕、微型桩三类构件共同复合作用时，组合作用折减系数不应同时取上限。

第 j 根土钉在稳定区的摩阻力 N_{uj} 应符合下式的规定：

$$N_{uj} = \pi d_j \sum q_{sik} l_{mi, j} \tag{2-98}$$

K_s 在满足整体稳定性验算的同时，K_{s0}，K_{s1}，K_{s2} 的组合应符合下式的规定：

$$K_{s0} + K_{s1} + 0.5 K_{s2} \geqslant 1.0 \tag{2-99}$$

复合土钉墙底部存在软弱黏性土时，应按地基承载力模式进行坑底抗隆起稳定性验算。

有截水帷幕的复合土钉墙，基坑开挖面以下有砂土或粉土等透水性较强土层且截水帷幕没有穿透该层土时，应进行抗渗流稳定性验算（图 2-102）。抗渗流稳定性可按下列公式进行验算：

$$i_c / i \geqslant K_{w1} \tag{2-100}$$

$$i_c = (d_s - 1)/(e + 1) \tag{2-101}$$

$$i = h_w/(h_w + 2t) \tag{2-102}$$

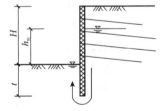

图 2-102 抗渗流稳定性验算

式中　i_c——基坑底面土体的临界水力梯度；

　　　i——渗流水力梯度；

　　　d_s——坑底土颗粒的相对密度；

　　　e——坑底土的孔隙比；

　　　h_w——基坑内外的水头差；

　　　t——截水帷幕在基坑底面以下的长度；

　　　K_{w1}——抗渗流稳定安全系数，对应基坑安全等级
　　　　　　　一、二、三级时宜分别取 1.50、1.35、1.20。

基坑底面以下存在承压水时（图 2-103），可按下式进行抗突涌稳定性计算。当抗突涌稳定性验算不满足时，宜采取降低承压水等措施。

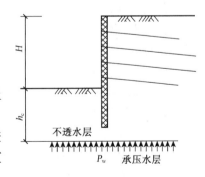

图 2-103 抗突涌稳定性验算

$$\gamma_{m2} h_c / P_w \geqslant K_{w2} \tag{2-103}$$

式中 γ_{m2}——不透水土层平均饱和重度；

h_c——承压水层顶面至基坑底面的距离；

P_w——承压水水头压力；

K_{w2}——抗突涌稳定性安全系数，宜取 1.1。

2.3.6.3 土钉墙和复合土钉墙施工

1. 施工流程

土钉墙施工要分层分段开挖土方、分层分段施做土钉，具体施工流程如下：

(1) 开挖工作面，修整土壁；

(2) 施作土钉并养护；

(3) 铺设、固定钢筋网；

(4) 喷射混凝土面层并养护；

(5) 进入下一层施工，重复步骤(1)至(4)直至完成。

复合土钉墙施工应根据设计要求超前施作截水帷幕、微型桩等复合构件，然后分层分段开挖土方、分层分段施作土钉和预应力锚杆，具体施工流程如下：

(1) 施作截水帷幕和微型桩；

(2) 截水帷幕、微型桩强度满足后，开挖工作面，修整土壁；

(3) 施作土钉、预应力锚杆并养护；

(4) 铺设、固定钢筋网；

(5) 喷射混凝土面层并养护；

(6) 施作围檩，张拉和锁定预应力锚杆；

(7) 进入下一层施工，重复步骤 2～6 直至完成。

2. 施工要求

土钉墙和复合土钉墙施工中的土钉成孔、土钉杆体制作、压力灌浆与土层锚杆施工方法大体相同，可参见土锚施工的有关内容，在此不再赘述。下面介绍施工中应注意的其他几个问题。

1) 截水帷幕施工要求

施工前，应进行成桩试验，工艺性试桩数量不应少于 3 根。应通过成桩试验确定注浆流量、搅拌头或喷浆头下沉和提升速度、注浆压力等技术参数，必要时应根据试桩参数调整水泥浆的配合比。

为了保证帷幕的止水效果，水泥土桩应采取搭接法施工，相邻桩搭接宽度应符合设计要求。桩位偏差不应大于 50 mm，桩机的垂直度偏差不应超过 0.5%。

水泥土搅拌桩施工要求：

(1) 宜采用喷浆法施工，桩径偏差不应大于设计桩径 4%。

(2) 水泥浆液的水灰比宜按照试桩结果确定。

(3) 应按照试桩确定的搅拌次数和提升速度提升搅拌头。喷浆速度应与提升速度相协调，应确保喷浆量在桩身长度范围内分布均匀。

(4) 高塑性黏性土、含砂量较大及暗浜土层中，应增加喷浆搅拌次数。

(5) 施工中如因故停浆，恢复供浆后，应从停浆点返回 0.5 m 重新喷浆搅拌。

(6) 相邻水泥土搅拌桩施工间隔时间不应超过 24 h，如超过 24 h，应采取补强措施。

(7) 若桩身插筋，宜在搅拌桩完成后 8 h 内进行。

高压喷射注浆施工要求：

（1）宜采用高压旋喷，高压旋喷可采用单管法、二重管法和三重管法，设计桩径大于800 mm时宜用三重管法。

（2）高压喷射水泥浆液水灰比宜按照试桩结果确定。

（3）高压喷射注浆的喷射压力、提升速度、旋转速度、注浆流量等工艺参数应按照土层性状、水泥土固结体的设计有效半径等选择。

（4）喷浆管分段提升时的搭接长度不应小于100 mm。

（5）在高压喷射注浆过程中出现压力陡增或陡降、冒浆量过大或不冒浆等情况时，应查明原因并及时采取措施。

（6）应采取隔孔分序作业方式，相邻孔作业间隔时间不宜小于24 h。

2）微型桩施工要求

（1）桩位偏差不应大于50 mm，垂直度偏差不应大于1.0%。

（2）成孔类微型桩孔内应充填密实，灌注过程中应防止钢管或钢筋笼上浮。

（3）桩的接头承载力不应小于母材承载力。

3）分层分段开挖要求

土钉墙是先开挖后支护，要保持边坡在施工中的稳定性必须控制土方开挖的层高与开挖段长度，这就是土钉墙的分层分段开挖。

基坑开挖的分层高度主要取决于暴露坡面的"直立"自稳能力，另外还与周围环境的变形控制要求有关，因此，基坑土方开挖分层厚度应与设计要求相一致，一般在黏状土中开挖深度为0.8～2.0 m，在超固结黏性土中开挖深度可适当增大。

基坑开挖的分段长度与土质条件、坡度、坡顶超载大小及分层高度皆有关系。对松软的杂填土和软弱土层、滞水层地段分段长度应小一些；施工期间坡顶超载较大、边坡坡度较陡时，分段长度也应小一些；对深度较大的基坑，其下部开挖支护时，分段长度也应小一些。对工期紧的工程，为了加快施工速度，同时又满足保证边坡稳定性的需要，可采用多段跳槽开挖的方式，以扩大施工面，并形成流水施工。分段长度软土中不宜大于15 m，其他一般性土不宜大于30 m。基坑面积较大时，土方开挖宜分块分区、对称进行。

基坑侧壁应采用小型机具或铲锹进行切削清坡，挖土机械要最大限度地减小支护土层的扰动，不得碰撞支护结构、坑壁土体及降排水设施。基坑侧壁的坡率应符合设计规定。在机械开挖后，应辅以人工修整坡面，坡面平整度的允许偏差为±20 mm。在坡面喷射混凝土前，坡面虚土及任何松动的部分都要予以清除，然后再进行护面施工。

4）下层土方开挖时间要求

对于复合土钉墙，截水帷幕及微型桩应达到养护龄期和设计规定强度后，再允许进行基坑开挖，否则会因为强度不足，造成帷幕、微型桩位移、开裂和渗漏。

土方开挖后，要及时施工土钉或锚杆，及时喷射混凝土进行封闭。开挖后应在24 h内完成土钉及喷射混凝土施工；对自稳能力差的土体宜采用二次喷射，初喷应随挖随喷。土钉注浆完成后的养护时间应满足设计要求；当设计未提出具体要求时，应至少养护48 h后，再进行下层土方开挖。预应力锚杆应在张拉锁定后，再进行下层土方开挖。

5）土钉施工要求

注浆用水泥浆的水灰比宜为0.45～0.55，注浆应饱满，注浆量应满足设计要求。在土钉施工过程中应做好施工记录。

对于钻孔法施工的土钉，成孔机具的选择要适应施工现场的岩土特点和环境条件，保证钻进和成孔过程中不引起塌孔；在易塌孔土层中，宜采用套管跟进成孔。土钉应设置对中架，以保证杆体在注浆体的中间，对中架间距 1 000～2 000 mm，支架的构造不应妨碍注浆。钻孔后应进行清孔，清孔后方应及时置入土钉并进行注浆和孔口封闭。注浆宜采用压力注浆。压力注浆时应设置止浆塞，注满后保持压力 1～2 min。

对于击入法施工的钢管土钉，土钉击入宜选用气动冲击机械，在易液化土层中宜采用静力压入法或自钻式土钉施工工艺。钢管注浆土钉应采用压力注浆，注浆压力不宜小于 0.6 MPa，并应在管口设置止浆塞，注满后保持压力 1～2 min。若不出现泛浆时，在排除窜入地下管道或冒出地表等情况外，可采用间歇注浆的措施。

6）预应力锚杆施工要求

锚杆成孔设备的选择应考虑岩土层性状、地下水情况及锚杆承载力的设计要求，成孔应保证孔壁的稳定性。成孔方法的选择应结合工程经验，对不易塌孔的地层，宜采用长螺旋干作业钻进和清水钻进工艺，不宜采用冲洗液钻进工艺。地下水位以上的含有石块的较坚硬土层及风化岩地层，宜采用气动潜孔锤钻进或气动冲击回转钻进工艺。松散的可塑黏性土地层，宜采用回转挤密钻进工艺。易塌孔的砂土、卵石、粉土、软黏土等地层及地下水丰富的地层，宜采用跟管钻进工艺或采用自钻式锚杆。

杆体应按设计要求安放套管、对中架、注浆管和排气管等构件。围檩应平整，垫板承压面应与锚杆轴线垂直。锚固段注浆宜采用二次高压注浆法。第一次宜采用水泥砂浆低压注浆或重力注浆，灰砂比宜为 1∶0.5～1∶1，水灰比不宜大于 0.6；第二次宜采用水泥浆高压注浆，水灰比宜为 0.45～0.55，注浆时间应在第一次灌注的水泥砂浆初凝后即刻进行，注浆压力宜为 2.5～5.0 MPa。注浆管应与锚杆杆体一起插入孔底，管底距离孔底宜为 100～200 mm。

锚杆张拉与锁定应符合下列要求：

（1）锚固段注浆体及混凝土围檩强度应达到设计强度的 75％且大于 15 MPa 后，再进行锚杆张拉。

（2）锚杆宜采用间隔张拉。正式张拉前，应取 10％～20％的设计张拉荷载预张拉 1～2 次。

（3）锚杆锁定时，宜先张拉至锚杆承载力设计值的 1.1 倍，卸荷后按设计锁定值进行锁定。

（4）变形控制严格的一级基坑，锚杆锁定后 48 h 内，锚杆拉力值低于设计锁定值的 80％时，应进行预应力补偿。

7）土钉墙面层作业要求

喷射混凝土的配合比应根据设计要求确定，湿法喷射时，水泥与砂石的质量比宜为 1∶3.5～1∶4，水灰比宜为 0.42～0.50，砂率宜为 0.5～0.6，粗骨料的粒径不宜大于 15 mm。应通过外加减水剂和速凝剂来调节所需工作度和早强时间。湿法喷射的混合料坍落度宜为 80～120 mm。干混合料宜随拌随用，存放时间不应超过 2 h，掺入速凝剂后不应超过 20 min。

喷射混凝土机是借助压缩空气，将混合好的料送往输送管端喷头处与水混合，喷射到工作面上。国产的喷射混凝土机一般生产能力为 5～10 m³/h,湿喷的输送距离一般在 50 m 左右。

喷射混凝土作业应与挖土协调,分段进行,同一段内喷射顺序应自下而上。当面层厚度超过 100 mm 时,混凝土应分层喷射,第一层厚度不宜小于 40 mm,前一层混凝土终凝后方可喷射后一层混凝土。喷射混凝土施工缝结合面应清除浮浆层和松散石屑。

喷射混凝土施工 24 h 后,应喷水养护,养护时间不应少于 7 d;气温低于 5℃时,不得喷水养护。喷射混凝土冬期施工的临界强度,普通硅酸盐水泥配制的混凝土不得小于设计强度的 30%;矿渣水泥配制的混凝土不得小于设计强度的 40%。

钢筋网应在喷射一层混凝土后铺设,钢筋与第一层喷射混凝土的间隙不宜小于 20 mm;采用双层钢筋网时,第二层钢筋网应在第一层钢筋网被混凝土覆盖后铺设;钢筋网与土钉应连接牢固。

3. 质量检查

施工前应检查各种原材料的品种、规格、型号以及相应的检验报告。

截水帷幕(水泥土桩)施工前应对机械设备工作性能及计量设备进行检查。施工过程应检查施工状况,检查内容应包括桩机垂直度、提升和下沉速度、注浆压力和速度、注浆量、桩长、桩的搭接长度等。

水泥土桩的施工质量检验应符合下列规定:

(1) 桩直径、搭接长度:检查数量为总桩数的 2%,且不小于 5 根。

(2) 采用钻孔取芯法检验桩体强度和墙身完整性。检查数量不宜少于总桩数的 1%,且不应少于 3 根。

(3) 检验点宜布置在施工中出现异常情况的桩;地层情况复杂,可能对截水帷幕质量产生影响的桩以及其他有代表性的桩。

微型桩施工过程应检查施工状况,检查内容包括桩机垂直度、桩截面尺寸、桩长、桩距等。质量检验应检查桩身完整性,检查数量为总数的 10%,且不少于 3 根。

土钉墙施工过程中应对土钉位置,成孔直径、深度及角度,土钉长度,注浆配比、压力及注浆量,墙面厚度及强度,土钉与面板的连接情况,钢筋网的保护层厚度等进行检查。

土钉墙质量检测包括土钉和面层,土钉应通过抗拔试验检测抗拔承载力。抗拔试验应分为基本试验及验收试验。验收试验数量不宜少于土钉总数的 1%,且不应少于 3 根。墙面喷射混凝土厚度应采用钻孔检测,钻孔数宜每 200 m² 墙面积一组,每组不应少于 3 点。

预应力锚杆施工过程中应对预应力锚杆位置,钻孔直径、长度及倾角,自由段与锚固段长度,浆液配合比、注浆压力及注浆量,锚座几何尺寸,锚杆张拉值和锁定值等进行检查。

锚杆应采用抗拔验收试验检测抗拔承载力,试验数量不宜少于锚杆总数的 5%,且不应少于 3 根。验收试验时最大试验荷载应取轴向承载力设计值的 1.1 倍(单循环验收试验)或 1.2 倍(多循环验收试验)。

土方开挖过程中应检查开挖的分层厚度、分段长度、边坡坡度和平整度。土方开挖完成后,应对基坑坑底标高、基坑平面尺寸、边坡坡度、表面平整度、基底土性进行检查。

2.4 深基坑工程监测

2.4.1 监测目的

基坑工程设计虽然根据地质勘探资料和使用要求对支护结构等进行了较为详细的计算,但由于地质条件、荷载、材料性质、施工条件和外界其他因素的复杂影响,很难仅从理论上预测工程中可能遇到的问题,而且理论预测值还不能全面而准确地反映工程的各种变化,所以在理论分析指导下有计划地进行现场工程监测就显得十分必要。

监测的目的有以下几点:

(1)通过监测随时掌握土层和支护结构内力的变化情况,以及邻近建筑物、地下管线和道路的变形情况,将监测数据与预测值进行对比、分析,以判断前步施工是否符合预期要求,确定和优化下一步的施工参数,以此达到信息化施工的目的,使得监测成果成为现场工程技术人员做出正确判断的依据,及时指导施工、避免事故发生的必要措施。

(2)为基坑周围环境(地下管线、建筑物、道路等)进行及时、有效地保护提供依据。

(3)将监测结果用于反馈优化设计,为改进设计提供依据。

(4)通过对监测结果与理论预测值的比较、分析,可以检验设计理论的正确性,因此,监测工作还是发展设计理论的重要手段。

2.4.2 监测方案

根据规范要求,所有深基坑工程均须实施基坑工程监测。基坑工程设计中应明确提出监测要求,主要包括监测项目、测点布置、监测报警值等。基坑工程监测方根据规范、设计要求和现场实际情况,编制基坑工程监测方案。基坑工程监测方案的主要内容包括:

(1)工程概况;

(2)建设场地岩土工程条件及基坑周边环境状况;

(3)监测目的和依据;

(4)监测内容及项目;

(5)基准点、监测点的布设与保护;

(6)监测方法及精度;

(7)监测期和监测频率;

(8)监测报警及异常情况下的监测措施;

(9)监测数据处理与信息反馈;

(10)监测人员的配备;

(11)监测仪器设备及检定要求;

(12)监测作业安全及其他管理制度。

监测方案是监测单位实施监测的重要技术依据和指导性文件。监测方案所包括的12个主要方面包括监测的主要方法、技术指标和质量要求等,按照这些方面编制监测方案不会出现大的疏漏,从而保证监测工作质量。

2.4.3 监测项目

基坑工程的现场监测应采用仪器监测与巡视检查相结合的方法,多种观测方法互为补充、相互验证。

仪器监测可以取得定量的数据,进行定量分析;以目测为主的巡视检查更加及时,可以起到定性、补充的作用,从而避免片面地分析和处理问题。例如观察周边建筑和地表的裂缝分布规律、判别裂缝的新旧区别等,对于我们分析基坑工程对邻近建筑的影响程度有着重要作用。基坑周边超堆荷载、雨季地表水排水不畅、超挖等违规现象,往往首先是通过巡视检查发现,并及时得以纠正。实践证明,仪器监测与巡视检查相结合的方法是非常行之有效的。

基坑工程应建立全方位的监测系统,以保证基坑及周边环境的安全。基坑工程现场监测的对象分为七大类。支护结构包括围护墙、支撑或锚杆、立柱、冠梁和围檩等;地下水状况包括基坑内外原有水位、承压水状况、降水或回灌后的水位;基坑底部及周边土体指的是基坑开挖影响范围内的坑内、坑外土体;周边建筑指的是在基坑开挖影响范围之内的建筑物、构筑物;周边管线及设施主要包括供水管道、排污管道、通讯、电缆、煤气管道、人防、地铁、隧道等,这些都是城市生命线工程;周边重要的道路是指基坑开挖影响范围之内的高速公路、国道、城市主要干道和桥梁等;此外,根据工程的具体情况,可能会有一些其他应监测的对象,由设计和有关单位共同确定。

根据《建筑基坑工程监测技术规范》(GB 50497—2009)的规定,基坑工程仪器监测项目应根据表 2-8 进行选择。

表 2-8 建筑基坑工程仪器监测项目表

监测项目 \ 基坑类别	一级	二级	三级
围护墙(边坡)顶部水平位移	应测	应测	应测
围护墙(边坡)顶部竖向位移	应测	应测	应测
深层水平位移	应测	应测	宜测
立柱竖向位移	应测	宜测	宜测
围护墙内力	宜测	可测	可测
支撑内力	应测	宜测	可测
立柱内力	可测	可测	可测
锚杆内力	应测	宜测	可测
土钉内力	宜测	可测	可测
坑底隆起(回弹)	宜测	可测	可测
围护墙侧向土压力	宜测	可测	可测
孔隙水压力	宜测	可测	可测
地下水位	应测	应测	应测

基坑类别 监测项目		一级	二级	三级
土体分层竖向位移		宜测	可测	可测
周边地表竖向位移		应测	应测	宜测
周边建筑	竖向位移	应测	应测	应测
	倾斜	应测	宜测	可测
	水平位移	应测	宜测	可测
周边建筑、地表裂缝		应测	应测	应测
周边管线变形		应测	应测	应测

基坑工程监测项目应与基坑工程设计、施工方案相匹配。应针对监测对象的关键部位，做到重点观测、项目配套并形成有效的、完整的监测系统。基坑工程监测是一个系统，系统内的各项目监测有着必然的、内在的联系。基坑在开挖过程中，其力学效应是从各个侧面同时展现出来的，例如支护结构的挠曲、支撑轴力、地表位移之间存在着相互间的必然联系，它们共存于同一个集合体，即基坑工程内。限于测试手段、精度及现场条件，某一单项的监测结果往往不能揭示和反映基坑工程的整体情况，必须形成一个有效的、完整的、与设计施工工况相适应的监测系统并跟踪监测，才能提供完整、系统的测试数据和资料，才能通过监测项目之间的内在联系做出准确地分析、判断，为优化设计和信息化施工提供可靠的依据。当然，选择监测项目还必须注意控制费用，在保证监测质量和基坑工程安全的前提下，通过周密地考虑，去除不必要的监测项目。

巡视检查宜以目测为主，可辅以锤、钎、量尺、放大镜等工器具以及摄像、摄影等设备进行。这样的检查方法速度快、周期短，可以及时弥补仪器监测的不足。

2.4.4 测点布置

测点的位置应尽可能地反映监测对象的实际受力、变形状态，以保证对监测对象的状况做出准确的判断。在监测对象内力和变形变化大的代表性部位及周边环境重点监护部位，监测点应适当加密，以便更加准确地反映监测对象的受力和变形特征。

应在充分现场踏勘和收集资料的基础上，认真分析基坑工程设计图纸、计算书和周边环境布置图，结合支护结构内力包络图及受力变形特征、周边环境的特点，寻找最能反映基坑工程受力和变形的关键特征点，从而合理地布置监测点。

测点标志不应妨碍结构的正常受力、降低结构的变形刚度和承载能力，这一点尤其是在布设围护结构、立柱、支撑、锚杆、土钉等的应力应变观测点时应注意。管线的观测点布设不能影响管线的正常使用和安全。

在满足监控要求的前提下，应尽量减少在材料运输、堆放和作业密集区埋设的测点，以减少对施工作业产生的不利影响，同时也可以避免测点遭到破坏，提高测点的成活率。监测标志应稳固、明显、结构合理，监测点的位置应避开障碍物，便于观测。

影响监测费用的主要方面是监测项目的多少、监测点的数量以及监测频率的大小。

基坑工程监测点的布置首先要满足对监测对象监控的要求,这就要求必须保证一定数量的监测点。但不是测点越多越好,基坑工程监测一般工作量比较大,又受人员、光线、仪器数量的限制,测点过多、当天的工作量过大会影响监测的质量,同时也增加了监测费用。

围护墙或基坑边坡顶部的水平和竖向位移监测点应沿基坑周边布置,周边中部、阳角处应布置监测点。监测点水平间距不宜大于 20 m,每边监测点数目不宜少于 3 个。水平和竖向位移监测点宜为共用点,监测点宜设置在围护墙顶或基坑坡顶上。

围护墙或土体深层水平位移监测点宜布置在基坑周边的中部、阳角处及有代表性的部位。监测点水平间距宜为 20~50 m,每边监测点数目不应少于 1 个。为了真实地反映围护墙的挠曲状况和地层位移情况,应保证测斜管的埋设深度。用测斜仪观测深层水平位移时,当测斜管埋设在围护墙体内,测斜管长度不宜小于围护墙的深度;当测斜管埋设在土体中,测斜管长度不宜小于基坑开挖深度的 1.5 倍,并应大于围护墙的深度。因为测斜仪测出的是相对位移,若以测斜管底端为固定起算点(基准点),应保持管底端不动,否则就无法准确推算各点的水平位移,所以要求测斜管管底嵌入到稳定的土体中。

围护墙内力监测点应考虑围护墙内力计算图形,布置在围护墙出现弯矩极值的部位,监测点数量和横向间距视具体情况而定。平面上宜选择在围护墙相邻两支撑的跨中部位、开挖深度较大以及地面堆载较大的部位;竖直方向(监测断面)上监测点宜布置支撑处和相邻两层支撑的中间部位,间距宜为 2~4 m。

支撑内力监测点宜设置在支撑内力较大或在整个支撑系统中起控制作用的杆件上;每层支撑的内力监测点不应少于 3 个,各层支撑的监测点位置宜在竖向保持一致;监测截面应选择在轴力较大杆件上受剪力影响小的部位,当采用应力计和应变计测试时,混凝土支撑监测截面宜选择在两相邻立柱支点间支撑杆件的 1/3 部位;钢管支撑采用轴力计测试时,轴力计宜设置在支撑端头。

立柱的竖向位移(沉降或隆起)监测点应布置在立柱受力、变形较大和容易发生差异沉降的部位,例如基坑中部、多根支撑交汇处、地质条件复杂处。逆作法施工时,承担上部结构的立柱应加强监测。立柱内力监测点的位置应根据支护结构计算书、计算图形确定,监测截面应选择在轴力较大杆件上受剪力影响小的部位,当采用应力计和应变计测试时,监测截面宜选择在坑底以上各层立柱下部的 1/3 部位。

锚杆的内力监测点应选择在受力较大且有代表性的位置,基坑每边中部、阳角处和地质条件复杂的区段宜布置监测点。每层锚杆的内力监测点数量应为该层锚杆总数的 1%~3%,并不应少于 3 根。各层监测点位置在竖向上宜保持一致。每根杆体上的测试点宜设置在锚头附近和受力有代表性的位置。

基坑外地下水位监测点应沿基坑、被保护对象的周边或在基坑与被保护对象之间布置,监测点间距宜为 20~50 m。相邻建筑、重要的管线或管线密集处应布置水位监测点;当有止水帷幕时,宜布置在止水帷幕的外侧约 2 m 处;水位观测管的管底埋置深度应在最低设计水位或最低允许地下水位之下 3~5 m。承压水水位监测管的滤管应埋置在所测的承压含水层中;回灌井点观测井应设置在回灌井点与被保护对象之间。

基坑工程周边环境(建筑、地下管线、道路等)的监测范围既要考虑基坑开挖的影响范围,保证周边环境中各保护对象的安全使用,也要考虑对监测成本的影响。规范规定,从基坑边缘以外1～3倍基坑开挖深度范围内需要保护的周边环境应作为监测对象。必要时尚应扩大监测范围。位于重要保护对象(地铁、隧道、重要管线、重要文物和设施、近代优秀建筑)安全保护区范围内的监测点的布置,尚应满足相关部门的技术要求。

建筑竖向位移监测点的布置应分析建筑的受力传递和应力分布情况。为了反映建筑竖向位移的特征和便于分析,监测点应布置结构主要传力构件上以及建筑竖向位移差异大的地方。

建筑裂缝、地表裂缝监测点应选择有代表性的裂缝进行布置,当原有裂缝增大或出现新裂缝时,应及时增设监测点。每条需要观测的裂缝应至少设2个监测点,且宜设置在裂缝的最宽处和裂缝末端。每个监测点一般设一组观测标志,每组观测标志可使用两个对应的标志分别设在裂缝的两侧。

管线监测点的布置应根据管线修建年份、类型、材料、尺寸及现状等情况,确定监测点设置;监测点宜布置在管线的节点、转角点和变形曲率较大的部位,监测点平面间距宜为15～25 m,并宜延伸至基坑边缘以外1～3倍基坑开挖深度范围内的管线;供水、煤气、暖气等压力管线宜设置直接监测点,在无法埋设直接监测点的部位,可设置间接监测点。

2.4.5 监测设备

支护结构与周围环境的监测,主要分为应力监测和变形监测。应力监测仪器用于现场测量的主要有钢筋计、土压力计和孔隙水压力计;变形监测仪器用于现场测量的主要有水准仪、经纬仪和测斜仪。

1. 钢筋计

1) 钢筋计的工作原理

钢筋计有钢弦式和电阻应变式两种,接收仪分别是频率仪和电阻应变仪。

(1) 钢弦式钢筋计(图2-104(a))。其工作原理是当钢筋计受轴向力时,引起弹性钢弦的张力变化,改变了钢弦的振动频率,通过频率仪测得钢弦的频率变化即可测出钢筋所受作用力的大小,换算而得混凝土结构所受的力。

(2) 电阻应变式钢筋计(图2-104(b))。其工作原理是利用钢筋受力后产生变形,粘贴在钢筋上的电阻应变片产生应变,从而通过测出应变值得出钢筋所受作用力大小。

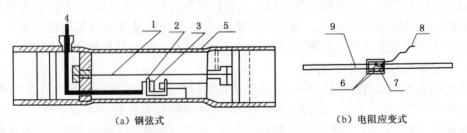

（a）钢弦式　　　　　　　　（b）电阻应变式

1—钢弦;2—铁芯;3—线圈;4—引出线;5—钢管外壳;6—电阻应变片;7—密封外壳;8—信号线;9—工作钢筋

图2-104　钢筋计构造

钢筋计在基坑工程中可以用来量测:①支护桩(墙)沿深度方向的弯矩;②支撑的轴力与平面弯矩;③结构底板所承受的弯矩。

2）钢筋计的使用方法

如图 2-105 所示为钢筋计量测支护桩(墙)弯矩的安装示意图,如图 2-106 所示为钢筋计量测支撑轴力、弯矩的安装示意图。

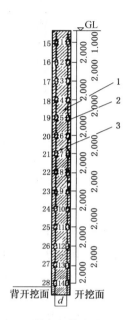

1—围护结构;2—开挖面钢筋计;3—背开挖面钢筋计

图 2-105　钢筋计量测支护桩(墙)弯矩安装示意图(单位:m)

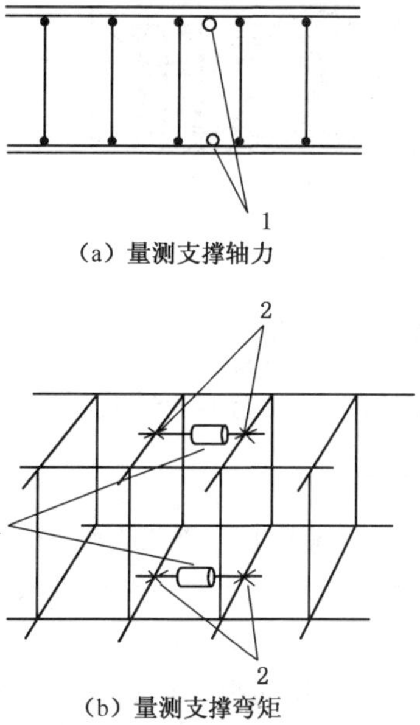

（a）量测支撑轴力

（b）量测支撑弯矩

1—钢筋计;2—绑扎或焊接

图 2-106　钢筋计量测支撑轴力、弯矩安装示意图

钢弦式钢筋计安装时与结构主筋轴心对焊,一般是沿混凝土结构截面上下或左右对称布置一对钢筋计,或在四个角处布置四个钢筋计(方形截面)。电阻应变式钢筋计不需要与主筋对焊,只要保持与主筋平行,绑扎或点焊在箍筋上。

钢筋计传感器部分和信号线一定要做好防水处理;信号线要采用金属屏蔽式,以减少外界因素对信号的干扰;安装好后,浇筑混凝土前测一次初期值,基坑开挖前再测一次初期值。

2. 土压力计

土压力计亦称土压力盒,其构造与工作原理与钢筋计基本相同,目前使用较多的是钢弦式双膜土压力计,如图 2-107 所示。它的工作原理是当表面刚性板受到土压力作用后,通过传力轴将作用力传至弹性薄板,使之产生挠曲变形,同时也使嵌固在弹性薄板上的两根钢弦柱偏转,使钢弦应力发生变化,钢弦的自振频率也相应变化,再通过频率仪测得钢弦的频率变化,使用预先标定的压力-频率曲线,即可换算出土压力值。

土压力计在基坑工程中可用来量测挖土过程中,作用于挡墙上的土压力变化情况,以便及时了解其与土压力设计值的差异,保护支护结构的安全。

如图 2-108 所示为土压力计监测安装示意图,基坑内侧、外侧都应设测点,测点离挡墙一般为 0.5～2.0 m 之间。土中安装土压力计需钻孔埋设,在孔中需要监测的部位设置土压力盒,压力盒接触面朝土体一侧,并在孔中注入与土体性质基本一致的浆液,填充空隙。

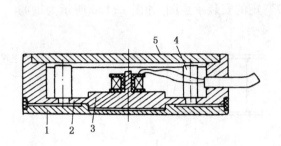

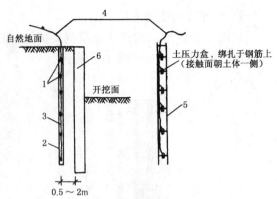

1—刚性板；2—弹性薄板；3—传力轴；
4—弦夹；5—钢弦

图 2-107　钢弦式双膜土压力计构造

1—土压力盒；2—钻孔；3—回填土；
4—信号线；5—钢筋骨架

图 2-108　土压力计安装

3. 孔隙水压力计

孔隙水压力计使用较多的亦是钢弦式孔隙水压力计，其构造与工作原理与土压力计极为相似，只是孔隙水压力计多了一块透水石（图 2-109），土体中的孔隙水压力和土压力均作用于接触面上，但只有孔隙水能够经过透水石将其压力传到弹性薄板上，弹性薄板的变形引起钢弦应力的变化，从而根据钢弦频率的变化测得孔隙水压力值。

孔隙水压力计可用来量测土体中任意位置的孔隙水压力值大小；监控基坑降水情况及基坑开挖对周围土体的扰动范围和程度；在预制桩、套管桩、钢板桩的沉设中，根据孔隙水压力消散速率，用来控制沉桩速度。

埋设仪器前首先在选定位置钻孔至要求深度，并在孔底填入部分干净的砂，然后将压力计放到测点位置，再在其周围填入中砂，砂层应高出压力计位置 0.20～0.50 m 为宜，最后用黏土封口。

4. 测斜仪

如图 2-110 所示为一个测斜仪的构造示意图，其工作原理是利用重力摆锤始终保持铅直方向的性质，测得仪器中轴线与摆锤垂线的倾角。倾角的变化可由电信号转换而得，从而可以知道被测构筑物的位移变化值。在摆锤上端固定一个弹簧铜片，铜片上端固定，下端靠着摆线，当测斜仪倾斜时，摆线在摆锤的重力作用下保持铅直，压迫簧片下端，使簧片发生弯曲，由粘贴在簧片上的电阻应变片输出电信号，测出簧片的弯曲变形，即可得知测斜仪的倾角，从而推出测斜管（即挡墙）的位移。

测斜仪在基坑工程中用来量测挡墙的水平位移以及土层中各点的水平位移。

使用测斜仪量测前，先在土层中钻孔，然后埋设测斜管（塑料管、铝管等），测斜管与钻孔之间的空隙应回填水泥和膨润土拌和的灰浆。测量时，将测斜仪与标有刻度的信号传输线连接，信号线另一端与读数仪连接。测斜仪上有两对导向轮，可以沿测斜管的定向槽滑入管底，然后每隔一段距离向上拉线读数，测定测斜仪与垂直线之间的倾角，从而得出不同标高位置处的水平位移。

如果是测试挡墙的位移，一般将测斜管垂直埋入挡墙内，测斜管与钢筋笼应绑扎牢固。

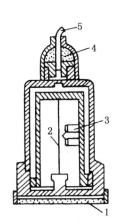

1—透水石；2—钢弦；
3—线圈；4—防水材料；5—导线

图 2-109　钢弦式孔隙水压力计构造

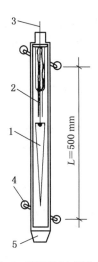

1—重力摆锤；2—簧铜片(内侧贴电阻应变片)；
3—电缆线(标有刻度)；4—导向轮；5—防震胶座

图 2-110　测斜仪的构造

2.4.6　监测数据的整理和报警标准

1. 监测数据的整理

监测数据的整理是监测工作中十分重要的一个方面，它要求监测人员要有较高的综合分析能力，能够去伪存真、舍粗取精，正确判断，准确表达，及时提供出有质量的综合分析报告，真正起到反馈优化设计、正确指导施工的作用。

对监测项目的分析，不能仅观察其表面现象，要用联系的观点、发展的观点对监测数据进行分析研究。例如对挡墙变形的监测数据进行分析时，应把位移的大小与位移速率结合起来，考察其发展的趋势，如果位移发展很快，基坑安全将受到严重威胁；同样，在分析基坑开挖对周围环境影响的位移问题时，也要把位移(包括沉降)大小与位移速率结合起来，考虑考察其发展的趋势，不能孤立分析。

对大量的测试数据进行综合整理后，应制出结果表格，通常情况下，还要绘出各类变化曲线，这样有利于发现问题和分析问题。例如把位移的大小和位移速率同时绘制成曲线的变化形式，将有助于有经验的工程技术人员判断基坑内外可能发生的问题，以便及时采取措施，消除隐患。

现场的监测资料应符合下述要求：

(1) 使用正规的监测记录表格；

(2) 监测数据应及时计算整理，并由记录人、校核人签字后，上报现场监理和有头部门；

(3) 监测记录必须有相应的工况描述；

(4) 对监测值的发展及变化情况应有评述，当接近报警值时应及时通报现场监理，提请有关部门关注；

(5) 工程结束时应有完整的监测报告。

2. 监测项目的报警标准

在工程监测中，应根据周围环境的承受能力和设计计算书要求，事先确定每一监测项目的报警值,以判断变形或受力状况是否超出允许的范围,判断工程施工是否安全可靠,是否需要调整施工方案或施工措施,是否需要进一步优化原设计方案。因此,监测项目报警值的确定十分重要。

报警标准应符合下列要求:

(1) 不可超出设计值;

(2) 满足监测对象的安全要求;

(3) 满足各保护对象的主管部门提出的要求;

(4) 满足现行规范、规程要求;

(5) 在保证安全的前提下,综合考虑工程质量与经济等因素,减少不必要的资金投入。

每个报警值一般应包括两部分:总允许变化量和单位时间内允许变化量(即变化速率)。当监测项目的监测值接近报警值或变化速率较大时,应加密观测次数,当出现事故征兆时,应连续监测。

2.5 深基坑工程土方开挖

深基坑工程土方开挖前,应根据基坑工程设计和场地条件,综合考虑支护结构形式、水文和地质条件、气候条件、环境要求以及机械配置情况等,编写出土方开挖施工组织设计,用于指导土方开挖施工。

土方开挖之前,要做好施工准备工作。对设计图纸要进行认真的学习和审查;对施工区域的地质、水文及周边环境要进行仔细查勘,摸清情况;要完成场地清理、排除地面水、修建临时设施及道路、设置测量控制网等工作,并且要做好机具、物资和人员的准备工作。

2.5.1 土方开挖方案

深基坑土方开挖方案的选择是深基坑工程设计的一项重要内容。土方开挖方案的选择既要考虑施工区域的工程地质条件,还要考虑周围环境中的各项制约因素以及一个地区成熟的施工方法和施工经验,只有这样才能保证制定的施工方案切实可行。

2.5.1.1 无支护结构的基坑开挖

深基坑工程无支护的开挖多为放坡开挖。在条件许可的情况下,放坡开挖一般较经济。此外,放坡开挖基坑内作业空间大,方便挖土机械作业,也为施工主体工程提供了充足的工作空间。由于简化了施工程序,放坡开挖一般会缩短施工工期。

放坡开挖的特点是占地面积大,适合于基坑四周场地空旷、周围无邻近建筑物、地下管线和道路的情况,以满足基坑放坡坡度的要求,因此,在城市密集地区施工往往条件不允许。

放坡开挖要求坡体在施工期间能够自稳,当基坑处于软弱地层中时,放坡开挖的挖深不宜过大,否则需较大范围地采取地基加固措施,使开挖基坑的费用增大。上海市标准《基坑工程设计规程》中规定:开挖深度不超过4.0 m的基坑,当场地允许,经验算能保证土坡稳定时,可采用放坡开挖;开挖深度超过4.0 m的基坑,有条件采用放坡开挖时,宜设置多级平台分层开挖,每级平台的宽度不宜小于1.5 m。

如果地下水位在坑底以上,基坑开挖前一般采用井点法坑外降水,降低基坑开挖影响范围地层的地下水位,以防止开挖中动水压力引起的流砂现象和渗流力的作用,并且增加土体抗剪强度,提高边坡稳定性。此外,还要严禁地表水或基坑排水倒流、回渗流入基坑。

为了防止基坑边坡的风化、松散以及雨水冲刷,深基坑工程的边坡常采取护面措施,以保护基坑边坡的稳定。如采用钢丝网混凝土护面法或高分子聚合材料覆盖等措施进行护坡。

2.5.1.2 有支护结构的基坑开挖

深基坑在支护结构支护下的开挖方式多为垂直开挖,根据其确定的支撑方案,这种开挖方式又分为无内撑支护开挖和有内撑支护开挖两类;根据其开挖顺序,还可分为盆式开挖和岛式开挖、条状开挖及区域开挖等。

1. 盆式开挖

盆式开挖即先挖除基坑中间部分的土方,后挖除挡墙四周土方的开挖方式。这种开挖方式的优点是挡墙的无支撑暴露时间短,利用挡墙四周所留土堤,阻止挡墙的变形。有时为了提高所留土堤的被动土压力,还要在挡墙内侧四周进行土体加固,以满足控制挡墙变形的要求。盆式开挖的缺点是挖土及土方外运速度较岛式开挖慢。此法多用于较密支撑下的开挖。如上海香港广场北块地处市区繁华地段,基坑距离淮海路地铁隧道 8~9 m,距离四周地下管线 7~10 m,基坑面积约 5 800 m²,基坑深度在电梯井筒体部分为 17 m,裙房部分为12.55 m,要求挡墙的最大水平位移控制在 40 mm 以内。

基坑挡墙采用 80 cm 厚 23.6 m 深的地下连续墙,坑底以下埋深为 10.3 m;支撑体系采用三道钢管支撑,每根钢支撑为 $\phi609×16$ mm 双钢管,支撑端部为八字撑,钢支撑安装后施加预应力。

地下连续墙内侧被动区采用搅拌桩进行土体加固。

图 2-111 所示为上海香港广场基坑开挖及支撑施工顺序示意图。

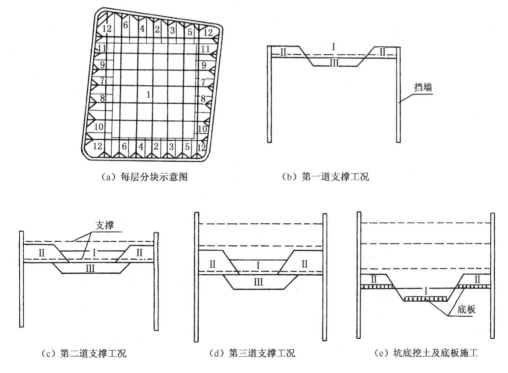

(a) 每层分块示意图　　　　　(b) 第一道支撑工况

(c) 第二道支撑工况　　　(d) 第三道支撑工况　　　(e) 坑底挖土及底板施工

图 2-111　上海香港广场基坑开挖及支撑施工顺序示意图

基坑开挖和支撑分四层进行,每层均采用盆式开挖,先挖除基坑中间部分的土体,挡墙周边余留土堤,阻止挡墙变形。中间部分挖至该层支撑底面,接着安装好该开挖范围内的钢支撑,然后再分块、对称地开挖余留土堤,及时安装钢腰梁,并将带八字撑的支撑与基坑中部的对应横撑连接,施加预应力,要求每2块土堤的开挖及支撑安装要在24 h内完成,以减少时空效应的负面影响。

开挖第三道支撑以下的土体时,先挖基坑中间的盆状土体,然后分块开挖电梯井筒体的深坑,挖至标高后立即浇筑快硬混凝土垫层,以便及时发挥支撑作用。

经工程监测,该方案有效地控制了挡墙变形,保证了基坑工程的安全施工。

2. 岛式开挖

岛式开挖即保留基坑中心土体,先挖除挡墙内四周土方的开挖方式。这种开挖方式的优点是可以利用中心岛搭设栈桥,以加快土方外运,提高挖土速度。缺点是由于先挖挡墙内四周的土方,挡墙的受荷时间长,在软黏土中时间效应显著,有可能增大支护结构的变形量。常用于无内撑围护开挖(如土层锚杆)或采用边桁架等大空间支撑系统的基坑开挖。如图2-112所示为某工程采用岛式开挖的示意图。

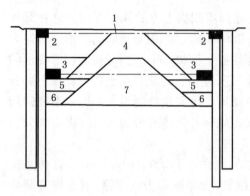

图2-112 岛式开挖及支撑施工顺序示意图

2.5.1.3 挖土机械及土方外运

深基坑工程除用推土机进行场地平整和开挖表层外,多利用反铲挖土机和抓斗、拉铲挖土机进行开挖,挖出的土方除工地堆放一小部分外,大多数皆宜用自卸汽车运至指定的堆土场。

进行两层或多层开挖时,挖土机和运土汽车需下至基坑内施工,故在基坑适当部位需留设坡道或搭设施工栈桥,挖土机和运土汽车要能直接在坡道或栈桥上挖土或装运土方。如图2-113所示某基坑工程施工栈桥的示意图。挖土机和自卸汽车等大型机械一般是禁止在支撑上行走和作业的,若由于条件限制,必须利用基坑的支撑(只能是混凝土内撑)作为施工

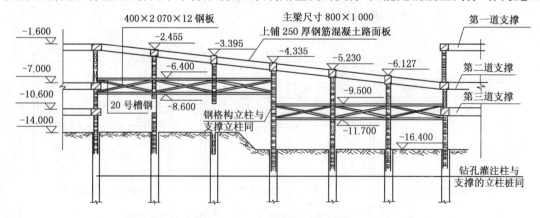

图2-113 某工程施工栈桥示意图

栈桥时,应在设计过程中对支撑体系进行支撑平面外移动荷载作用下的相应分析,并对安置挖土机的支撑和立柱进行一些加固处理。

挖土一般选用大、中、小型挖土机配合作业,小型挖土机(如0.4 m³ 反铲挖土机)一般在支撑下挖土,中型或大型挖土机一般停在施工栈桥上向上驳运土或装车。对于基坑周边的土,也可以先由小型挖土机集中到抓斗机工作点,由抓斗机装车运出。

2.5.2 土方开挖注意事项

2.5.2.1 基坑开挖的时空效应

工程实践中我们会遇到这种现象:基坑开挖过程中,当某一阶段因某种原因需要暂停一段时间时,基坑围护墙体的变形、基抗周边地层的位移和沉降并未停止,而是仍在发展,直到达到稳定或引起基坑因变形过大而破坏为止。这就是基坑开挖过程中的时间效应。此外,实践还证明,基坑围护墙体的变形、周边地层的移动还与分层、分块开挖的空间几何尺寸、围护墙无支撑暴露面积以及是否是均衡开挖有关,分层、分块的空间几何尺寸越大,围护墙体无支撑暴露面积越大,变形也越大;开挖顺序中的对称性越差,变形也越大。这就是基坑开挖过程中的空间效应。

时间效应和空间效应是密切相关的,深基坑开挖受到时间效应和空间效应的共同作用,因此在方案设计和施工中要同时考虑这两个方面的影响。比如,在方案设计中既要确定分层开挖、分块开挖的空间几何尺寸,又要确定每步每块的开挖时间和加支撑的时间。施工时要保证做到与设计工况一致。时空效应的协同作用对深基坑开挖影响的理论研究尚不完善,目前尚无较好的理论计算方法。

深基坑工程中考虑时空效应的基坑开挖施工参数(时间参数、空间参数)和施工顺序的确定应满足以下要求:

(1)减少开挖过程中的土体扰动范围,采用分层分块开挖且空间几何尺寸能最大限度地限制围护墙体的变形和坑周土体的位移与沉降。

(2)尽量缩短基坑开挖卸荷后无支撑暴露时间。上海地区要求:对一、二级基坑,每一工况下挖至设计标高后,钢支撑的安装周期不宜超过一昼夜,钢筋混凝土支撑的完成时间不宜超过两昼夜。

(3)满足对称开挖、均衡开挖的原则,使基坑受力均衡。

(4)可靠而合理地利用土体自身在开挖过程中控制位移的潜力,安全、经济地解决基坑工程中稳定与变形的问题。

2.5.2.2 先撑后挖,严禁超挖

基坑开挖实施的工况与方案设计的工况必须一致,当基坑开挖至支撑设计标高处时,应开槽及时安装或制作支撑,待支撑满足设计要求后,才能继续挖土。从上面基坑开挖的时空效应的分析中我们已经知道,围护结构的变形大小与无支撑暴露面积的大小和暴露时间的长短有关,因此,严格按照基坑工程方案设计的工况进行开挖,先撑后挖,及时加撑,是控制基坑墙体变形和相应地面位移和沉降的保证。

超深挖土是基坑开挖中的大敌,其小则会造成不应有的损失,大则会造成重大事故,应在施工中杜绝发生。超挖会带来以下问题:

（1）超挖增大了围护结构的暴露面积，并且延误了支撑安装时间，会明显地增加围护结构墙体变形和相应的地面位移与沉降。

（2）若基坑底部超挖，围护墙体埋深不够，会导致围护墙体底部走动，发生强度破坏。

（3）坑底超挖还增大了土体卸荷总量，增加了坑底土体隆起量，同时也使坑周地面沉降加大；坑底超挖还使地基土受到扰动，使地基土承载力下降。

（4）坑底超挖还使底板浇筑不能及时进行，使坑底长时间暴露，由于黏性土的流变性，将增大墙体被动压力区的土体位移和墙外土体向坑内的位移，从而增加地表沉降，雨天尤甚。

为了防止超挖，除加强测量工作外，若采用挖土机挖土，坑底应保留 200～300 mm 厚地基土用人工挖除整平。

2.5.2.3 防止坑底隆起变形过大

坑底隆起是地基卸荷而改变坑底原始应力状态的反应。在开挖深度不大时，坑底为弹性隆起，其特征为坑底中部隆起最高，弹性隆起在基坑开挖停止后很快停止，基本不会引起坑外土体向坑内移动；随着开挖深度的增大，坑内外高差所形成的加载和地面各种超载的作用会使围护墙外侧土体向坑内移动，使坑底产生向上的塑性变形，其特征一般为两边大中间小的隆起状态，同时在基坑周围产生较大的塑性区，并引起地面沉降。

施工中减少坑底隆起的有效措施是设法减少土体中有效应力的变化，提高土的抗剪强度和刚度。为此，在基坑开挖过程中和开挖后，应保证井点降水正常进行，减少坑底暴露时间，尽快浇筑垫层和底板，必要时，可对坑底土层进行加固。

2.5.2.4 防止边坡失稳

挖土速度快即卸载快，迅速改变了原来土体的平衡状态，降低了土体的抗剪强度，呈流塑状态的软土对水平位移极为敏感，易造成滑坡。目前挖土机多用 1 m³ 反铲挖土机，挖土深度可达 4～6 m，如果一挖到底，卸荷快速，再加上机械的振动和坑边的堆土，则易于造成边坡失稳。

为了防止边坡失稳，土方开挖应在降水达到要求后，采用分层开挖的方式施工，分层厚度应符合设计要求，一般不宜超过 2.5 m，当开挖深度超过 4 m 时，宜设置多级平台开挖，平台宽度不宜小于 1.5 m，在坡顶和坑边不宜进行堆载，不可避免时，应在设计时予以考虑，边坡坡面应进行护面。

2.5.2.5 防止桩位移和倾斜

对于先打桩后挖土的工程，要考虑由于打桩造成的应力积聚和基坑开挖时应力的快速释放对桩所产生的不利影响。打桩使原处于静平衡状态的地基土遭到破坏，会产生挤土、孔隙水压力升高等现象，造成土中的应力积聚，如果在打桩后紧接着开挖基坑，应力的陡然释放和土体的一侧卸荷，易使土体产生一定的水平位移，造成桩位移或倾斜。在软土地区施工，此现象已屡见不鲜。为此，在群桩打设后，宜停留一段时间，并用降水设备预降水，待打桩积聚的应力有所释放、孔隙水压力有所降低，被扰动的土体重新固结后，再开挖基坑土方。桩的打设也要注意打桩顺序和打桩速率，控制每天打桩根数，减少应力积聚。挖土要分层、均衡，尽量减少开挖时的土压力差，以保证桩位正确。

2.5.2.6 对邻近建（构）筑物及地下设施的保护

在基坑开挖施工前应分析计算开挖引起的周围地层的变形大小及影响范围，详细调查邻近被保护对象的工作状况,确定其允许的地基变形参数,采取积极有效的措施,保护地层变形影响范围内的建(构)筑物和设施。

对周围环境的保护,应采取安全可靠、经济合理的技术方案。首先要考虑采取积极保护法,即在施工前通过对地质和环境的细致调查,提出减少地层位移的施工工艺和施工参数,并根据经验和理论相结合的研究分析,预测出基坑施工期间对周围环境的影响程度;施工期间加强现场监测,及时改进施工措施和应变措施以保证达到预期的保护要求。积极保护法既安全可靠又经济合理,例如基坑开挖时充分考虑时空效应的影响来确定施工参数的方法、预测沉降的方法等都属于积极保护法范畴。

工程保护法是根据偏于安全的沉降估计,预先实施防止灾害性破坏影响的工程措施,这种方法适用于保护要求较高或地质特别复杂的地段,如在城市建筑物密集地区开挖深基坑或在软土地基中施工时常被采用,这些工程保护措施包括地基加固、结构补强、基础托换、隔断法等。

这里提出一些常采取的保护周围环境的措施:

(1)井点降水加固土体。在基坑开挖前一段时间开始降水,将对降水影响范围内下卧地层的各层土起到预压固结作用,基坑土体会因排水固结增加强度和刚性,提高了基坑抗隆起安全系数,减少了围护墙的位移,因此是治理基坑周边地层位移的有效、经济的措施之一。但若将井点系统布置在坑外时,还应同时采取回灌或隔水帷幕等措施将被保护对象与降水井点隔开。

(2)围护墙本身应具有良好的抗渗漏特性,墙体(包括接头)若发现质量不符合设计要求,应采用注浆等方法进行抗渗补强,墙体局部渗漏时,要及时分析原因,堵塞渗漏通道。

(3)相继或同时开工的相邻基坑工程,必须事先协调施工进度,以确定设计工况,避免相互产生危害。已进入开挖期的基坑不允许在1.5倍桩长范围内有相邻基坑进行打入桩施工。

(4)支护桩(墙)不允许和采用打入法的工程桩同时施工,两者必须保证有一定的间歇期。一般砂质粉土不少于20 d,淤泥质黏土不少于30 d,土的固结度不低于80%。

(5)墙后、管线底部和现有建筑物房屋基础的注浆加固:注浆应在开挖前进行,挡墙后面的注浆深度应大于开挖深度;管底注浆深度应不小于2 m,房基注浆深度宜大于5 m,采用自上而下分层注浆的方法。

(6)坑底加固可采用注浆加固或搅拌桩加固:加固指标和范围由设计计算确定。注浆加固最小宽度应大于3 m,深度不超过围护墙埋入深度,宜采用劈裂注浆工艺;搅拌桩宜沿墙脚布置,采用搭接施工,最小加固宽度宜大于1.2 m,加固深度不超过围护墙埋入深度。

(7)基础托换:对紧靠基坑的建筑物,采用树根桩或钻孔灌注桩、静压桩进行基础托换,将建筑物荷载传至深处刚度较大的地层。

(8)施加支撑预应力:采用钢支撑时,通过施加支撑预应力减小围护墙后土体变形,预应力值宜大于设计轴力的50%。

(9)开挖期跟踪注浆:重要管线或保护建筑物的相应位置预埋注浆管,在基坑开挖前预注浆,开挖期根据监测结果,进行跟踪注浆控制沉降量。

2.5.3 安全技术

基坑工程的安全系统涉及人、机、环境和管理四要素,在这四要素中,管理是独立的要素,其余三个要素与其直接相关,因此,安全管理应放在首位。

2.5.3.1　基坑工程安全管理

1. 合理、严格地编制施工安全技术措施

根据施工安全规程的要求,合理、严格地编制施工安全技术措施是落实科学预防的第一步。

安全技术措施要求在开工前编制,与设计图纸一起会审。编制要严格按安全规程和标准进行,具有明确的针对性,项目要具体、全面,如要充分考虑现场平面、机具、材料、运输、用电、防火等隐患。

编制的内容应包括一般性安全技术措施、单项工程安全技术措施以及季节性安全技术措施。

2. 强化安全教育与培训

每项工程开始之前,对工人都要进行安全技术交底,同时,管理技术人员也要接受必要的安全教育。特殊工种如电焊工、测量员、爆破员要持证上岗。

3. 落实施工现场安全管理

其中包括成立工地安全生产管理小组,加强对施工现场安全设施的管理以及特殊作业区域的现场安全监督等。

2.5.3.2　基坑开挖安全技术

(1) 围护结构及支撑系统达到设计要求,具有足够的强度和刚度后方可开挖深基坑。

(2) 基坑开挖工况要和基坑工程设计工况一致,严禁超挖和先挖后撑。

(3) 土方开挖严格按要求放坡,操作时随时注意土壁的变动情况,禁止掏挖和在危岩、孤石或贴近危险建筑物挖土。

(4) 多台机械挖土,挖土机间距应大于 10 m,在挖土机工作范围内,不允许进行其他作业。挖土机下的土体应稳定,挖土机离边坡应有一定安全距离,以防坍方,造成翻机事故。

(5) 挖土机、自卸汽车等大型机械禁止在支撑系统上行走,若需利用支撑搭设施工栈桥,需经周密的设计计算,并对相应的支撑和立柱进行加固处理。

(6) 基坑上口四周、基坑内的施工栈桥和坡道应有防滑措施以及防护栏杆和安全网。

(7) 基坑周边严禁超载堆放,堆放离坑边应保持一定安全距离。一般土方堆放距离不小于 1 m,堆高不大于 1.5 m;材料堆放距离不小于 1 m,汽车停放距离不小于 3 m,吊车不小于 4 m。

(8) 车辆运输的道路坡度、转弯半径应符合有关安全规定。

(9) 为防止雨水等地表水下渗,坑顶四周地面应进行硬化处理,并设排水坡度和排水沟。坑底四周也宜设排水沟,防止坑内积水。

(10) 爆破开挖和支撑的爆破均应编制爆破专项安全施工方案,且进行专项评审,应符合相关规范的要求。支撑的爆破拆除要尽量减小爆震,并对周围环境和主体结构采取有效的保护措施。

(11) 地下施工动力、照明线路应设置专用的防水输电线路,采用专用防水电箱。

(12) 加强对基坑工程及周边环境的监测,及时提供监测数据。

(13) 对需保护的地下管线尽可能做到先暴露管线后开挖基坑,难以做到时,应挖出管线接头,设置测点。

(14) 进行地基加固或结构补强,保证邻近建筑物、地下管线在施工期间的安全。

3 大体积混凝土结构施工

3.1 大体积混凝土结构施工的特点

由于高层建筑荷载大,因此,在高层建筑的基础工程中,常采用混凝土体积较大的箱形基础或筏形基础,桩基的上部也有厚度较大的承台。在上部主体结构中,由于结构布置的需要,一些下层兼有商场的高层建筑多采用混凝土体积较大的转换层,以实现功能转换。

大体积混凝土结构具有结构厚、体形大、钢筋密、混凝土数量多、工程条件复杂和施工技术要求高等特点。由于大体积混凝土结构的截面尺寸较大,所以由外荷载引起裂缝的可能性很小,但水泥在水化反应过程中释放的水化热所产生的温度变化和混凝土收缩的共同作用,会产生较大的温度应力和收缩应力,将成为大体积混凝土结构出现裂缝的主要因素。这些裂缝往往给工程带来不同程度的危害,如何进一步认识温度应力的重要作用,控制温度应力和温度变形裂缝的开展,是大体积混凝土结构施工中的一个重大课题。

关于大体积混凝土的定义,美国混凝土学会(ACI)规定:"任何就地浇筑的大体积混凝土,其尺寸之大,必须要采取措施解决水化热及随之引起的体积变形问题,以最大的限度减少开裂。"日本建筑学会标准(JASS$_5$)规定:"结构断面最小尺寸在 80 cm 以上,水化热引起混凝土内的最高温度与外界气温之差,预计超过 25℃的混凝土称为大体积混凝土"。我国《大体积混凝土施工规范》(GB 50496—2009)中规定:大体积混凝土是指混凝土结构物实体最小几何尺寸不小于 1 m 的大体量混凝土,或预计会因混凝土中胶凝材料水化引起的温度变化和收缩而导致有害裂缝产生的混凝土。

对于大体积混凝土的温差控制,我国《大体积混凝土施工规范》(GB 50496—2009),大体积混凝土浇筑块体的里表温差(不含混凝土收缩的当量温度)不宜大于 25℃。根据日本经验许多工程设计控制在 25℃以内,也有的工程控制在 30℃获得成功。工程实践证明:混凝土的温升和温差与表面系数有关,单面散热的结构断面最小厚度在 75 cm 以上,双面散热的结构断面最小厚度在 100 cm 以上,水化热引起的混凝土内外最大温差预计可能超过 25℃,应按大体积混凝土施工。

由于大体积混凝土工程的条件比较复杂,施工情况各异,再加上混凝土原材料的材性差异较大,因此控制温度变形裂缝不是单纯的结构理论问题,而是涉及结构计算、构造设计、材料组成。物理力学性能及施工工艺等多学科的综合性问题。新的观点指出:所谓大体积混凝土,是指其结构尺寸已经大到必须采取相应技术措施,妥善处理温度差值、合理解决温度应力并按裂缝开展的混凝土。

大体积混凝土施工过程中,从事施工的技术人员,首先应掌握混凝土的基本物理力学性能,了解大体积混凝土温度变化所引起的应力状态对结构的影响,认识混凝土的一系列特点,掌握温度应力的变化规律。为此,在结构设计上,为改善大体积混凝土的内外约束条件以及结构薄弱环节的补强,提出行之有效的措施;在施工技术上,从选料、配合比设计、施工方法、施工季节的选定和测温、养护等，采取一系列综合性措施，有效地克服大体积混凝土的裂缝；在施工组织上，编制切实可行的施工方案，采取全过程的温度监测，制定合理周密的技术措施。这样，才能防止产生温度裂缝，确保工程质量。

3.2 结构物裂缝的基本概念

混凝土是多种材料组成的非匀质材料，它具有较高的抗压强度、良好的耐久性及抗拉强度低、抗变形能力差、易开裂等特性。混凝土的破坏过程是非常复杂的，已有的唯象理论、统计理论、结构理论、分子理论和断裂理论等都不能全面、圆满地解释混凝土破裂时的复杂现象。近代混凝土的研究证明，在不同的受力状态下，混凝土的破裂过程，实际上是和"微观裂缝"的发展相关联的。

3.2.1 裂缝的种类及产生原因

3.2.1.1 裂缝的种类

工程结构的裂缝问题是具有一定普遍性的技术问题。虽然结构物的设计是建立在极限承载力基础上，但有些工程的使用标准都是由裂缝控制的。因此，按裂缝的宽度不同，混凝土裂缝可分为"微观裂缝"和"宏观裂缝"两种。

1. 微观裂缝

20 世纪 60 年代以来，混凝土的现代试验研究设备（如各种实体显微镜、X 光照相设备等），可以证实在尚未承受荷载的混凝土结构中存在着肉眼看不见的微观裂缝，其宽度为 0.05 nm 以下。微观裂缝主要有三种，如图 3-1 所示。

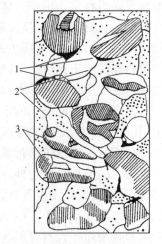

1—粘着裂缝；2—水泥石裂缝；
3—骨料裂缝

图 3-1　微裂示意图

（1）粘着裂缝，即沿着骨料周围出现的骨料与水泥石粘面上的裂缝。

（2）水泥石裂缝，即分布在骨料间水泥浆中的裂缝。

（3）骨料裂缝，即存在于骨料本身的裂缝。

上述三种微观裂缝中，粘着裂缝和水泥石裂缝较多，而骨料裂缝较少。

微观裂缝在混凝土结构中的分布是不规则的，沿截面是不贯穿的。因此，有微观裂缝的混凝土可以承受拉力，但结构物的某些受拉较大的薄弱环节，微观裂缝在拉力作用下，很容易串联贯穿全截面，最终导致较早的断裂。

2. 宏观裂缝

宽度不小于 0.05 mm 的裂缝是肉眼可见裂缝，亦称为宏观裂缝，宏观裂缝是微观裂缝扩展的结果。

在建筑工程中，微观裂缝对防水、防腐、承重等不会引起危害，故具有微观裂缝结构则假定为无裂缝结构。设计中所谓不允许出现裂缝，也是指宽度无大于 0.05 mm 的初始裂缝。因此，有裂缝的混凝土是绝对的，无裂缝的混凝土是相对的。

产生宏观裂缝一般有外荷载、次应力和变形变化三种起因，前两者引起裂缝的可能性较小，后者是导致混凝土产生宏观裂缝的主要原因，这种裂缝又可分为表面裂缝、深层裂缝和贯穿裂缝,如图 3-2 所示。

1) 表面裂缝

大体积混凝土浇筑初期,水泥水化热大量产生,使混凝土的温度迅速上升。但由于混凝土表面散热条件较好,热量可向大气中散发,其温度上升较少;而混凝土内部由于散热条件较差,热量不易散发,其温度上升较多。混凝土内部温度高、表面温度低,则形成温度梯度,使混凝土内部产生压应力,表面产生拉应力,当拉应力超过混凝土的极限抗拉强度时,混凝土表面就产生裂缝。

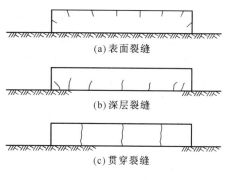

图 3-2 宏观裂缝

表面裂缝虽不属于结构性裂缝,但在混凝土收缩时,由于表面裂缝处的断面已削弱,易产生应力集中现象,能促使裂缝进一步开展。国内外对裂缝宽度都有相应的规定,如我国的《混凝土结构设计规范》(GB 50010—2010)对钢筋混凝土结构的最大允许裂缝宽度就有明确的规定:室内正常环境下的一般构件为 0.3 mm;露天或室内高湿度环境下为 0.2 mm。

2) 贯穿裂缝

大体积混凝土浇筑初期,混凝土处于升温阶段及塑性状态,弹性模量很小,变形变化所引起的应力很小,故温度应力一般可忽略不计。混凝土浇筑一定时间后,水泥水化热基本已释放,混凝土从最高温逐渐降温,降温的结果引起混凝土收缩,再加上混凝土多余水分蒸发等引起的体积收缩变形,受到地基和结构边界条件的约束,不能自由变形,导致产生拉应力,当该拉应力超过混凝土极限抗拉强度时,混凝土整个截面就会产生贯穿裂缝。

贯穿裂缝切断了结构断面,破坏了结构整体性、稳定性、耐久性、防水性等,影响正常使用。所以,应当采取一切措施,坚决控制贯穿裂缝的开展。

3) 深层裂缝

基础约束范围内的混凝土,处在大面积拉应力状态,在这种区域若产生了表面裂缝,则极有可能发展为深层裂缝,甚至发展成贯穿性裂缝。深层裂缝部分切断了结构断面,具有很大的危害性,施工中是不允许出现的。如果设法避免基础约束区的表面裂缝,且混凝土内外温差控制适当,则基本上可避免出现深层裂缝和贯穿裂缝。

3.2.1.2 裂缝产生的原因

大体积混凝土施工阶段产生的温度裂缝,是其内部矛盾发展的结果。一方面是混凝土由于内外温差产生应力和应变,另一方面是结构物的外约束和混凝土各质点的约束阻止了这种应变,一旦温度应力超过混凝土能承受的极限抗拉强度,就会产生不同程度的裂缝。总结大体积混凝土产生裂缝的工程实例,产生裂缝的主要原因有以下几种。

1. 水泥水化热的影响

水泥在水化过程中产生大量的热量,这是大体积混凝土内部温升的主要热量来源,试验证明每克普通水泥放出的热量可达 500 J。由于大体积混凝土截面的厚度大,水化热聚集在结构内部不易散发,会引起混凝土内部急骤升温。水泥水化热引起的绝热温升,与混凝土厚度、单位体积水泥用量和水泥品种有关,混凝土厚度愈大,水泥用量愈多,水泥早期强度愈高,混凝土内部的温升愈快。大体积混凝土测温试验研究表明:水泥水化热在 1～3 d 放出的热量最多,大约占总热量的 50%;混凝土浇筑后的 3～5 d 内,混凝土内部的温度最高。

混凝土的导热性能较差,浇筑初期混凝土的弹性模量和强度都很低,对水化热急剧温升引起的变形约束不大,温度应力自然也比较小。随着混凝土龄期的增长,其弹性模量和强度相应提高,对混凝土降温收缩变形的约束愈来愈强,即产生很大的温度应力,当混凝土的抗拉强度不足以抵抗该温度应力时,便产生温度裂缝。

2. 内外约束条件的影响

各种结构的变形变化中,必然受到一定的约束阻碍其自由变形,阻碍变形因素称为约束条件,约束又分为内约束与外约束。结构产生变形变化时,不同结构之间产生的约束称为外约束,结构内部各质点之间产生的约束称为内约束,外约束分为自由体、全约束和弹性约束三种。建筑工程中的大体积混凝土,相对水利工程来说体积并不算很大,它承受的温差和收缩主要是均匀温差和均匀收缩,故外约束应力占主要地位。

大体积混凝土与地基浇筑在一起,当温度变化时受到下部地基的限制,因而产生外部的约束应力。混凝土在早期温度上升时,产生的膨胀变形受到约束面的约束而产生压应力,此时混凝土的弹性模量很小,徐变和应力松弛大,混凝土与基层连接不太牢固,因而压应力较小。但当温度下降时,则产生较大的拉应力,若超过混凝土的抗拉强度,混凝土将会出现垂直裂缝。

在全约束条件下,混凝土结构的变形应是温差和混凝土线膨胀系数的乘积,即 $\varepsilon = \Delta T \cdot \alpha$,当 ε 超过混凝土的极限拉伸值 ε_p 时,结构便出现裂缝。由于结构不可能受到全约束,况且混凝土还有徐变变形,所以温差在 25℃～30℃ 情况下也可能不产生。由此可见,降低混凝土的内外温差和改善约束条件,是防止大体积混凝土产生裂缝的重要措施。

3. 外界气温变化的影响

大体积混凝土结构在施工期间,外界气温的变化对防止大体积混凝土开裂有重大影响。混凝土的内部温度是由浇筑温度、水泥水化热的绝热温升和结构的散热温度等各种温度的叠加之和。浇筑温度与外界气温有着直接关系,外界气温愈高,混凝土的浇筑温度也愈高;如外界温度下降,会增加混凝土的温度梯度,特别是气温骤降,会大大增加外层混凝土与内部混凝土的温度梯度,因而会造成过大温差和温度应力,使大体积混凝土出现裂缝。

大体积混凝土不易散热,其内部温度有的工程竟高达 90℃ 以上,而且持续时间较长。温度应力是由温差引起的变形所造成的,温差愈大,温度应力也愈大。因此,研究合理的温度控制措施,控制混凝土表面温度与外界气温的温差,是防止裂缝产生的重要措施。

4. 混凝土收缩变形影响

1) 混凝土塑性收缩变形

在混凝土硬化之前,混凝土处于塑性状态,如果上部混凝土的均匀沉降受到限制,如遇到钢筋或大的混凝土骨料,或者平面面积较大的混凝土,其水平方向的减缩比垂直方向更难时,就容易形成一些不规则的混凝土塑性收缩性裂缝。这种裂缝通常是互相平行的,间距为 0.2～1.0 m,并且有一定的深度,它不仅可以发生在大体积混凝土中,而且可以发生在平面尺寸较大、厚度较薄的结构构件中。

2) 混凝土的体积变形

混凝土在水泥水化过程中要产生一定的体积变形,但多数是收缩变形,少数为膨胀变形。掺入混凝土中的拌和水,约有 20% 的水分是水泥水化所必需的,其余 80% 都要被蒸发,最初失去的自由水几乎不引起混凝土的收缩变形,随着混凝土的继续干燥而使吸附水逸出,就会出现干燥收缩。

混凝土干燥收缩的机理比较复杂,其主要原因是混凝土内部孔隙水蒸发引起的毛细管引力所致,这种干燥收缩在很大程度上是可逆的,即混凝土产生干燥收缩后,如再处于水饱和状态,混凝土还可以膨胀恢复到原有的体积。

除上述干缩收缩外,混凝土还会产生碳化收缩,即空气中的二氧化碳(CO_2)与混凝土中的氢氧化钙[$Ca(OH)_2$]反应生成碳酸钙和水,这些结合水会因蒸发而使混凝土产生收缩。

3.2.2 控制裂缝开展的基本方法

从控制裂缝的观点来讲,表面裂缝危害较小,而贯穿性裂缝危害很大,因此,在大体积混凝土施工中,重点是控制混凝土贯穿裂缝的开展,常采用的控制裂缝开展的基本方法有如下三种:

1. "放"的方法

所谓"放"的方法,即减小约束体与被约束体之间的相互制约,以设置永久性伸缩缝的方法。也就是将超长的现浇混凝土结构分成若干段,以期释放大部分热量和变形,减小约束应力。

我国《混凝土结构设计规范》(GB 50010—2010)中规定:处于室内或土中条件下的伸缩缝间距,现浇混凝土框架结构为 55 m,现浇混凝土剪力墙为 45 m,全现浇地下室墙壁等类结构为 30 m。

目前,国外许多国家也将设置永久性的伸缩缝作为控制裂缝开展的一种主要方法,其伸缩缝间距一般为 30~40 m,个别规定为 10~20 m。

2. "抗"的方法

所谓"抗"的方法,即采取一定的技术措施,减小约束体与被约束体之间的相对温差,改善钢筋的配置,减少混凝土的收缩,提高混凝土的抗拉强度等,以抵抗温度收缩变形和约束应力。

3. "放"、"抗"结合的方法

"放"、"抗"结合的方法,又可分为"后浇带"、"跳仓打"和"水平分层间歇"等方法。

1) "后浇带"法

"后浇带"是指现浇整体混凝土的结构中,在施工期间保留临时性温度、收缩的变形缝方法。该缝根据工程的具体条件,保留一定的时间,再用混凝土填筑密实后成为连续、整体、无伸缩缝的结构。

在施工期间设置作为临时伸缩缝的"后浇带",将结构分成若干段,可有效地削减温度收缩应力;在施工的后期,再将若干段浇筑成整体,以承受约束应力。在正常的施工条件下,"后浇带"的间距一般为 20~30 m,后浇带宽为 1.0 m 左右,混凝土浇筑 30~40 d 后用混凝土封闭。

2) "跳仓打"法

"跳仓打"法,即将整个结构按垂直施工缝分段,间隔一段,浇筑一段,经过不少于 5 d 的间歇后再浇筑成整体,如果条件许可时,间歇时间可适当延长。采用此法时,每段的长度尽可能与施工缝结合起来,使之能有效地减小温度应力和收缩应力。

在施工后期将跳仓部分浇筑上混凝土,将这若干段浇筑成整体,再承受第二次浇筑的混凝土的温差和收缩。先浇与后浇混凝土两部分的温差和收缩应力叠加后应小于混凝土的设计抗拉强度,这就是利用"跳仓打"法控制裂缝的目的。

3)"水平分层间歇"法

"水平分层间歇"法,即以减少混凝土浇筑厚度的方法来增加散热机会,减小混凝土温度的上升,并使混凝土浇筑后的温度分布均匀。此法的实质是:当水化热大部分是从上层表面散热时,可以分为几个薄层进行浇筑。根据工程实践经验,水平分层厚度一般可控制在0.6~2.0 m范围内,相邻两浇筑层之间的间隔时间,应以既能散发大量热量,又不引起较大的约束应力为准,一般以 5~7 d 为宜。

3.3 大体积混凝土浇筑体施工阶段温度应力与收缩应力的计算

大体积混凝土施工阶段产生的温度裂缝,是其内部矛盾发展的结果。一方面是混凝土由于内外温差产生应力和应变,另一方面是结构物的外约束和混凝土各质点的约束阻止了这种应变,一旦温度应力超过混凝土能承受的极限抗拉强度,就会产生不同程度的裂缝。下面依据《大体积混凝土施工规范》(GB 50496—2009)介绍大体积混凝土浇筑体施工阶段温度应力与收缩应力的计算方法。

3.3.1 混凝土浇筑体中的温度场

浇筑体内部温度场和应力场计算可采用有限单元法或一维差分法。有限单元法可使用成熟的商用有限元计算程序或自编的经过验证的有限元程序。

1. 混凝土的绝热温升

$$T(t) = \frac{WQ}{C\rho}(1 - \mathrm{e}^{-mt}) \tag{3-1}$$

式中 $T(t)$——混凝土龄期为 t 时的绝热温升(℃);

      W——每立方米混凝土的胶凝材料用量(kg/m³);

      C——混凝土的比热,一般为 0.92~1.0[kJ/(kg·℃)];

      ρ——混凝土的重力密度,2 400~2 500 kg/m³;

      m——与水泥品种、浇筑温度等有关的系数,0.3~0.5 d⁻¹;

      t——混凝土龄期(d)。

      Q——胶凝材料水化热总量(kJ/kg),Q 应在水泥、掺和料、外加剂用量确定后根据实际配合比通过试验得出。

最高绝热温升:

$$T_{\max} = \frac{WQ}{C\rho} \tag{3-2}$$

2. 温度场计算

1) 温升估算

采用一维差分法计算温度场,可将混凝土沿厚度分许多有限段 Δx(m),时间分许多有限段 Δt(h)。相邻三点的编号为 $n-1, n, n+1$,在第 k 时间里,三点的温度 $T_{n-1,k}, T_{n,k}$ 及

$T_{n+1, k+1}$，经过 Δt 时间后，中间点的温度 $T_{n, k+1}$，可按差分式求得：

$$T_{n, k+1} = \frac{T_{n-1, k} + T_{n+1, k}}{2} \cdot 2a \frac{\Delta t}{\Delta x^2} - T_{n, k} \left(2a \frac{\Delta t}{\Delta x^2} - 1\right) + \Delta T_{n, k} \tag{3-3}$$

式中　a——混凝土的热扩散率，取 $0.003\,5\ \mathrm{m^2/h}$；

　　　$\Delta T_{n, k}$——第 n 层热源在 k 时段之间释放热量所产生的温升。

混凝土内部热源在 t_1 和 t_2 时刻之间释放热量所产生的温差，可按下式计算：

$$\Delta T = T_{max}(\mathrm{e}^{-mt_1} - \mathrm{e}^{-mt_2}) \tag{3-4}$$

在混凝土与相应位置接触面上释放热量所产生的温差可取 $\Delta T/2$。

2）温差计算

混凝土浇筑体的里表温差可按下式计算：

$$\Delta T_1(t) = T_m(t) - T_b(t) \tag{3-5}$$

式中　$\Delta T_1(t)$——龄期为 t 时，混凝土浇筑体的里表温差（℃）；

　　　$T_m(t)$——龄期为 t 时，混凝土浇筑体内的最高温度，可通过温度场计算或实测求得（℃）；

　　　$T_b(t)$——龄期为 t 时，混凝土浇筑体内的表层温度，可通过温度场计算或实测求得（℃）；

混凝土浇筑体的综合降温差可按下式计算：

$$\Delta T_2(t) = \frac{1}{6}\left[4T_m(t) + T_{bm}(t) + T_{dm}(t)\right] + T_y(t) - T_w(t) \tag{3-6}$$

式中　$\Delta T_2(t)$——龄期为 t 时，混凝土浇筑体在降温过程中的综合降温（℃）；

　　　$T_m(t)$——在混凝土龄期为 t 内，混凝土浇筑体内的最高温度，可通过温度场计算或实测求得（℃）；

　　　$T_{bm}(t)$，$T_{dm}(t)$——混凝土浇筑体达到最高温度 T_{max} 时，其块体上、下表层的温度（℃）；

　　　$T_w(t)$——混凝土浇筑体预计的稳定温度或最终稳定温度，可取计算龄期 t 时的日平均温度或当地年平均温度（℃）；

　　　$T_y(t)$——龄期为 t 时，混凝土收缩当量温度（℃），按式（3-7）计算：

$$T_y(t) = \varepsilon_y(t)/\alpha \tag{3-7}$$

式中　α——混凝土的线膨胀系数，取 1.0×10^{-5}；

　　　$\varepsilon_y(t)$——混凝土收缩的相对变形值，按式（3-8）计算：

$$\varepsilon_y(t) = \varepsilon_y^0(1 - \mathrm{e}^{-0.01t})M_1 M_2 M_3 \cdots M_{11} \tag{3-8}$$

式中　ε_y^0——在标准试验状态下混凝土最终收缩的相对变形值，取 3.24×10^{-4}；

　　　M_1，M_2，$\cdots$，M_{11}——考虑各种非标准条件的修正系数，可按表 3-1 取用。

表 3-1

混凝土收缩变形不同条件影响修正系数

水泥品种	M_1	水泥细度/(m²·kg⁻¹)	M_2	水胶比	M_3	胶浆量	M_4	养护时间/d	M_5	环境相对湿度	M_6	$\bar{r}$	M_7	$\dfrac{E_s F_s}{E_c F_c}$	M_8	减水剂	M_9	粉煤灰掺量	M_{10}	矿粉掺量	M_{11}
矿渣水泥	1.25	300	1.0	0.3	0.85	20%	1.0	1	1.11	25%	1.25	0	0.54	0.00	1.00	无	1	0	1	0	1
低热水泥	1.10	400	1.13	0.4	1.0	25%	1.2	2	1.11	30%	1.18	0.1	0.76	0.05	0.85	有	1.3	20%	0.86	20%	1.01
普通水泥	1.0	500	1.35	0.5	1.21	30%	1.45	3	1.09	40%	1.1	0.2	1	0.10	0.76	—	—	30%	0.89	30%	1.02
火山灰水泥	1.0	600	1.68	0.6	1.42	35%	1.75	4	1.07	50%	1.0	0.3	1.03	0.15	0.68	—	—	40%	0.90	40%	1.05
抗硫酸盐水泥	0.78	—	—	—	—	40%	2.1	5	1.04	60%	0.88	0.4	1.2	0.20	0.61	—	—	—	—	—	—

注：① $\bar{r}$为水力半径的倒数，m^{-1}，为构件截面周长(L)与截面积(F)之比，$\bar{r}=100L/F$；

② $E_s F_s / E_c F_c$为配筋率，E_s、E_c为钢筋、混凝土的弹性模量(N/mm^2)；F_s、F_c为钢筋、混凝土的截面积(mm^2)；

③ 粉煤灰(矿渣粉)掺量指粉煤灰(矿渣粉)掺量占胶凝材料总重的百分数。

④ 本表摘自规范《大体积混凝土施工规范》(GB 50496—2009)

3.3.2 混凝土防裂性能判断

混凝土防裂性能可按下列公式进行判断:

$$\frac{\lambda f_{tk}(t)}{\sigma_z} \geqslant K \tag{3-9}$$

$$\frac{\lambda f_{tk}(t)}{\sigma_x} \geqslant K \tag{3-10}$$

式中　σ_z——自约束拉应力(MPa);

σ_x——龄期为 t 时,因综合降温差,在外约束条件下产生的拉应力(MPa);

K——防裂安全系数,取 $K=1.15$;

λ——掺和料对混凝土抗拉强度影响系数,$\lambda = \lambda_1 \cdot \lambda_2$,可按表 3-2 取值;

$f_{tk}(t)$——混凝土龄期为 t 时的抗拉强度标准值(N/mm²),可按式(3-11)进行计算。

$$f_{tk}(t) = f_{tk}(1 - e^{-\gamma t}) \tag{3-11}$$

式中　f_{tk}——混凝土抗拉强度标准值(N/mm²),可按表 3-3 取值;

γ——系数,应根据所用混凝土试验确定,当无试验数据时,可取 0.3;

t——混凝土龄期(d)。

表 3-2　　　　　　　　　不同掺量掺和料抗拉强度调整系数

掺量	0	20%	30%	40%
粉煤灰(λ_1)	1	1.03	0.97	0.92
矿渣粉(λ_2)	1	1.13	1.09	1.10

表 3-3　　　　　　　　　混凝土抗拉强度标准值

符号	混凝土强度等级			
	C25	C30	C35	C40
f_{tk}	1.78	2.01	2.20	2.39

3.3.3 温度应力计算

1. 自约束拉应力的计算

自约束拉应力可按下式计算:

$$\sigma_z(t) = \frac{\alpha}{2} \sum_{i=1}^{n} \Delta T_{1i}(t) E_i(t) H_i(t, \tau) \tag{3-12}$$

式中　$\sigma_z(t)$——龄期为 t 时,因混凝土浇筑体里表温差产生自约束拉应力的累计值(MPa);

n——混凝土结构分段数;

α——混凝土的线膨胀系数;

$\Delta T_{1i}(t)$——混凝土浇筑体里表温差的增量,按式(3-13)计算;

$E_i(t)$——第 i 计算区段,龄期为 t 时,混凝土的弹性模量(N/mm²),按式(3-14)计算;

$H_i(t, \tau)$——在龄期为 τ 时,第 i 计算区段产生的约束应力延续至 t 时的松弛系数,可按表 3-4 取值。

表 3-4   混凝土的松弛系数表

$\tau=2$ d		$\tau=5$ d		$\tau=10$ d		$\tau=20$ d	
t	$H(\tau, t)$	t	$H(\tau, t)$	t	$H(\tau, t)$	t	$H(\tau, t)$
2	1	5	1	10	1	20	1
2.25	0.426	5.25	0.510	10.25	0.551	20.25	0.592
2.5	0.342	5.5	0.443	10.5	0.499	20.5	0.549
2.75	0.304	5.75	0.410	10.75	0.476	20.75	0.534
3	0.278	6	0.383	11	0.457	21	0.521
4	0.225	7	0.296	12	0.392	22	0.473
5	0.199	8	0.262	14	0.306	25	0.367
10	0.187	10	0.228	18	0.251	30	0.301
20	0.186	20	0.215	20	0.238	40	0.253
30	0.186	30	0.208	30	0.214	50	0.252
∞	0.186	∞	0.200	∞	0.210	∞	0.251

混凝土浇筑体里表温差的增量 $\Delta T_{1i}(t)$ 按下式计算:

$$\Delta T_{1i}(t) = \Delta T_1(t) - \Delta T_1(i-j) \tag{3-13}$$

式中 j——第 i 计算区段步长(d);

$\Delta T_1(t)$—— 龄期为 t 时,混凝土浇筑体的里表温差(℃),按式(3-5)计算。

第 i 计算区段,龄期为 t 时,混凝土的弹性模量按下式计算:

$$E(t) = \beta E_0(1 - e^{-\varphi t}) \tag{3-14}$$

式中 $E(t)$——混凝土龄期为 t 时,混凝土的弹性模量(N/mm²);

E_0——混凝土的弹性模量,一般近似取标准条件下养护 28 d 的弹性模量,可按表 3-5 取用;

φ——系数,应根据所用混凝土试验确定,当无试验数据时,可近似地取 0.09。

β——混凝土中掺和料对弹性模量修正系数,取值应以现场试验数据为准,在施工准备阶段和现场无试验数据时,可按式(3-15)计算。

$$\beta = \beta_1 \cdot \beta_2 \tag{3-15}$$

式中,β_1、β_2 分别为混凝土中粉煤灰、矿粉掺量对应的弹性模量调整修正系数,可按表 3-6 取值。

表 3-5   混凝土在标准养护条件下龄期为 28 d 时的弹性模量

混凝土强度等级	混凝土弹性模量/(N·mm⁻²)
C25	2.80×10^4
C30	3.0×10^4
C35	3.15×10^4
C40	3.25×10^4

表 3-6		不同掺量掺和料弹性模量调整系数		
掺量	0	20%	30%	40%
粉煤灰（β_1）	1	0.99	0.98	0.96
矿渣粉（β_2）	1	1.02	1.03	1.04

2. 最大自约束应力计算

在施工准备阶段，最大自约束应力也可按下式计算：

$$\sigma_{z\,max} = \frac{\alpha}{2} E(t) \Delta T_{1\,max} H_i(t, \tau) \tag{3-16}$$

式中　$\sigma_{z\,max}$——最大自约束应力（MPa）；

　　　$\Delta T_{1\,max}$——混凝土浇筑后可能出现的最大里表温差（℃）；

　　　$E(t)$——与最大里表温差 $\Delta T_{1\,max}$ 相对应龄期 t 时，混凝土的弹性模量（N/mm²）；

　　　$H_i(t,\tau)$——在龄期为 τ 时，第 i 计算区段产生的约束应力延续至 t 时的松弛系数，可按表 3-4 取值。

3. 外约束拉应力计算

外约束拉应力可按下式计算：

$$\sigma_x(t) = \frac{\alpha}{1-\mu} \sum_{i=1}^{n} \Delta T_{2i}(t) E_i(t) H_i(t_1) R_i(t) \tag{3-17}$$

式中　$\sigma_x(t)$——龄期为 t 时，因综合降温差，在外约束条件下产生的拉应力（MPa）；

　　　$\Delta T_{2i}(t)$——龄期为 t 时，在第 i 计算区段内，混凝土浇筑体综合降温差的增量（℃），可按式（3-18）计算：

$$\Delta T_{2i}(t) = \Delta T_2(t) - \Delta T_2(t-k) \tag{3-18}$$

　　　$\Delta T_2(t)$——混凝土浇筑体的综合降温差，按式（3-6）计算；

　　　k——计算时间步长（d）；

　　　μ——混凝土的泊松比，取 0.15；

　　　$R_i(t)$——龄期为 t 时，在第 i 计算区段，外约束的约束系数，按式（3-19）计算：

$$R_i(t) = 1 - \frac{1}{\cosh\left(\sqrt{\dfrac{C_x}{HE(t)}} \cdot \dfrac{L}{2}\right)} \tag{3-19}$$

式中　L——混凝土浇筑体的长度（mm）；

　　　H——混凝土浇筑体的厚度，该厚度为块体实际厚度与保温层换算混凝土虚拟厚度之和（mm）；

　　　C_x——外约束介质的水平变形刚度（N/mm³），一般可按表 3-7 取值。

表 3-7		不同外约束介质下 C_x 取值			单位：10^{-2} N/mm³
外约束介质	软黏土	砂质黏土	硬黏土	风化岩、低强度等级素混凝土	C10 级以上配筋混凝土
C_x	1～3	3～6	6～10	60～100	100～150

3.4 控制温度裂缝的技术措施

防止产生温度裂缝是大体积混凝土研究的重点,我国自20世纪60年代开始研究,目前已积累了很多成功的经验。工程上常用的防止混凝土裂缝的措施主要有:①采用中低热的水泥品种;②降低水泥用量;③合理分缝分块;④掺加外加料;⑤选择适宜的骨料;⑥控制混凝土的出机温度和浇筑温度;⑦预埋水管,通水冷却,降低混凝土的最高温升;⑧表面保护,保温隔热;⑨采取防止混凝土裂缝的结构措施等。

在结构工程的设计与施工中,对于大体积混凝土结构,为防止其产生温度裂缝,除需要在施工前进行认真计算外,还要做到在施工过程中采取有效的技术措施,根据我国的施工经验应着重从控制混凝土温升、延缓混凝土降温速率、减少混凝土收缩、提高混凝土极限拉伸值、改善混凝土约束程度、完善构造设计和加强施工中的温度监测等方面采取技术措施。以上这些措施不是孤立的,而是相互联系、相互制约的,施工中必须结合实际、全面考虑、合理采用,才能收到良好的效果。

3.4.1 水泥品种选择和用量控制

大体积混凝土结构引起裂缝的主要原因是:混凝土的导热性能较差,水泥水化热的大量积聚,使混凝土出现早期温升和后期降温现象。因此,控制水泥水化热引起的温升,即减小降温温差,对降低温度应力、防止产生温度裂缝能起到釜底抽薪的作用。

1. 选用中热或低热的水泥品种

混凝土升温的热源是水泥水化热,选用中低热的水泥品种,是控制混凝土温升的最基本方法。如32.5级的矿渣硅酸盐水泥,其3 d的水化热为180 kJ/kg,而32.5级的普通硅酸盐水泥,其3 d的水化热却为250 kJ/kg;32.5级的火山灰硅酸盐水泥,一般3 d内的水化热仅为同标号普通硅酸盐水泥的60%。根据某大型基础对比试验表明:选用32.5级硅酸盐水泥,比选用32.5级矿渣硅酸盐水泥,3 d内水化热平均升温高5℃~8℃。

2. 充分利用混凝土的后期强度

大量的试验资料表明,每立方米混凝土中的水泥用量,每增减10 kg,其水化热将使混凝土的温度相应升降1℃。因此,为控制混凝土温升,降低温度应力,减少温度裂缝,一方面在满足混凝土强度和耐久性的前提下,尽量减少水泥用量,严格控制每立方米混凝土水泥用量不超过400 kg;另一方面可根据结构实际承受荷载的情况,对结构的强度和刚度进行复算,并取得设计单位、监理单位和质量检查部门的认可后,采用 f_{45},f_{60} 或 f_{90} 替代 f_{28} 作为混凝土的设计强度,这样可使每立方米混凝土的水泥用量减少40~70 kg,混凝土的水化热温升相应降低4℃~7℃。

结构工程中的大体积混凝土,大多采用矿渣硅酸盐水泥,其熟料矿物含量比硅酸盐水泥的少得多,而且混合材料中活性氧化硅、活性氧化铝与氢氧化钙、石膏的作用,在常温下进行缓慢,早期强度(3 d,7 d)较低,但在硬化后期(28 d以后),由于水化硅酸钙凝胶数量增多,使水泥石强度不断增长,最后甚至超过同标号的普通硅酸盐水泥,对利用其后期强度非常有利。如上海宝山钢铁总厂、亚洲宾馆、新锦江宾馆、浦东煤气厂筒仓等工程大型基础,都采用了 f_{45} 或 f_{60} 作为设计强度,C20~C40的混凝土,其 f_{60} 比 f_{28} 平均增长12%~26.2%。

3.4.2 掺加外加料

在混凝土中掺入一些适宜的外加料,可以使混凝土获得所需要的特性,尤其在泵送混凝土中更为突出。泵送性能良好的混凝土拌和物应具备三种特性:①在输送管壁形成水泥浆或水泥砂浆的润滑层,使混凝土拌和物具有在管道中顺利滑动的流动性;②为了能在各种形状和尺寸的输送管内顺利输送,混凝土拌合物要具备适应输送管形状和尺寸的变化的变形性;③为在泵送混凝土施工过程中不产生离析而造成堵塞,拌和物应具备压力变化和位置变动的抗分离性。

由于影响泵送混凝土性能的因素很多,如砂石的种类、品质和级配、用量、砂率、坍落度、外掺料等。因此,为了满足混凝土具有良好的泵送性,在进行混凝土配合比的设计中,不能用单纯增加单位用水量方法,这样不仅会增加水泥用量,增大混凝土的收缩,而且还会使水化热升高,更容易引起裂缝。工程实践证明,在施工中优化混凝土级配,掺加适宜的外加料,以改善混凝土的特性,是大体积混凝土施工中的一项重要技术措施。混凝土中常用的外加料主要是外掺剂和外掺料。

1. 掺加外掺剂

大体积混凝土中掺加外掺剂主要是木质素磺酸钙(简称木钙)。木质素磺酸钙,属阴离子表面活性剂,它对水泥颗粒有明显的分散效应,并能使水的表面张力降低。因此,在泵送混凝土中掺入水泥重量的 0.2%~0.3%木钙,它不仅能使混凝土的和易性有明显的改善,而且可减少 10%左右的拌和水,混凝土 28 d 的强度提高 10%以上;若不减少拌和水,坍落度可提高 10 cm 左右;若保持强度不变,可节约水泥 10%,从而可降低水化热。

木钙由于原料为工业废料,资源丰富,生产工艺和设备简单,成本低廉,并能减少环境污染,故世界各国均大量生产、广为使用,尤其可适用于泵送混凝土的浇筑。

2. 掺加外掺料

大量试验资料表明,在混凝土中掺入一定量的粉煤灰后,除了粉煤灰本身的火山灰活性作用,在生成硅酸盐凝胶,作为胶凝材料的一部分起增强作用外;在混凝土用水量不变的条件下,由于粉煤灰颗粒呈球状并具有"滚珠效应",可以起到显著改善混凝土和易性的效能;若保持混凝土拌和物原有的流动性不变,则可减少用水量,起到减水的效果,从而可提高混凝土的密实性和强度;掺入适量的粉煤灰,还可大大改善混凝土的可泵性,降低混凝土的水化热。

大体积混凝土掺和粉煤灰分为"等量取代法"和"超量取代法"两种。前者是用等体积的粉煤灰取代水泥的方法,但其早期强度(28 d 以内)也会随掺入量增加而下降,所以对早期抗裂要求较高的工程,取代量应非常慎重。后者是一部分粉煤灰取代等体积水泥,超量部分粉煤灰则取代等体积砂子,它不仅可获得强度增加效应,而且可以补偿粉煤灰取代水泥所降低的早期强度,从而保持粉煤灰掺入前后的混凝土强度等效。

对用作掺和料的粉煤灰,按其品质可分为Ⅰ,Ⅱ,Ⅲ级。Ⅰ级粉煤灰一般是用静电收尘器收集的,颗粒较细(80 μm 以下颗粒占 95%以上),并富集有大量表面光滑的球状玻璃体;Ⅱ级粉煤灰系我国大多数火电厂的排出物,其颗粒较粗,经加工磨细后才能达到要求的细度;Ⅲ级粉煤灰是指火电厂排出的原状干灰或湿灰,其颗粒较粗且未燃尽的炭粒较多。

绝热条件下掺加磨细粉煤灰的混凝土温升情况,见表 3-8。

表 3-8　　　　　　　　　　　绝热条件下掺加磨细粉煤灰的混凝土温升

$\dfrac{C+F}{/℃}$	$\dfrac{F}{C+F}$	混凝土温升/℃					$C+F$ 的水化热/(kJ·kg^{-1})				
		1 d	3 d	7 d	14 d	28 d	1 d	3 d	7 d	14 d	28 d
358	0	20.0	29.0	35.0	39.2	(41.5)	133.6	193.8	227.5	361.7	277.2
	30%	14.5	31.9	27.8	31.2	(33.5)	96.3	144.0	184.6	206.8	222.7
	50%	9.3	14.8	18.9	22.6	(24.5)	58.6	93.4	119.3	142.4	144.9
311	0	17.7	26.2	30.5	33.0	35.2	135.7	200.5	233.6	252.5	269.6
	30%	11.6	18.2	22.8	26.9	28.9	88.3	138.5	173.8	205.2	220.6
	50%	6.5	11.6	15.7	18.8	20.3	47.3	100.9	113.9	136.1	147.0
264	0	15.5	22.5	27.3	28.8	30.3	135.2	202.6	345.8	259.2	273.0
	30%	9.8	15.1	19.7	23.3	24.9	87.9	135.2	176.3	208.9	223.2
	50%	5.6	10.0	13.9	16.8	18.2	47.7	85.4	118.5	14.6	155.3

注:① 有( )者为低水化热硅酸盐水泥;

②C为水泥重量;

③F为磨细粉煤灰重量。

3.4.3　骨料的选择

大体积混凝土砂石料的重量约占混凝土总重量的 85%,正确选用砂石料对保证混凝土质量、节约水泥用量、降低水化热数量、降低工程成本是非常重要的。骨料的选用应根据就地取材的原则,首先考虑选用生产成本低、质量优良的天然砂石料。根据国内外对人工砂石料的试验研究和生产实践,证明采用人工骨料也可以做到经济实用。

1. 粗骨料的选择

为了达到预定的要求,同时又要发挥水泥最有效的作用,粗骨料有一个最佳的最大粒径。但对于结构工程的大体积混凝土,粗骨料的规格往往与结构物的配筋间距、模板形状以及混凝土的浇筑工艺等因素有关。

结构工程的大体积混凝土,宜优先采用以自然连续级配的粗骨料配制。这种用连续级配粗骨料配制的混凝土,具有较好的和易性、较少的用水量和水泥用量,以及较高的抗压强度。在选择粗骨料粒径时,可根据施工条件,尽量选用粒径较大、级配良好的石子。根据有关试验结果证明,采用 5~40 mm 石子比采用 5~25 mm 石子,每立方米混凝土可减少水量 15 kg 左右,在相同水灰比的情况下,水泥用量可节约 20 kg 左右,混凝土温升可降低 2℃。

选用较大骨料粒径,不仅可以减少用水量,使混凝土的收缩和泌水随之减少,也可减少水泥用量,从而使水泥的水化热减小,最终降低混凝土的温升。但是,骨料粒径增大后,容易引起混凝土的离析,影响混凝土的质量。因此,进行混凝土配合比设计时,不要盲目选用大粒径骨料,必须进行优化级配设计,施工时加强搅拌、浇筑和振捣等工作。

2. 细骨料的选择

大体积混凝土中的细骨料,以采用中、粗砂为宜,细度模数宜在 2.6~2.9 范围内。根据有关试验资料证明,当采用细度模数为 2.79,平均粒径为 0.381 的中粗砂,比采用细度模数为 2.12,平均粒径为 0.336 的细砂,每立方米混凝土可减少水泥用量 28~35 kg,减少用水量 20~25 kg,这样就降低了混凝土的温升和减小了混凝土的收缩。

泵送混凝土的输送管道形式较多,既有直管又有锥形管、弯管和软管。当通过锥形管和弯管时,混凝土颗粒间的相对位置就会发生变化,此时如果混凝土中的砂浆量不足,便会产生堵管现象。所以,在级配设计时可适当提高砂率;但若砂率过大,将对混凝土的强度产生不利影响。因此,在满足可泵性的前提下,尽可能降低砂率。

3. 骨料质量的要求

骨料的质量如何,直接关系到混凝土的质量,所以,骨料中不应含有超量的黏土、淤泥、粉屑、有机物及其他有害物质,其含量不能超过规定的数值。混凝土试验表明,骨料中的含泥量是影响混凝土质量的最主要因素,它对混凝土的强度、干缩、徐变、抗渗、抗冻融、抗磨损及和易性等性能都产生不利影响,尤其会增加混凝土的收缩,引起混凝土的抗拉强度的降低,对混凝土的抗裂更是十分不利。因此,在大体积混凝土施工中,石子的含泥量控制在不大于 1%,砂的含泥量控制在不大于 2%。

3.4.4 控制混凝土出机温度和浇筑温度

为了降低大体积混凝土的总温升,减小结构物的内外温差,控制混凝土的出机温度与浇筑温度同样非常重要。

1. 混凝土出机温度计算

根据搅拌前混凝土原材料总的热量与搅拌后混凝土总的热量相等的原理,可用以下公式计算出混凝土的出机温度 T_0:

$$T_0 = \frac{(c_s + c_w Q_s)W_s T_s + (c_g + c_w Q_g)W_g T_g + c_c W_c T_c + c_w(W_w Q_s W_c - Q_g W_g)T_w}{c_s W_s + c_g W_g + c_w W_w + c_c W_c}$$

(3-20)

式中　c_s, c_g, c_c, c_w——分别为砂、石、水泥和水的比热(J/kg℃);

W_s, W_g, W_c, W_w——分别为每立方米混凝土中砂、石、水泥和水的用量(kg/m³);

T_s, T_g, T_c, T_w——分别为砂、石、水泥和水的温度(℃);

Q_s, Q_g——分别为砂、石的含水量(%)。

计算时一般取 $c_s = c_g = c_c = 800(J/kg \cdot ℃)$,$c_w = 4\,000(J/kg \cdot ℃)$。

由式(3-20)可以看出,在混凝土原材料中,砂石的比热比较小,但其在每立方米混凝土中所占的比例较大;水的比热最大,但它的重量在每立方米混凝土中只占一小部分。因此,对混凝土出机温度影响最大的是石子的温度,砂的温度次之,水泥的温度影响最小。为了降低混凝土的出机温度,其最有效的办法就是降低石子的温度。降低石子温度的方法很多,如在气温较高时,为防止太阳的直接照射,可在中砂、石堆粒场搭设简易的遮阳装置,温度可降低 3℃~5℃;如大型水电工程葛洲坝工程,在拌和前用冷水冲洗粗骨料,在储料仓中通冷风预冷,使混凝土的出机温度达到 7℃的要求。

2. 控制混凝土浇筑温度

混凝土从搅拌机出料后,经搅拌车或其他工具运输、卸料、浇筑、振捣、平仓等工序后的混凝土温度称为混凝土浇筑温度。

关于混凝土浇筑温度的控制,各国都有明确的规定。如我国有些规范提出混凝土浇筑温度应不超过 25℃,否则必须采取特殊技术措施;美国 ACI 施工手册中规定不超过

32℃;日本土木学会施工规程中规定不得超过 30℃;日本建筑学会钢筋混凝土施工规程中规定不得超过 35℃。在土建工程的大体积混凝土施工中,实践证明,浇筑温度对结构物的内外温差影响不大,因此对主要受早期温度应力影响的结构物,没有必要对浇筑温度控制过严,如上海宝山钢铁总厂施工的 7 个大体积钢筋混凝土基础,其中有 4 个基础混凝土的浇筑温度达 32℃~35℃,均未采取特殊的技术措施,经检查均未出现影响混凝土质量的问题。

但是考虑到温度过高会引起混凝土较大的干缩及给浇筑带来不利影响,适当限制混凝土的浇筑温度还是必要的。根据工程经验总结,建议最高浇筑温度控制在 35℃ 以下为宜,这就要求在常规施工情况下,应该合理选择浇筑时间,完善浇筑工艺及加强养护工作。

3.4.5 延缓混凝土降温速率

大体积混凝土浇筑后,加强表面的保湿、保温养护,对防止混凝土产生裂缝具有重大作用。保湿、保温养护的目的有三个:第一,减小混凝土的内外温差,防止出现表面裂缝;第二,防止混凝土过冷,避免产生贯穿裂缝;第三,延缓混凝土的冷却速度,以减小新老混凝土的上下层约束。总之,在混凝土浇筑之后,尽量以适当的材料加以覆盖,采取保湿和保温措施,不仅可以减少升温阶段的内外温差,防止产生表面裂缝,而且可以使水泥顺利水化,提高混凝土的极限拉伸值,防止产生过大的温度应力和温度裂缝。

大体积混凝土表面保温、保温材料的厚度,可根据热交换原理按下式计算:

$$\delta = \frac{0.5h\lambda(T_2 - T_g)}{\lambda_c(T_{max} - T_2)}K \tag{3-21}$$

式中 δ——保温材料的厚度(m);

h——混凝土结构的厚度(m);

λ——保温材料的导热系数(表 3-9);

λ_c——混凝土的导热系数(可取 2.3 W/m・K);

T_2——混凝土的表面温度(℃);

T_{max}——混凝土的最高温度(℃);

T_g——混凝土达到最高温度(浇筑后 3~5 d)时的大气平均温度(℃);

K——传热系数的修正值(表 3-10)。

表 3-9   各种保温材料的导热系数 λ 值   单位:W/(m・K)

材料名称	λ 值	材料名称	λ 值
木模	0.23	黏土砖	0.43
钢模	58	油毡	0.05
草袋	0.14	沥青矿棉	0.09~0.12
木屑	0.17	沥青玻璃棉毡	0.05
炉渣	0.47	泡沫塑料制品	0.03~0.05
黏土	1.38~1.47	泡沫混凝土	0.10
干砂	0.33	水	0.58
湿砂	1.31	空气	0.03

表 3-10	传热系数的修正值 K		
保 温 层 种 类		K_1	K_2
保温层纯粹由容易透风的保温材料组成		2.60	3.00
保温层由容易透风的保温材料组成,但混凝土面层上铺一层不易透风的保温材料		2.00	2.30
保温层由容易透风的保温材料组成,并在保温层上再铺一层不易透风的材料		1.60	1.90
保温层由容易透风的保温材料组成,而保温层的上面和下面各铺一层不易透风的材料		1.30	1.50
保温层纯粹由不易透风的保温材料组成		1.30	1.50

注:① K_1 值为一般刮风情况(风速小于 4 m/s,且结构物位置高出地面水平不大于 25 m)的修正系数;K_2 是刮大风时的修正系数。

② 属于不易透风保温材料的有油布、棉麻毡、胶合板、安装很好的模板,属于容易透风的保温材料有稻草板、锯末、砂子、炉渣、油毡、草袋等。

混凝土终凝后,在其表面蓄存一定深度的水,采取蓄水养护是一种较好的方法,我国在一些工程中曾经采用,并取得良好效果。水的导热系数为 0.58 W/(m·K),具有一定的隔热保温效果,这样可以延缓混凝土内部水化热的降温速率,缩小混凝土中心和表面的温度差值,从而可控制混凝土的裂缝开展。

根据热交换原理,每立方米混凝土在规定时间内,其内部中心温度降低到表面温度时放出的热量,等于混凝土在此养护期间散失到大气中的热量。此时混凝土表面所需的热阻系数,可按下式计算:

$$R = \frac{XM(T_{max} - T_2)K}{700T_j + 0.28Q_c W} \qquad (3-22)$$

式中　R——混凝土表面的热阻系数(K/W);

X——混凝土维持到指定温度的延续时间(h);

M——混凝土结构表面系数(1/m):

$$M = F/V \qquad (3-23)$$

F——混凝土结构物与大气接触的表面面积(m²);

V——混凝土结构物的体积(m³);

T_{max}——混凝土中心最高温度(℃);

T_2——混凝土表面的温度(℃);

K——传热系数修正值,蓄水养护取 1.3;

700——混凝土的热容量,即比热与表观密度的乘积(kJ/(m³·K));

T_j——混凝土浇筑、振捣完毕开始养护时的温度(℃);

Q_c——每立方米混凝土中的水泥用量(kg);

W——混凝土在指定龄期内水泥的水化热(kJ/kg)。

热阻系数与保温材料的厚度和导热系数有关,当采用水作为保温养护材料时,可按下式计算混凝土表面的蓄水深度:

$$h_s = R \cdot \lambda_w \qquad (3-24)$$

式中　h_s——混凝土表面的蓄水深度(m);

R——热阻系数,由式(3-22)求得;

λ_w——水的导热系数,取 $0.58\ \text{W/(m·K)}$。

3.4.6 提高混凝土的极限拉伸值

混凝土的收缩值和极限拉伸值,除与水泥用量、骨料品种和级配、水灰比、骨料含泥量等有关外,还与施工工艺和施工质量密切相关。因此,通过改善混凝土的配合比和施工工艺,可以在一定程度上减少混凝土的收缩和提高混凝土极限拉伸值 ε_p,这对防止产生温度裂缝也可起到一定的作用。

大量现场试验证明,对浇筑后的混凝土进行二次振捣,能排除混凝土因泌水在粗骨料、水平钢筋下部生成的水分和空隙,提高混凝土与钢筋的握裹力,防止因混凝土沉落而出现的裂缝,减小混凝土内部微裂,增加混凝土的密实度,使混凝土的抗压强度提高 $10\% \sim 20\%$,从而可提高混凝土的抗裂性。

混凝土二次振捣的恰当时间是指混凝土振捣后尚能恢复到塑性状态的时间,这是二次振捣的关键。又称为振动界限。掌握二次振捣恰当时间的方法一般有以下两种:

(1)将运转着的振动棒以其自身的重力逐渐插入混凝土中进行振捣,混凝土在振动棒慢慢拔出时能自行闭合,不会在混凝土中留下孔穴,则可认为此时施加二次振捣是适宜的。

(2)为了准确地判定二次振捣的适宜时间,国外一般采用测定贯入阻力值的方法进行判定。当标准贯入阻力值在未达到 $350\ \text{N/cm}^2$ 以前,再进行二次振捣是有效的,不会损伤已成型的混凝土。根据有关试验结果,当标准贯入阻力值为 $350\ \text{N/cm}^2$ 时,对应的立方体块强度为 $25\ \text{N/cm}^2$,对应的压痕仪强度值为 $27\ \text{N/cm}^2$。

由于采用二次振捣的最佳时间与水泥品种、水灰比、坍落度、气温和振捣条件等有关。因此,在实际工程正式采用前必须经试验确定。同时,在最后确定二次振捣时间时,既要考虑技术上的合理性,又要满足分层浇筑、循环周期的安排,在操作时间上要留有余地,避免由于这些失误而造成"冷接头"等质量问题。

在传统混凝土搅拌工艺过程中,水分直接润湿石子的表面;在混凝土成型和静置过程中,自由水进一步向石子与水泥砂浆界面集中,形成石子表面的水膜层。在混凝土硬化后,由于水膜的存在而使界面过渡层疏松多孔,削弱了石子与硬化水泥砂浆之间的黏结,形成混凝土中最薄弱的环节,从而对混凝土抗压强度和其他物理力学性能产生不良影响。

改进混凝土的搅拌工艺,可以提高混凝土的极限拉伸值,减少混凝土的收缩。为了进一步提高混凝土的质量,可采用二次投料的净浆裹石搅拌新工艺,这样可有效地防止水分向石子与水泥砂浆界面的集中,使硬化后的界面过渡层的结构致密,黏结强度增强,从而可使混凝土强度提高 10% 左右,相应地也提高了混凝土的抗拉强度和极限抗拉值。当混凝土强度基本相同时,采用这种搅拌工艺可减少水泥用量 7% 左右,相应地也减少了水化热。

3.4.7 改善边界约束和构造设计

防止大体积混凝土产生温度裂缝,除可采取以上施工技术措施外,在改善边界约束和构造设计方面也可采取一些技术措施,如合理分段浇筑、设置滑动层、避免应力集中、设置缓冲层、合理配筋、设应力缓和沟等。

1. 合理分段浇筑

当大体积混凝土结构的尺寸过大,通过计算证明整体一次浇筑会产生较大温度应力,有可能产生温度裂缝时,则可与设计单位协商,采用合理的分段浇筑,即增设"后浇带"进行浇筑。

用"后浇带"分段施工时,其计算是将降低温差和收缩应力分为两部分。在第一部分内结构被分成若干段,使之能有效地减小温度和收缩应力;在施工后期再将这若干段浇筑成整体,继续承受第二部分降温温差和收缩的影响。"后浇带"的间距,在正常情况下为 20～30 m,保留时间一般不宜少于 40 d,其宽度可取 70～100 cm,其混凝土强度等级比原结构提高 5～10 N/mm²,湿养护不少于 15 d。"后浇带"的构造如图 3-3 所示。

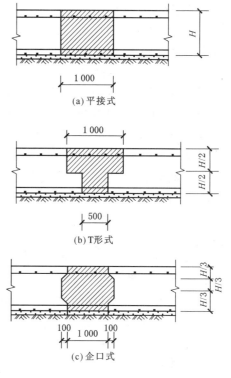

(a) 平接式

(b) T 形式

(c) 企口式

图 3-3 "后浇带"构造

2. 合理配筋

在构造设计方面进行合理配筋,对混凝土结构的抗裂有很大作用。工程实践证明,当混凝土墙板的厚度为 400～600 mm 时,采取增加配置构造钢筋的方法,可使构造筋起到温度筋的作用,能有效提高混凝土的抗裂性能。

配置的构造筋应尽可能采用小直径、小间距。例如配置构造筋的直径 6～14 mm、间距控制在 100～150 mm。按全截面对称配筋比较合理,这样可大大提高抵抗贯穿性开裂的能力。进行全截面配筋,含筋率应控制在 0.3%～0.5%之间为好。

对于大体积混凝土,构造筋对控制贯穿性裂缝作用不太明显,但沿混凝土表面配置钢筋,可提高面层抗表面降温的影响和干缩。

3. 设置滑动层

由于边界存在约束才会产生温度应力,如在与外约束的接触面上全部设置滑动层,则可大大减弱外约束。如在外约束两端的 1/4～1/5 范围内设置滑动层,则结构的计算长度可折减约一半,为此,遇有约束强的岩石类地基、较厚的混凝土垫层等时,可在接触面上设置滑动层,对减少温度应力将起到显著作用。

滑动层的做法有:涂刷两道热沥青加铺一层沥青油毡;铺设 10～20 mm 厚的沥青砂;铺设 50 mm 厚的砂或石屑层等。

4. 设置应力缓和沟

设置应力缓和沟,即在结构的表面,每隔一定距离(一般约为结构厚度的 1/5)设一条沟,设置应力缓和沟后,可将结构表面的拉应力减少 20%～50%,可有效地防止表面裂缝。这种方法是日本清水建筑工程公司研究出的一种防止大体积混凝土开裂的方法。我国已用于直径 60 m、底板厚 3.5～5.0 m、容量 1.6 万立方米的地下罐工程,并取得良好效果。应力缓和沟的形式如图 3-4 所示。

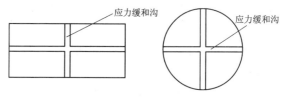

图 3-4 结构表面的应力缓和沟形式

5. 设置缓冲层

设置缓冲层,即在高、低板交接处、底板地梁处等,用 30～50 mm 厚的聚苯乙烯泡沫塑料板作垂直隔离,以缓冲基础收缩时的侧向压力,如图 3-5 所示。

6. 避免应力集中

在孔洞周围、变断面转角部位、转角处等,由于温度变化和混凝土收缩,会产生应力集中而导致混凝土裂缝。为此,可在孔洞四周增配斜向钢筋、钢筋网片;在变断面处避免断面突变,可作局部处理使断面逐渐过渡,同时增配一定量的抗裂钢筋,这对防止裂缝产生是有很大作用的。

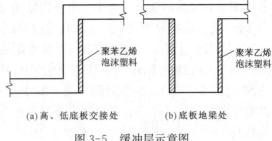

(a) 高、低底板交接处　　　(b) 底板地梁处

图 3-5　缓冲层示意图

3.4.8 加强温控施工的现场监测

大体积混凝土施工过程中,通过测量混凝土内部不同位置的温度,随时摸清大体积混凝土不同深度温度场升降的变化规律,及时监测混凝土内部的温度情况,从而有的放矢地采取控温技术措施,更加合理地确定保温、保湿的养护措施。大体积混凝土施工过程对温度的监测和控制已成为确保混凝土结构工程质量必不可少的手段。

大体积混凝土施工前应根据施工时的气候条件、混凝土的几何尺寸和混凝土的原材料、配合比,依据《大体积混凝土施工规范》(GB 50496—2009)进行混凝土的热工性能计算,估算混凝土中心最高温度,并测定混凝土试样的温度—时间曲线。根据混凝土的热工计算结果和混凝土试样温度—时间曲线,确定大体积混凝土的温度控制方法和保温养护措施。

大体积混凝土浇筑前应编制测温方案。测温方案包括测点布置、主要仪器设备、养护措施、异常情况下的应急措施等;当需要进行混凝土内部温度控制时,还应编制温度控制方案。

大体积混凝土温度监测与控制工作结束后,应编制大体积混凝土温度监测报告。

3.4.8.1 大体积混凝土试样温度—时间曲线测定

大体积混凝土试样温度—时间曲线的测定,应采用与施工现场相同的原材料和配合比,试样装入温度—时间测定仪后,自动记录温度—时间参数,连续记录时间不少于 5 d。测试完毕,绘制混凝土试样温度—时间曲线,以此确定混凝土试样的最高温度。

采用混凝土的绝热温升测定仪测定混凝土的绝热温升值,可以得到混凝土绝热条件下的最高温度,但这种绝热条件有时和混凝土的实际温升有较大的差异,另外无法得到混凝土的降温速率。采用有限的保温条件下的混凝土试样的温度—时间测定仪来测定混凝土试样的温度时间变化曲线,能够较好地反映混凝土的温度随时间变化的规律。

测试混凝土试样温度—时间曲线仪器的精度和量程应满足一定要求。其各个方向保温层传热系数不应大于 0.05W/(m² · K),试样容器直径宜为 300 mm,高径比为 1∶1。温度传感器在 0℃～100℃范围内的精度宜为 ±0.5℃。

对测试仪器的功能要求是应具有温度、时间参数的显示、储存、处理功能并能绘制混凝土试样的温度—时间变化曲线,数据采集时间间隔应不大于 10 分钟。一般混凝土试样在制作完毕水泥开始放热,一般在 48～72 h 后开始降温。其升温和降温的速率相对较慢,温度变化的试件间隔取 10 min 已满足要求。测温仪器读取温度数据以 10 min 的间隔就可以满足大体积混凝土温度变化记录的要求。

3.4.8.2 大体积混凝土温度的监测

1. 测位、测点布置

大体积混凝土浇筑体内监测点的布置,应真实地反映出混凝土浇筑体内最高温升、里表温差、降温速率及环境温度,可按下列方式布置:

(1)监测点的布置范围应以所选混凝土浇筑体平面图对称轴线的半条轴线为测试区,在测试区内监测点按平面分层布置。

(2)在测试区内,监测点的位置与数量可根据混凝土浇筑体内温度场分布情况及温控的要求确定。按照施工进度每昼夜浇捣作业面宜布置 1～2 个测位;混凝土厚度均匀时,一般测位间距 10～15 m,变截面部位宜增加测位数量;在墙体的立面上,测位水平间距宜为 5～10 m,垂直间距宜为 3～5 m;在混凝土的边缘、角部、中部及积水坑、电梯井边等部位均应布置测位;当需要进行水冷却时,测位应布置在相邻两冷却水管的中间位置,并应在冷却水管进出口处分别布置温度测点。

(3)在每条测试轴线上,监测点位宜不少于 4 处,应根据结构的几何尺寸布置。

(4)沿混凝土浇筑体厚度方向,每个测位宜布置 3～5 个测点,分别位于混凝土的表层、中心、底层及中上、中下部位,其余测点宜按测点间距不大于 600 mm 布置。

(5)保温养护效果及环境温度监测点数量应根据具体需要确定。

(6)混凝土表层温度测点,宜布置在混凝土表面以内 30～80 mm 处;底层的温度测点,宜布置在混凝土浇筑体底面以上 200～300 mm 处。

(7)当设计有要求时,可按照设计要求布置测位和测点。

2. 测温仪器和元件

大体积混凝土温度监测仪器应具有温度、时间参数的显示、储存、处理功能,可实时绘制测点温度变化曲线,并能连续监测 20 d 以上;其温度传感器数量不宜少于 50 个。

温度监测仪器可采用有线或无线信号传输。采用无线传输信号时,其传输距离应能满足现场测试要求,无线发射的频率和功率不应对其他通信和导航等设施造成不良影响;采用有线传输时,传输导线不得影响施工现场其他设施的正常运行,同时应保护好传输导线免遭损坏。测温仪器使用前应进行校核,其系统误差在环境温度 25℃ 时不大于 0.5℃。

测温元件的测温误差不应大于 0.3℃(25℃环境下),测试范围应为 −30℃～150℃,绝缘电阻应大于 500 MΩ。

测试元件安装前,必须在水下 1 m 处经过浸泡 24 h 不损坏;测试元件接头安装位置应准确,固定应牢固,并与结构钢筋及固定架金属体绝热;测试元件的引出线宜集中布置,并应加以保护;测试元件周围应进行保护,混凝土浇筑过程中,下料时不得直接冲击测试测温元件及其引出线;振捣时,振捣器不得触及测温元件及引出线;传输线路应具有抗雷击、防短路功能。

3. 数据自动采集系统

数据自动采集系统稳定性、抗干扰能力能满足施工现场环境的要求。能满足连续20 d测试的数据采集、存储。从信号采集到结果输出全过程均能自动控制,并应具有设置降温速率过快、表里温差过大等异常情况的报警功能。监测过程可实时显示不同测点温度及温度—时间曲线,同时可用表格形式显示监测数据,并能输出各时间段的温度—时间曲线。

3.5 大体积混凝土结构施工

大体积混凝土结构施工应编制专项施工组织设计或施工方案,主要包括下列内容:

(1) 大体积混凝土浇筑体温度应力和收缩应力的计算;

(2) 施工阶段主要抗裂构造措施和温控指标的确定;

(3) 原材料优选、配合比设计、制备与运输;

(4) 混凝土主要施工设备和现场总平面布置;

(5) 温控监测设备和测试布置图;

(6) 混凝土浇筑运输顺序和施工进度计划;

(7) 混凝土保温和保湿养护方法;

(8) 主要应急保障措施;

(9) 特殊部位和特殊气候条件下的施工措施。

3.5.1 钢筋工程

大体积混凝土结构的钢筋,具有数量多、直径大、分布密、上下层钢筋高差大等特点,这是与一般混凝土结构的明显区别。

为使钢筋网片的网格方整划一、间距正确,在进行钢筋绑扎或焊接时,可采用4～5 m长卡尺限位绑扎(图3-6)。即根据钢筋间距在卡尺上设置缺口,绑扎时在长钢筋的两端用卡尺缺口卡住钢筋,待绑扎牢固后拿去卡尺,这样既能满足钢筋间距的质量要求,又能加快绑扎的速度。钢筋的连接,可采用气压焊、对接焊、锥螺纹和套筒挤压连接等方法。

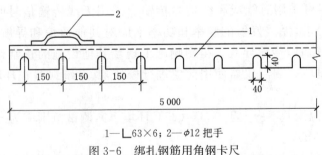

1—∟63×6;2—ϕ12把手

图3-6 绑扎钢筋用角钢卡尺

大体积混凝土结构由于厚度大,多数设计为上、下两层钢筋。为保证上层钢筋的标高和位置准确无误,应设立支架支撑上层钢筋。过去多用钢筋作支架,不仅用钢量大,稳定性差,操作不安全,而且难以保持上层钢筋在同一水平上。因而目前一般采用角钢焊制的支架来支承上层钢筋的重量,控制钢筋的标高,承担上部操作平台的全部施工荷载。钢筋支架立柱的下端焊在钢管桩桩帽上，在上端焊上一段插座管，插入 ϕ48 钢筋脚手管，用横楞和满铺脚手板组成浇筑混凝土用的操作平台(图3-7)。

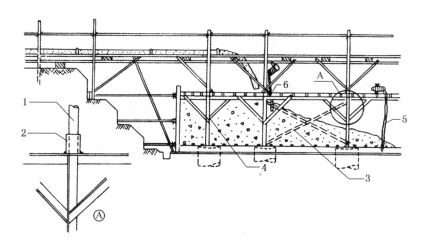

1—ϕ48脚手管；2—插座管(内径 ϕ50)；3—剪刀撑；4—钢筋支架；5—前道振捣；6—后道振捣

图3-7 钢筋支架及操作平台

钢筋网片和骨架多在钢筋加工厂加工成型，运到施工现场进行安装。但工地上也要设简易的钢筋加工成型机械，以便对钢筋整修和临时补缺加工。

3.5.2 模板工程

模板是保证工程结构外形和尺寸的关键，而混凝土对模板的侧压力是确定模板尺寸的依据。大体积混凝土的浇筑常采用泵送工艺，该工艺的特点是浇筑速度快、浇筑面集中。由于泵送混凝土的操作工艺决定了它不可能做到同时将混凝土均匀地分送到浇筑混凝土的各个部位，所以，往往要使某一部分的混凝土升高很大，然后才移动输送管，依次浇筑另一部分的混凝土。因此，采用泵送工艺的大体积混凝土的模板，绝对不能按传统、常规的办法配置，而应当根据实际受力状况，对模板和支撑系统等进行认真计算，以确保模板体系具有足够的强度和刚度。

3.5.2.1 泵送混凝土对模板侧压力计算

泵送混凝土对模板的最大侧压力，可采用下列两种方法计算。

1. 按我国现行有关规范计算

我国《混凝土结构工程施工规范》(GB 50666—2011)对模板侧压力的计算，规定可按下列两式计算，并取两式中的较小值：

$$F = 0.43\gamma_c t_0 \beta V^{\frac{1}{4}} \qquad (3-25)$$

$$F = \gamma_c H \qquad (3-26)$$

式中　F——新浇筑混凝土对模板的最大侧压力(kN/m^2)；

　　　γ_c——混凝土的重力密度(kN/m^3)；

t_0——新浇筑混凝土的初凝时间(h),可按实测确定,当缺乏试验资料时可采用 $t_0 = \dfrac{200}{T+15}$ 计算,T 为混凝土的温度(℃);

β——混凝土坍落度影响修正系数:当坍落度在 $50 \sim 90$ mm 时,β 取 0.85;坍落度在 $100 \sim 130$ mm 时,β 取 0.9;坍落度在 $140 \sim 180$ mm 时,β 取 1.0;

V——混凝土浇筑高度(厚度)与浇筑时间的比值,即浇筑速度(m/h);

H——混凝土侧压力计算位置处至新浇筑混凝土顶面的总高度(m),混凝土侧压力的计算分布图形如图 3-8 所示,图中 $h = F/\gamma_c$。

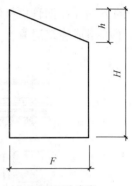

h—有效压头高度;
H—模板内混凝土总高度;
F—最大侧压力

图 3-8　混凝土侧压力分布

2. 借鉴国外的施工经验

日本建筑学会通过若干工程试验实践后,在《建筑规范 JASS - 5 钢筋混凝土》中推荐了一些侧压力计算的经验公式。我国经过几个工程的实践,认为具有一定的参考价值。经验公式如表 3-11 所列。

表 3-11　　　　　　　　　　混凝土作用在模板上的最大侧压力　　　　　　　　　　单位:10^4 Pa

部　位	V	< 10		$10 \sim 20$	> 20
H		<1.5	$1.5 \sim 40$	<2.0	$2.0 \sim 4.0$	>4.0
柱		γH	$1.5\gamma + 0.6\gamma \times (H - 1.5)$	γH	$2.0\gamma + 0.8\gamma \times (H - 2.0)$	γH
墙 长度<3 m			$1.5\gamma + 0.2\gamma \times (H - 1.5)$		$2.0\gamma + 0.4\gamma \times (H - 2.0)$	
墙 长度>3 m			1.5γ		2.0γ	

注:① V 为混凝土浇筑速度(即浇筑混凝土的上升速度)(m/h);
　　② H 为混凝土浇筑高度,柱或墙的高度是指从该楼层面到上层梁底为止的高度(m);
　　③ γ 为混凝土的重力密度,取 2 400 kg/m³;
　　④ 根据表求得底部模板面上单位面积的最大侧压力,这个侧压力对于整个高度呈三角形分布,下端最大,上端为零,其合力重心在底部 1/3 处。

3.5.2.2　侧模及支撑

根据以上计算的混凝土最大侧压力值,可确定模板体系各部件的断面和尺寸,在侧模及支撑设计与施工中,应注意以下几方面:

(1) 由于大体积混凝土结构基础垫层面积较大,垫层浇筑后其面层不可能在同一水平面上。因此,在钢模板的下端统长铺设一根 500 mm×100 mm 小方木,用水平仪找平调整,确保安装好的钢模板上口能在同一标高上。另外,沿基础纵向两侧及横向混凝土浇筑最后结束的一侧,在小方木上开设 50 mm×300 mm 的排水孔,以便将大体积混凝土浇筑时产生的泌水和浮浆排出坑外。

(2) 基础钢筋绑扎结束后,进行模板的最后校正,并焊接模板内的上、中、下三道拉杆。上面一道先与角铁支架连接后,再用圆钢拉杆焊在第三排桩帽上,中间一道拉杆斜焊在第二排桩帽上,下面一道直接焊在底皮的受力钢筋上。

(3) 为了确保模板的整体刚度,在模板外侧布置三道统长横向围檩,并与竖向肋用连接件固定。

（4）由于泵送混凝土浇筑速度快，对模板的侧向压力也相应增大，所以，为确保模板的安全和稳定，在模板外侧另加三道木支撑（图3-9）。

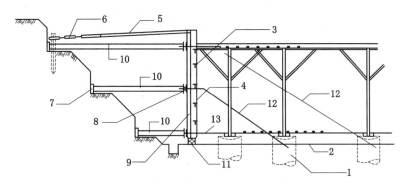

1—钢管桩；2—混凝土垫层面；3—∟40×4角铁搁栅；4—5 mm钢模板板面；5—∟50×5，每模板2根（校正模板上口位置）；6—花篮螺栓；7—通长木垫头板；8—2根♯8通长槽钢腰梁；9—2根[8@1 000；10—75 mm×75 mm方木@1 000；11—50 mm×100 mm小方木，上口找平；12—φ22拉杆；13—拉杆与受力钢筋焊接

图3-9 侧模支撑示意图

3.5.3 混凝土工程

高层建筑基础工程的大体积混凝土数量巨大，如新上海国际大厦17 000 m³，上海煤炭大厦21 000 m³，上海世界贸易商城24 000 m³，很多工业设备的基础亦达数千立方米甚至一万立方米以上。对于这些大体积混凝土的浇筑最好采用集中搅拌站供应商品混凝土，搅拌车运送到施工现场，由混凝土泵（泵车）进行浇筑。

采用商品混凝土是全盘机械化混凝土施工方案，其关键是如何使这些机械相互协调，否则任何一个环节的失调，都会打乱整个施工部署。

3.5.3.1 施工平面布置

混凝土泵送能否顺利进行，在很大程度上取决于合理的施工平面布置、泵车的布局以及施工现场道路的畅通。

1. 混凝土泵车的布置

（1）根据混凝土的浇筑计划、施工顺序和施工速度等要求来选择混凝土泵车的型号、台数，确定每一台泵车负责浇筑的施工范围。

（2）在泵车布置上，应尽量使泵车靠近基坑，使布料杆扩大服务半径，使最长的水平输送管控制在120 m左右，并尽量减少用90°的弯管。

（3）严格施工平面管理和道路交通管理，抓好施工道路的质量，是确保泵车、搅拌运输车正常运输的重要一环。因此，各种作业场地、机具和材料都要按划定的区域和地点操作或堆放，车辆行驶路线也要分区规划安排，以保证行车的安全和畅通。

2. 防止泵送堵塞的措施

在泵送混凝土的施工过程中，最容易发生的是混凝土堵塞，为了充分发挥泵车的效率，确保管道输送畅通，可采取以下措施：

（1）加强混凝土的级配管理和坍落度控制，确保混凝土的可泵性。在整个施工过程中每隔2～4h进行一次检查，发现坍落度有偏差时，及时与搅拌站联系加以调整。

（2）搅拌运输车在卸料前，应高速运输 1 min，使卸料时的混凝土质量均匀。

（3）严格泵车管理，在使用前和工作过程中要特别重视"一水"（冷却水）、"三油"（工作油、材料油和润滑油）的检查。在泵送过程中，气温较高时，如连续压送，工作油温可能会升温到 60℃，为了确保泵车正常工作，应对水箱中的冷却水及时调换，控制油温在 50℃ 以下。

3.5.3.2　大体积混凝土的浇筑

大体积混凝土的浇筑与其他混凝土的浇筑工艺基本相同，一般包括搅拌、运送、浇筑入模、振捣及平仓等工序，其中浇筑方法可结合结构物大小、钢筋疏密、混凝土供应条件以及施工季节等情况加以选择。

1. 混凝土浇筑方法

为保证混凝土结构的整体性，混凝土应连续浇筑，要求在前层混凝土初凝前浇筑完成次层混凝土。根据工程特点，大体积混凝土工程的施工宜采用整体分层连续浇筑施工（图3-10）或推移式连续浇筑施工（图 3-11）。

超长大体积混凝土施工，为防止结构出现有害裂缝，可采取留置变形缝、后浇带和跳仓法施工。变形缝、后浇带的设置和施工应符合现行国家有关标准的规定；跳仓的最大分块尺寸不宜大于 40 m，跳仓间隔施工的时间不宜小于 7 d，跳仓接缝处按施工缝的要求设置和处理。

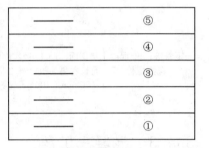

图 3-10　整体分层连续浇筑施工

大体积混凝土施工如采取分层间歇浇筑混凝土，设置水平施工缝时，除应符合设计要求外，尚应根据混凝土浇筑过程中温度裂缝控制的要求、混凝土的供应能力、钢筋工程的施工、预埋管件安装等因素确定其间隙时间。

2. 混凝土浇筑工艺

大体积混凝土的浇筑厚度应根据所用振捣器的作用深度及混凝土的和易性确定，整体连续浇筑时宜为 300～500 mm。整体分层连续浇筑或推移式连续浇筑，应缩短

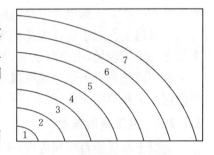

图 3-11　推移式连续浇筑施工

间歇时间，并在前层混凝土初凝之前将次层混凝土浇筑完毕，层间最长的间歇时间不应大于混凝土的初凝时间。混凝土的初凝时间应通过试验确定；当层间间隔时间超过混凝土的初凝时间时，层面应按施工缝处理。

混凝土浇筑宜从低处开始，沿长边方向自一端向另一端进行。当混凝土供应量有保证时，亦可多点同时浇筑。混凝土泵送时在卸料口会自然形成一个坡度，为保证浇筑密实，在每个浇筑带的前、后宜布置两道振动器，第一道振动器布置在混凝土卸料点，主要解决上部混凝土的捣实；第二道振动器布置在混凝土坡脚处，以确保下部混凝土的密实。随着混凝土浇筑工作的向前推进，振动器也相应跟上，以保证整个高度混凝土的质量，具体布置如图 3-12 所示。

大体积混凝土施工如分层间歇浇筑混凝

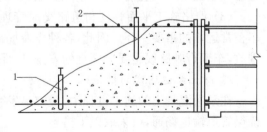

1—前道振捣器；2—后道振捣器
图 3-12　混凝土振捣示意图

土时,水平施工缝的处理应符合下列要求:

(1) 清除浇筑表面的浮浆、软弱混凝土层及松动的石子,并均匀地露出粗骨料;

(2) 在上层混凝土浇筑前,应用压力水冲洗混凝土表面的污物,充分润湿,但不得有积水;

(3) 对非泵送及低流动度混凝土,在浇筑上层混凝土时,应采取接浆措施。

在大体积混凝土浇筑过程中,应采取措施防止受力钢筋、定位筋、预埋件等移位和变形,并及时清除混凝土表面的泌水。大体积混凝土浇筑面应及时进行二次抹压处理。

3.5.3.3 大体积混凝土的养护

大体积混凝土应进行保温保湿养护,防止大体积混凝土里表温度的陡升陡降。在每次混凝土浇筑完毕后,除应按普通混凝土进行常规养护外,尚应及时按温控技术措施的要求进行保温养护。保温养护工作应由专人负责,并做好测试记录;保湿养护的持续时间不得少于 14 d,并经常检查塑料薄膜或养护剂涂层的完整情况,保持混凝土表面湿润;保温覆盖层的拆除应分层逐步进行,当混凝土的表面温度与环境最大温差小于 20℃时,可全部拆除。

在混凝土浇筑完毕初凝前,宜立即进行喷雾养护工作。

保温材料可选用塑料薄膜、麻袋、阻燃保温被等,必要时,可搭设挡风保温棚或遮阳降温棚。在保温养护过程中,应对混凝土浇筑体的里表温差和降温速率进行现场监测,当实测结果不满足温控指标的要求时,应及时调整保温养护措施。

高层建筑转换层的大体积混凝土施工,应加强进行养护,其侧模、底模的保温构造应在支模设计时确定。

大体积混凝土拆模后,地下结构应及时回填土;地上结构应尽早进行装饰,不宜长期暴露在自然环境中。

3.5.3.4 特殊气候条件下的施工

大体积混凝土施工遇炎热、冬期、大风或者雨雪天气时,必须采用保证混凝土浇筑质量的技术措施。

炎热天气浇筑混凝土时,应防止混凝土温升过高,宜采取降低混凝土原材料温度的措施,控制混凝土入模温度,如遮盖、洒水、拌冰屑等,将入模温度宜控制在 30℃以下。混凝土浇筑后,应及时进行保湿保温养护;条件许可时,应避开高温时段浇筑混凝土。

冬期浇筑混凝土时,为控制混凝土降温速度,保证水化反应,宜采用热水拌和、加热骨料等提高混凝土原材料温度的措施,混凝土入模温度不宜低于 5℃。混凝土浇筑后,应及时进行保湿保温养护。

当遇到大风天气浇筑混凝土时,为防止混凝土表面散热过快,保证表面湿度,在作业面应采取挡风措施,并增加混凝土表面的抹压次数,及时覆盖塑料薄膜和保温材料。

雨雪天不宜露天浇筑混凝土,当需施工时,应采取确保混凝土质量的措施。浇筑过程中突遇大雨或大雪天气时,应及时在结构合理部位留置施工缝,并应尽快中止混凝土浇筑;对已浇筑还未硬化的混凝土应立即进行覆盖,严禁雨水直接冲刷新浇筑的混凝土。

3.5.3.5 混凝土的泌水处理和表面处理

1. 混凝土的泌水处理

大体积混凝土施工,由于采用大流动性混凝土分层浇筑,上下层施工的间隔时间较长(一般为 1.5~3 h),经过振捣后上涌的泌水和浮浆易顺混凝土坡面流到坑底。当采用泵送混凝土施工时,泌水现象尤为严重,解决的办法是在混凝土垫层施工时,预先在横向上做出2 cm的坡度;在结构四周侧模的底部开设排水孔,使泌水从孔中自然流出;少量来不及排除的泌水,随着混凝土浇筑向前推进被赶至基坑顶端,由顶端模板下部的预留孔排至坑外。

当混凝土大坡面的坡脚接近顶端模板时,应改变混凝土的浇筑方向,即从顶端往回浇筑,与原斜坡相交成一个集水坑,另外有意识地加强两侧模板外的混凝土浇筑强度,这样集水坑逐步在中间缩小成小水潭,然后用软轴泵及时将泌水排除。采用这种方法适用于排除最后阶段的所有泌水,如图3-13所示。

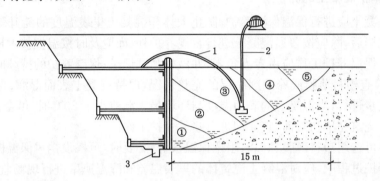

1—端顶混凝土浇筑方向(①②……表示分层浇筑流程);2—软轴抽水机排除泌水;3—排水沟

图3-13 顶端混凝土浇筑方向及泌水排除

2. 混凝土的表面处理

大体积混凝土(尤其是泵送混凝土),其表面水泥浆较厚,不仅会引起混凝土的表面收缩开裂,而且会影响混凝土的表面强度。因此,在混凝土浇筑结束后要认真进行表面处理。处理的基本方法是在混凝土浇筑4~5 h,先初步按设计标高用长刮尺刮平,在初凝前(因混凝土内掺加木质素磺酸钙减水剂,初凝时间延长到6~8 h)用铁滚筒碾压数遍,再用木蟹打磨压实,以闭合收水裂缝,经12~14 h后,覆盖二层草袋(包)充分浇水润湿养护。

4 高层建筑结构施工

4.1 高层建筑脚手架工程

为满足结构施工和外装饰施工的需要,高层建筑施工时都需要搭设外脚手架。按照建筑结构和施工组织的不同,结构施工和外装饰施工可以采用同一架子,也可以采用不同的脚手架。

高层建筑外脚手架的构造形式应按工程特点和施工组织的要求选用,首先要满足施工和安全保障的要求,同时还应考虑材料用量、搭拆难易等,需综合考虑经技术经验比较后加以确定。

脚手架的种类有扣件式钢管脚手架、碗扣式钢管脚手架和门式钢管脚手架等。

高层建筑施工用的外脚手架,常用的构造形式有悬挑式脚手架、附着升降式脚手架、悬吊式脚手架以及与外模板提升结合的爬模体系等。

4.1.1 悬挑式脚手架

4.1.1.1 悬挑式脚手架的构造

悬挑式脚手架是由建筑物结构挑出构件上的承力钢梁支承的脚手架,其荷载最后全部传给建筑结构。

按悬挑构件的构造形式的不同,悬挑式脚手架分为斜拉式和下撑式。斜拉式由建筑结构伸出的型钢挑梁作为悬挑承力架,端部加钢拉杆斜拉,见图 4-1。下撑式悬挑脚手架底部承力架为斜撑悬挑钢梁,见图 4-2。斜拉式耗材少,但在使用方面不如下撑式方便。

悬挑脚手架的悬挑承力架宜采用工具式结构,并应能可靠地承受并传递其上方钢管脚手架传来的荷载,各悬挑承力架之间应具有保证水平向稳定的构造措施。

脚手架立杆应支承于型钢承力架或纵向承力钢梁上。当型钢承力架纵向间距与脚手架立杆纵向间距不等时,应设置纵向钢梁,确保立杆上的荷载通过纵向钢梁传递到型钢承力架及主体结构上。悬挑承力架或纵向钢梁上应设置钢管脚手架的立杆定位件,位置应符合设计要求。立杆定位件宜采用直径 36 mm、壁厚大于或等于 3 mm 的钢管制作,高度不小于100 mm。悬挑式门式钢管脚手架、碗扣式钢管脚手架和盘扣式钢管脚手架的底部承力架上宜设置纵向承力钢梁。

用于制作悬挑及纵向承力钢梁的热轧型钢、钢板等应符合现行国家标准《碳素结构钢》(GB/T 700)中关于 Q235A 钢和《低合金高强度结构钢》(GB/T 1591)中关于 Q345 钢的规定。冷弯薄壁型钢的质量应符合现行国家标准《冷弯薄壁型钢结构技术规范》(GB 50018)的规定。

用于搭设扣件式脚手架的钢管、扣件、连墙件、脚手板等构配件的质量应符合国家现行标准《建筑施工扣件式钢管脚手架安全技术规范》(JGJ 130)的规定;用于搭设门式钢管脚手架、碗扣式钢管脚手架和盘扣式钢管脚手架等构配件的质量应符合相应的国家现行标准的规定。

吊拉构件采用钢筋拉杆时，其技术性能应符合现行国家标准《钢筋混凝土用热轧光圆钢筋》(GB 13013)中 HPB300 级钢筋的规定。用于构件连接的螺栓应符合现行国家标准《六角头螺栓》(GB/T 5782)的规定，其机械性能应符合现行国家标准《紧固件机械性能螺栓、螺钉和螺丝》(GB/T 3089)的规定。

1. 斜拉式悬挑脚手架

悬挑脚手架为钢拉杆吊拉型钢挑梁时，其构造应满足下列要求(图 4-1)：

(1) 悬挑承力钢梁内侧端部和钢拉杆上端的吊挂支座的锚固应采用锚固螺栓与建筑物连接，锚固螺栓不应少于 2 个，螺栓直径应由设计确定；螺杆露出螺母应不少于 3 扣和 10 mm，垫板尺寸应由设计确定，且不得小于 80 mm×80 mm×8 mm。

(2) 钢拉杆应具有保证其可靠工作的调紧装置，作用位置宜与悬挑构件轴线一致。钢筋拉杆的两端宜焊接耳板，并采用螺栓与钢梁外侧端部和固定于建筑物的吊挂支座固定。悬挑承力钢梁悬挑长度≤1 800 mm 时，可设置 1 根钢筋拉杆，见图 4-1(a)；1 800 mm＜悬挑长度≤3 000 mm 时，宜设置内外 2 根钢筋拉杆，见图 4-1(b)。钢筋拉杆的水平夹角应不小于 45°。

(3) 耳板应设置在悬挑钢梁承受集中力作用处附近，耳板的尺寸及焊缝长度应由设计确定。

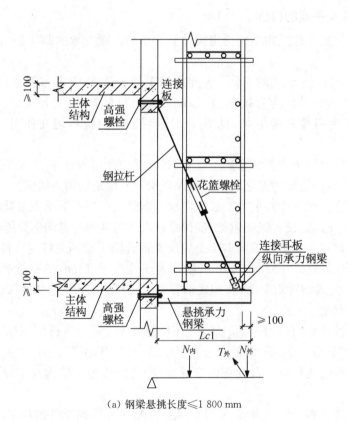

(a) 钢梁悬挑长度≤1 800 mm

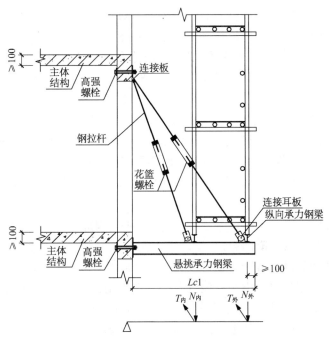

（b）1 800 mm＜钢梁悬挑长度≤3000 mm

图 4-1　钢拉杆斜拉式悬挑脚手架构造

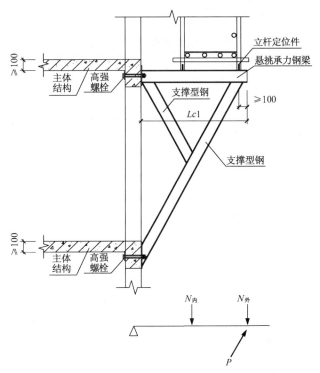

图 4-2　下撑式悬挑脚手架构造

2. 下撑式悬挑脚手架

悬挑承力钢梁一般由工字钢制作,钢梁的一端通过高强螺栓固定到混凝土墙体上,另一端利用螺栓与斜撑杆连接。斜撑杆应与悬挑钢梁端部及主体结构连接固定,宜采用工具式连接。如斜杆下端通过高强螺栓连接到混凝土结构上,也可焊接到主体结构中的预埋钢板上。当结构中钢筋过密时,也可采用预埋件,将悬挑承力钢梁与预埋件焊接。预埋件的锚固筋要采用锚塞焊,并由计算确定。斜撑杆应计算确定其稳定性,并应有防止平面内和平面外失稳的构造措施。

3. 扣件式钢管脚手架构造

钢管脚手架应搭设成双排形式,步距不得大于 2 m,立杆底部应设置纵向和横向扫地杆,纵向扫地杆应采用直角扣件固定在距悬挑钢梁上表面不大于 200 mm 处的立杆上,横向扫地杆紧靠纵向扫地杆下方用直角扣件固定在立杆上。脚手架钢管的壁厚不应小于2.8 mm。

钢管脚手架外侧必须沿全高全长连续设置剪刀撑。钢管脚手架的转角部位、一字形、开口形脚手架的端部必须设置横向斜撑,横向斜撑应由底至顶呈之字形连续布置。分段悬挑的钢管脚手架立杆、剪刀撑等杆件,在分段处应全部断开,不得上下连续设置。

钢管脚手架连墙件必须采用刚性构件直接与主体结构可靠连接,严禁使用柔性连墙件。连墙件宜靠近主节点设置,偏离主节点的距离不应大于 300 mm;应从每一悬挑段的第一步架开始设置,有困难时,应采取其他可靠措施固定;连墙件宜水平设置,不能水平设置时,与脚手架连接的一端不应高于与主体结构连接的一端;一字形、开口形脚手架的两端必须增设连墙件,其竖向间距不应大于建筑物的层高,且不大于 2 步。连墙件的设置间距除应满足计算要求外,尚应符合表 4-1 规定。

表 4-1 脚手架连墙件布置最大间距

脚手架离地高度/m	竖向间距/m	水平间距/m	每个连墙件覆盖面积/m²
≤50	$2h$	$3l_a$	≤27
50~100	$2h$	$2l_a$	≤20

注:h 为脚手架步高,l_a 为脚手架立杆纵向间距。

立杆接长必须采用对接扣件连接(顶层顶步除外),并应交错布置,两根相邻立杆的接头不应设置在同步内,同步内隔一根立杆的两个相隔接头在高度方向错开的距离不宜小于500 mm,各接头中心至主节点的距离不宜大于步距的1/3。

钢管脚手架的立杆横距大于 800 mm 时,每步横向水平杆上扣接的纵向水平钢管不应少于 4 根,立杆的纵距不应大于 1 700 mm。钢管脚手架的立杆横距小于等于 800 mm 时,每步横向水平杆上扣接的纵向水平钢管不应少于 3 根,立杆的纵距不应大于1 500 mm。

脚手架外立面应采用防护密目网全封闭,每 100 mm×100 mm 面积至少有 2 000 个网目。钢管脚手架底部必须严密封闭,宜满铺木制脚手板,木脚手板拼缝应紧密,与脚手架绑扎牢固;当采用满铺竹笆片脚手板时,底部应用密目网兜底封闭。对于脚手架内侧空挡处,应沿高度每隔 4 个步高设置 30 mm×30 mm 平网封闭。

4.1.1.2 悬挑式脚手架的设计

悬挑式钢管脚手架设计应采用概率理论为基础的极限状态设计法。悬挑式钢管脚手架的设计应列入分项工程的专项施工方案,包括下列设计内容:

（1）悬挑承力架及其与主体结构的连接、悬挑承力架相应部位的主体结构承载力计算；

（2）悬挑承力架上部架体构配件的承载力计算；

（3）连墙件的承载力的计算。

悬挑式钢管脚手架的施工图设计应包括下列内容：

（1）悬挑承力架的平面布置图，应准确标注悬挑承力架的间距、伸出楼层结构面的长度等详细尺寸以及转角处、阳台、雨篷、楼（电）梯、卸料平台等特殊部位的施工详图；

（2）脚手架架体的平面图、立面图、剖面图；

（3）悬挑承力架的 U 形钢筋锚环及楼层吊拉构件的钢筋拉环或固定支座等预埋件的布置位置尺寸及其节点详图；

（4）脚手架连墙件的布置及其节点详图等。

悬挑式钢管脚手架的设计计算应包括悬挑承力架和上部钢管脚手架两部分。计算悬挑脚手架构件的承载力时，应采用荷载效应基本组合的设计值。永久荷载分项系数应取 1.2，可变荷载分项系数应取 1.4。脚手架内、外立杆的轴力应根据其实际承受的永久荷载和可变荷载分别计算。

悬挑脚手架中的受弯构件，尚应根据正常使用极限状态的要求验算变形。验算构件变形时，应采用荷载效应的标准组合的设计值。

悬挑承力架结构的设计应根据不同的构造形式，进行下列设计计算：

（1）悬挑承力钢梁的抗弯强度、抗剪强度、整体稳定性和挠度；

（2）吊拉构件的抗拉强度；

（3）斜撑的抗压强度和稳定性；

（4）悬挑承力架锚固件及其锚固连接的抗拉和抗剪强度；

（5）悬挑承力架各节点的连接强度；

（6）支承悬挑承力架的主体结构构件的承载力及支座局部承压验算。

下面介绍悬挑脚手架钢底梁（纵向承力钢梁）和悬挑承力架的计算。

1. 钢底梁的计算

钢底梁承受上方脚手架立柱传来的集中荷载 F 和本身的自重。按简支梁计算，偏于安全，计算简图如图 4-3 所示。

1）抗弯强度计算

钢底梁抗弯强度计算如下：

$$\frac{M_x}{\gamma_x W_{nx}} + \frac{M_y}{\gamma_y W_{ny}} \leqslant f \tag{4-1}$$

式中　　M_x，M_y——绕 x 轴和 y 轴的弯矩，对于工字形截面，x 轴为强轴，y 轴为弱轴（N・mm）；

　　　　W_{nx}，W_{ny}——对 x 轴和 y 轴的净截面抵抗矩（mm³）；

　　　　γ_x，γ_y——截面塑性发展系数，对于工字形截面，$\gamma_x = 1.05$，$\gamma_y = 1.20$，箱形截面，$\gamma_x = \gamma_y = 1.05$，其他截面按《钢结构设计规范》（GB 50017—2003）中的表 5.2.1 采用；

f——钢材的抗弯强度设计值(N/mm^2)。

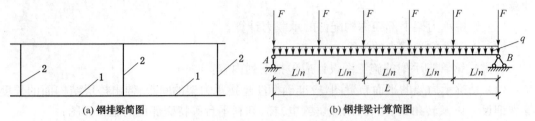

(a) 钢排梁简图 (b) 钢排梁计算简图

1—工字钢梁或槽钢梁;2—钢联系梁,一般用螺栓与1连接成整体;F—集中荷载;q—均布荷载;L—跨长

图 4-3　钢底梁的简图与计算简图

2) 抗剪强度计算

钢底梁抗剪强度计算采用式(4-2)计算:

$$\tau = \frac{VS}{It_w} \leqslant f_v \tag{4-2}$$

式中　V——计算截面沿腹板平面作用的剪力(N);

　　　S——计算剪应力处以上毛截面对中和轴的面积矩(mm^3);

　　　I——毛截面惯性矩(mm^4);

　　　t_w——腹板厚度(mm);

　　　f_v——钢材的抗剪强度设计值(N/mm^2)。

3) 局部承压强度计算

钢底梁局部承压强度计算如下:

$$\sigma_c = \frac{\psi F}{t_w l_z} \leqslant f \tag{4-3}$$

式中　F——集中荷载(N);

　　　ψ——集中荷载增大系数,此处 $\psi=1.0$;

　　　l_z——集中荷载在腹板计算高度上边缘的假定分布长度(mm),按下式计算:

$$l_z = a + 5h_y$$

其中,a 为集中荷载沿梁跨度方向的支承长度,h_y 为梁顶面至腹板计算高度上边缘的距离,单位均为 mm。

4) 整体稳定验算

钢底梁整体稳定验算采用式(4-4)计算:

$$\frac{M_x}{\varphi_b W_x} \leqslant f \tag{4-4}$$

式中　M_x——绕强轴作用的最大弯矩(N·mm);

　　　W_x——按受压纤维确定的梁毛截面抵抗矩(mm^3);

　　　φ_b——梁的整体稳定系数,按《钢结构设计规范》(GB 50017—2003)中的附录 B 确定;

　　　f——钢材的设计强度(N/mm^2)。

5）挠度计算

钢底梁挠度计算如下：

$$f_{\max} = f_1 + f_2 \tag{4-5}$$

式中　$f_{\max}$——钢梁最大挠度（mm）；

　　　f_1——集中荷载引起的最大挠度（mm），如为 3 个等距集中荷载，则 $f_1 = \dfrac{19Fl^3}{384EI}$；

　　　f_2——均布荷载引起的最大挠度（mm），$f_2 = \dfrac{5ql^4}{384EI}$；

　　　F——集中荷载（N）；

　　　q——均布荷载（N/mm）；

　　　l——钢梁跨度（mm）；

　　　E——钢梁弹性模量（N/mm^2）；

　　　I——钢梁的惯性矩（mm^4）。

【例 4-1】　钢底梁跨度为 6 m，上部有 16 排脚手架，脚手架立柱纵距为 1.5 m，横距为 1 m，脚手架步高 1.8 m，钢梁选用 25 号工字钢，计算简图见图 4-4。

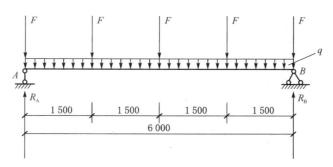

图 4-4　钢底梁计算简图

（1）荷载计算

每根立柱传下的荷载：$F = 14\ 290$ N

梁自重：$q = 0.381\ 0$ N/mm

$$\sum M_A = 0$$

$$F \times (6\ 000 + 4\ 500 + 3\ 000 + 1\ 500) - R_B \times 6\ 000 + q \times (6\ 000)^2/2 = 0$$

$$R_B = 3.69 \times 10^4\ \text{N},\ R_A = R_B = 3.69 \times 10^4\ \text{N}$$

（2）内力计算

$$Q_{\max} = R_A = 3.69 \times 10^4\ \text{N}$$

$$M_{\max} = R_A \times \frac{6\ 000}{2} - F \times (3\ 000 + 1\ 500) - \frac{0.381 \times 6\ 000^2}{8}$$

$$= 4.47 \times 10^7\ \text{N} \cdot \text{mm}$$

(3) 验算

① 抗弯强度

查得 $\gamma_x = 1.05$，则

$$\sigma = \frac{4.47 \times 10^7}{1.05 \times 4.02 \times 10^5} = 105.90 \text{ N/mm}^2 < f(= 215 \text{ N/mm}^2)$$

② 剪应力

查得 $\frac{I}{S} = 216 \text{ mm}$，$t_w = 8$，则：

$$\tau = \frac{3.69 \times 10^4}{216 \times 8} = 20.35 \text{ N/mm}^2 < f_v(= 125 \text{ N/mm}^2)$$

③ 支座局部承压

设支座长度为 30 mm，$h_y = 13 \text{ mm}$，则 $l_z = a + 5h_y = 95$，$\psi = 1$，则：

$$\sigma_c = \frac{1 \times 3.69 \times 10^4}{8 \times 95} = 48.55 \text{ N/mm}^2 < f$$

④ 整体稳定性

查 GB 50017—2003 附录表 B.2 得 $\varphi_b = 0.76$。

$$\sigma = \frac{4.47 \times 10^7}{0.76 \times 4.02 \times 10^5} = 146.31 \text{ N/mm}^2 < f$$

⑤ 挠度

集中荷载引起的挠度为

$$f_1 = \frac{19 \times 1.43 \times 10^4 \times (6\ 000)^3}{384 \times 2.1 \times 10^5 \times 5.02 \times 10^7} = 14.4 \text{ mm}$$

均布荷载引起的挠度为

$$f_2 = \frac{5 \times 0.381 \times (6\ 000)^4}{384 \times 2.1 \times 10^5 \times 5.02 \times 10^7} = 0.6 \text{ mm}$$

$$f = 14.4 + 0.6 = 15 \text{ mm}$$

查 GB 50017—2003 附录 A 表 A.1.1 得允许挠度为

$$[f] = l/250 = \frac{6\ 000}{250} = 24 \text{ mm}$$

则 $f < [f]$。

2. 三角挑架的计算

三角挑架的计算简图如图 4-5 所示。

1) 内力计算

将斜杆简化成一根弹簧，则钢挑梁在荷载作用下产生的位移与弹簧支座反力产生的位移差，应等于斜杆的压缩距离在反力方向上的投影，于是得出：

$$\Delta_P - \bar{\delta} N_z = \Delta_{N_z} \tag{4-6}$$

式中　Δ_P——钢挑梁外端在荷载作用下产生的位移(mm)；

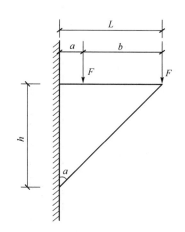
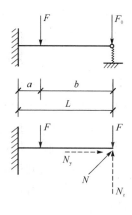

图 4-5 三角挑架的计算简图

$\overline{\delta}$——弹簧支座在外力作用下的变形模量(N/mm);

N_z——钢梁外端支座的垂直分力(N);

Δ_{N_z}——斜杆的压缩距离在反力方向上的投影(mm);

$$\Delta_{N_z} = \frac{Nl_c}{EA_c}\cos\alpha$$

式中 N——斜杆内力(N);

l_c——斜杆长度(mm);

E——斜杆的弹性模量(N/mm^2);

A_c——斜杆截面面积(mm^2);

α——斜杆与墙面夹角。

$$N = N_z/\cos\alpha$$
$$\Delta_P = \frac{Fl^3}{3EI} + \frac{Fl_a^2(l - l_a/3)}{2EI}$$

式中 F——集中荷载(N);

l——钢挑梁长(mm);

E——钢挑梁的弹性模量(N/mm^2);

I——钢挑梁的惯性矩(mm^4);

l_a——内侧的集中荷载与墙面的距离(mm)。

$$\overline{\delta} = \frac{l^3}{3EI}$$

将上述各式代入式(4-6)得

$$N_z = \frac{\dfrac{Fl^3}{3EI} + \dfrac{Fl_a(l - l_a)}{2EI}}{\dfrac{l_c}{EA} + \dfrac{l^3}{3EI}} \qquad (4\text{-}7)$$

$$N_y = N\sin\alpha \qquad (4\text{-}8)$$

2) 验算挑梁拉弯强度

$$\frac{N}{A_n} \pm \frac{M_x}{\gamma_x W_{nx}} \pm \frac{M_y}{\gamma_y W_{ny}} \leqslant f \tag{4-9}$$

式中　N——轴心拉力(N)；

　　　A_n——钢梁截面面积(mm^2)；

　　　M_x，M_y——绕 x 轴和 y 轴的弯矩(N·mm)；

　　　W_{nx}，W_{ny}——对 x 轴和 y 轴的净截面抵抗矩(mm^3)；

　　　γ_x，γ_y——截面塑性发展系数，按 GB 50017—2003 表 5.2.1 计算；

　　　f——钢材的抗拉设计强度。

3) 钢挑梁埋入验算

钢挑梁埋入处的受力比较复杂，沿垂直方向的剪力由钢挑梁承受，平面内的弯矩由上部结构自重产生的压力与之平衡，故剪力与弯矩不会使钢挑梁产生水平位移，而轴向拉力则有可能使钢挑梁产生水平位移，故一般均在钢挑梁端部设置锚固件，锚固件多用短钢筋销入钢挑梁端部孔内，这种情况下一般验算锚筋的抗剪强度：

$$\tau = \frac{N_y/n}{A} \leqslant f_v \tag{4-10}$$

式中　τ——锚筋的剪应力(N/mm^2)；

　　　N_y——轴向拉力(N)；

　　　n——锚筋根数；

　　　A——锚筋截面面积(mm^2)；

　　　f_v——锚筋的抗剪设计强度(N/mm^2)。

若钢挑梁直接埋设有困难时(如钢筋过密或截面较薄)也可以先设预埋件，将钢挑梁焊于预埋件上。预埋件的计算按有关规定进行，并要计算钢挑梁与预埋件焊接的焊缝强度。

4) 钢挑梁嵌固端的混凝土局部承压的验算

在进行钢挑梁嵌固端的混凝土局部承压的验算时，其承压区的截面尺寸应符合下式要求(配置间接钢筋构件)：

$$F_l \leqslant 1.5\beta f_c A_{ln} \tag{4-11}$$

式中　F_l——局部荷载设计值(N)；

　　　f_c——混凝土轴心抗压强度设计值(N/mm^2)；

　　　A_{ln}——混凝土局部承压净面积(mm^2)；

　　　β——混凝土局部承压强度提高系数：

$$\beta = \sqrt{\frac{A_b}{A_l}}$$

　　　A_b——局部受压时的计算底面积(mm^2)；

　　　A_l——混凝土局部受压净面积(mm^2)。

5）斜杆的验算

（1）强度验算。按下面公式进行：

$$\frac{N}{A_n} \pm \frac{M_x}{\gamma_x W_{nx}} \pm \frac{M_y}{\gamma_y W_{ny}} \leqslant f \tag{4-12}$$

（2）稳定性验算。按下面公式进行：

$$\frac{N}{\varphi A} \leqslant f \tag{4-13}$$

式中　N——轴心受压的设计荷载（N）；

　　　　A——斜杆的截面面积（mm^2）；

　　　　f——钢斜杆的抗压设计强度（N/mm^2）；

　　　　φ——轴心受压的稳定系数，按 GB 50017—2003 附录 C 采用。

（3）斜杆焊缝验算。

按下面公式进行：

$$\tau_f = \frac{N}{h_e l_w} \leqslant f_f^w \tag{4-14}$$

式中　N——平行于焊缝长度方向的轴力，此处 $N = N_z$（N）；

　　　　h_e——角焊缝的有效厚度（mm）；

　　　　l_w——焊缝的有效长度（mm）；

　　　　τ_f——沿角焊缝长度方向的剪应力（N/mm^2）；

　　　　f_f^w——角焊缝的抗剪设计强度（N/mm^2）。

【例 4-2】　钢三角挑架简图见图 4-5。图中 $L = 1\,500$ mm，$a = 500$ mm，$b = 1\,000$ mm，$h = 1\,500$ mm，钢挑梁选用 18 号工字钢，斜杆选用 $\phi 89 \times 5$ 水煤气管。

（1）荷载计算

挑架上承受钢底梁传来的荷载：

$$F = 4 \times 14\,290 + 0.381 \times 6\,000 + 200（连接件重）= 5.96 \times 10^4 \text{ N}$$

（2）挑梁验算

钢挑梁为 18 号工字钢，$I_x = 1.66 \times 10^7$ mm^4，$W_x = 1.85 \times 10^5$ mm^3，$A = 3.06 \times 10^3$ mm^2；斜杆为 $\phi 85 \times 5$ 钢管，$A = 1.32 \times 10^3$ mm^2，$i = 29.8$，$l_0 = 2\,121$ mm，$\lambda = l_0/i = 71.17$，查表得 $\varphi = 0.834$。

$$\bar{\delta} = \frac{(1\,500)^3}{3 \times 2.1 \times 10^5 \times 1.66 \times 10^7} = 3.23 \times 10^{-3} \text{ mm/N}$$

$$\Delta_P = \frac{5.96 \times 10^4 \times (1\,500)^3}{3 \times 2.1 \times 10^5 \times 1.66 \times 10^7} + \frac{5.96 \times 10^4 \times (500)^2 \times (1\,500 - 500/3)}{2 \times 2.1 \times 10^5 \times 1.66 \times 10^7}$$

$$= 19.21 + 2.84 = 22.05 \text{ mm}$$

$$N_z = \frac{22.05}{\dfrac{2\,121}{2.1 \times 10^5 \times 1.32 \times 10^3} + 3.23 \times 10^{-3}} = 6.80 \times 10^4 \text{ N}$$

$$N = 6.80 \times 10^4 / 0.707 = 9.62 \times 10^4 \text{ N}$$

$$N_y = 6.80 \times 10^4 \text{ N}$$

$$M_{max} = (F - N_z)l + Fl_a = (5.96 \times 10^4 - 6.80 \times 10^4) \times 1\,500 + 5.96 \times 10^4 \times 500$$
$$= 1.72 \times 10^7 \text{ N} \cdot \text{mm}$$

钢挑梁正应力：

$$\sigma = \frac{6.80 \times 10^4}{3.06 \times 10^3} + \frac{1.72 \times 10^7}{1.2 \times 1.85 \times 10^5} = 99.70 \text{ N/mm}^2 < f$$

端部伸入混凝土 500 mm，锚筋 2ϕ20，则

$$\tau = \frac{6.80 \times 10^4 / 2}{314.16} = 108.3 \text{ N/mm}^2 < f_v$$

混凝土局部承压验算：

$$6.80 \times 10^4 \leqslant 1.5 \times 1 \times 215 \times 500 \times 100 = 1.61 \times 10^7 \text{ N，满足条件。}$$

（3）斜杆验算

① 正应力

$$\sigma = \frac{9.62 \times 10^4}{1.32 \times 10^3} = 72.85 \text{ N/mm}^2 < f$$

② 稳定性

$$\sigma = \frac{9.62 \times 10^4}{0.834 \times 1.32 \times 10^3} = 87.34 \text{ N/mm}^2 < f$$

③ 焊缝验算

焊缝厚度 5 mm，周长为 89×3.141 6＝279.6 mm

$$\tau_f = \frac{6.80 \times 10^4}{5 \times 279.6} = 48.67 \text{ N/mm}^2 < f_f^w$$

4.1.2　附着式升降脚手架

附着式升降脚手架是一种工具式脚手架，其主要架体构件多为工厂制作的专用钢结构产品，在现场按特定的程序组装后，附着在建筑物上自行或利用机械设备沿建筑物整体或部分升降的脚手架。附着式升降脚手架具有节约架体材料、工作效率高、人工费用少、可重复利用、一次分摊费用少、经济效果显著等优点，是目前高层建（构）筑物主体结构施工、外墙装饰施工阶段最常用的外脚手架形式，如图 4-6 所示。

4.1.2.1　附着式升降脚手架的形式和工作原理

附着式升降脚手架根据支承方式、升降方式、提升设备的不同分为各种类型。按支撑方式分为导轨式、导座式、套管式等，目前使用最多的为导轨式；按升降方式分为单片式升降、整体式升降、互升降式三个类型，目前使用最多的是整体式升降脚手架（爬架）；按提升设备不同分为电动葫芦提升、手动葫芦提升、液压设备提升、小型卷扬机提升，考虑到使用方便，多采用电动或液压提升。综上所述，目前最常用的是导轨式电动或液压整体升降脚手架。

(a) 主体施工阶段　　　　　　　　(b) 装饰施工阶段

图 4-6　附着式升降脚手架

1. 整体式附着升降脚手架(爬架)

附着式升降脚手架是搭设一定高度并附着于工程结构上,依靠自身的升降设备和装置,可随工程结构逐层爬升或下降,具有防倾覆、防坠落装置的外脚手架,分为整体式附着升降脚手架和单片式附着升降脚手架,整体式是有三个以上提升装置的连跨升降的附着式升降脚手架;单片式是仅有两个提升装置并独自升降的附着式升降脚手架。

整体式附着升降脚手架由架体结构、附着支承结构、提升设备、安全装置和控制系统五大部分组成。如图 4-7 所示,其中,架体结构包括竖向主框架、水平支承桁架、架体构架;附着支承结构包括附着支座以及导向构件;提升设备包括提升架体使用的机械设备以及相应的提升吊钩挂钩等;安全装置是指防坠装置、防倾装置和安全报警装置;控制系统包括电控操作系统以及欠载超载控制系统。

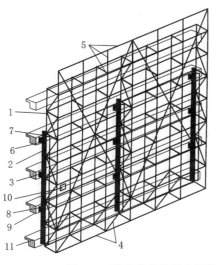

1—竖向主框架(单片式);
2—导轨;
3—附墙支座(含防倾覆、防坠落装置);
4—水平支承桁架;
5—架体构架;
6—升降设备;
7—升降上吊挂件;
8—升降下吊挂点(含荷载传感器);
9—定位装置;
10—同步控制装置;
11—工程结构

图 4-7　附着式升降脚手架的架体示意图(单片式主框架)

附着式升降脚手架的架体结构,一般由竖向主框架、水平支承桁架和架体构架三部分组成。竖向主框架是架体结构的主要组成部分,垂直于建筑物外立面,并与附着支承结构连接,是主要承受和传递竖向和水平荷载的竖向框架。水平支承桁架是主要承受架体竖向荷载并将竖向荷载传递送至竖向主框架的水平结构。架体构架是采用钢管杆件搭设的位于相邻两竖向主框架之间和水平支撑桁架之上的架体,是附着式升降脚手架架体结构的组成部分,也是操作人员作业场所。

附着支承结构是直接附着在工程结构上,并与竖向主框架相连接,承受并传递脚手架荷载的支承结构,包括附墙支座、悬臂梁和斜拉杆。悬臂梁是一端固定在附墙支座上,悬挂升降设备或防坠落装置的悬挑钢梁,又称悬吊梁。

提升设备为爬架的升降提供有效的动力,由提升架体使用的电动葫芦或液压设备、手动葫芦等机械设备、相应的提升吊钩挂钩等组成。

安全装置是指防坠装置、防倾装置和安全报警装置;防倾覆装置是防止架体在升降和使用过程中发生倾覆的装置,防倾装置采用防倾导轨及其他合适的控制架体水平位移的构造。防坠落装置是架体在升降或使用过程中发生意外坠落时的制动装置。防坠装置的制动类型有棘轮棘爪型、楔块斜面自锁型、摩擦轮斜面自锁型、楔块套管型、偏心凸轮型、摆针型等,必须达到及时止停的要求。

附着式升降脚手架在升降工况时因荷载不均、升降不同步可能导致个别升降设备超载,引发升降设备故障或附着装置破断,故附着式升降脚手架升降时必须安装同步控制装置,对提升荷载、机位高差进行监控,以避免升降设备因升降不同步而造成架体坠落事故。控制系统包括电控操作系统以及欠载超载控制系统,确保实现同步提升和限载保安全的要求。对升降同步性的控制应实现自动显示、自动调整和遇故障自停的要求。

附着式升降脚手架的工作原理是将专门设计的升降机构附着在建筑物上,将脚手架架体结构同升降机构连接在一起,但可相对运动,通过固定于升降机构上的提升设备将脚手架提升或下降,从而实现脚手架的爬升或下降。

2. 套管式附着升降脚手架

套管式附着升降脚手架的主要构件是一个套管升降架。每个升降架由外架(又称固定架)和内架(又称内套架或活动架)组成。外架是用直径较小的钢管焊接成的框架,一般为3个楼层高、1 m宽左右,中间一段不设横向杆件。内架是用内径大于外架钢管外径的无缝钢管焊成的框架,高1.6 m左右。内、外架钢管的具体规格应由计算确定。一般常用的规格,外架为$\phi48$ mm×3.5 mm,内架为$\phi63.5$ mm×4 mm。内架的立管套在外架的立管上,内架可沿外架立管上下滑动,滑动的幅度即为每次升(降)的幅度。

外架和内架均各设有两个与建筑物墙或柱连接的固定附墙支座。当进行提升时,首先将提升葫芦悬挂在外架的上横杆上,通过钢丝绳用吊钩吊住内架的下横杆,松开内架与建筑物墙(柱)的连接,操纵提升葫芦提升内架,再将内架与建筑物连接固定,然后将提升葫芦悬挂到内架的上横杆上,钢丝绳吊住外架的下横杆,松开外架与建筑物的连接,操纵提升葫芦提升外架,然后将外架与墙(柱)连接固定,即完成一个提升循环。每一提升循环,可提升1/2~1个楼层高度。内、外架如上所述交替提升,升降架即可沿建筑物逐步升高。下降时的操作与提升时相似,只是依次将内、外架下降。

每两个升降架之间用钢管横向连接起来组成一个脚手架单元,两个升降架之间距离一般不大于4 m,两个脚手架单元之间保持10 cm间隙。工作时将各脚手架单元连接起来形成整体脚手架,升降时,拆开单元之间的连接,各单元独立进行升降作业,一个脚手架单元的两个升降架在升(降)时必须严格保持同步。

图4-8是套管式升降架的提升过程示意图。

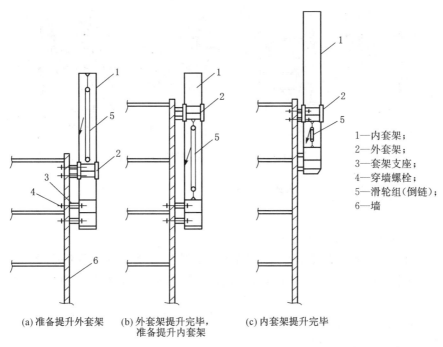

(a) 准备提升外套架　(b) 外套架提升完毕,　(c) 内套架提升完毕
　　　　　　　　　　准备提升内套架

1—内套架;
2—外套架;
3—套架支座;
4—穿墙螺栓;
5—滑轮组(倒链);
6—墙

图 4-8　附壁套管式外挂脚手架原理图

3. 互升降式

互升降式脚手架又称相邻架段交替升降脚手架,它分为甲、乙两种单元,见图 4-9。甲、乙单元沿外墙相间布置,相邻单元间设有滑轨和滑槽组成的连接装置。

升降时,甲、乙单元互为支点,交替升降,图 4-10 表示其升降过程。

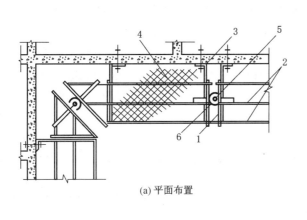

(a) 平面布置

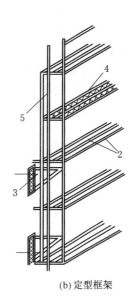

(b) 定型框架

1—定型框架;2—横杆;3—附墙装置;
4—脚手板;5—滑轨;6—滑槽

图 4-9　互升降脚手架

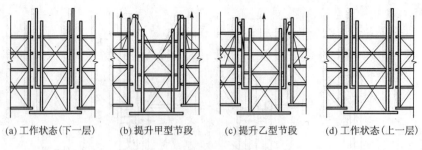

(a) 工作状态(下一层)　　(b) 提升甲型节段　　(c) 提升乙型节段　　(d) 工作状态(上一层)

图 4-10　互升降脚手架提升过程

4.1.2.2　整体式附着升降脚手架的构造措施

1. 构造要求

1) 附着式升降脚手架结构尺寸构造要求

架体构架宜采用扣件式钢管脚手架,其结构构造应符合现行行业标准《建筑施工扣件式钢管脚手架安全技术规范》(JGJ 130)的规定。附着式升降脚手架结构构造的尺寸应符合下列规定:

(1) 架体结构高度不应大于 5 倍楼层高。

(2) 架体宽度不应大于 1.2 m。

(3) 直线布置的架体支承跨度不应大于 7 m,折线或曲线布置的架体,相邻两主框架支承点处架体外侧距离不得大于 5.4 m。

(4) 架体的水平悬挑长度不得大于 2 m,且不得大于跨度的 1/2。

(5) 架体全高与支承跨度的乘积不应大于 110 m²。

(6) 架体悬臂高度不得大于架体高度的 2/5,且不得大于 6 m。

架体构架应设置在两竖向主框架之间,并应以纵向水平杆与之相连,其立杆应设置在水平支撑桁架的节点上。两主框架之间架体的搭设应符合现行行业标准《建筑施工扣件式钢管脚手架安全技术规范》(JGJ 130)的规定。

架体外立面应沿全高连续设置剪刀撑,并应将竖向主框架、水平支承桁架和架体连成一体,剪刀撑的水平夹角应为 45°～60°;应与所覆盖架体构架上每个主节点的立杆或横向水平杆伸出端扣紧;悬挑端应以竖向主框架为中心成对设置对称斜拉杆,其水平夹角不应小于 45°。

2) 竖向主框架结构构造要求

附着式升降脚手架应在附着支承结构部位设置与架体高度相等、与墙面垂直的定型竖向主框架,竖向主框架应采用桁架或刚架结构,其杆件连接的节点应采用焊接或螺栓连接,并应与水平支承桁架和架体结构构成有足够强度和支撑刚度的空间几何不变体系的稳定结构。竖向主框架结构构造(图 4-11)应符合下列规定:

(1) 竖向主框架可采用整体结构或分段对接式结构。结构形式应为竖向桁架或门型刚架式等。各杆件的轴线汇交于节点处,并应采用螺栓或焊接连接,如不交汇于一点,必须进行附加弯矩验算。

(2) 当架体升降采用中心吊时,在悬臂梁行程范围内竖向主框架内侧水平杆去掉部分的断面,应采取可靠的加固措施。

（3）主框架内侧应设有导轨；

（4）竖向主框架宜采用单片式主框架（图 4-11(a)）；或可采用空间桁架式主框架（图 4-11(b)）。

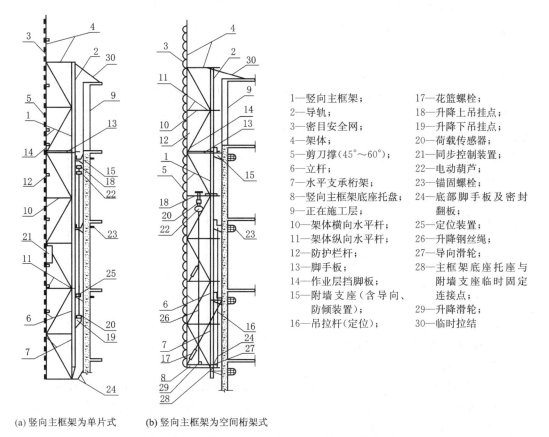

1—竖向主框架；　　　　17—花篮螺栓；
2—导轨；　　　　　　　18—升降上吊挂点；
3—密目安全网；　　　　19—升降下吊挂点；
4—架体；　　　　　　　20—荷载传感器；
5—剪刀撑(45°～60°)；　21—同步控制装置；
6—立杆；　　　　　　　22—电动葫芦；
7—水平支承桁架；　　　23—锚固螺栓；
8—竖向主框架底座托盘；24—底部脚手板及密封
9—正在施工层；　　　　　　翻板；
10—架体横向水平杆；　25—定位装置；
11—架体纵向水平杆；　26—升降钢丝绳；
12—防护栏杆；　　　　27—导向滑轮；
13—脚手板；　　　　　28—主框架底座托座与
14—作业层挡脚板；　　　　附墙支座临时固定
15—附墙支座(含导向、　　　连接点；
　　防倾装置)；　　　　29—升降滑轮；
16—吊拉杆(定位)；　　30—临时拉结

(a) 竖向主框架为单片式　(b) 竖向主框架为空间桁架式

图 4-11　两种不同竖向主框架的架体断面构造图

3）水平支承桁架结构构造要求

在竖向主框架的底部应设置水平支承桁架，其宽度与主框架相同，平行于墙面，其高度不宜小于 1.8 m。水平支承桁架结构构造应符合下列规定：

（1）桁架各杆件的轴线应相交于节点上，并宜用节点板构造连接，节点板的厚度不得小于 6 mm。

（2）桁架上下弦应采用整根通长杆件或设置刚性接头，腹杆上下弦连接应采用焊接或螺栓连接。

（3）桁架与主框架连接处的斜腹杆宜设计成拉杆。

（4）架体构架的立杆底端应放置在上弦节点各轴线的交汇处。

（5）内外两片水平桁架的上弦和下弦之间应设置水平支撑杆件，各节点必须采用焊接或螺栓连接。

（6）水平支撑桁架的两端与主框架的连接，可采用杆件轴线交汇于一点，且为能活动的铰接点；或可将水平支撑桁架放在竖向主框架底端的桁架底框中。

当水平支承桁架不能连续设置时，局部可采用脚手架杆件进行连接，但其长度不得大于

2.0 m。并且必须采取加强措施,确保其强度和刚度不得低于原有的桁架。

水平支承桁架最底层应设置脚手板,并应铺满铺牢,与建筑物墙面之间也应设置脚手板全封闭,宜设置翻转的密封翻板。在脚手板的下面应用安全网兜底。

4)附着支承结构构造要求

附着支承结构应包括附墙支座、悬臂梁及斜拉杆,其构造应符合下列规定:

(1)竖向主框架所覆盖的每一楼层处应设置一道附墙支座。

(2)在使用工况时,应将竖向主框架固定于附墙支座上。

(3)在升降工况时,附墙支座上应设有防倾、导向的结构装置。

(4)附墙支座应采用锚固螺栓与建筑物连接,受拉螺栓的螺母不得少于 2 个或应采用弹簧垫片加单螺母,螺杆露出螺母端部的长度不应少于 3 扣,且不得小于 10 mm,垫板尺寸应由设计确定,且不得小于 100 mm×100 mm×10 mm。

(5)附墙支座支承在建筑物上连接处混凝土的强度应按设计要求确定,但不得小于 C10。

5)架体结构加强措施

架体结构应在以下部位采取可靠的加强构造措施:

(1)与附墙支座的连接处。

(2)架体上提升机构的设置处。

(3)架体上防坠、防倾装置的设置处。

(4)架体吊拉点设置处。

(5)架体平面的转角处。

(6)架体因碰到塔吊、施工电梯、物料平台等设施而需要断开或开洞处。

(7)其他有加强要求的部位。

另外,物料平台不得与附着式升降脚手架各部位和各结构构件相连,其荷载应直接传递给建筑工程结构。当架体遇到塔吊、施工电梯、物料平台需断开或开洞时,断开处应加设栏杆和封闭,开口处应有可靠的防止人员及物料坠落的措施。

6)安全防护措施

附着式升降脚手架的安全防护措施应符合下列规定:

(1)架体外侧必须用密目式安全立网,密目式安全立网的网目不应低于 2000 目/100 cm^2,且应可靠固定在架体上。

(2)作业层外侧应设置 1.2 m 高的防护栏杆和 180 mm 高的挡脚板。

(3)作业层应设置固定牢靠的脚手板,其与结构之间的间距应满足现行行业标准《建筑施工扣件式钢管脚手架安全技术规范》(JGJ 130)的相关规定。

7)构配件的制作

构配件的制作应符合下列规定:

(1)具有完整的设计图纸、工艺文件、产品标准和产品质量检验规程,制作单位应有完善有效的质量管理体系。

(2)制作构配件的原材料和辅料的材质及性能应符合设计要求,并应按规范规定对其进行验证和检验。

(3)加工构配件的工装、设备及工具应满足构配件制作精度的要求,并应定期进行检查,工装应有设计图纸。

（4）构配件应按照工艺要求及检验规程进行检验；对附着支承结构、防倾、防坠落装置等关键部件的加工件应进行 100% 检验；构配件出厂时，应提供出厂合格证。

8）升降设备要求

附着式升降脚手架应在每个竖向主框架处设置升降设备，升降设备应采用电动葫芦或电动液压设备，并应符合下列规定：

（1）升降设备必须与建筑结构和架体有可靠连接。

（2）固定电动升降动力设备的建筑结构应安全可靠。

（3）设置电动液压设备的架体部位，应有加强措施。

2. 安装和使用的有关要求

附着升降式脚手架安装搭设前，应检验主体结构施工时设置的预留螺栓孔洞或预埋件的平面位置、标高和预留螺栓孔洞的孔径、垂直度等，还应核实预留螺栓孔洞处或预埋件处混凝土的强度等级。

附着升降式脚手架的安装搭设应按照施工组织设计规定的程序进行。搭设前应设置可靠的安装平台来承受安装时的竖向荷载。安装平台的水平精度应满足架体安装精度要求，任意两点间的高差最大值不应大于 20 mm。安装中应严格控制底部水平承重结构与竖向主框架的安装偏差。底部水平承重结构相邻两点的高差应小于 20 mm；相邻两榀竖向主框架的水平高差应小于 20 mm；竖向主框架的垂直偏差应小于 3‰；若有竖向导轨，则导轨任一点的垂直偏差应小于 2‰。

安装过程中架体与主体结构间应采取可靠的临时水平拉结措施，防止架体外倾。螺栓螺母的扭力矩应控制在 40～50 N·m 范围内。

架体搭设的整体垂直度偏差应小于 4‰，最大水平偏差不大于 50 mm。

脚手架安装完毕，应进行架体提升试验，检验升降动力装置是否能够正常运行。整体式附着升降式脚手架按机位数 30% 的比例进行超载与失载试验，检验控制系统的可靠性。

脚手架试验合格后方可投入使用。

使用过程中，脚手架上的施工荷载必须符合设计的规定，严禁超载，严禁放置影响局部杆件安全的集中荷载。建筑垃圾应及时清理。禁止利用脚手架吊运物料及在脚手架上推车。

升降作业前应全面检查以下内容：所有施工荷载是否撤离；所有障碍是否拆除；各种连接是否紧固；动力系统、防坠装置是否正常；安全措施是否落实。架体升降到位后亦应经全面检查无误后才能投入使用。

附着升降式脚手架在六级及六级以上大雨、遇大雨、大雪、浓雾、黑夜等情况下禁止上架作业。附着升降式脚手架在空中悬挂时间不得超过 2 年，超过时必须拆除。

4.1.2.3 整体式附着升降脚手架的计算

下面依据行业标准《建筑施工工具式脚手架安全技术规范》（JGJ 202—2010）介绍整体式附着升降脚手架的计算。

1. 荷载

作用于附着式升降脚手架的荷载可分为永久荷载（即恒载）和可变荷载（即活载）两类。

1) 永久荷载标准值

永久荷载标准值 G_K 应包括整个架体结构、围护设施、作业层设施以及固定于架体结构上的升降机构和其他设备、装置的自重,按实际计算;其值可按现行国家标准《建筑结构荷载规范》(GB 50009—2012)附录 A 规定确定。脚手板自重标准值和栏杆、挡脚板线荷载标准值可分别按表 4-2、表 4-3 的规定选用,密目式安全立网应按 0.005 kN/m² 选用。

表 4-2　脚手板自重标准值

类别	标准值/(kN·m⁻²)
冲压脚手板	0.30
竹笆板	0.06
木脚手板	0.35
竹串片脚手板	0.35
胶合板	0.15

表 4-3　栏杆、挡脚板线荷载标准值

类别	标准值/(kN·m⁻²)
栏杆、冲压脚手板挡板	0.11
栏杆、竹串片脚手板挡板	0.14
栏杆、木脚手板挡板	0.14

2) 可变荷载标准值

可变荷载中的施工活荷载 Q_k 包括施工人员、材料及施工机具,应根据具体施工情况,按使用、升降及坠落三种工况确定控制荷载标准值,设计计算时施工活荷载标准值应按表 4-4 的规定选取。

表 4-4　施工活荷载标准值

工况类别		同时作业层数	每层活荷载标准值 /(kN·m⁻²)	注
使用工况	结构施工	2	3.0	
	装修施工	2	2.0	
升降工况	结构和装修施工	2	0.5	施工人员、材料、机具全部撤离
坠落工况	结构施工	2	0.5;3.0	在使用工况下坠落时,其瞬间标准荷载应为 3.0 kN/m²;升降工况下坠落其标准值应为 0.5 kN/m²
	装修施工	2	0.5;2.0	在使用工况下坠落时,其标准荷载为 2.0 kN/m²;升降工况下坠落其标准值应为 0.5 kN/m²

3) 风荷载标准值

风荷载标准值 w_k 应按下式计算:

$$w_k = \beta_z \cdot \mu_a \cdot \mu_s \cdot w_0 \tag{4-15}$$

式中　w_k——风荷载标准值(kN/m²);

μ_a——风压高度变化系数,按现行国家标准《建筑结构荷载规范》(GB 50009)的规定采用;

μ_s——脚手架风荷载体型系数,应按表 4-5 的规定采用,表中,ϕ 为挡风系数,应为脚手架挡风面积与迎风面积之比,密目式安全立网的挡风系数 ϕ 应按 0.8 计算;

w_0——基本风压值,应按现行国家标准《建筑结构荷载规范》(GB 50009—2012)附录 E 中 $R=10$ 年的规定采用,工作状态应按本地区的 10 年风压最大值选用,升降及坠落工况可取 0.25 kN/m² 计算;

β_z——风振系数,一般可取 1,也可按实际情况选取。

表 4-5 脚手架风荷载体型系数

背靠建筑物状况	全封闭	敞开开洞
μ_s	1.0ϕ	1.3ϕ

计算结构或构件的强度、稳定性及连接强度时,应采用荷载设计值(即荷载标准值乘以荷载分项系数);计算变形时,应采用荷载标准值。永久荷载的分项系数(γ_G)应采用 1.2,当对结构进行倾覆计算而对结构有利时,分项系数应采用 0.9。可变荷载的分项系数(γ_Q)应采用 1.4。风荷载标准值的分项系数(γ_{Qw})应采用 1.4。当采用容许应力法计算时,应采用荷载标准值作为计算依据。附着式升降脚手架应按最不利荷载组合进行计算,其荷载效应组合应按表 4-6 的规定采用,荷载效应组合设计值 S 应按式(4-16)、式(4-17)计算:

不考虑风荷载

$$S = \gamma_G S_{Gk} + \gamma_Q S_{Qk} \tag{4-16}$$

考虑风荷载

$$S = \gamma_G S_{Gk} + 0.9(\gamma_Q S_{Qk} + \gamma_Q S_{wk}) \tag{4-17}$$

式中　S——荷载效应组合设计值(kN);
　　　γ_G——恒荷载分项系数,取 1.2;
　　　γ_Q——活荷载分项系数,取 1.4;
　　　S_{Gk}——恒荷载效应的标准值(kN);
　　　S_{Qk}——活荷载效应的标准值(kN);
　　　S_{wk}——风荷载效应的标准值(kN)。

水平支承桁架应选用使用工况中的最大跨度进行计算,其上部的扣件式钢管脚手架计算立杆稳定时,其设计荷载值应乘以附加安全系数 $\gamma_1 = 1.43$。附着式升降脚手架上的升降动力设备、吊具、索具、主框架在使用工况条件下,其设计荷载值应乘以附加荷载不均匀系数 $\gamma_2 = 1.3$;在升降、坠落工况时,其设计荷载应乘以附加荷载不均匀系数 $\gamma_2 = 2.0$。计算附墙支座时,应按使用工况进行,选取其中承受荷载最大处的支座进行计算,其设计荷载应乘以冲击系数 $\gamma_3 = 2.0$。

表 4-6 荷载效应组合

计算项目	荷载效应组合
纵、横向水平杆,水平支承桁架,使用过程中的固定吊拉杆和竖向主框架,附墙支座、防倾及防坠落装置	永久荷载+施工活荷载
竖向主框架 脚手架立杆稳定	① 永久荷载+施工荷载; ② 永久荷载+0.9(施工荷载+风荷载)取两种组合,按最不利的组合计算
选择升降动力设备时 选择钢丝绳及索吊具时 横吊梁及吊拉杆计算	永久荷载+升降过程的活荷载
连墙杆及连墙件	风荷载+5.0 kN

2. 设计计算

1）基本规定

整体式附着升降脚手架的设计应符合《钢结构设计规范》（GB 50017）、《冷弯薄壁型钢结构技术规范》（GB 50018）、《混凝土结构设计规范》（GB 50010）以及其他相关标准的规定。

附着式升降脚手架架体结构、附着支承结构、防倾装置、防坠装置的承载能力应按概率极限状态设计法的要求采用分项系数设计表达式进行设计，设计计算内容主要包括：①竖向主框架构件强度和压杆的稳定计算；②水平支承桁架构件的强度和压杆的稳定计算；③脚手架架体构架构件的强度和压杆稳定计算；④附着支承结构构件的强度和压杆稳定计算；⑤附着支承结构穿墙螺栓以及螺栓孔处混凝土局部承压计算；⑥连接节点计算。

竖向主框架、水平支承桁架，架体构架应根据正常使用极限状态的要求验算变形。

附着升降脚手架的索具、吊具应按有关机械设计规定，按允许应力法进行设计，同时还应符合下列规定：①荷载值应小于升降动力设备的额定值；②吊具安全系数 K 应取 5；③钢丝绳索具安全系数 $K=6\sim8$，当建筑物层高 3 m（含）以下时应取 6，3 m 以上时应取 8。

脚手架结构构件的容许长细比 $[\lambda]$ 应符合下列规定：①竖向主桁架压杆，$[\lambda]\leqslant150$；②脚手架立杆，$[\lambda]\leqslant210$；③横向斜撑杆，$[\lambda]\leqslant250$；④竖向主桁架拉杆，$[\lambda]\leqslant300$；⑤剪刀撑及其他拉杆，$[\lambda]\leqslant350$。

受弯构件的挠度限值应符合表 4-7 的规定。螺栓连接强度设计值应按表 4-8 的规定采用。扣件承载力设计值应按表 4-9 的规定采用。钢管截面特性及自重标准值应符合表 4-10 的规定。

表 4-7 　　　　　　　　　　　　　受弯构件的挠度限值

构件类别	挠度限值
脚手板和纵向、横向水平杆	$L/150$ 和 10 mm（L 为受弯杆件跨度）
水平支承桁架	$L/250$（L 为受弯杆件跨度）
悬臂受弯杆件	$L/400$（L 为受弯杆件跨度）

表 4-8 　　　　　　　　　　　　　螺栓连接强度设计值

钢材强度等级	抗拉强度 f_{cb}/(N·mm^{-2})	抗剪强度 f_{vb}/(N·mm^{-2})
Q235	170	140

表 4-9 　　　　　　　　　　　　　扣件承载力设计值

项　　目	承载力设计值/kN
对接扣件（抗滑）（1 个）	3.2
直角扣件、旋转扣件（抗滑）（1 个）	8.0

表 4-10 　　　　　　　　　　　　　钢管截面特性及自重标准值

外径 d/mm	壁厚 t/mm	截面积 A/mm^2	惯性矩 I/mm^4	截面模量 W/mm^3	回转半径 i/mm	每米长自重 /(N·m^{-1})
48.3	3.2	453	1.16×10^5	4.80×10^3	16.0	35.6
48.3	3.6	506	1.27×10^5	5.26×10^3	15.9	39.7

2）设计计算方法

（1）受弯构件计算

抗弯强度按下式计算：

$$\sigma = \frac{M_{max}}{W_n} \leqslant f \tag{4-18}$$

式中　M_{max}——最大弯矩设计值（N·m）；

　　　f——钢材的抗拉、抗压和抗弯强度设计值（N/mm²）；

　　　W_n——构件的净截面抵抗矩（mm³）。

挠度按下列公式验算：

$$\upsilon \leqslant [\upsilon] \tag{4-19}$$

$$\upsilon = \frac{5q_k l^4}{384EI_x} \tag{4-20}$$

或

$$\upsilon = \frac{5q_k l^4}{384EI_x} + \frac{P_k l^3}{48EI_x} \tag{4-21}$$

式中　υ——受弯构件的挠度计算值（mm）；

　　　$[\upsilon]$——受弯构件的容许挠度值（mm）；

　　　q_k——均布线荷载标准值（N/mm）；

　　　P_k——跨中集中荷载标准值（N）；

　　　E——钢材弹性模量（N/mm²）；

　　　I_x——毛截面惯性矩（mm⁴）；

　　　l——计算跨度（m）。

（2）受拉和受压杆件计算

中心受拉和受压杆件强度应按下式计算：

$$\sigma = \frac{N}{A_n} \leqslant f \tag{4-22}$$

式中　N——拉杆或压杆最大轴力设计值（N）；

　　　A_n——拉杆或压杆的净截面面积（mm²）；

　　　f——钢材的抗拉、抗压和抗弯强度设计值（N/mm²）。

压弯杆件稳定性应满足下列要求：

$$\frac{N}{\varphi A} \leqslant f \tag{4-23}$$

当有风荷载组合时，水平支承桁架上部的扣件式钢管脚手架立杆的稳定性应符合下式要求：

$$\frac{N}{\varphi A} + \frac{M_x}{W_x} \leqslant f \tag{4-24}$$

式中　A——压杆的截面面积（mm²）；

　　　φ——轴心受压构件的稳定系数，应按《建筑施工工具式脚手架安全技术规范》（JGJ

202—2010)附录 A 表 A 选取；

M_x——压杆的弯矩设计值(N·m)；

W_x——压杆的截面抗弯模量(mm³)；

f——钢材抗拉、抗弯和抗剪强度设计值(N/mm²)。

（3）水平支承桁架设计计算

作用在附着式升降脚手架架体结构的施工荷载传递路径是：施工荷载→脚手架立杆→水平支承桁架→竖向主框架→附墙支承结构→所附着的工程结构。

水平支承桁架是由内、外桁架通过上下弦水平支撑杆件组合而成的空间结构。因为脚手架作业时水平支承桁架上部脚手架内、外立杆传下的轴力不同，因此应分别计算内、外两片桁架的荷载的节点荷载，水平支承桁架上部脚手架立杆的集中荷载应作用在桁架上弦的节点上；水平支承桁架应构成空间几何不可变体系的稳定结构；与主框架的连接应设计成铰接并应使水平支承桁架按静定结构计算；外桁架和内桁架应分别计算，其节点荷载应为架体构架的立杆轴力；操作层内外桁架荷载的分配应通过小横杆支座反力求得。

水平支承桁架设计计算应包括下列内容：①节点荷载设计值；②杆件内力设计值；③杆件最不利组合内力；④最不利杆件强度和压杆稳定性，受弯构件的变形验算；⑤节点板和节点焊缝或螺栓的强度。

（4）竖向主框架设计计算

竖向主框架应设计成桁架，可分为单桁架或空间桁架。竖向主框架应是空间几何不可变体系的稳定结构，且受力明确；竖向主框架内、外立杆的垂直荷载应包括内、外水平支承桁架传递来的支座反力和操作层纵向水平杆传递给竖向主桁架的支座反力；风荷载按每根纵向水平杆挡风面承担的风荷载传递给主框架节点上的集中荷载计算。竖向主框架设计计算应包括下列内容：①节点荷载标准值的计算；②分别计算风荷载与垂直荷载作用下，竖向主框架杆件的内力设计值；③将风荷载与垂直荷载组合计算最不利杆件的内力设计值；④最不利杆件强度和压杆稳定性以及受弯构件的变形计算；⑤节点板及节点焊缝或连接强度；⑥支座连墙件强度计算。

竖向主框架的计算最不利情况是在使用工况并考虑风荷载的组合时的情况。

（5）附墙支座设计

竖向主框架所覆盖的每一楼层处均应设置附墙支座，它既是支承主桁架的水平支座，又是架体上的荷载传递到建筑物结构的传力点；每一附墙支座均应能承受该机位范围内的全部荷载的设计值，并应乘以荷载不均匀系数或冲击系数(系数值均取 2)；应进行抗弯、抗压、抗剪、焊缝、平面内外稳定性、锚固螺栓计算和变形验算。

（6）附着支承结构穿墙螺栓计算

穿墙螺栓应同时承受剪刀和轴向拉力，其强度应按下列公式计算：

$$\sqrt{\left(\frac{N_v}{N_v^b}\right)^2 + \left(\frac{N_t}{N_t^b}\right)^2} \leqslant 1 \qquad (4\text{-}25)$$

$$N_v^b = \frac{\pi D_{螺}^2}{4} f_v^b \qquad (4\text{-}26)$$

$$N_t^b = \frac{\pi d_0^2}{4} f_t^b \qquad (4\text{-}27)$$

式中 N_v，N_t——一个螺栓所承受的剪刀和拉力设计值（N）；

N_v^b，N_t^b——一个螺栓抗剪、抗拉承载能力设计值（N）；

$D_螺$——螺杆直径（mm）；

f_v^b——螺栓抗剪强度设计值，一般采用 Q235，取 $f_v^b =140$ N/mm²；

d_0——螺栓螺纹处有效截面直径（mm²）；

f_t^b——螺栓抗拉强度设计值，一般采用 Q235，取 $f_t^b =170$ N/mm²。

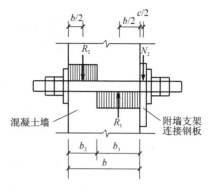

图 4-12　穿墙螺栓处混凝土受压状况图

（7）穿墙螺栓孔处混凝土受压承载能力验算

穿墙螺栓孔处混凝土受压状况如图 4-12 所示，其承载能力应符合下式要求：

$$N_v \leqslant 1.35\beta_b\beta_l f_c bd \tag{4-28}$$

式中 N_v——一个螺栓所承受的剪力设计值（N）；

β_b——螺栓孔混凝土受荷计算系数，取 0.39；

β_l——混凝土局部承压强度提高系数，取 1.73；

f_c——上升时混凝土龄期试块轴心抗压强度设计值（N/mm²）；

b——混凝土外墙厚度（mm）；

d——穿墙螺栓直径（mm）。

（8）导轨（或导向柱）设计

荷载设计值应根据不同工况分别乘以相应的荷载不均匀系数，应进行抗弯、抗压、抗剪、焊缝、平面内外稳定、锚固螺栓计算和变形验算。

（9）防坠装置设计

荷载的设计值应乘以相应的冲击系数，并应在一个机位内分别按升降工况和使用工况的荷载取值进行验算；应依据实际情况分别进行强度和变形验算；防坠装置不得与提升装置设置在同一附墙支座上。

（10）主框架底座框和吊拉杆设计

荷载设计值应依据主框架传递的反力计算；结构构件应进行强度和稳定验算，并对连接焊缝及螺栓进行强度计算。

（11）用作升降和防坠的悬臂梁设计

应按升降工况和使用工况分别选择荷载设计值，两种情况选取最不利的荷载进行计算，并应乘以冲击系数 2，使用工况时应乘以荷载不均匀系数 1.3；应进行强度和变形计算；悬挂动力设备和防坠装置的附墙支座应分别计算。

（12）升降动力设备选择

升降动力设备应按照将整个架体结构提升时的荷载进行计算，而且还要考虑如有升降不同步对荷载变化的影响，所以应乘以变化系数，即升降动力设备应按升降工况一个机位范围内的总荷载，并乘以荷载不均匀系数 2 选取荷载设计值；升降动力设备荷载设计值 N_s 不

得大于其额定值 N_c。

(13) 液压油缸活塞推力计算

液压油缸活塞推力应按下列公式计算:

$$P_y \geqslant 1.2 p_l \qquad (4-29)$$

$$P_H = \frac{\pi D^2}{4} p_Y \qquad (4-30)$$

式中　p_l——活塞杆的静工作阻力,也即是起重计算时一个液压机位的荷载设计值(N/mm^2);

　　　1.2——活塞运动的摩阻力系数;

　　　P_H——活塞杆设计推力(kN);

　　　D——活塞直径(cm);

　　　p_Y——液压油缸内的工作压力(N/mm^2)。

4.1.2.4　整体式附着升降脚手架的安全装置

附着式升降脚手架的安全装置的基本要求是必须具有防倾覆、防坠落和同步升降控制的能力。附着式升降脚手架使用、升降工况都是由附墙支座固定在工程结构上,依靠自身的升降设备和装置随结构层施工逐层爬升、固定、下降,因此附着式升降脚手架必须配置可靠的防倾覆、防坠落和同步升降控制等安全防护装置,以确保附着式升降脚手架在各种工况下的安全可靠性。

1. 防倾覆装置

附着式升降脚手架附着在工程结构上,为偏心受力脚手架,必须设置防倾覆装置,且该装置必须有可靠的刚度和足够的强度,故防倾覆装置中必须包括防倾覆导轨和两个以上与防倾覆导轨连接的可滑动的导向件,同时要求在防倾覆导向件的范围内应设置防倾覆导轨,且应与竖向主框架可靠连接;防倾覆装置中导向件和工程结构连接的螺栓受力与上下两个导向件距离成反比,从导向件与工程结构的连接螺栓受力综合考虑,规定最上和最下两个导向件之间的最小间距不得小于 2.8 m 或架体高度的 1/4,有条件时尽可能大;防倾覆装置应具有防止竖向主框架倾斜的功能,在防倾覆导轨和竖向主框架满足刚度的要求下,必须保证防倾覆装置中的导向件通过螺栓连接固定在附墙支座上,且不能前后、左右移动,从而保证具有防止竖向主框架前、后、左、右倾斜的功能。附着式升降脚手架的竖直度主要是由防倾覆装置来控制的,防倾覆装置中导向件与防倾覆导轨之间的最大间隙决定了附着式升降脚手架的竖直度,本着安全、可靠的原则,规范规定防倾覆装置中导向件与防倾覆导轨之间的最大间隙不大于 5 mm。

2. 防坠落装置

防坠落装置是防止附着式升降脚手架在各种工况下坠落的一种保护措施,必须保证该装置万无一失。防坠落装置必须与附着式升降脚手架可靠连接,其连接处的刚度和强度应满足设计要求,由于架体坠落时冲击荷载较大,而竖向主框架承受冲击荷载的能力相对较好,故防坠落装置应设置在竖向主框架处并附着在建筑结构上,每一升降点不得少于一个防坠落装置,防坠落装置在使用和升降工况下都必须起作用;为了保证防坠落装置具有高可靠性,规定防坠落装置必须是机械式的全自动装置,严禁采用故障率相对较高的电控防坠落装置和使用每次升降都需重组的受人为因素影响很大的手动装置;防坠装置性能要求对附着式升降脚手架坠落时对与他相邻的升降动力设备和附墙支座产生的冲击荷载过大,架体坠落时,其防坠装置制动距离大小确定了与他相邻的升降动力设备和附墙支座产生附加冲击荷载,规范整体式升降脚手架防坠落装置的制动距离不得超过 80 mm。若升降动力设备和防坠落装置设置在同一套附墙装置上,当附墙装置失效时,造成升降动力设备和防坠落装置同时失效,引发架体坠落。从安全可靠性原则出发,升降动力设备与防坠落装置必须分别独立固定在两套附墙装置上。对于钢吊杆式防坠落装置,钢吊杆规格应由计算确定,且不应小于 $\phi25$ mm。防坠落装置应具有防尘、防污染的措施。

3. 同步控制装置

同步控制装置是防止升降设备因超载而失效的重要保护装置。附着式升降脚手架在升降时,架体均处在动态状况下,安全性、可靠性相对较差,因此必须加强对提升设备提升力、提升高差等状况的监管、控制,以防止升降设备因荷载不均匀而造成超载,进而引发升降设备失效的情况发生,因此,附着式升降脚手架升降时,必须配备有限制荷载或水平高差的安全监控升降控制系统,即同步控制系统,通过监控各升降设备间的升降差或荷载来控制架体升降。该系统还应具有升降差超限或超载、欠载报警停机功能。条件许可的,可采用计算机同步自动控制,该装置能够全面自动调整和均衡各机位的升降速度、提升力,从而达到同步升降目的,进而提高升降架升降设备的可靠性。

同步控制装置一般分为限制荷载同步控制系统和控制水平高差的同步控制系统两类。连续式水平支承桁架,应采用限制荷载同步控制系统;简支静定水平桁架,应采用控制水平高差同步控制系统,若设备受限时可选择限制荷载同步控制系统。对于附着式升降脚手架,也可以同时采用限制荷载同步控制系统和控制水平高差的同步控制系统。

限制荷载自控系统应具有下列功能:

(1) 当某一机位的荷载超过设计值的 15% 时,应采用声光形式自动报警和显示报警机位;当超过 30% 时,应能使该升降设备自动停机。

(2) 应具有超载、失载、报警和停机的功能;宜增设显示记忆和储存功能。

(3) 应具有本身故障报警功能,并能适应施工现场环境。

(4) 性能应可靠、稳定,精度控制在 5% 以内。

水平高差同步控制系统应具有下列功能:

(1) 当水平支承桁架两端高差达到 30 mm 时,应能自动停机。

(2) 应具有显示各提升点的实际升高和超高的数据,并应有记忆和储存的功能。

(3) 不得采用附加重量的措施控制同步。

4.1.2.5 整体式附着升降脚手架的安装与使用

1. 安装

附着式升降脚手架有采用单片式主框架的架体(图 4-13)、空间桁架式主框架的架体(图 4-14)两类,应按专项施工方案进行安装。整体式附着式升降脚手架升降时,各个机位同步升降的要求较高,必须采用电动或液压升降动力设备。

附着式升降脚手架在首层安装前应设置安装平台,安装平台应有保障施工人员安全的防护设施,安装平台的水平精度和承载能力应满足架体安装的要求。附着式升降脚手架的安装质量对今后的使用安全、减少架体变形、维护保养等特别重要。为保证附着式升降脚手架的安装质量,对附着支承结构、建筑结构混凝土强度、预留预埋、架体结构、升降机构、升降动力设备、安全保险、安全控制系统等做出了各项规定,安装时应认真执行。如相邻竖向主框架的高差应不大于 20 mm;竖向主框架和防倾导向装置的垂直偏差应不大于 5‰,且不得大于 60 mm;预留穿墙螺栓孔和预埋件应垂直于建筑结构外表面,其中心误差应小于 15 mm。连接处所需要的建筑结构混凝土强度应由计算确定,且不得小于 C10;升降机构连接应正确且牢固可靠;安全控制系统的设置和试运行效果符合设计要求;升降动力设备工作正常。采用扣件式脚手架搭设的架体构架,其构造应符合现行行业标准《建筑施工扣件式钢管脚手架安全技术规范》(JBJ 130)的要求。升降设备、同步控制系统及防坠落装置等专项设备,均应采用同一厂家产品,应采取防雨、防砸、防尘等措施。

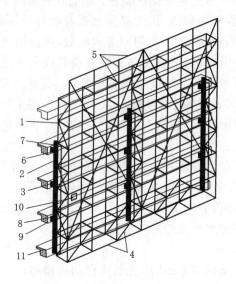

1—竖向主框架(单片式);
2—导轨;
3—附墙支座(含防倾覆、防坠落装置);
4—水平支承桁架;
5—架体构架;
6—升降设备;
7—升降上吊挂件;
8—升降下吊挂点(含荷载传感器);
9—定位装置;
10—同步控制装置;
11—工程结构

图 4-13　单片式主框架的架体示意图

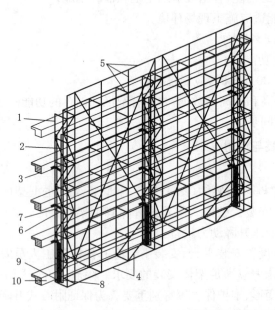

1—竖向主框架(空间桁架式);
2—导轨;
3—悬臂梁(含防倾覆装置);
4—水平支承桁架;
5—架体构架;
6—升降设备;
7—悬吊梁;
8—下提升点;
9—防坠落装置;
10—工程结构

图 4-14　空间桁架式主框架的架体示意图

2. 升降

附着式升降脚手架提升过程如下:插上防坠销,将提升支座提升至最上一层并固定,将调节顶撑拆开,调整电动升降设备并预紧,拔下承重支座承重销、松开防坠器。提升架体,支座上部插防坠销,承重支座安装好承重销,防坠支座安装好调节顶撑,锁紧防坠器。

附着式升降脚手架升降工况时架体与附着支承结构是动态配合,架体竖向荷载是通过升降动力设备中的附着支承结构传到建筑结构上,而升降系统可靠是确保附着式升降脚手架安全的首要条件。为保证升降系统的可靠,在升、降前应按附着式升降脚手架提升、下降作业前应严格检查项目,检查合格后方可进行升降。

升降操作是附着式升降脚手架使用安全的关键环节,附着式升降脚手架的升降操作应符合下列规定:

(1)应按升降作业程序和操作规程规进行作业。

(2)操作人员不得停留在架体上。

(3)升降过程中不得有施工荷载。

(4)所有妨碍升降的障碍物应已拆除。

(5)所有影响升降作业的约束已经拆开。

(6)各相邻提升点间的高差不得大于 30 mm,整体架最大升降差不得大于 80 mm。

升降过程中应实行统一指挥、规范指令。升、降指令只能由总指挥一人下达;当有异常情况出现时,任何人均可立即发出停止指令;当采用液压升降设备作升降动力时,应排除液压系统的泄漏、失压、颤动、油缸爬行和不同步等问题和故障,确保正常工作;架体升降到位后,应及时按使用状况要求进行附着固定。在没有完成架体固定工作前,施工人员不得擅自离岗或下班。附着式升降脚手架架体升降到位固定后,应按规范规定的检查项目进行检查,合格后方可使用;遇五级及以上大风和大雨、大雪、浓雾和雷雨等恶劣天气时,不得进行升降作业。

3. 使用

附着式升降脚手架附着式升降脚手架应按照设计性能指标进行使用,不得随意扩大使用范围;架体上的施工荷载必须符合设计规定,不得超载,不得放置影响局部杆件安全的集中荷载。架体内的建筑垃圾和杂物应及时清理干净。

使用中还需注意以下问题:

(1)不得利用架体吊运物料。附着式升降脚手架架体上空间窄小,可能产生钩挂的地方较多,进行物料吊运时有可能钩挂而损坏架体,或因堆放吊运物料形成集中荷载而压垮架体。

(2)不得在架体上拉结吊装缆绳(或缆索)。在附着式升降脚手架架体上拉结吊装缆绳(索),有可能因吊装缆绳(索)受力不确定拉翻架体发生塌架事故。

(3)不得在架体上推车。附着式升降脚手架架体上空间窄小,架体内有斜杆结构、脚手板搭接接头,存在空隙等,如再推车作业,容易产生钩挂伤人。

(4)不得任意拆除结构件或松动联结件;附着式升降脚手架架体结构件和联结件,是根据设计要求设置的,各个架体结构和连接件均有其特定的作用,任意拆除会使其受力发生变化、连接强度降低,从而会降低架体的承载能力而存在安全隐患,产生不安全因素。

(5)不得拆除或移动架体上的安全防护设施。架体上的安全防护设施是为确保使用安全设置的,是必不可少的,任意拆除或移动将存在安全隐患而发生安全事故。

（6）不得利用架体支撑模板或卸料平台。利用附着式升降脚手架架体支撑模板,附着式升降脚手架设计时只考虑站人和外防要求,并未考虑制模荷载,如支撑模板在混凝土浇灌时产生的极大侧压力传到架体上,会造成架体结构损坏或局部垮架。

（7）附着式升降脚手架停用期间,维护保养会相对减小,因此停用前必须对附着式升降脚手架进行加固加强,如增加临时拉结、抗上翻装置、固定所有构件等,确保停工期间的安全。

（8）避免附着式升降脚手架停用或遇六级以上大风天气后,未经检查直接复工使用。架体因停工或遇六级以上大风天气后,可能存在变形、损坏、安全防护构件锈蚀、脚手板腐蚀等安全隐患,不整改直接复工可能引发安全事故。

（9）螺栓连接件、升降动力设备、防倾装置、防坠落装置、电控设备是确保附着式升降脚手架安全使用的重要构件,上述构件每月进行维护保养1次。

4.1.3 悬吊式脚手架

悬吊式脚手架又称吊篮,它结构轻巧,操纵简单,安装、拆除速度快,升降和移动方便,在玻璃和金属幕墙的安装,外墙钢窗及装饰物的安装,外墙面涂料施工,外墙面的清洁、保养、修理等作业中得到广泛应用,它也适用于外墙面其他装饰施工。

吊篮的构造是由结构顶层伸出挑梁,挑梁的一端与建筑结构连接固定,挑梁的伸出端上通过滑轮和钢丝绳悬挂吊篮。

手动吊篮多为工地自制。它由吊篮、手扳葫芦、吊篮绳、安全绳、保险绳和悬挑钢架组成（图4-15）。吊篮结构由薄壁型钢组焊而成,也可由钢管扣件组搭而成。可设单层工作平台,也可设置双层工作平台。平台工作宽度为1m,每层允许荷载为7 000 N。双层平台吊篮自重约600 kg,可容纳4人同时作业。

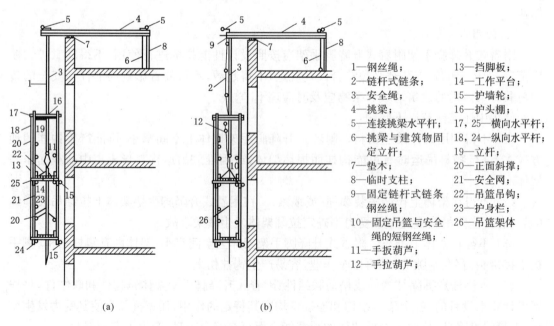

1—钢丝绳;	13—挡脚板;
2—链杆式链条;	14—工作平台;
3—安全绳;	15—护墙轮;
4—挑梁;	16—护头棚;
5—连接挑梁水平杆;	17,25—横向水平杆;
6—挑梁与建筑物固	18,24—纵向水平杆;
定立杆;	19—立杆;
7—垫木;	20—正面斜撑;
8—临时支柱;	21—安全网;
9—固定链杆式链条	22—吊篮吊钩;
钢丝绳;	23—护身栏;
10—固定吊篮与安全	26—吊篮架体
绳的短钢丝绳;	
11—手扳葫芦;	
12—手拉葫芦;	

(a)　　　　　　　　(b)

图 4-15　吊篮构造

吊篮按升降的动力分,有手动和电动两类。前者利用手扳葫芦进行升降,后者利用特制的电动卷扬机进行升降。

电动吊篮多为定型产品,由吊篮结构、吊挂、电动提升机构、安全装置、控制柜、靠墙托轮系统及屋面悬挑系统等部件组成。吊篮脚手本身采用组合结合,其标准段分为 2 m, 2.5 m 及 3 m 几种不同长度,根据需要,可拼装成 4 m, 5 m, 6 m, 7 m, 7.5 m, 9 m, 10 m 等不同长度。吊篮脚手骨架用型钢或镀锌钢管焊成。如图 4-16 所示是瑞典产的 ALIMAK-BA401 吊脚手架。

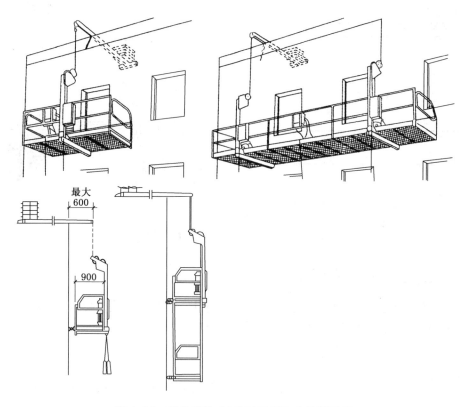

图 4-16 瑞典产的 ALIMAK-BS401 吊脚手架

电动吊篮的提升机构由电动机、制动器、减速器、压绳和绕绳机构组成。

电动吊篮装有可靠的安全装置,通常称为安全锁或限速器。当吊篮下降速度超过1.6~2.5 倍额定提升速度时,该安全装置便会自动地刹住吊篮,使吊篮不再继续下降,从而保证施工人员的安全。

电动吊篮的屋面挑梁系统可分为简单固定式挑梁系统、移动式挑梁系统和装配式桁架台车挑梁系统三类。在构造上,各种屋面挑梁系统基本上均由挑梁、支柱、配重架、配重块、加强臂附加支杆以及脚轮或行走台车组成。挑梁系统采用型钢焊接结构,其悬挑长度、前后支腿距离、挑梁支柱高度均是可调的,因而能灵活地适应不同屋顶结构以及不同立面造型的需要,如图 4-17 所示。

吊篮使用中应严格遵守操作规程,确保安全。严禁超载,不准在吊篮内进行焊接作业,5级风以上天气不得登吊篮操作。吊篮停于某处施工时,必须锁紧安全锁,安全锁必须按规定日期进行检查和试验。

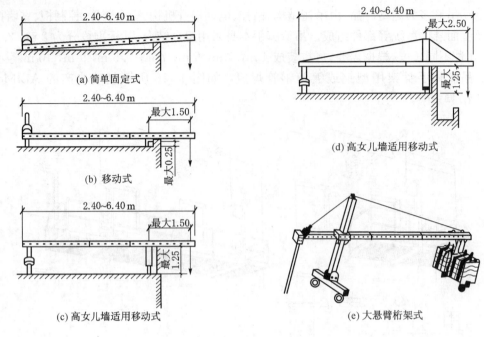

图 4-17　屋面挑梁系统构造示意图

4.2　高层建筑施工用起重运输机械

我国目前高层建筑施工常用的起重运输机械有塔式起重机、快速提升机、井架起重机和专用于输送混凝土的混凝土泵、以输送人员为主的施工电梯。

4.2.1　塔式起重机

塔式起重机种类繁多,高层建筑施工中主要应用附着自升式和内爬式塔式起重机。

4.2.1.1　附着自升式塔式起重机

附着自升式塔式起重机为上旋转、小车变幅,塔身由标准节组成,相互间用螺栓连接,并用连杆锚固在建筑结构上。塔身的接高有上加节式和中加节式(图 4-18)。上加节式加高塔身时,起重吊钩把标准节塔身装进起重机顶部中心就位,再利用液压顶升机构逐步升起;中加节式塔身升高时,由爬升套架(外套架)的侧面横向加入标准节,并借助液压顶升机构升高。

1. 基础

附着式塔式起重机底部应设钢筋混凝土基础。基础形式有分离式和整体式两种。分离式

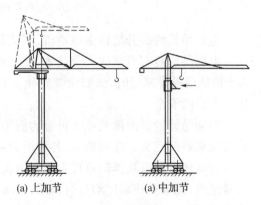

(a) 上加节　　　(a) 中加节

图 4-18　按塔身加节方法分类的自升塔式起重机

基础是塔身底部 4 个肢各有自己的互不连接的独立基础,整体式基础则是将 4 个肢下的独立基础相互连成一个整片。

对于面积大的高层建筑,塔式起重机的基础常需直接设在基坑之中,此时塔式起重机的基础可单独构筑或采用墩柱式或与在建建筑结构连成一体。如塔式起重机必固定于裙房顶板结构上时,则该处顶板应妥善加固,并设置必要的临时支撑。在深基坑近旁安装塔式起重机时,必须慎重确定塔式起重机的位置,一定要留出足够的边坡。应根据土质情况和地基承载能力、塔式起重机结构自重和负荷大小,确定基础构造尺寸。一般说来,在深基坑旁架立塔式起重机,以采用灌注桩承台式基础较好。在回填砂卵石基坑中构筑塔吊混凝土基础时,必须对基础进行分层压实,以保证不发生不均匀沉陷。

有时需在基坑开挖前安装,使用塔式起重机,可采用桩基础,将塔式起重机直接安装在桩顶上。上海博物馆新馆施工时,在基坑开挖前将 4 根 29 m 长 H 型钢打入地下,H 型钢截面尺寸为 350 mm×350 mm,用 14 mm 厚钢板制成,桩顶标高即地面标高,H 型钢距基础反梁仅 100 mm 间隙。将 H 型钢打到预定标高后,先连接水平撑和剪刀撑,并用 60 mm 厚钢板在桩顶做封顶板。桩顶端钢封顶板应先与塔式起重机支承座脚螺栓连接后再与 H 型钢电焊连接固定,塔式起重机即安装在封顶板上。随着土方不断开挖,沿 H 型钢高度及时加焊水平及斜支撑,使 4 根 H 型钢形成一个刚度较好的整体。基坑开挖至坑底后,在 4 根 H 型钢部位局部挖深 600 mm,其平面尺寸为 2 544 mm×2 544 mm。用 $\phi22@100$ 双向配筋,同建筑结构的基础底板结合在一起作为塔式起重机的基础,H 型钢在底板处加焊 6 mm 厚钢板止水片。图 4-19 即该塔机安装的示意图。

塔式起重机的基础埋置深度应视现场地基情况而定,一般为 1~1.5 m。

整体式混凝土基础应保持稳定,使塔身不致倾翻,其计算简图如图 4-20 所示。在非工作情况下要求偏心距 e 满足下列条件:

$$e = \frac{M + H \cdot h}{V + G} \leqslant \frac{1}{3}L \tag{4-31}$$

式中　e——偏心距(m);

　　　M——作用于塔身底部的弯矩(kN·m);

　　　H——作用于塔身底部的水平力(kN);

　　　h——基础厚度(m);

　　　V——塔式起重机自重(kN);

　　　G——混凝土基础自重(kN);

　　　L——混凝土基础边长(m)。

混凝土基础对地基的最大压力 P 应满足下列条件:

$$P = \frac{2}{3} \cdot \frac{V + G}{LC} \leqslant f \tag{4-32}$$

式中　f——地基允许承载力;

　　　C——等于 $\left(\frac{L}{2} - e\right)$;

　　　其他符号同前。

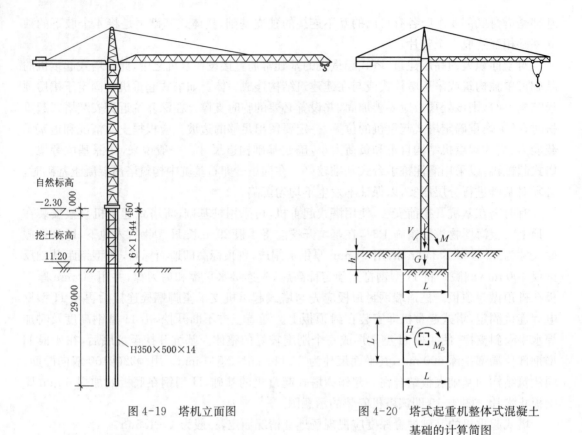

图 4-19　塔机立面图

图 4-20　塔式起重机整体式混凝土
基础的计算简图

2. 附着式塔式起重机与建筑物的拉结

附着式塔式起重机在塔身高度超过限定自由高度(一般为 30~40 m)时,即应加设附着装置与建筑结构拉结。装设第一道附着装置后,每增高塔身 14~20 m 应再加设一道,最上一道附着装置以上的塔身自由高度不应超过规定限值。在进行超高层建筑施工时,需要多道附着装置,此时可参考使用说明书中的规定并根据计算分析结果,将一些下部的附着装置拆移至上部使用。一台附着式塔式起重机一般需要设置 3~4 道或更多道附着装置。

附着装置由锚固环和附着杆组成。

锚固环由两块钢板或型钢组焊成的"U"形梁拼装而成。锚固环必须安装在塔身标准节对接处或设有水平腹杆断面处,塔身节主弦杆如需要可以补强。锚固环必须牢固。

建筑结构上的拉结支座,可套在柱子上或埋在现浇混凝土墙、板内,锚固点设在柱、墙上时,其位置应紧靠楼板,与楼板距离不宜大于 200 mm。经过验算需要,设锚固支座的柱、墙的混凝土强度等级可提高一级,并加强配筋。墙应利用临时支撑与相邻墙相连,以增强其刚度。

由塔身中心线至建筑物外墙皮之间的垂直距离称为附着距离,一般为 4.1~6.5 m,有时大至 10~15 m。附着距离小于 10 m 时,附着杆可用三杆式或四杆式附着装置,否则可用空间桁架式(图 4-21)。附着杆锚固在与建筑结构连成一体的专门制作的桁架梁系上,附着力通过此桁架梁传递给建筑结构。

安装和固定附着杆时,应用经纬仪检查塔身垂直度,并通过调整附着杆长度对塔身进行

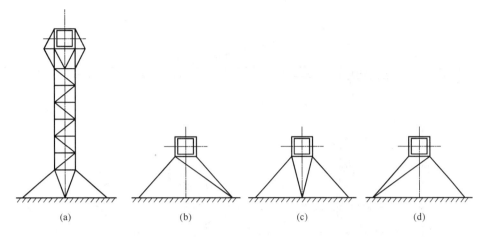

图 4-21　附着装置的几种常见布置方式

调直。附着杆应水平装设牢固,倾角不得大于10°。

　　附着杆受力一般为130~200 kN,个别情况更大,采用非标准附着杆时需进行计算。以三杆式为例,如图4-22所示,延长各杆件轴线得交点 A,B,C,对其分别取力矩即可求得各杆件内力。即由 $\sum M_A = 0$ 得内力 N_3,$\sum M_B = 0$ 得内力 N_2,$\sum M_C = 0$ 得内力 N_1。图中 F_x,F_y 和 M 为塔身在 x,y 方向的水平力和扭力矩。

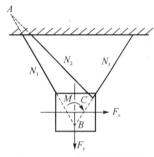

图 4-22　三杆式附着支撑
计算简图

4.2.1.2　内爬式塔式起重机

　　内爬式塔式起重机将塔身支撑在建筑结构的梁、板上或电梯井壁的预留孔内,利用自身装备的液压升系统随建筑结构的升高而逐层向上爬升。内爬式塔式起重机的三个爬升框架分别安置在三个不同楼层上,最下面的框架用作支承底架,承受塔式起重机全部荷载并传递给建筑结构。上面两套框架用作爬升导向架和交替用作定位及支承底架。爬升时,必须使塔式起重机上部保持前后平衡。爬升前,应将爬升框架、支承梁及爬梯等安置好,有关的楼层结构应进行支撑加固;爬升后,塔式起重机下面的楼板开孔应及时封闭。

　　内爬式塔式起重机露出结构外的自由高度一般为3个楼层高度,每次爬升1~2个楼层高度,在建筑物内的嵌固长度与露出结构的自由高度和起重量有关,但最少不得小于8 m。

　　与附着式塔式起重机相比,内爬式塔式起重机具有不占用施工场地、可利用较小幅度作业、造价低的优点。其缺点是司机视线受阻,拆除费事。内爬式塔式起重机拆除时需利用设置在建筑物屋面上的屋面起重机或台灵架(一种技术含量较低的小型屋面起重机),也可利用搭设在屋面的人字扒杆进行。内爬式塔式起重机的另一个缺点是安设时有时结构楼板上需要开洞,并且结构承受起重机本身及其所吊重量。支承结构应根据支承架的水平力和扭力进行验算,必要时应加强配筋,增大断面尺寸。

　　内爬式塔式起重机上、下两道支承架的水平力和扭力的计算简图见图4-23。支承架的支承反力应根据具体支承方案的不同确定简化的力学模型。对于通常采用的上、下两支承架支承的情况,可以认为上框架为移动刚性铰接支座,下框架为固定刚性铰接支座,扭矩由上框架承受。

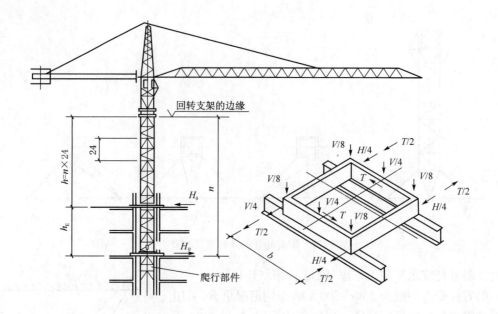

图 4-23 内爬塔式起重机的水平力计算简图

上道支承架的水平力 H_0 按下式计算：

$$H_0 = H \cdot q \cdot h + \frac{M_x + Hh + \frac{qh^2}{2}}{h_E} \qquad (4\text{-}33)$$

下道支承架的水平力 H_u 按下式计算：

$$H_u = \frac{M_x + Hh + \frac{qh^2}{2}}{h_E} \qquad (4\text{-}34)$$

扭力 T 的计算公式为

$$T = \frac{M_D}{2b} \qquad (4\text{-}35)$$

式中 M_x——弯矩，滚珠回转支承圈下缘的力矩(kN·m)；

M_D——扭矩(kN·m)；

H——滚珠回转盘支架下缘的水平力(kN)；

q——暴风雨时塔式起重机所遇到的最不利线性荷载(kN/m)，工作时，$q=0.31$ kN/m；工作高度在 100 m 以下停止工作时，$q=1.35$ kN/m；工作高度在 100 m 以上停止工作时，$q=1.60$ kN/m；

n——最高锚固点以上的塔身节数；

n'——不包括爬升架的塔身标准节总数；

h——从上部支承点到滚珠回转支架下缘的高度(m)；

h_E——上、下道支承爬升架之间的距离(m);

V——整台塔式起重机和爬升机构的总垂直力(kN);

b——爬升框架(中线到中线)的宽度(m)。

4.2.2 混凝土泵

混凝土泵是专门用来输送和浇筑混凝土的机械。按工作原理的不同,混凝土泵分为活塞泵和挤压泵两类。活塞泵由于输送距离远,是我国目前使用的主要泵型,挤压式泵我国已很少应用。此处只介绍活塞式混凝土泵。

目前广泛使用的活塞式混凝土泵的主要组成部分是两个内由液压系统操纵的活塞混凝土缸(图4-24)。两个缸通过Y型管与混凝土输送管道相连。当一个缸的活塞向后运动将混凝土由料斗吸入缸内时,另一缸中的活塞则向前运动将早已吸入缸内的混凝土推送入输送管道中。两个缸中活塞交替不停地往复运动,在输送管道中形成连续不断的混凝土流。保证混凝土泵正常工作的关键部件是控制两个混凝土缸在正确时刻由料斗中吸入混凝土和向管道中排送混凝土的分配阀。分配阀有多种形式,目前使用较多的为闸板式分配阀和管形分配阀。

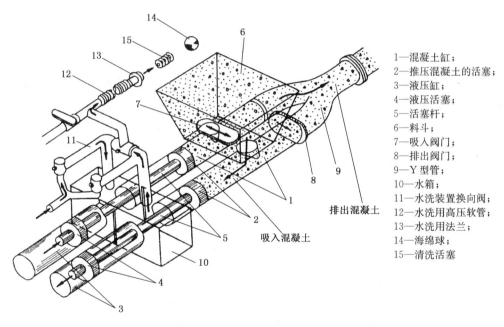

1—混凝土缸;
2—推压混凝土的活塞;
3—液压缸;
4—液压活塞;
5—活塞杆;
6—料斗;
7—吸入阀门;
8—排出阀门;
9—Y型管;
10—水箱;
11—水洗装置换向阀;
12—水洗用高压软管;
13—水洗用法兰;
14—海绵球;
15—清洗活塞

图4-24 液压活塞式混凝土泵的工作原理图

活塞式混凝土泵的压力常用的为5 MPa,水平输送距离可达600 m,垂直输送距离达150 m,排量为10~80 m³/h。

按移动方式的不同,活塞式混凝土泵分为固定泵、拖式泵和混凝土泵车。拖式混凝土泵是将泵体装在带轮的底架上,可由其他车辆拖引转移,是目前施工现场较多使用的一种。混凝土泵车是将泵体直接装在汽车底盘上,通常还附装有浇筑混凝土用的可自由回转、屈伸、折曲和叠置的混凝土布料杆,在允许幅度范围内,可将混凝土输送到任意一点并浇筑入模。

常用国产泵车布料杆的水平长度约18 m,垂直高度约20 m。在大体积混凝土基础和高层建筑的混凝土施工中,泵车得到广泛的应用。图 4-25 即附装有布料杆的泵车。

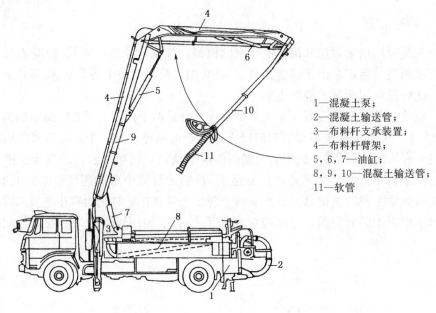

1—混凝土泵;
2—混凝土输送管;
3—布料杆支承装置;
4—布料杆臂架;
5,6,7—油缸;
8,9,10—混凝土输送管;
11—软管

图 4-25 DC-S115B 型混凝土泵车

混凝土输送管道有直管、弯管、用于变径的锥形管以及接于管路末端直接用以浇筑混凝土的橡胶软管。直管为电焊钢管,内径有 100 mm,125 mm 和 150 mm 三种,长度有1.0 m,2.0 m,3.0 m 和 4.0 m 四种。弯管的弯折角有 15°,30°,45°和 90°四种。弯管和锥形管均用冷拔管制成。

输送管管径的选择主要取决于粗骨料粒径和生产率要求,最常用的为 125 mm 管径的输送管。当碎石粒径为 20 mm 和 25 mm 时,输送管最小管径为 100 mm。

布料器是混凝土泵重要的附属设备,又称为混凝土布料杆(臂)。除前述附装在混凝土泵车上的那种布料杆外,还有若干形式各异的独立布料杆,常见的有移置式、管柱式和塔架式。它们都是由支座或底座与固定在支架或底座上的可折叠、屈伸的管道组成。管道的固定端与混凝土输送管道相连,管道的活动端可绕支架(底座)的轴旋转及前后移动,从而在一定范围内摊铺浇筑混凝土。图 4-26 是一种移置式混凝土布料杆。图 4-27 表示安装在爬升式塔式起重机上的布料杆。

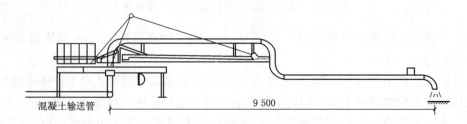

混凝土输送管   9 500

图 4-26 移置式混凝土布料杆

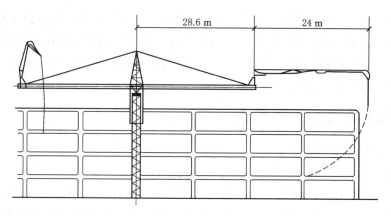

图 4-27　安装在爬升式塔式起重机上的布料杆

4.2.3　施工电梯

　　施工电梯主要用于施工人员上下楼层,据统计,施工电梯运送人员的时间约占其工作时间的 70%。除运送人员外,施工电梯还可运送材料和小型机具。

　　目前我国使用的施工电梯按其驱动方式分为齿轮齿条驱动式和绳轮驱动式。两者都由吊厢和塔架组成。吊厢用于载人装货,塔架用于悬挂吊厢和作为吊厢升降的导轨。塔架由标准节用螺栓连接而成,利用吊厢顶部的专用吊杆提升塔架标准节,塔架可以自升接高。塔架通过附墙装置与建筑物相连。为了使用的安全,施工电梯设有各种安全保险装置。

　　齿轮齿条驱动式是利用安装在吊厢框架上的齿轮与安装在塔架立杆上的齿条相啮合,当电动机经过变速机构带动齿轮转动时,吊厢即沿塔架升降。这种形式的施工电梯有单吊厢和双吊厢及带平衡重和不带平衡重之分。其载重量为 1 000 kg 或载 12 人。提升高度在理论上不受限制,国产电梯实际最大升运高度可达 200 m。图 4-28 是一个双厢电梯的示意图。

　　绳轮驱动式是利用卷扬机、滑轮组,通过钢丝绳悬吊吊厢升降的,是近年新开发出的一种形式。它制造、安装简单,用钢量省,费用低,载重量 1 000 kg 或载 8~10 名人员,适于建造 20 层以下的建筑使用。

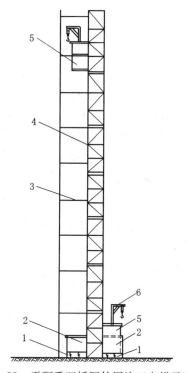

图 4-28　无配重双轿厢外用施工电梯示意图
1—缓冲机构;2—底笼;3—附墙装置;
4—塔架;5—轿厢;6—小吊杆

　　在确定施工电梯的平面位置时,应结合流水段的划分,充分考虑人员及货物的流向,使由施工电梯到各作业点的平均距离最短,同时还应考虑现场供电、排水条件及与建筑结构相连是否方便、有无良好的夜间照明等因素。

施工电梯应由专职司机操作,按时保养,定期维修。在上下班人流高峰时可采取低层不停、高层间隔停的措施提高电梯的运送效率。另外尽可能采用双吊厢电梯有利于及时运送人员。

施工电梯的提升速度约 0.6 m/s。一台电梯的服务楼层面积约为 600 m²,也可按一台塔式起重机配一台施工电梯考虑。

4.2.4　起重运输机械的选择

4.2.4.1　垂直运输的作用

合理选择、正确使用起重运输机械对高层建筑的施工具有重要意义。据某些工程实例统计,高层建筑地面以上部分的总费用中,垂直运输机械费用占 6%~10%。高层建筑结构施工阶段,通常约 7 d 完成一层,有时甚至不到 4 d 一层,这首先是由垂直运输的速度来保证的。在高层建筑施工中,按循环运输机械考虑,第 n 层的垂直运输所需的时间 T_n 可用下式表示:

$$T_n = \frac{Q_n}{3\,600\eta}\left(\frac{2hn}{v} + t_s\right) \tag{4-36}$$

式中　T_n——第 n 层垂直运输所需时间(h);

　　　Q_n——第 n 层所需垂直运输机械的工作循环数(吊次);

　　　h——层高(m);

　　　n——层数;

　　　v——起重运输机械吊钩升降平均速度(m/s);

　　　t_s——一个工作循环中装卸等作业所占时间(s);

　　　η——起重运输机械的效率,0.4~0.7。

从式(4-36)可以看出,T_n 随 n 的增加而增加。

另据统计资料表明,施工人员沿楼梯进出施工部位所耗用的上下班时间,也随楼层增高而急剧增加。如在建建筑物为 10 层楼,每名工人上下班所占用的工时为 30 min,自 10 层楼往上,每增高一层平均需增加 5~10 min。

4.2.4.2　起重运输机械的组合方式

由于不同的起重运输机械各有不同的用途和特点,因此在选择起重运输机械时,首先应根据工程特点和施工条件确定采取何种不同起重运输机械的组合方式。在确定采用何种组合方式时,首先应满足施工需要,同时还要考虑到费用的高低和是否有较好的综合经济效益。下面是一些可用的组合方式:①塔式起重机+混凝土泵+施工电梯;②塔式起重机+施工电梯;③塔式起重机+快速提升机(或井架起重机)+施工电梯;④井架起重机+施工电梯。

从我国目前施工的高层建筑看,大多选用第一种组合方式。

4.2.4.3　起重运输机械选择的原则

组合方式确定后,即应进一步选定各种起重运输机械的具体型号、规格和台数。在具体选择机械时,应根据工程特点、施工条件按照参数合理、生产率充分满足需要和投资少、经济效益高的原则进行。

以塔式起重机为例。塔式起重机主要起重参数有幅度、起升高度、起重量和起重力矩。这些参数的具体含义在建筑施工课程的学习中已充分了解,此处不再赘述。塔式起重机所需要的幅度和起升高度可根据建筑物的形体尺寸由计算或作图确定。对于钢筋混凝土高层及超高层建筑来说,确定最大幅度时的额定起重量至关重要。若为全装配式大板建筑,最大幅度起重量应以最大外墙板重量为依据。若是现浇钢筋混凝土建筑,则应按最大混凝土料斗容量确定所要求的最大幅度起重量,一般取 1.5~2.5 t。对于钢结构高层及超高层建筑,塔式起重机的最大起重量乃是关键参数,应以最重构件的重量为准。起重力矩也有类似的情况。对于钢筋混凝土高层建筑而言,重要的是最大幅度时的起重力矩必须满足需要。而对于高层钢结构来说,则应是最大起重量时的起重力矩必须符合需要。

在选择塔式起重机时,除上述起重参数外,对塔式起重机的工作速度参数也应进行全面了解和比较。工作速度参数包括起升速度、回转速度、小车速度、大车速度和起重臂仰俯变幅速度。速度参数不仅直接关系到塔式起重机的台班生产率,而且对安全生产起到极为重要的作用。

塔式起重机台班作业生产率可按下式估算:

$$P = 8QnK_qK_t \tag{4-37}$$

式中　P——塔式起重机台班生产率(t/台班);

　　　Q——塔式起重机的额定起重量(t);

　　　n——1 h 的吊次,$n = 60/T_{吊}$,$T_{吊}$为 1 吊次的延续时间(min);

　　　K_q——塔式起重机额定起重量利用系数;

　　　K_t——工作时间利用系数。

必须根据施工流水段及吊装进度的要求,对塔式起重机台班作业生产率进行校核,以保证施工进度计划不会因其生产效率而受到拖延。

总结近年来国内钢筋混凝土高层建筑施工经验可以知道,选用塔式起重机的参考意见如下:对于一般 9~13 层高层建筑,宜选用轨道式上回转塔式起重机(如 TQ60/80)和轨道式下回转快速安装塔式起重机(QTG60),以后者效益较好;对于 13~15 层的高层建筑,可选用轨道式上回转塔式起重机(如 TQ60/80)或 QT80,QT80A 等 800 kN·m 级上回转自升塔式起重机,以前者费用较省;对于 15~18 层高层建筑,可优先选用 TQ90,TQ60/80ZG 或 QTZ200 等塔式起重机,以前两种较为便宜;对于 18~25 层高层建筑,应根据建筑构造设计特点和使用条件,选择 QTZ200,QTZ120,ZT120,QT80,QT80A 式 Z80 等型号附着式自升塔式起重机或内爬式塔式起重机;对于 25~30 层高层建筑,可选用参数合适的附着式自升塔式起重机或内爬式塔式起重机;30 层以上的高层建筑,应优先选用内爬式塔式起重机(如 QTP60 或 QT5-20/4)。内爬式塔式起重机与同等起重能力的轨道式塔式起重机相比,造价约便宜 25%~40%,楼层越高节约效果越明显。

从节约施工机械费用出发,对 20 层以下的高层建筑工程,宜使用绳轮驱动的施工电梯。25 层特别是 30 层以上的高层建筑,应选用齿轮齿条驱动的施工电梯。

4.3　高层现浇混凝土结构模板工程

目前,国内高层现浇混凝土结构施工中,在使用定型组合模板的同时,也有相当一部分高层建筑使用了一些大型工具式模板,如液压滑升模板、爬升模板、大模板等。它们的共同作用是:简化模板的安装、拆除,节省模板材料,加快工程进度。

4.3.1 高层建筑滑升模板施工

液压滑升模板简称滑模,最初只限于施工断面变化不大的高耸构筑物,后来由于机具和工艺的改进和完善,逐步扩展到其他构造形式。滑模施工的主要优点是:节省模板,机械化程度较高,施工速度快,建筑物的整体性好。

4.3.1.1 概述

滑模施工是沿建筑物的周边全长支设约 1 m 高的模板,随着混凝土的浇筑,利用提升千斤顶逐步将模板提升,直至建筑物的全高,完成混凝土的浇筑成型。它除适用于筒壁结构外,还适用于高层建筑中的框架、框剪及剪力墙结构的现浇混凝土施工。

滑模装置包括模板系统、操作平台系统、液压提升系统和施工精度控制系统四个部分。模板系统由模板、围圈、提升架组成。液压提升系统由液压控制台、油泵、油路、千斤顶、支承杆等组成。图 4-29 是滑升模板组成示意图。模板支承在围圈上,围圈、千斤顶与操作平台均与提升架连接固定成一整体。控制油泵依次向千斤顶供油排油时,千斤顶即沿支承杆向上爬升,并通过提升架带动模板沿新浇混凝土面向上滑升,操作平台也随之上升。

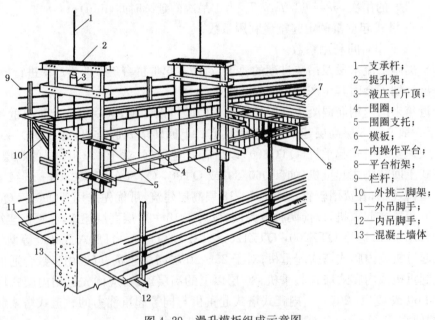

1—支承杆;
2—提升架;
3—液压千斤顶;
4—围圈;
5—围圈支托;
6—模板;
7—内操作平台;
8—平台桁架;
9—栏杆;
10—外挑三脚架;
11—外吊脚手;
12—内吊脚手;
13—混凝土墙体

图 4-29 滑升模板组成示意图

由于滑模施工的特殊方法,为了模板顺利地滑升和各种施工操作的方便及滑升过程中建筑物的安全稳定,用滑模施工的高层建筑在工程设计上应满足一定的要求。

建筑结构的平面布置应使各层构件沿模板滑动方向的投影重合,立面应简洁,避免有碍模板滑动的局部突出结构。框架结构的柱距不宜大于 9 m;各层梁的竖向投影应重合,宽度宜相等;柱宽宜比梁宽每边大 50 mm 以上,否则梁、柱宜设计成等宽;柱的截面尺寸应减少变化,如必须改变时,边柱宜在同一侧变动,中柱宜按轴线对称变动。剪力墙结构各层平面布置在竖向的投影宜重合,有地下室的结构地上与地下部分的墙板布置宜一致;各层门窗洞口位置应一致,同一楼层的梁底标高及门窗洞口的高度和标高宜统一,门窗洞口宽度不宜超过 2 500 mm，T 形或十字形墙板交接处的门、窗洞口距离墙内皮的尺寸不应小于 250 mm。

结构截面尺寸：钢筋混凝土墙板厚度不应小于 140 mm，混凝土或轻骨料混凝土墙板厚度不应小于 180 mm，钢筋混凝土梁宽不应小于 200 mm，钢筋混凝土柱的边长不应小于 300 mm，独立柱的边长不应小于 400 mm。

结构配筋应使各种长度、形状的钢筋能在提升架横梁以下的净空内绑扎。梁高度较大时不宜设弯起筋，宜根据计算加强箍筋，必须有弯起筋时，弯起筋的高度应小于 H_0 +200 mm(H_0 为提升架横梁距模板上口的净空尺寸)，当不满足时，可将弯起筋分段焊接。梁的纵向钢筋在伸入柱内的锚固长度范围内不宜弯折，必要时可朝上弯折。利用结构受力，用钢筋作支承杆以节省钢材，对兼作支承杆的受力钢筋，其设计强度宜降低 10%～25%，接头的焊接质量应与钢筋等强。柱的纵向受力筋应避开千斤顶底座及提升架横梁宽度所占据的竖向投影位置，宜用热轧变形钢筋，直径不宜小于 16 mm。当各层柱配筋量有变化时，宜保持钢筋根数不变而调整直径。柱的箍筋应便于从侧面套入柱内，末端弯钩为 90°时，其弯钩的平直长度应加大，钢筋直径为 6 mm 时取 80 mm，钢筋直径为 8 mm 时取 120 mm。墙内各种大洞口周边的加强筋不宜在洞角处设 45°斜钢筋，宜加强其竖向及水平钢筋；当各层楼门、窗洞口一致时，其侧边的竖向加强筋宜连续配置。与横向结构连接的连接筋宜采用 I 级圆钢，直径不宜大于 8 mm，外露部分不应先设弯钩。

滑模装置的设计是从绘制建筑物的各层投影叠合图开始，据此图进行提升架的布置。

在进行滑模装置的设计计算时，应考虑下列荷载：

(1) 模板系统、操作平台系统的自重。

(2) 操作平台上的施工荷载，包括平台上的机械设备及特殊设施的自重，施工人员、工具和堆放的材料的重量。

(3) 操作平台上设置的垂直运输设备运转时的额定附加荷载(包括垂直运输设备的起重量及柔性滑道的张紧力等)，垂直运输设备制动时的刹车力。

(4) 混凝土对模板的侧压力及向模板内倾倒混凝土时的冲击力。

(5) 模板提升时的混凝土与模板之间的摩擦力。

(6) 风荷载。

在确定总垂直荷载时，取上述(1)，(2)，(3)项之和与(1)，(2)，(5)项之和中的较大者。

4.3.1.2 滑模施工

滑模施工包括施工准备、滑模组装、混凝土浇筑与模板滑升、精度控制、楼板施工、事故处理、质量检验及缺陷修补等内容，此处只介绍其中的主要内容。

1. 滑模组装

滑模装置的组装顺序按下述步骤进行：

(1) 安装提升架；

(2) 安装内外围圈，调整倾斜度；

(3) 绑扎竖向钢筋和提升架横梁以下的水平钢筋，安设预埋件及预留孔洞的胎模，对工具式支承杆套管下端进行包扎；

(4) 安装模板，宜先安装角模后安装其他模板；

(5) 安装操作平台的桁架、支撑和平台铺板；

(6) 安装外操作平台的支架、铺板和安全栏杆等；

（7）安装液压提升系统，垂直运输系统及水、电、通讯、信号、精度控制和观测装置，并分别进行编号、检查和试验；

（8）在液压系统试验合格后，插入支承杆；

（9）安装内外吊脚手架及挂安全网，当在地面或横向结构上组装滑模装置时，应待模板滑至适当高度后，再安装内外吊脚手架。

滑模装置组装完成后，在整个滑模施工过程中基本上不再有变化，因此组装时应位置准确、连接可靠。

2. 混凝土浇筑与模板滑升

混凝土浇筑与模板滑升依次交替进行。

用于滑模施工的混凝土除满足设计规定的强度、抗渗性等要求外，其早期强度的增长速度必须满足模板滑升速度的要求。混凝土的坍落度：墙板、梁、柱为 4～6 cm，筒壁结构及细柱为 5～8 cm，配筋特密结构为 8～10 cm。混凝土的初凝时间宜控制在 2 h 左右，终凝时间一般宜控制在 4～6 h。

混凝土必须分层均匀交圈浇筑，每层厚度以 200～300 mm 为宜，表面应在同一水平面上，并应有计划匀称地变换浇筑方向。各层间隔时间应不大于混凝土的凝结时间（相当于混凝土贯入阻力值达到 0.35 kN/cm²）。

开始向模板内浇灌的混凝土，浇灌时间一般宜控制在 3 h 左右，分 2～3 层将混凝土浇灌至 500～700 mm，然后进行模板的试滑升工作。

试滑前，必须对滑模装置和混凝土凝结状态进行检查。试滑时，应将全部千斤顶同时缓慢平稳升起 50～100 mm，检查混凝土的出模强度，混凝土出模强度宜控制在 0.2～0.4 MPa，或贯入阻力值 0.30～1.05 kN/cm²。当模板滑升至 200～300 mm 高度后，应稍事停歇，全面检查所有提升设备和模板系统，修整后，即可转入正常滑升。

正常滑升阶段，分层滑升的高度应与混凝土分层浇灌的厚度相配合。两次提升的间隔时间不应超过 1.5 h。气温较高时，应增加 1～2 次中间提升，每次提升高度为 30～60 mm。

每次提升前，宜将混凝土浇灌至距模板上口以下 50～100 mm 处，并应将最上一道横向钢筋留置在混凝土外，作为绑扎上一道横向钢筋的标志。

滑升过程中，操作平台应保持水平，各千斤顶的相对标高差不得大于 40 mm，相邻两个提升架上千斤顶的升差不得大于 20 mm。应随时检查操作平台、支承杆的工作状态及混凝土的凝结状态，如发现异常，应及时分析原因并采取有效的处理措施。

当模板滑升至距建筑物顶部标高 1 m 左右时，即进入末滑阶段，应放慢滑升速度，进行准确的抄平和找正，以使最后一层混凝土能均匀交圈，保证顶部标高及位置的正确。

模板滑升速度，当支承杆无失稳可能时，按混凝土的出模强度控制，可按下式计算：

$$V = \frac{H - h - a}{T} \tag{4-38}$$

式中 V——模板滑升速度（m/h）；

H——模板高度（m）；

h——每个浇灌层厚度（m）；

a——混凝土浇灌后，其表面到模板上口的距离，取 0.05～0.1 m；

T——混凝土达到出模强度所需的时间(h)。

当支承杆受压时,按支承杆的稳定条件控制模板的滑升速度,可按下式确定:

$$V = \frac{10.5}{T\sqrt{KP}} + \frac{0.6}{T} \qquad (4-39)$$

式中　V——模板滑升速度(m/h);

　　　P——单根支承杆的荷载(kN);

　　　T——在作业班的平均气温条件下,混凝土强度达到 $0.7\sim1.0$ MPa 所需的时间(h),
　　　　　由试验确定;

　　　K——安全系数,取 $K=2.0$。

3. 滑模施工的精度控制

滑模施工的精度控制包括水平度控制和垂直度控制。

1) 滑模施工的水平度控制

滑模系统在滑升过程中失去水平是由于各千斤顶爬升不同步造成的,控制千斤顶同步爬升的措施主要有:

(1) 限位卡挡法。利用水准仪在所有支承杆上测设同一标高的标志,在标志处固定装设限位卡挡,当千斤顶爬升碰到卡挡后即停止上升,到所有千斤顶都达到卡挡时即自动调平一次。将卡挡上移到支承杆下一个标志处,这样每隔一定爬升距离即自动调平一次,保证了千斤顶的同步上升。

使千斤顶停止上升的方法有两种:一种是利用一个筒形套,套的内筒伸入千斤顶内直接与活塞上端接触,外筒与千斤顶缸盖的行程调节帽螺纹连接,当筒形套被卡挡顶住并压住千斤顶活塞时,活塞不能排油复位,千斤顶即停止爬升(图 4-30);另一种是在千斤顶上安装限位阀,当限位阀的阀芯被卡挡挡住时油路中断,千斤顶停止爬升(图 4-31)。

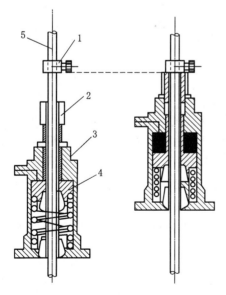

1—限位挡;2—筒形限位调平器;
3—千斤顶;4—活塞;5—支承杆

图 4-30　筒形限位调平器

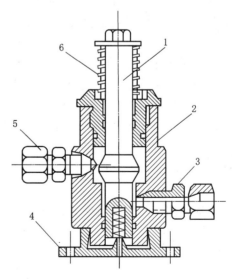

1—阀芯;2—阀体;3—出油嘴;
4—底座;5—进油嘴;6—弹簧

图 4-31　限位阀

（2）激光自动调平控制法。在操作平台适当位置安设激光平面仪,发射约 2 m 高的水准激光束。激光束照射到装在各个千斤顶上的接收器上。接收器收到信号后加以放大,控制各个千斤顶进油口处的电磁阀开启或关闭,进而达到使千斤顶爬升或停止的目的。

2) 滑模施工的垂直度控制

垂直度观测设备可采用激光铅直仪、自动安平激光铅直仪、经纬仪和线锤等,其精度不应低于 1/10 000。测量靶标及观测站的设置,应便于测量操作。

纠正结构垂直度偏差时,应徐缓进行,避免出现硬弯。

纠偏方法有平台倾斜法,即令建筑物倾斜一侧的操作平台高于其他部位,产生正水平偏差,然后,将整个操作平台滑升一段高度,使垂直偏差得以纠正。操作平台的倾斜度应控制在 1%以内。

顶轮纠偏装置也是一种有效的纠偏方法。该装置由撑杆、顶轮和花篮螺丝组成,见图 4-32。撑竿的一端与围圈桁架上弦铰接,另端安装一个轮子顶在混凝土墙面上。花篮螺丝一端挂在围圈桁架的下弦上,另一端与顶轮处的撑竿焊接。收紧花篮螺丝,撑竿的水平投影距离加长,使顶轮紧紧顶住混凝土墙面,在墙面的反力作用下,围圈桁架包括操作平台、模板等向相反方向移位。在平面上合理地布置若干纠偏装置,可达到建筑物纠偏的目的。

当建筑物出现扭转偏差时,可用手搬葫芦或倒链作为施加外力的工具,一端固定在已有强度的下一层结构上,另一端与提升架立柱相连。搬动手搬葫芦或倒链,相对结构形心可以得到一个较大的反向扭矩。采用此法纠偏时,动作不可过猛,一次纠扭幅度不可过大,连接手搬葫芦或倒链时尽可能使其水平,以减小竖向分力。

4. 楼板施工

滑模施工的高层建筑,楼板施工的方法有逐层空滑楼板并进法、先滑墙体楼板跟进法以及先滑墙体楼板降模施工法。

1) 逐层空滑楼板并进法

此法又称逐层封闭或滑一浇一法。当混凝土

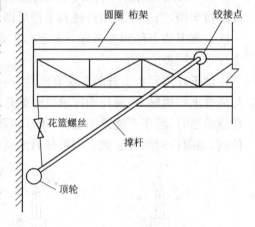

图 4-32　顶轮纠偏示意图

浇筑到楼板下皮标高时停止浇筑,待混凝土达到出模强度后,将模板连续滑升到模板下口高于楼板上皮 50～100 mm 处停止。吊开操作平台的活动铺板进行楼板的支模、钢筋绑扎和混凝土浇筑。楼板混凝土浇筑完后,继续正常的滑模施工。模板下口与楼板间的缝隙用铁皮临时阻挡,防止混凝土流失。如上述逐层重复施工,在每层中都有试滑、正常滑行和末滑三个阶段。

楼板模板可用支柱上设横梁、梁上铺定型组合钢模板的一般方法支设,也可采用台模形式。

当楼板为单向板时,只需将承重横墙模板脱空,非承重纵墙应比横墙多浇灌一段500 mm高的混凝土,使纵墙模板不脱空,以保持稳定。当板为双向板时,纵横墙模板均需脱空,此时应使外墙的外侧模板加长,使其保持与混凝土接触的高度不小于 200 mm,如图4-33所示。

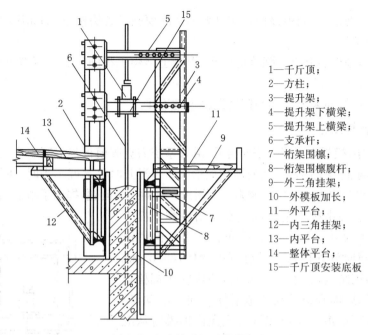

图 4-33　墙体脱空时外模加长

1—千斤顶;
2—方柱;
3—提升架;
4—提升架下横梁;
5—提升架上横梁;
6—支承杆;
7—桁架围檩;
8—桁架围檩腹杆;
9—外三角挂架;
10—外模板加长;
11—外平台;
12—内三角挂架;
13—内平台;
14—整体平台;
15—千斤顶安装底板

2）先滑墙体楼板跟进法

墙体滑升若干层后,即自下而上地进行楼板施工。楼板所需材料可由操作平台上所设的活板洞口吊入,也可由外墙窗口所设受料台运入。最常见的是墙体领先楼板三层,称为滑三浇一施工法。

楼板的支模可利用墙、柱上预留的孔洞,插入钢销,在销上支设悬承式模板,见图4-34。

后浇楼板与先浇墙体的连接方法是沿墙体间隔一定距离预留孔洞,孔洞尺寸按设计要求定。通常,预留孔洞高度为楼板厚度或楼板厚度上下各加大 50 mm,预留孔洞宽度为200～400 mm。相邻两间楼板的主筋由孔洞穿过与楼板的钢筋连成一体,然后,同楼板一起浇灌混凝土。孔洞处即构成钢筋混凝土键。

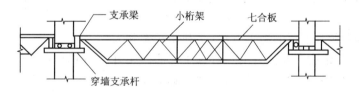

图 4-34　悬承式模板

3）先滑墙体楼板降模施工法

对于 10 层以下的结构,滑模一直到顶后,利用顶部结构用钢丝绳悬挂楼板模板(该模板可利用操作平台改装,也可重新组装),浇筑顶层楼板混凝土。待达到拆模强度后,利用装附在悬吊钢丝绳上的手搬葫芦操纵整个楼板模板下降到下一楼层,继续浇筑该层混凝土。这样逐层下降,直到最下一层楼板浇筑完毕。

10 层以上的高层建筑应沿高度上分段降模施工,每段所含层数应通过对滑模过程中结构稳定的验算确定,一般不超过 10 层。第一段滑到该段顶层后,即开始自上向下降模施工楼板;第二段滑升到顶后,则由该段顶层开始向下降模施工各层楼板;如此逐段降模施工,直至完成整个建筑结构。

降模施工时,楼板混凝土的强度应满足《混凝土结构工程施工验收规范》(GB 50204)的有关规定,并不得低于 15 MPa。

楼板与墙的连接亦采用前述的钢筋混凝土键连接。

4.3.1.3　滑框倒模工艺

在滑模施工中,模板沿混凝土表面滑升,滑升系统需克服模板与混凝土表面间的摩阻力,该摩阻力的大小随混凝土硬化时间的增加而增大。当滑升时机掌握不当时,往往会将混凝土拉裂,同时,提升设备也由于考虑该摩阻力而增加。针对这个问题,提出了滑框倒模工艺。

滑框倒模工艺与滑模工艺不同点在于沿围圈长度上等间距(通常间距为 0.3~0.4 m)地布置许多竖向的滑道,在滑道内侧横向放置模板。滑道可用 $\phi48 \times 3.5$ mm 的钢管或其他型钢制成,长度 1 m 左右,与围圈用螺栓连接固定。当滑升时,提升架带动滑道沿模板向上滑动,模板不动。下部脱离滑道的模板在混凝土允许拆模时从混凝土面上拆下,经过清理再倒到上层使用,所以称为滑框倒模。

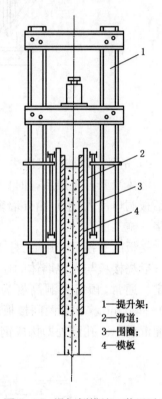

1—提升架;
2—滑道;
3—围圈;
4—模板

滑框倒模工艺只需控制滑道脱离模板时的混凝土强度下限大于 0.05 MPa,不致引起混凝土坍塌和支承杆失稳,保证滑升平台安全即可,而无须考虑混凝土硬化时间延长造成的混凝土粘模、拉裂等问题,给施工创造很多便利条件,并且提升设备的数量可以减少,但施工过程较繁杂。图 4-35 是滑框倒模施工装置的示意图。

4.3.2　高层建筑爬升模板施工

爬升模板简称爬模。爬模分为有爬架爬模和无爬架爬模两类。

典型的有爬架爬升模板的施工方法,是利用爬架和大模板相互作为支承、依次交互提升的一种施工方法。爬升模板宜作为高层建筑外墙的外侧模板,在此基础上发展的

图 4-35　滑框倒模施工装置示意图

内、外墙整体爬模体系可用于所有混凝土内、外墙体的施工。

爬模兼有滑模和大模板的优点。与滑模相比,爬模的模板不像滑模那样沿墙体连续滑升,其作业顺序和节奏与大模板相似,因此不需滑模施工中所要求的那种富有施工经验的专业技术队伍操作,也不会产生滑模施工中由于滑升时机掌握不好所产生的混凝土拉裂等质量事故。与大模板施工相比较,爬模不依赖吊机吊运而自行爬升,而大模板的安装、拆除则需依赖吊机且耗用较长时间。

由于爬升模板的上述优点,在近年的高层建筑施工中爬升模板得到了广泛的应用,其亦是我国建筑业重点推广的新技术之一。

4.3.2.1 爬模构造

爬模由模板、爬架和提升设备组成。

1. 模板

模板的构造与一般大模板相同,见图4-36。面板可用胶合板或钢板,板后设槽钢横肋,横肋支承在槽钢制的加强竖肋上,横、竖肋间距应由计算确定。通过竖肋的穿墙螺栓与墙的内侧模板拉紧,承受新浇混凝土的侧压力。

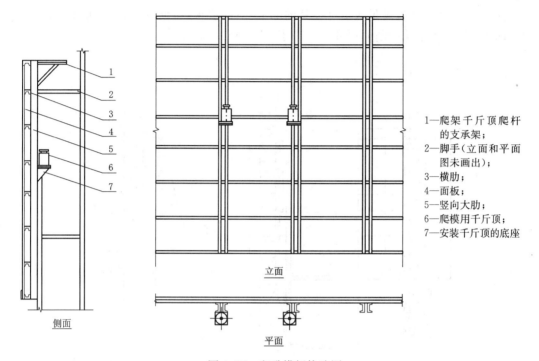

1—爬架千斤顶爬杆
　　的支承架;
2—脚手(立面和平面
　　图未画出);
3—横肋;
4—面板;
5—竖向大肋;
6—爬模用千斤顶;
7—安装千斤顶的底座

立面

侧面

平面

图4-36　爬升模板构造图

模板上、下边各设两个调整螺栓与爬架相连,供安装时固定和调整模板位置用。

对应于每个爬架的位置,与爬架宽度相适应,在模板背后设两道加强竖肋。竖肋顶端固定有外挑三角支承架,供悬挂提升爬架的提升设备用。竖肋中部焊有支座,用以固定模板爬升用的千斤顶。当采用手拉倒链提升时,则在竖肋上焊有悬挂吊钩的吊环。

在模板的竖肋上固定有外挑三脚架,供支设外挑脚手架和悬挂外脚手架用。脚手架的宽度为600~900 mm,脚手架的高度,视需要设若干步,在模板下方应不少于2~3步,每步高度为1 800 mm。各步脚手架均应满铺脚手板,外侧设栏杆和张挂安全网。为使每步脚手架在平面上都能连通,在爬架处应绕过爬架形成弯折,见图4-37。

模板高度一般为建筑标准层层高加100~300 mm,以便使模板下边与已浇筑的混凝土墙搭接,起到定位和固定作用。为防止灰浆流失,模板下边固定有橡胶衬垫。

模板长度,在制造和安装可能条件下宜尽量大些,可取整个墙的宽度。为便于制作和安装,也可分段制作、安装,待安装就位后,再将各段连成整体。

2. 爬架

爬架由附墙架和支承架组成,如图4-38所示。爬架和支承架都是由角钢或槽钢焊接成的格构式钢结构。为了便于制作和安装,可由2~3节连接而成。

附墙架是支撑架的底座,用附墙螺栓固定在已浇筑并具有一定强度的混凝土墙体上,每个附墙架的附墙螺栓不得少于4只。为便于留孔,支承架的附墙螺栓孔宜与固定模板的穿墙螺栓孔一致。

支承架固定于附墙架上,其顶端固定有两根伸向混凝土墙体侧的外挑横梁,用以悬挂或固定提升模板用的提升设备。支承架下部焊有吊环或固定安装爬架爬升用的千斤顶,视提升设备的不同而定。

支承架的断面尺寸应满足人员可在其内部上、下的要求,以便施工人员到附墙架内安、拆附墙螺栓,所以支承架的断面尺寸不应小于650 mm×650 mm。

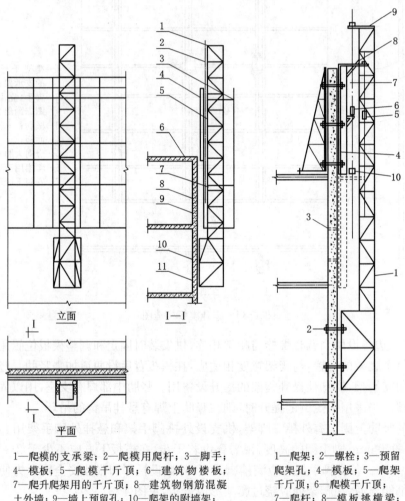

1—爬模的支承梁;2—爬模用爬杆;3—脚手;
4—模板;5—爬模千斤顶;6—建筑物楼板;
7—爬升爬架用的千斤顶;8—建筑物钢筋混凝
土外墙;9—墙上预留孔;10—爬架的附墙架;
11—附墙连接螺栓

图4-37 爬升模板组成

1—爬架;2—螺栓;3—预留
爬架孔;4—模板;5—爬架
千斤顶;6—爬模千斤顶;
7—爬杆;8—模板挑横梁;
9—爬架挑横梁;10—脱模千
斤顶

图4-38 有爬架的爬升模板

爬架顶端高度应超出待施工层高度0.8~1.0 m,附墙架应安装在模板已经爬升且混凝土具有一定强度的墙体上,所以爬架总高度一般为3~3.5个楼层高度。以层高2.8 m计算,爬架总高度为9.3~10 m。

为便于拆模和模板提升时的操作,支承架应距离混凝土墙面 0.4～0.5 m。

每个爬架顶端装有两只液压千斤顶或两只环链手拉葫芦,用以提升模板。爬架间距视模板重量与提升设备的起重能力而定,一般为 4～5 m。一块模板有多个爬架时,应按各爬架承载相等的原则布置爬架。当模板由几块拼接时,接缝应在两个爬架中间。爬架位置应与模板两个端部保持一定距离,以便在模板端部安设脚手架,供施工人员进行模板的封头、校正等操作使用。爬架位置应尽量避开门窗洞口。

3. 提升设备

在爬模施工中可用作提升设备的有各种葫芦和各种形式的千斤顶。其中常用的为手拉葫芦和单作用液压千斤顶。

1) 葫芦

葫芦是爬升设备中最经济实用的工具,它操作简单,适用性强,特别是施工单位配合使用的机械加工量小。

爬升设备中的葫芦起重量为 1.5～5 t,其形式主要有手拉葫芦、环链电动葫芦和手扳葫芦三种。

手拉葫芦亦称倒链葫芦,是一种最普通的手动提升工具。根据不同工程对象,手拉葫芦可在 12 m 起重高度范围选择适合长度的环链。在爬升模板中常用的手拉葫芦,其主要技术参数如表 4-11 所示。

表 4-11　　手拉葫芦主要性能参数

起重量 /t	起重高度 /m	两钩最小距离 /mm	满载时手链拉力 /N	重量 /kg
1.5	3	360	370	16
2	3	380	320	15.5
2.5	3	420	410	30
3	3	470	380	24

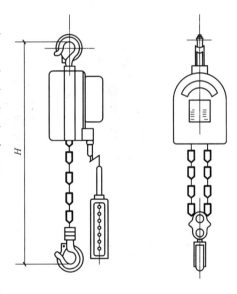

环链电动葫芦是近几年发展起来的小型轻便提升工具。它的主要特点是体积小,自重轻,操作灵活,可代替手拉葫芦,特别是能实现多台集中控制,节省劳动力。环链电动葫芦的外形如图 4-39 所示,其主要性能参数见表 4-12。

环链电动葫芦的链条长度可根据需要做调整。一般单链长度变化可在 3～12 m 内,双链长度变化可在 3～6 m 内。

图 4-39　环链电动葫芦外形

表 4-12　　　　　　　　　　　　环链电动葫芦主要性能参数

型　号	200 型	1 600 型	3 200 型
起重量/t	2	1.6	3.2
起重链行数	2	1	2
起重高度/m	3	3	3
起升速度/(m·min⁻¹)	1～2	2～4	1～2

型　号	200 型	1 600 型	3 200 型
起升电机功率/kW	0.4～0.8	0.8～1.6	0.8～1.6
电　源	380 V　50Hz	380 V　50Hz	380 V　50Hz
链条直径×节距/mm	$\phi 8 \times 24$	$\phi 10 \times 30$	$\phi 10 \times 30$
运行速度/(m·min⁻¹)	20	20	20
运行电机功率/kW	0.2	0.2	0.2
升高增高 1 m 增加重量/kg	3	2.5	5

手扳葫芦比手拉葫芦及环链电动葫芦都轻巧。一般手拉葫芦的安全系数 $n=2$，但手扳葫芦的安全系数厂家提供 $n \geqslant 5$。手扳葫芦的另一优点是提升高度不受限制，钢丝绳的长度可调整。图 4-40 为手扳葫芦外形，表 4-13 列出手扳葫芦的主要性能。

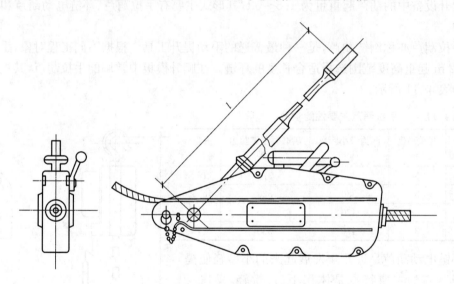

图 4-40　手扳葫芦外形

表 4-13　　　　　　　　　　手扳葫芦的主要性能参数

型　号	1 600 型	3 200 型
额定起重量/t	1.6	3.2
额定前进行程/mm	≥55	≥28
前进手柄有效长度/mm	1 200	1 200
传动级数	1	2
钢丝绳公称直径/mm	11	16
钢丝绳标准长度/m	1；2	1
机体净重/kg	12	23
额定前进手扳力/N	≤412	≤441

选用葫芦时,其起重量应较计算大一倍,起升高度应比实际需要的爬升高度大0.5~1 m。

提升模板时,将葫芦悬挂在爬架顶端挑梁的吊环上,每个爬架挂两只。葫芦的起重钩吊住模板的吊环,模板吊环的位置应与模板及其上脚手架总体的重心一致,且与上部挂葫芦的吊环在一条垂直线上。操纵葫芦即可将模板升起。

提升爬架时,将葫芦挂到模板顶端外挑梁的吊环上,葫芦的起重钩则吊住爬架上的吊环,该吊环位置应与爬架重心重合。操纵葫芦即可将爬架提升。

葫芦,特别是手拉葫芦,设备便宜,操作简便,虽需用人员较多,仍是目前应用最多的提升装置。

2) 千斤顶

爬模中使用的千斤顶有液压单作用千斤顶、液压双作用千斤顶、爬模专用液压千斤顶和电动螺旋千斤顶等几种。

液压单作用千斤顶即滑模使用的滚珠式或卡块式穿心液压千斤顶。爬架和模板各设一套。

模板爬升用的千斤顶安装在焊于模板竖肋的托架上,爬杆顶端固定于爬架顶端的挑梁上。爬架爬升用的千斤顶固定于爬架中部的横梁上,爬杆则固定在模板顶端的挑梁上。千斤顶的位置均应分别与模板、脚手架总体或爬架的重心一致。模板或爬架爬升到位后,千斤顶顶端与各自的爬杆顶端的距离不应小于1 m。

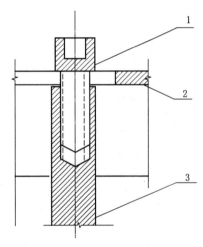

1—M16×60 mm 螺钉;2—有垫板的挑架;
3—顶端有 M16×60 mm 螺孔的 ϕ25 mm 爬杆
图 4-41 千斤顶爬杆顶端连接图

爬杆直径应符合千斤顶的要求,一般用 ϕ25 圆钢。爬杆长度视一次的提升高度而定,一般为4~5 m。爬杆顶端与挑梁用螺钉连接固定(图4-41)。

千斤顶通过油路与油泵和控制装置相连。开动油泵后,千斤顶即沿爬杆爬升,带动了模板或爬架提升。提升到位后,应从千斤顶下部将爬杆抽出,再从千斤顶上方插入,备下次爬升用。

双作用液压千斤顶是一种专用的滚珠或卡块式穿心液压千斤顶,其中既有一套向上动作的,又有一套向下动作的卡具。千斤顶既能沿爬杆爬升,爬杆又能通过千斤顶上提。爬杆上、下端分别安装固定爬架和模板的装置,用一套双作用千斤顶就能分别完成爬升爬架和提升模板两个动作。它的缺点是千斤顶笨重,油路复杂,操作繁琐。

爬模专用液压千斤顶是一种长冲程千斤顶,活塞端连接模板,缸体连接附墙架,不用爬杆和支承架。千斤顶进油时,活塞上举,将模板举高一个楼层高度。待浇筑的墙体混凝土达到一定强度后,拆去附墙架的附墙螺栓,以模板作为支承,千斤顶回油,活塞回程,将缸体连同附墙架提升一个楼层高度。它的缺点是成本高,控制系统较复杂。

电动螺旋千斤顶又称电动提升机,早先在升板法施工中常用,爬模施工中主要用于"架子爬架子"的施工工艺中。其主要工作原理是用固定在小爬架横梁上的摆线针轮减速机,带动 T55×6 的提升螺杆，螺杆上端通过连轴套与减速机相连，下端与焊于大爬架横梁的螺母相连。提升时，减速机反向旋转带动螺杆顶起小爬架，正向旋转则提升大爬架。提升速度一般为 0.2 m/min。提升螺杆通常用 45 号钢制作，为增强螺母的耐磨性，也可用锡青铜制作。

4.3.2.2 爬模施工

爬模施工包括爬模组装、爬模爬升、钢筋绑扎、混凝土浇筑等工序，其工艺流程见图 4-42。

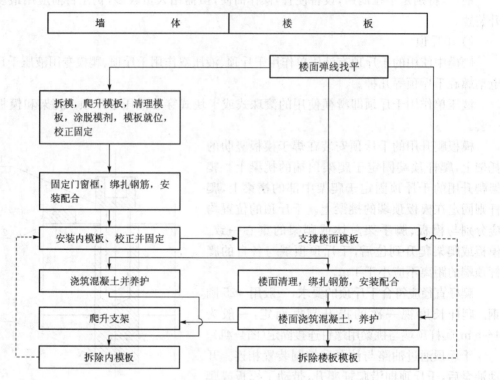

图 4-42 爬模施工的工艺流程

1. 爬模组装

首层墙体用其他支模方法（定型组合钢模板或大模板）完成混凝土浇筑，并按要求的位置和数量留设安装附墙架所需的附墙螺栓孔。

首层墙体拆模后，二层楼板也已完成，即可开始安装爬架。

借助起重设备（塔式起重机或汽车式起重机）将附墙架吊起，用螺栓固定到混凝土墙体上。螺栓应由外向内插入，在墙内紧固，需用 250 mm 长扳手用力扳紧施加预应力，保证扭矩达到 40~50 N·m，使附墙架与混凝土的摩擦力足够平衡爬架的垂直荷载。

支承架在地面拼装成整体，用起重设备吊起，安放到附墙架上，用螺栓将两者连接固定。然后在支承架上安装起吊模板的提升设备。利用起重机将大模板吊起悬挂于爬架挑梁上的提升设备上，将模板上、下边的调整定位螺杆与支承架连接后，调整并固定模板位置。模板下边应与已浇混凝土墙体搭接。模板上口的标高、模板的水平位置和垂直度均应精确校正后固定。

模板固定后,即绑扎钢筋,然后支设墙的内侧模板。用穿墙螺栓将墙的内、外模板连成整体后,即可浇筑墙体混凝土。三层楼板与二层墙体宜同时施工。

2. 爬模爬升

1) 模板爬升

墙体混凝土强度达到拆模条件($1.2\sim3.0$ N/mm^2),附墙架所附墙体的混凝土强度达到 10 N/mm^2,如果爬架在窗洞处附墙,该处混凝土强度已达到能承受爬架传来的荷载时,即可开始模板的爬升准备工作。

首先安装模板爬升设备,将模板与爬架上端挑梁的提升设备连接。然后拆除连接内、外模板的穿墙螺栓和外侧固定模板的支撑。用撬棍或千斤顶使模板脱离混凝土墙面,应注意尽量使模板各部分同时垂直脱离墙面。模板离墙后处于垂直悬挂状态。

操纵提升设备,先试爬升 $50\sim100$ mm,检查爬升情况,无问题后再正常爬升。爬升到距离就位标高 100 mm 处应暂停,进行就位的各项准备工作。模板就位时,应仔细校正标高、位置和垂直度。标高的校正应以楼面标高为准。爬升过程应注意保持同步提升,保持模板的垂直、防止晃动及碰撞其他物件。

模板就位固定后,即可按前层做法,扎筋、支内模及三层楼板模板,安装连接内、外模板的穿墙螺栓,浇筑混凝土。

2) 爬架爬升

当一片墙只有一个爬架支承时,则墙体混凝土强度需达到 1.2 N/mm^2 以上才能爬升爬架。当一片墙的外模由两个以上爬架支承时,这些爬架应分两批爬升。首批爬架爬升时,其余爬架及爬升设备不得拆除,仍需悬吊住模板。待首批爬升的爬架在上层墙体附墙固定并安装好爬升设备将模板吊紧后,再进行其余爬架的爬升。此时,爬架的爬升应在墙体混凝土终凝之后。

准备用以固定附墙架的墙体混凝土强度应不小于 10 N/mm^2。

爬架爬升时,内外模板均不得拆除和松动,包括连接内外模板的穿墙螺栓和内模的支撑。

首先,安装爬架的爬升设备,进行全面检查清除爬升过程中可能遇到的障碍;然后,拆除附墙架的附墙螺栓,操纵提升设备提升爬架。

爬升时,先试升 $50\sim100$ mm,检查无问题后再正常爬升。距就位位置 $50\sim100$ mm 时应减慢提升速度,进行位置和垂直度的校正,对准墙上的附墙螺栓孔,用螺栓将附墙架固定。

爬升过程中,每个爬架上的两台爬升设备应严格保持同步。用单作用千斤顶提升时,两只千斤顶的油路应采用并联,严禁串联连接。

无论爬升模板或爬升爬架,在爬升过程中操作人员不得站在爬升的部件上,而应站在固定的部件上。六级风以上天气,应停止爬升作业。

整个高度的混凝土墙体即按上述的爬架、模板交互提升而逐层完成混凝土浇筑。其工艺流程如图 4-43 所示。

4.3.2.3 爬架的计算

爬升设备中模板的计算与大模板相同,将在下一节介绍。本节只介绍爬架的计算。

1. 荷载

爬架所受荷载有竖向荷载和水平荷载。

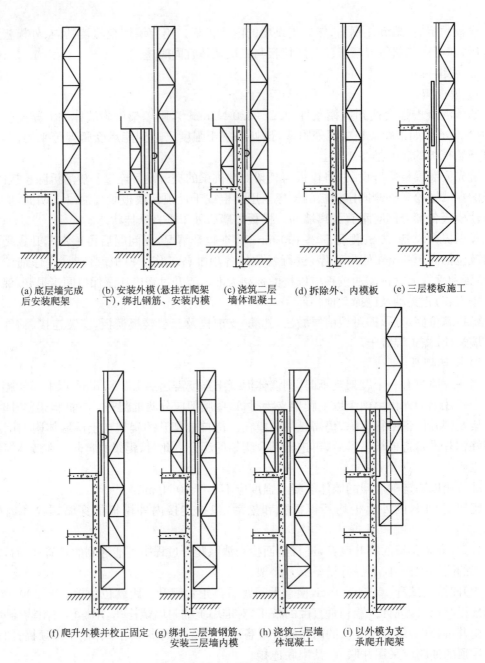

(a) 底层墙完成 后安装爬架　　(b) 安装外模(悬挂在爬架 下),绑扎钢筋、安装内模　　(c) 浇筑二层 墙体混凝土　　(d) 拆除外、内模板　　(e) 三层楼板施工

(f) 爬升外模并校正固定　(g) 绑扎三层墙钢筋、 安装三层墙内模　(h) 浇筑三层墙 体混凝土　(i) 以外模为支 承爬升爬架

图 4-43　爬升模板的施工程序

　　竖向荷载包括爬架自重、通过提升设备所传来的模板及其所附脚手架的重量、脚手架上的施工荷载(人员、材料等重量)。

　　水平荷载为风荷载。由于爬架与模板相比受风面积小得多,且两者距离很近,为简化计算,略去爬架所直接承受的风荷载,只考虑通过模板传来的风荷载。

　　2. 内力计算

　　支承架、附墙架和其他部件应分别进行计算。

　　支承架在非工作状态(即不提升模板,模板已在就位位置固定或已浇筑混凝土墙体)只承受竖向荷载,水平荷载由模板直接传给建筑物承受。

支承架在工作状态(即提升模板过程中)且受向墙面的风荷载时,在其根部产生的弯矩最大(图4-44)。支承架的内力应按此种最不利状态计算。此时,支承架根部所产生的内力为

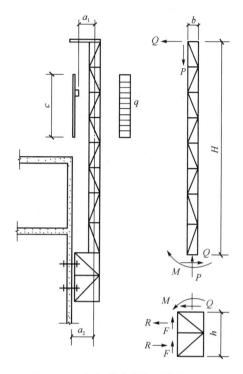

图 4-44　爬架的荷载与计算简图

$$P = P_1 + P_2 + P_3 \qquad (4\text{-}40)$$

$$Q = q \cdot d \cdot h \qquad (4\text{-}41)$$

$$M = Q \cdot H + P_1 \cdot a_1 + P_3 \cdot a_2 \qquad (4\text{-}42)$$

式中　P——支承架的轴力(kN);

$\quad\quad P_1$——大模板的自重(kN);

$\quad\quad P_2$——支承架自重(kN);

$\quad\quad P_3$——脚手架、安全网等荷载(kN);

$\quad\quad Q$——由作用于模板上的风力产生的剪力(kN);

$\quad\quad q$——风荷载(kN/m^2),按 8 级风考虑,8 级风以上停工;

$\quad\quad d$——大模板宽度(m);

$\quad\quad h$——大模板高度(m);

$\quad\quad M$——于支承架底端产生的弯矩(kN·m);

$\quad\quad H$——支承架的高度(m);

$\quad\quad a_1$——模板吊点至支承架轴线间的距离(m);

$\quad\quad a_2$——悬挂脚手架等荷载作用点至支承架轴线间的距离(m)。

内力求出后,按偏心受压的格构式构件验算支承架的整体强度、整体稳定、允许长细比、单肢的稳定和缀条。

附墙架在工作状态(模板爬升时),即承受背墙面风荷载时为最不利状态,此时竖向荷载与风荷载产生的弯矩同向。从安全性考虑应按此状态计算附墙架和附墙连接螺栓。

从安全性的角度去进行计算,不考虑附墙架与墙面间的摩擦力,螺栓承受拉剪(或压剪)的复合应力。

$$F = \frac{1}{2}P \qquad (4\text{-}43)$$

$$R = \frac{M}{b} + Q \qquad (4\text{-}44)$$

式中　F——附墙螺栓承受的剪力(kN);

$\quad\quad R$——附墙螺栓承受的拉力(kN);

$\quad\quad b$——支承架宽度(m)。

如每排两个螺栓,则每个螺栓承受的剪力 N_v 和拉力 N_t 分别为

$$N_v = \frac{1}{2}F \quad N_t = \frac{1}{2}R$$

应满足下式：

$$\left(\frac{N_v}{[N_v^b]}\right)^2 + \left(\frac{N_t}{[N_t^b]}\right)^2 < 1 \tag{4-45}$$

式中，$[N_v^b]$，$[N_t^b]$为粗制螺栓允许的剪力和拉力。

4.3.2.4 内外墙整体爬模、无爬架爬模

1. 内外墙整体爬模

内、外墙整体爬模施工中的外墙外侧爬架和模板的支设与爬升如前述，外墙内侧模板和内墙模板的爬升则靠内爬架进行。

内爬架的构造同外爬架的支承架，断面可以稍小，高度为两个标准楼层高度加 2 m。

内爬架布置在每个房间的 4 个角处，距墙面约 0.5 m。4 个爬架用支撑连成一体，整体爬升。

首层混凝土外墙和二层楼板混凝土浇筑完毕后，即可开始安装外、内爬架及模板。外爬架的组装及爬升已如前述。内爬架支承在二层楼板上。三层及三层以上楼板浇筑时，应于内爬架处留出供内爬架穿过爬升的孔洞，孔洞尺寸略大于内爬架外形。内爬架和内模板的爬升与外爬架和外模板一样也是爬架与模板相互支承、交替爬升。内爬架架底爬升到三层楼板上表面标高以上时，即在爬架底部垫以短横梁搁置于所留的孔洞上用以支承内爬架。内外模板之间用穿墙螺栓连接。

内、外墙整体爬模的施工程序如图 4-45 所示。

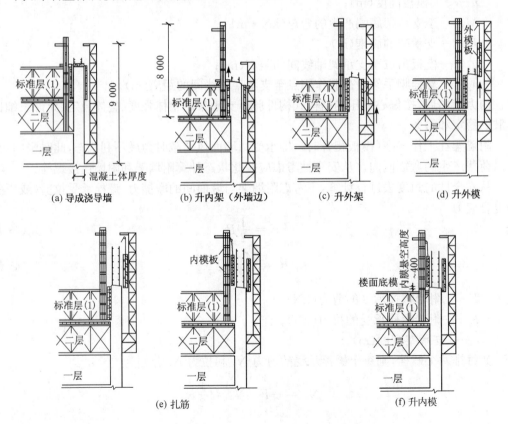

(a) 导成浇导墙　　(b) 升内架（外墙边）　　(c) 升外架　　(d) 升外模

(e) 扎筋　　(f) 升内模

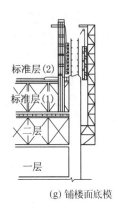
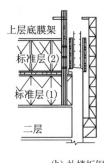
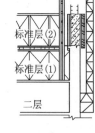

标准层(2)
标准层(1)
二层
一层

(g) 铺楼面底模

上层底膜架
标准层(2)
标准层(1)
二层

(h) 扎楼板钢筋浇
楼板混凝土

标准层(2)
标准层(1)
二层

(i) 校正内外模
搭底模架

图 4-45　内、外墙整体爬模工艺流程示意图

2. 无爬架爬模

无爬架爬模适用于混凝土外墙的外侧模板。模板分 A，B 两种形式。A 型宽 0.9～1.0 m，高略大于两个标准层高。B 型宽 2.4～3.6 m，高略大于一个标准层高。一块 A 型模板和一块 B 型模板的宽度之和最好与楼房开间（进深）尺寸相符。沿墙的长度方向，A，B 两型模板相间布置，A 型布置在纵横墙交接处或较长墙的中间（图 4-46）。

模板的面板背后设横肋和竖肋。A，B 两种模板的顶部两端均有固定在竖肋上的套管，套管内插入提升三脚架。三脚架可以回转，其外挑的端部设有固定爬杆的卡具。B 型模板爬升用的千斤顶固定在模板上部，A 型模板爬升用的千斤顶固定在模板下部，如图 4-47 所示。

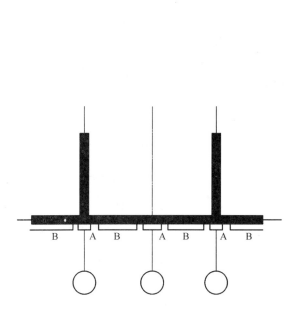

图 4-46　爬升模板布置示意图

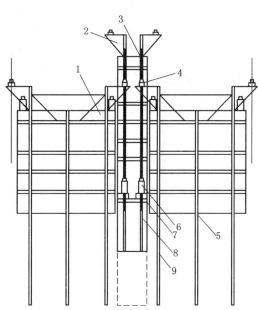

（为简化起见，本图未画出平台挑架和支撑）
1—B 型模板；2—三角爬架；3—爬杆；4—卡座；
5—连接板；6—千斤顶；7—千斤顶座；
8—A 型模板；9—支承竖楞

图 4-47　爬模装置背立面

模板组装时,首先用起重机将 A 型模板吊起,用穿墙螺栓将其固定到首层已浇筑好的混凝土墙体上,然后安装 B 型模板下方的支承竖楞。支承竖楞可使用与 B 型模板背部的竖肋同样尺寸型号的槽钢。支承竖楞的间距及位置亦与模板背后的竖肋对应。支承竖楞用穿墙螺栓固定到首层已浇筑好的混凝土墙体上,如图 4-48 所示。在支承竖楞上端,横向设置连接板。用起重机将 B 型模板吊放到连接板上。模板、连接板及支承竖楞间用螺栓连接。在支承竖楞上固定两道外挑三脚架,上部的三脚架上加一斜撑支住模板,在模板上部也设一道外挑三脚架,三道外挑三脚架供搭设脚手架之用。

模板安装就位后,上口齐平。然后,扎筋、安设内模,内外模校正后用穿墙螺栓相互拉紧,即可浇筑混凝土。

爬升时,先爬升 A 型模板。拆除 A 型模板的穿墙螺栓,利用其左右的 B 型模板上的三脚架和爬杆将 A 型模板提升一个楼层高度,用穿墙螺栓固定在已浇好的混凝土墙体上。然后拆除 B 型模板及其支承竖楞上的全部穿墙螺栓,利用其左右的 A 型模板上的三脚架和爬杆将 B 型模板连同其支承竖楞、脚手架一起提升一个楼层高度,模板上口与 A 型模板上口齐平,将支承竖楞固定在已浇好的混凝土墙体上。如此即可进行下一循环的施工,其爬升程序如图 4-49 所示。

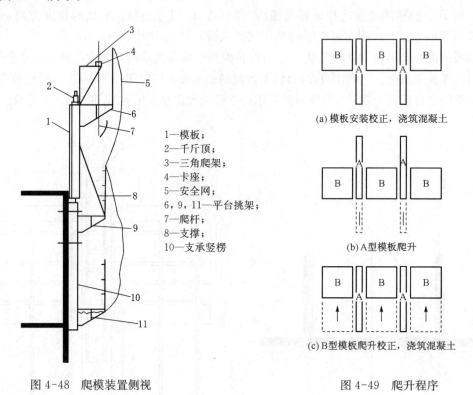

1—模板;
2—千斤顶;
3—三角爬架;
4—卡座;
5—安全网;
6, 9, 11—平台挑架;
7—爬杆;
8—支撑;
10—支承竖楞

(a) 模板安装校正,浇筑混凝土

(b) A 型模板爬升

(c) B 型模板爬升校正,浇筑混凝土

图 4-48　爬模装置侧视　　　　　　图 4-49　爬升程序

4.3.3　高层建筑大模板施工

大模板是指单块模板的高度相当于楼层的层高、宽度约等于房间的宽度或进深的大块定型模板,在高层建筑施工中,用做混凝土墙体的侧模。

大模板由于简化了模板的安装和拆除工序、工效高、劳动强度低、墙面平整、质量好,因而在剪力墙结构的高层建筑(包括内、外墙全现浇体系和外墙用预制板、内墙现浇体系)中得到广泛的应用。

大模板的一次投资大、通用性较差。为了减少大模板的不同型号,增加其利用率,用大模板施工的工程,在设计上应减少房间开间和进深尺寸的种类,并符合一定的模数,层高和墙厚应固定。外墙预制、内墙现浇的建筑应力求体形简单、加强墙与墙及墙与板之间的连接,采取加强建筑物整体性和提高其抗震能力的措施。

4.3.3.1 大模板的构造和形式

1. 大模板构造

大模板由面板、骨架、支撑架和附件组成,如图 4-50 所示。

面板直接与混凝土接触,通常用的胶合板也有使用 4~5 mm 厚钢板拼焊而成的,如用组合钢模板或竹塑板拼装而成,则用完后可拆卸,用于一般工程。

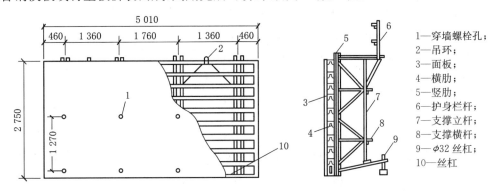

图 4-50　大模板构造示意图

1—穿墙螺栓孔;
2—吊环;
3—面板;
4—横肋;
5—竖肋;
6—护身栏杆;
7—支撑立杆;
8—支撑横杆;
9—ϕ32 丝杠;
10—丝杠

为增加面板刚度及与支撑架的连接,面板背后焊有水平方向的横肋和垂直方向的竖肋形成刚性骨架。横竖肋通常用槽钢制作。

支撑架是架立和安装模板的依靠,与竖肋连接,每块大模板至少应有两个支撑架。支撑架下部设置调整大模板水平和垂直度的调整螺栓,支撑架上方安装有带栏杆的操作平台。

大模板的附件有穿墙套管及螺栓、模板上口卡具、门窗框模板等。

面板、支撑架、操作平台通常相互焊接连成一个整体。为了便于运输和堆放,也可将它们之间的连接改用可拆卸的螺栓连接,成为组合式大模板。如将面板的钢板与其横、竖肋的连接也改用螺栓连接,即成为全装、拆式大模板。

2. 大模板形式

大模板按形式分有平模、小角模、大角模和筒模。

平模如图 4-50 所示,是应用最多的一种。模板高度等于层高减楼板厚度再减 20 mm 的施工误差。做内模用时,模板长度按墙净宽确定,应考虑纵横墙连接处的构造形式及尺寸,同时还要考虑减 20 mm 的施工误差;做外模时,模板长度按轴线长度确定。

纵横墙平模的交接处使用小角模。小角模的常用形式有两种,如图 4-51 所示。图 4-51(a)的做法是在一条角钢内侧焊上扁钢与平模搭接。拆模后,墙面上会出现一条接缝,应及时处理。图 4-51(b)的做法是在横墙平模端部的角钢外面焊一条扁钢与纵墙平模搭接。拆模后，墙面留有凹槽，应用泥子补平。

大角模的做法是不用平模，整个房间用 4 块大角模拼接成 4 个内墙的内侧模板。大角模由于装、拆麻烦，拆模后墙面中间出现的接缝不易处理，故目前较少采用。

筒模是将一个房间四面墙的内模连成整体成筒状，整体装、拆，整体吊运，一般用作平面尺寸较小的电梯井、管道井的内模。

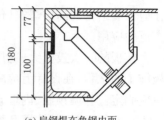

(a) 扁钢焊在角钢内面

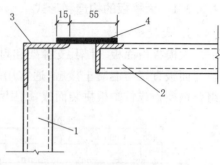

(b) 扁钢焊在角钢外面

1—横墙模板；2—纵墙模板；
3—角钢 100×63×6；4—扁钢 70×5
图 4-51 小角模

4.3.3.2 大模板的计算

1. 荷载计算

大模板承受新浇混凝土的侧压力。混凝土的侧压力按我国《混凝土结构工程施工质量验收规范》（GB 50204—2002）的规定确定。当模板高度 $H=2.5\sim3$ m 时，新浇混凝土墙体对模板的侧压力可按图 4-52 确定。

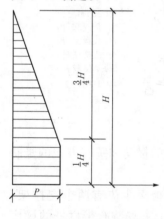

图 4-52 模板的侧压力

进行强度验算时，荷载设计值应等于荷载标准值乘分项系数。混凝土侧压力的分项系数为 1.2。进行刚度验算时，用荷载的标准值。

墙厚大于 100 mm，进行强度验算时，除考虑混凝土的侧压力外，尚应加上作用在有效压力范围内的倾倒混凝土时产生的水平荷载。该荷载的标准值依倾倒混凝土所用的器具按表 4-14 确定，该荷载的分项系数为 1.4。验算刚度时不考虑该项荷载。

采用内部振捣器时，新浇筑的混凝土作用于模板的最大侧压力计算，参见第 3 章 3.5.2.1 节相关内容。

表 4-14　　　　　　　倾倒混凝土时产生的水平荷载标准值

倾倒使用器具		荷载标准值/(kN·m⁻²)
串筒、溜槽、溜管		2
料斗容积 /m³	<0.2	2
	0.2～0.8	4
	>0.8	6

2. 面板计算

当与面板直接焊接相连的仅有横肋时，如图 4-50 所示，面板为单向板受力，按连续梁计算。当为加强板的刚度，在横肋之间再焊有竖向的扁钢制成的小肋时，面板应按双向板计算。

应分别验算强度和刚度，挠度值应不大于跨度的 1/500。

3. 小肋、横肋和竖肋的计算

1）单独计算小肋、横肋

不考虑小肋、横肋与面板共同工作时，小肋、横肋分别单独计算。

小肋按两端支承在横肋上的两端固定梁计算，弯矩 $M=-1/12ql^2$（l 为横肋的间距）。

单向面板的横肋和非板肋共同工作的双向面板的横肋，皆按带悬臂的连续梁计算。验算挠度时，悬臂部分和其他跨都要验算。悬臂部分的挠度按下式计算：

$$u = \frac{qa^4}{8EI} \qquad (4\text{-}46)$$

式中，a 为悬臂长度。

与悬臂相邻跨度的挠度为

$$u = \frac{ql^4}{384EI}(5-24\lambda^2) \qquad (4\text{-}47)$$

式中，$\lambda=\dfrac{a}{l}$，l 为与悬臂相邻跨的跨度，a 为悬臂长度。

2）与板共同工作的小肋、横肋计算

当小肋、横肋与面板间的焊缝满足下式要求时，可按小肋、横肋与面板共同工作考虑。

$$l_t \geqslant \frac{Qa}{70Hh_f f_t^w} \qquad (4\text{-}48)$$

式中　l_t——贴角焊缝长度（mm）；

　　　Q——计算剪力（N）；

　　　a——焊缝的间距（mm）；

　　　H——肋的高度（mm）；

　　　h_f——贴角焊缝厚度（mm）；

　　　f_t^w——贴角焊缝抗剪强度设计值（N/mm²）。

面板和肋共同工作时，要先算出在荷载作用下面板（板宽 b 为跨中到跨中）与小肋（横肋）组合截面的应力值 σ，再根据 σ 和 b/h（h 为面板厚度）按表4-15查出面板的有效宽度 b_1 与 h 的比值，求出面板的有效宽度 b_1，然后按板宽为 b_1 的面板与小肋（横肋）组成的组合截面进行强度和挠度验算，参见图4-53。

表 4-15　　　　　　　　　　　板肋共同工作时，板的有效宽度与板厚之比

b/h \ σ/MPa	b_1/h						
	230	180	160	130	114	95	≤56
26	26						
28	27						
30	28	29					
32	29	30					
34	30	31	33				
36	31	32	34	35			
38	32	33	35	36			
40	34	35	36	37	39		

续表

σ/MPa b/h	b_1/h						
	230	180	160	130	114	95	≤56
42	35	36	37	38	40		
44	36	38	39	40	41	43	
46	37	39	40	41	42	44	
48	38	40	41	42	43	45	
50	39	41	42	43	44	46	
52	39	42	44	45	46	47	
54	38	43	45	46	47	48	
56	38	44	46	47	48	49	55
58	38	44	47	49	49	50	56
60	37	44	48	50	50	52	57
65	37	43	48	52	54	55	59
70	37	42	47	54	56	58	61
75	37	42	46	53	57	60	65
80	37	42	46	52	56	62	68
85	37	42	46	51	55	62	71
90	37	42	46	51	55	61	74
95	38	42	46	51	54	60	75
100			46	51	54	60	75
110			46	51	54	59	75
120			47	51	54	59	75
130			48	52	55	59	75
140			50	53	56	60	75

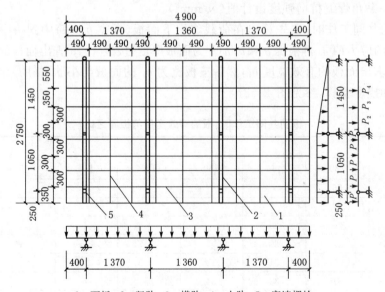

1—面板；2—竖肋；3—横肋；4—小肋；5—穿墙螺栓

图 4-53　横肋、竖肋的计算简图

3) 竖肋计算

竖肋以穿墙螺栓为支点,承受横肋传来的集中荷载,为便于计算,可将其简化为均布荷载。由图 4-53 可见,竖肋为一带悬臂的两跨连续梁。按结构力学方法求出最大弯矩,然后进行强度验算。挠度验算与横肋相同,悬臂部分与相邻跨度的挠度皆需验算。

精确计算时,需考虑面板、小肋(其方向与竖肋方向一致)和竖肋共同工作。与小肋、横肋的计算一样,亦需先计算面板的有效宽度 b_1,然后按组合截面进行强度和挠度的验算。此时亦需满足式(4-48)的条件。

根据竖肋承受的荷载即可计算穿墙螺栓承受的拉力,进而按净截面验算螺杆的强度。

4. 大模板的自稳角验算

在风荷载作用下,搁置的大模板藉自重保持稳定,不发生倾覆时,模板面与铅垂线间的夹角称为大模板的自稳角,用 α 表示。

模板制作时,应保证 $b \geqslant a$(图 4-54),此时,只要模板不向左倾翻,便保证模板也不会向右倾翻。

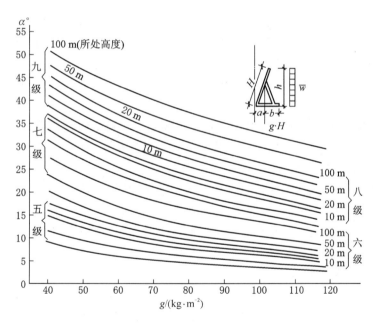

图 4-54 大模板自稳角计算图

取 1 m 宽模板考虑,如图 4-54 所示,设大模板重量为 $g(\text{kN/m}^2)$,风压力 $\overline{W}(\text{kPa})$,则模板稳定的条件是:

$$gHa \geqslant \overline{W}h \cdot \frac{h}{2}$$

将 $h = H\cos\alpha$,$a = \frac{H}{2}\sin\alpha$ 代入,经整理,可求出:

$$\alpha = \arcsin \frac{-g \pm \sqrt{g^2 + 4\,\overline{W}^2}}{2\,\overline{W}} \qquad (4\text{-}49)$$

将不同高度的风荷载 $\overline{W}$ 值代入,可得出图 4-54 所示曲线。从图上即可查出不同条件下的自稳角的大小。

4.3.3.3 大模板的施工

为了提高大模板的利用率,避免施工中大模板在地面和施工楼层间上、下升降,大模板施工应划分流水段,组织流水施工,使拆卸后的大模板清理后即可安装到下一段的施工墙体上。

以内、外墙全现浇体系为例,大模板混凝土施工按以下工序进行:抄平放线→敷设钢筋→固定门窗框→安装模板→浇筑混凝土→拆除模板→修整混凝土墙面→养护混凝土。

1. 抄平放线

在每栋房屋的 4 个大角和流水段分段处,应设置标准轴线和控制桩。用经纬仪引测出各楼层的控制轴线,至少要有相互垂直的两条控制轴线。根据各层的控制轴线用钢尺放出墙位线和模板的边线。

每层房屋应设水准标点,在底层墙上确定控制水平线,并用钢尺引测出各层水平标高。在墙身线外侧用水准仪测出模板底标高,然后在墙身线外侧抹两道顶面与模板底标高一致的水泥砂浆带,作为支放模板的底垫。

2. 敷设钢筋

墙体宜优先采用点焊网片。

钢筋的搭接部分应调直理顺,绑扎牢固。搭接部分和长度应符合设计要求。双排钢筋之间应设 S 钩以保证两排间距。钢筋与模板间应设砂浆垫块,保证钢筋位置准确和保护层厚度。垫块间距不宜大于 1 m。

流水段分段处的竖向接缝应按设计要求甩出连接钢筋并绑扎牢固,以备下段连接。

当外墙用预制板时,外墙板安装前应将两侧伸出的钢筋套环理直。外墙板就位后,两块外墙板的套环应与内墙的套环重合,在其中插入竖向钢筋。对每块外墙板和内墙,竖筋插入的套环数均不应少于 3 个。竖筋和钢筋套环应绑扎牢固。

3. 大模板的安装和拆除

大模板进场后,应检查整修,清点数量,进行编号。涂刷脱模剂时,应做到涂层质地均匀,不得在模板就位后涂刷。常用的脱模剂有甲基硅树脂脱模剂、妥儿油脱模剂、机柴油脱模剂等。

大模板的组装,应先组装横墙第 2,3 轴线的模板和相应内纵墙的模板,形成框架后再组装横墙第一轴线的内模及相应纵模,然后依次组装第 4,5,…轴线的横墙和纵墙的模板,最后组装外墙外模板。

每间房间的组装顺序为先组装横墙模板,然后组装内纵墙模板,最后插入角模。

组装时,先用塔吊将模板吊运至墙边线附近,模板斜立放稳。在墙边线内放置预制的混凝土导墙块,间距 1.5 m,但一块大模板不得少于 2 块。将大模板贴紧墙身边线,利用调整螺栓将模板竖直,并检查和调整两个方向的垂直度,然后临时固定。另一侧模板也同样立好后,随即在两侧模板间旋入穿墙螺栓及套管,加以固定。

纵、横内墙模板和角模安装好后,应形成一个整体,即可安装外墙的外模。

外墙外模有两种做法:一种做法如图4-55所示,是在外模上口横肋上焊一短横梁,将外模直接挂在内模上,外模下部用三脚架抵住下层外墙混凝土壁,中间用两道穿墙螺栓拉紧;另一种较少使用的做法是将外模直接放在随结构施工逐层上升的外挂脚手架上,如图4-56所示。

以上两种方法安装外模时,均要求固定三脚架或外脚手支架的墙体混凝土强度应达到7.5 N/mm² 以上,常温下约需养护3 d。

当内纵墙和内横墙分别浇筑混凝土时,应预留接槎孔洞,以增强整体连接。

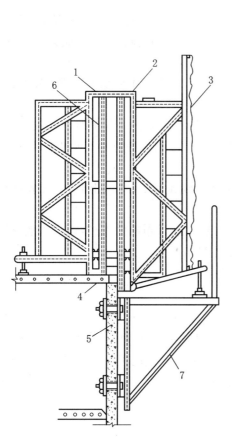

1—外模悬挑梁;2—外模;3—安全网;
4—预制导墙;5—混凝土墙;
6—内模;7—走道扶墙三脚架

图 4-55　悬挑外模

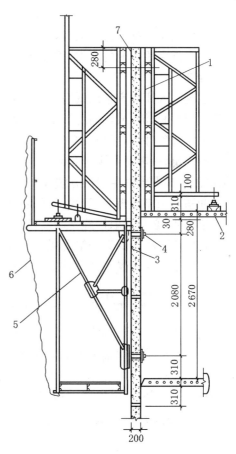

1—内模;2—楼板;3—下层混凝土墙;
4—外挂脚手架固定螺栓;
5—外挂脚手架;6—安全网;7—外模

图 4-56　外模支承在外挂脚手架上

模板组装后,各连接处应严密、牢固、可靠,防止出现错台和漏浆现象。

采用先立门口的做法,在大模板上钻出螺孔,将大模板与固定门口的角钢框用螺栓拧紧,然后把门口放入框内,浇于混凝土之中。

在常温条件下,墙体混凝土强度必须超过 1 N/mm² 时方准拆模。拆除时应先拆除连接附件,再旋转底部调整螺栓,使模板后倾与墙体脱离。任何情况下,不得在墙上口晃动、撬动或用大锤砸模板。经检查各种连接附件拆除后,方准起吊模板。

模板直接吊往下一流水段进行支模,或在下一流水段的楼层上临时停放,以清除板面上的水泥浆,涂刷脱模剂。

4. 浇筑混凝土

当内、外墙使用不同混凝土时,要先浇内墙,后浇外墙。当内、外墙使用相同的混凝土时,内、外墙应同时浇筑。浇筑时,宜先浇灌一层厚 5～10 cm、成分与混凝土内砂浆成分相同的砂浆。墙体混凝土的浇筑应分层连续进行,每层浇筑厚度不得大于 60 cm,每层时间不应超过 2 h 或根据水泥的初凝时间确定。门窗口两侧混凝土应同时浇筑,高度一致,以防门窗口模板走动。窗口下部混凝土浇筑时,应防止漏振。混凝土浇筑到模板上口,应随即找平。

当使用矿渣硅酸盐水泥时,为达到浇筑后 10 h 左右拆模,以保证大模板每天周转一次,完成一个流水段作业的要求,往往需掺用早强剂。常用的早强剂有三乙醇胺复合剂和硫酸钠复合剂等。

混凝土入模时宜采用低坍落度混凝土(6～10 cm)。混凝土中可加入木质素磺酸钙等减水剂,以节约水泥,或提高混凝土的工作性能。

在常温条件下,拆模后必须立即对混凝土墙体进行淋水养护。养护时间可根据当地气候条件确定,一般不得少于 3 d。每日淋水次数以能保持湿润状态为度。也可采取喷涂乙烯-偏氯乙烯共聚乳液薄膜的方法保湿养护。

如采用预制楼板,一般情况下,墙体混凝土强度达到 4 N/mm² 以上时,方准安装楼板。如提早安装,必须采取措施支撑楼板。

每个流水段至少做一组混凝土试块,与墙体混凝土进行同条件养护,用以检验 28 d 强度。底层施工或气候条件有较大变化时应增做备用试块。

4.3.4　高层建筑楼盖结构施工用模板

高层建筑楼盖结构施工所用的模板,目前国内大量使用的仍是定型组合钢模板和胶合板模板。定型组合钢模板施工虽有成熟的施工工艺,并能适应不同的结构形式,但耗费工时太多,因此在高层建筑楼盖结构施工中已逐渐采用若干新形式的模板。这些新形式模板的共同特点是安装、拆模迅速,人力消耗少,劳动强度低。

4.3.4.1　利建模板体系和早期拆模体系

1. 利建模板体系

利建模板体系由北京利建模板联合公司开发,属于一套工具式模板体系,具有支模、拆模迅速、简易,通用性强的特点。

利建模板体系用于支设楼板模板的水平结构模板系统,主要由模板、空腹工字钢梁(或钢木工字梁)和独立钢支撑组成。

模板可用木丝板、多层胶合板、三夹板,亦可采用组合模板。木质板的品种、规格见表4-16。

表 4-16   木质板品种规格表

项　目	木丝板	多层胶合板	三夹板
厚度/mm	19，22，25	18	22
长×宽/mm	2 440×1 220	1 800×600，1 500×500	
表面处理	采用防水胶处理		

空腹工字钢梁和钢木工字梁为水平模板的支承结构。

空腹工字钢梁的上下翼缘采用冷轧薄钢板压制而成，斜腹杆为 40×35 薄壁矩形焊接管。梁的截面高 200 mm，上下翼缘宽 80 mm，见图 4-57。其型号、规格见表 4-17。

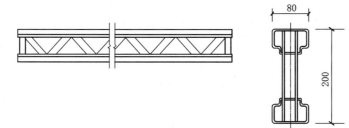

图 4-57　空腹工字钢梁

表 4-17   空腹工字钢梁规格型号

型　号	长 度 /m	重 量 /(kg·m⁻¹)	允许弯矩 /(kN·m)	允许剪力 /kN	设计线荷载 /(kN·m⁻¹)	跨中最大挠度 /mm
LJL-1.3	1.3	—	—	—	—	—
LJL-2	2	—	—	—	—	—
LJL-2.5	2.5	8	9.49	18.82	3.82	1.88
LJL-3	3	—	—	—	—	—

注：① 设计线荷载按楼板厚 200 mm、施工荷载 2.5 kN/m²、横梁间距 600 mm、跨度 2 m 考虑。
② 跨中最大挠度按 2 倍设计线荷载考虑。

钢木工字梁的上下翼缘采用 80 mm×40 mm 的方木，腹板由薄钢板压制而成并与翼缘方木连接。梁的截面与空腹工字钢梁相同(图 4-58)。其型号、长度见表 4-18。

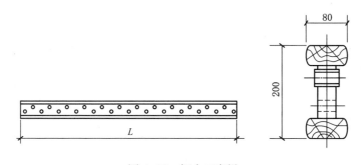

图 4-58　钢木工字梁

表 4-18　　　　　　　　　　钢木工字梁型号长度

型　号	长　度/m	型　号	长　度/m
LJML-2.5	2.5	LJML-4.5	4.5
LJML-3	3	LJML-5	5
LJML-3.5	3.5	LJML-5.6	5.5
LJML-4	4	LJML-6	6

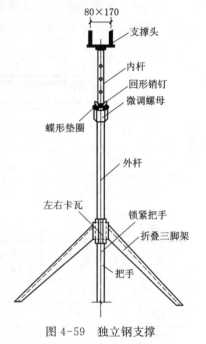

图 4-59　独立钢支撑

独立式钢支撑为水平模板和纵横梁的支柱,由支撑杆、支撑头和折叠三脚架组成可伸缩的结构。支撑杆由内外两个套管组成,内管上每隔 100 mm 长有一销孔,可插入钢销调整支撑高度。微调装置分内螺纹、外螺纹两种,微调范围大于 100 mm(图 4-59)。

支撑头插入支撑杆顶部,用作梁的支座,上口 85 mm 宽的方向用于搁置单根纵梁,170 mm 宽的方向用于两根纵梁搭接搁置。

折叠三脚架有三种:A 型三脚架的腿部用钢板压制成[型,卡瓦靠偏心锁紧;B 型三脚架的腿部用薄壁矩形钢管制作,拉钩靠斜管锁紧;C 型三脚架的腿部用圆形钢管制成,拉钩靠斜管锁紧。折叠三脚架打开后卡住支撑杆,用锁紧把手紧固,使支撑杆独立、稳定。拆除时,三条腿折叠,可以手提运输,独立钢支撑的型号及性能见表 4-19。

水平结构模板的选用见表 4-20。水平结构模板组装后的情况如图 4-60 所示。

表 4-19　　　　　　　　　　独立钢支撑型号、性能表

型　号	LJC-3	LJC-3.4	LJC-4.1	LJC-4.9	LJC-5.5
支撑可调高度/m	1.7～3.0	1.9～3.4	2.3～4.1	2.7～4.9	3.5～5.5
微调装置螺纹	内螺纹 外螺纹	外螺纹	外螺纹	外螺纹	外螺纹
每根支撑杆重量/kg	(内)15.5 (外)17.0	18.7	27.5	32.2	35.7
每个折叠三脚架重量/kg	(A) 15.5 (B) 8.0 (C) 8.1	(C) 8.1	(C) 8.1	(C) 8.1	(C) 8.1
每个支撑头重量/kg	2.7 (3.4)	3.4	3.4	3.4	3.4
支撑头上品尺寸/kg	85×170	85×170	85×170	85×170	85×170
支撑杆允许荷载/kN	11.89～32.22 (23.52～33.32)	18.62～33.32	26.46～44.10	19.60～44.10	

表 4-20 　　　　　　　　　　　　　　　　**水平结构模板选用表**

模 板 种 类			多层胶合板　木丝板　竹丝板(厚18 mm)　组合钢模板(厚55 mm)											
允 许 跨 度			横梁最大跨度/m			纵梁最大跨度/m								
混凝土板厚 /cm	混凝土自重 /(kN/m²)	施工荷载 /(kN/m²)	横梁间距/m			纵梁间距/m								
			0.50	0.60	0.75	1.00	1.25	1.50	1.75	2.00	2.25	2.50	3.00
10	2.50	2.50	3.65	3.43	3.19	2.90	2.69	2.53	2.40	2.30	2.21	2.13	2.01
12	3.00	2.50	3.51	3.30	3.06	2.78	2.58	2.43	2.31	2.21	2.12	2.05	1.93
14	3.50	2.50	3.39	3.19	2.96	2.69	2.49	2.35	2.23	2.13	2.05	1.98	1.86
16	4.00	2.50	3.28	3.09	2.87	2.60	2.42	2.27	2.16	2.07	1.99	1.92	1.80
18	4.50	2.50	3.19	3.00	2.78	2.53	2.35	2.21	2.10	2.01	1.93	1.86	1.75
20	5.00	2.50	3.10	2.92	2.71	2.46	2.29	2.15	2.04	1.98	1.88	1.81	1.71
22	5.50	2.50	3.03	2.85	2.64	2.40	2.23	2.10	1.99	1.91	1.83	1.77	1.66
24	6.00	2.50	2.96	2.78	2.58	2.35	2.18	2.05	1.95	1.86	1.79	1.73	1.63
26	6.50	2.50	2.90	2.72	2.53	2.30	2.13	2.01	1.91	1.82	1.75	1.69	1.59
28	7.00	2.50	2.84	2.67	2.48	2.25	2.09	1.97	1.87	1.79	1.72	1.66	1.56
30	7.50	2.50	2.78	2.62	2.43	2.21	2.05	1.93	1.83	1.75	1.68	1.63	1.53
备 注	① 横梁间距按模板材料选择;② 横梁跨度=纵梁间距;③ 纵梁跨度=支撑间距												

注:一般高层建筑水平模板支撑系统的需用量可按经验估算备料。每平方米水平模板平均需用 0.5 根钢支撑和 2 m
　　长空腹工字钢梁(或钢木工字梁)。

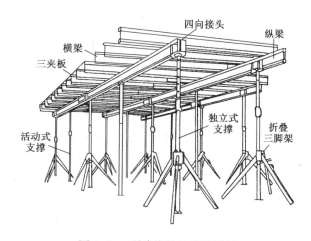

图 4-60　利建模板的楼板模板

2. 早期拆模体系

楼板模板占用量大,如能提早拆模,对加速模板周转,减少模板数量,增加经济效益有很大作用。早期拆模体系即是为实现早期拆除楼板模板而提出的一种支模装置和方法。

1) 早期拆模工艺原理

《混凝土结构工程施工质量验收规范》(GB 50204—2002)规定,现浇板跨度不超过 2 m时,混凝土强度达到设计混凝土强度标准值的 50%时即可将模板拆除。早期拆模的做法就是在支模时,使支柱的纵、横间距均不大于 2 m,当混凝土强度达到其设计标准值的 50% 时(在常温下一般为 3~4 d)即将楼板模板拆除,而支柱保持不动,直到规定的拆模时间再拆除支柱模板。

早期拆模的工艺原理实质上就是保持楼板模板跨度不超过 2 m,因而可实现提早拆模。

2) 早期拆模体系的组成

早期拆模体系包括模板系统和支撑系统两部分。

(1) 模板系统

早期拆模体系的模板系统由模板块、托梁、升降头组成,见图 4-61。

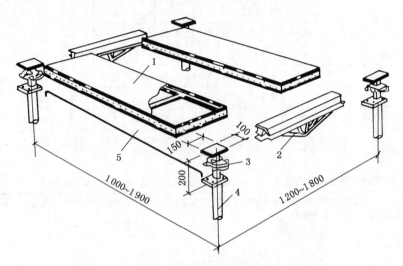

1—模板块;2—托梁;3—升降头;4—可调支柱;5—跨度定位杆

图 4-61 早拆模板体系全貌

① 模板块与托梁

常用的模板块为钢边框镶木胶合板或钢边框镶竹胶合板。钢边框采用高强锰钢轧制的异形截面型材焊接而成,肋高 70 mm。胶合板厚为 12 mm,用螺丝镶在钢边框上,两面均经树脂覆膜处理,所有边缘及螺栓孔经封边胶处理,可防止受潮变形。

模板块的外形尺寸为长 0.9 m,1.2 m,1.5 m 和 1.8 m,宽 0.3 m 和 0.6 m,厚 70 mm。模板块的平均重量为 33 kg/m²。

模板块也可采用其他材料和形式制成,如用整张胶合板做模板直接铺在小梁上。

托梁常用的有轻型钢桁架梁和薄壁空腹钢梁,见图 4-62。

托梁的长度一般为 1 050 mm,1 350 mm 和 1 650 mm。托梁的顶部有 70 mm 宽的凸缘,与混凝土直接接触;两侧翼缘用于安装模板块。托梁两端的梁头挂在支柱上端升降头的梁托上。另外还有长度为 300~500 mm 的悬臂托梁,用于不够支柱间距模数的部位。有时也可采用其他材料和形式的托梁,如钢管。

② 升降头

升降头又称早拆柱头,安装在支柱的顶端,是实现"拆板不拆柱"的关键部件。按升降方式的不同,升降头分为斜面自锁式和支承销板式两类。

斜面自锁式升降头是英国脚手架公司 1968 年发明的,它的外形见图 4-63,其升降构造原理见图 4-64。它由方形管、顶板、底板、梁托、滑动斜面板、承重销、限位板等组成。方形管是升降头的主体。方形管的底板直接与支柱的顶板连接。方形管的顶板直接接触楼板混凝土,顶板的尺寸为 100 mm×150 mm。两侧梁托套在方形管上,用以支承托梁,传递楼板及其模板荷载。滑动斜面板紧贴在梁托下面,支模时利用斜面自锁原理将斜面拉紧并固定在承重销上。拆模时,只要用一把铁锤敲击斜面板,使其松开与错位,从而斜面板带着梁托穿过承重销沿方形管自由下降 115 mm,但受到底板限制而不会落地。

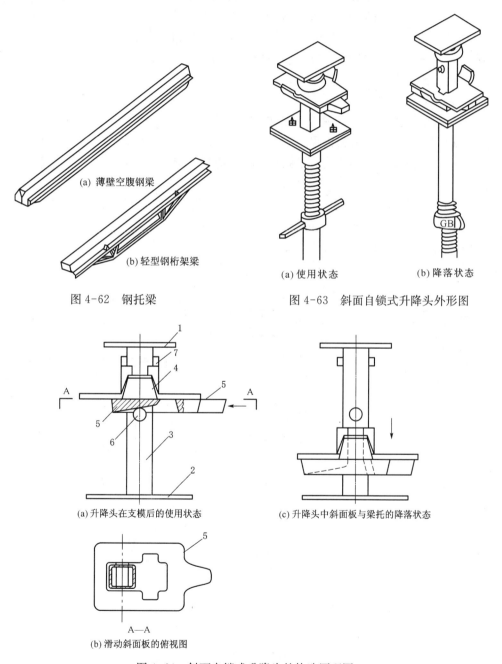

(a) 薄壁空腹钢梁

(b) 轻型钢桁架梁

图 4-62　钢托梁

(a) 使用状态　　(b) 降落状态

图 4-63　斜面自锁式升降头外形图

(a) 升降头在支模后的使用状态

(c) 升降头中斜面板与梁托的降落状态

(b) 滑动斜面板的俯视图

图 4-64　斜面自锁式升降头的构造原理图

支承销板式升降头是近年来在斜面自锁式升降头的基础上创新的一种升降头，它构造简单，使用也较方便。其外形见图4-65，构造原理见图4-66。

支承销板式升降头由矩形管、顶板、底板、梁托、支承销板、管状体等组成，其下端插在支柱顶部的钢管内。

矩形管为精密铸钢件，其中间部分开有倒凸形槽。梁托套在矩形管上，可进行上下移动；梁托的中心部位也开有倒凸形槽。支承销板采用凸形截面形式，其后半部较窄，以便销板退出时可沿槽口升降。支模时，将销板插在矩形管与梁托中间的倒凸形槽内锁住梁托。拆模时，用铁锤敲击支承销板的尾部，使销板退出并沿着矩形管槽口下降。

（2）支撑系统

早拆模板的支撑系统可采用工具式的，也可采用其他形式，如用普通扣件钢管脚手架材料搭设。

工具式支撑系统由可调钢支柱、横撑与斜撑组成，如图4-67所示。

可调钢支柱由圆钢管与可调支座组成。支柱间距应与模板块与托梁的尺寸配套，沿模板方向取 1.0 m，1.3 m，1.6 m 和 1.9 m，沿托梁方向取 1.2 m，1.5 m 和 1.8 m 等，基本上可满足不同跨度楼板的支模需要。当横撑间距为 1.5 m 时，每根支柱可承受荷载 35.3 kN。

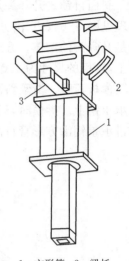

1—方形管；2—梁托；
3—支承销板
图 4-65 支承销板式升
降头外形图

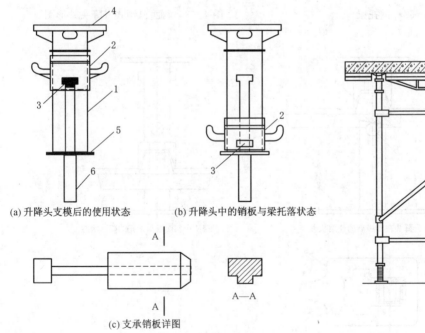

(a) 升降头支模后的使用状态　　(b) 升降头中的销板与梁托落状态

A—A

(c) 支承销板详图

1—矩形管；2—梁托；3—支承销板；4—顶板；5—底板；6—管状体
图 4-66 支承销板式升降头的构造原理图

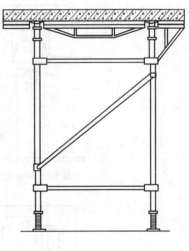

图 4-67 支撑系统

横撑与支柱的连接,可采用碗扣式接头或锥销式接头。采用锥销式接头(图 4-68)时,横撑的两端焊有锥销,以便与支柱上的连接套连接。斜撑可采用握卡式,以任意角度与支柱连接,使其成为几何不变件。

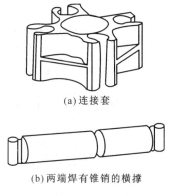

(a) 连接套

(b) 两端焊有锥销的横撑

图 4-68 锥销式接头

3) 早期拆模体系的施工组织

在早期拆模施工中,楼板模板拆除时混凝土强度较低,因此应对支柱升降头处的混凝土冲切强度进行验算。如验算结果冲切强度不足,应调整支柱间距或增大升降头的顶板面积。冲切强度按下式进行验算:

$$F \leqslant 0.6 f_t u_m h_0 \qquad (4-50)$$

式中　F——局部荷载设计值或集中反力设计值;

　　　f_t——混凝土抗拉强度设计值,对 C10 混凝土为 0.65 N/mm²,C15 混凝土为 0.9 N/mm²;

　　　h_0——截面有效高度;

　　　u_m——距局部荷载或集中反力作用面积周边 $h_0/2$ 处的周长。

采用早拆体系支模时宜组织流水施工,待第一段支撑系统全部安装后,再逐块铺设模板。拆除模板时,应注意使相邻四根支柱的梁托同时落下。

一般情况下施工的周期为 7 d。第 1 天开始安装模板;第 2 天模板安装完毕,绑扎钢筋;第 3 天钢筋绑扎完毕,浇筑混凝土;第 4～6 天养护混凝土;第 7 天拆除模板,准备下一循环施工。

模板与支撑系统经过合理安排,也可进行小流水段循环作业,以加快模板与支撑周转。

4.3.4.2　台模和隧道模

台模由一块等于房间开间面积的大模板、其下的支架和调整装置组成。它的外形像一张桌子,所以叫台模,也称桌模。施工时,利用塔式起重机将台模整体吊装就位。拆模后,又由塔式起重机将整个台模在空中直接吊运到下一个施工位置,因此又称飞模。

按构造的不同,台模可分为组合式台模、工具式台模和悬架式台模等。

1. 组合式台模

组合式台模在现场组装而成,施工结束后,可拆卸再做他用。其模板用定型组合钢模板拼装而成,也可采用其他材料模板。组合式台模的支架部分有不同的做法。

如图 4-69 所示为用钢管脚手组装的台模。支架部分的次梁、主梁,均用矩形钢管制作,立柱、支撑均用钢管制作。各构件用扣件和螺栓连接固定。立柱用 $\phi 48 \times 3.5$ 钢管,其下端插入 $\phi 38 \times 4$ 钢管做成内缩式伸缩脚。内、外管上均钻上孔,用销子将内外管在不同孔处固定,可适当调整立柱高度。伸缩脚下端焊有 100 mm×100 mm 钢板,下垫木楔。四角梁端头设四只吊环,以便吊装。台模的升降采用千斤顶,水平移动采用轮胎小车。

台模安装就位后,用千斤顶调整标高,然后在立柱下垫上垫块并楔上木楔。拆模时,用千斤顶顶住台模,撤去垫块和木楔,随即装上车轮,再撤掉千斤顶,然后将台模推至楼层外侧临时搭设的平台上,再用起重机吊运至下一施工位置。

如图 4-70 所示是用门架组装的台模。它的模板用胶合板或木板上铺钉钢板做成。

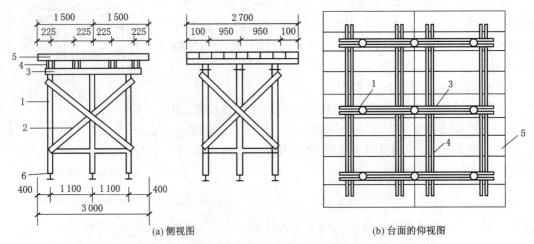

(a) 侧视图　　　　　　　　(b) 台面的仰视图

1—立柱；2—支撑；3—主梁；4—次梁；5—面板；6—内缩式伸缩脚

图 4-69　组合钢模板、钢管脚手组装的台模侧、仰视图

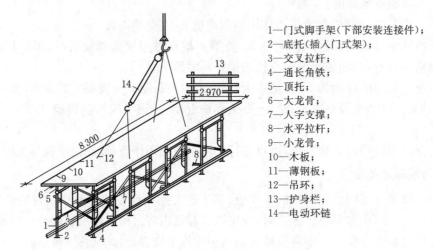

1—门式脚手架（下部安装连接件）；
2—底托（插入门式架）；
3—交叉拉杆；
4—通长角铁；
5—顶托；
6—大龙骨；
7—人字支撑；
8—水平拉杆；
9—小龙骨；
10—木板；
11—薄钢板；
12—吊环；
13—护身栏；
14—电动环链

图 4-70　多功能门式架台模

每两个相对门架间用钢管剪刀撑连成整体。沿房间进深方向，各对门架之间也用钢管斜撑相连。门架下部外侧连接通长角钢。门架顶端安设大龙骨，其上搁置小龙骨。小龙骨上面铺钉模板。台模外侧安装上栏杆，护身栏杆高出楼面 1.2 m。

拆模时，四个底托留下不动，其余底托全部松开，并升起挂住。在留下的四个底托处安放四个挂架，每个挂架挂一个手拉葫芦。手拉葫芦的吊钩吊住通长的下角钢，适当拉紧。松开四个留下的底托，使台模面板脱离混凝土。放松手拉葫芦，将台模落在地滚轮上。将台模向外推出，至塔吊吊住外侧吊环，继续外推，直到塔吊吊住内侧吊环，将台模吊起，运到下一施工位置。

如图 4-71 所示是一种带支腿的桁架式台模。这种台模是在两榀纵向桁架上搁置横向搁栅，在搁栅上铺设模板。为了加强台模的整体性，两榀桁架间设水平和垂直剪刀撑。桁架支承在立柱上，立柱由内外方钢套管组成。外套管固定在桁架下弦上（图 4-72），内外套管均钻有孔，可用销子调整立柱高度。内套管下端安有螺旋千斤顶，可供立柱高度的微调使

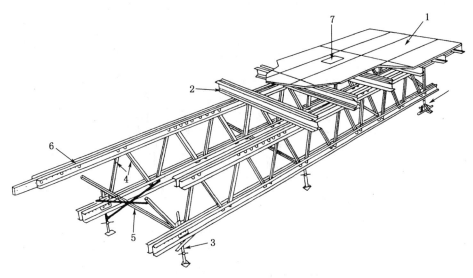

1—胶合板；2—搁栅；3—可调支腿；4—斜杆；5—剪刀撑；6—螺旋；7—吊装孔

图 4-71　桁架支撑式台模

用。为了减轻重量,搁栅和桁架均用铝合金制成。为了适应不同进深的房间,桁架的弦杆可以伸缩。上下弦杆接缝应错开。

拆模时,在立柱处设置千斤顶,顶住桁架下弦。放松立柱下端的螺旋千斤顶,使其不再受力,将其推入外套管中。放松顶住下弦的千斤顶,将台模下降,落在事先安放好的滚轮上。每榀桁架应有 2～3 个滚轮。用人力将台模推出,用塔式起重机把台模吊运到下一施工位置,其过程与前述门架式台模吊运过程相同。

2. 工具式台模

工具式台模的模板一般使用胶合板或其他轻质材料,支架多用铝合金制作,因而重量轻,便于运输、移动。工具式台模的高度和平面尺寸都可调整,以适应不同的情况,因而通用性较强。其缺点是一次性投资大。

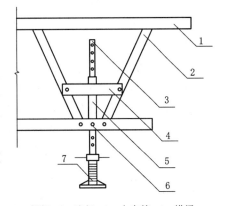

1—桁架；2—腹杆；3—内套管；4—横梁；
5—外套管；6—销钉；7—螺旋千斤顶

图 4-72　钢支腿的结构构造示意图

如图 4-73 所示是由美国 Patent 公司引进的 20 K 台模。它属于一种支腿伸缩式台模。台模的面板由胶合板拼接而成,除面板之外,还有承重支架、纵梁、横梁、挑梁、接长管、上下调节螺旋等。

台模组装顺序为:先安放底部垫板和底部调节螺旋并加以固定;调整底部螺旋高度,安装承重支架和剪刀撑,随即安装接长管、顶部调节螺旋并调至同一高度;安装纵梁、挑梁;安装横梁;铺装面板。

由于台模各零部件连接处可能会存在微小间隙,混凝土浇筑后台面会下降 5 mm 左右,所以支模时应使平台和梁底模板抬高 5 mm 左右。

台模组装后,即可整体吊装就位,并利用底部和顶部调节螺旋将台面调节到设计高度。

随即贴补缝胶条、刷脱模剂,进行钢筋绑扎和混凝土浇筑。

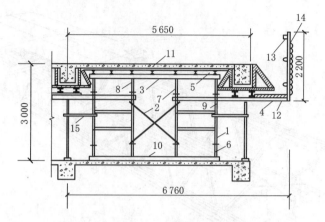

1—承重钢管支架;2—剪刀撑;3—工字钢纵梁;4—槽钢挑梁;5—铝合金横梁;6—底部调节螺旋;
7—顶部调节螺旋;8—顶板;9—延伸管(或接长管);10—垫板;11—九合板(或七合板)面板;
12—脚手板;13—钢管护身栏;14—安全网;15—拉杆

图 4-73 20 K 台模构造图

梁、板混凝土强度达到 80% 设计强度时,方可脱模。脱模前,先将柱、梁模板(包括支承立柱)拆除,然后松动顶部和底部调节螺旋,将台面下降至梁底以下超过 5 cm 时,即可将台模整体转移。

在台模底部的木垫板下垫以直径 50 mm 的钢管滚杠,每块垫板下不少于四根(图 4-74(a))。将台模推至楼层边缘,把塔式起重机的吊索挂在台模前边两个支柱上(图 4-74(b)),台模内侧支柱用两根绳子系在结构柱子上。随起重吊索微微起吊,缓慢放松绳子,使台模缓慢向外滚动。当台模滚出约 2/3 时,拉紧绳子,放松吊索使台模倾斜。将起重机的另两根吊索挂在台模第三排支柱上(4-74(c)),继续起吊,台模即可飞出。然后吊至下一施工位置使用。

3. 悬架式台模

悬架式台模的构造如图 4-75 所示。与前述桁架式台模构造相仿。它也是有两个纵向桁架,桁架上搁置横向搁栅,搁栅上铺设模板,桁架之间设水平和垂直支撑。

悬架式台模不同于桁架式台模处,在于悬架式台模是支撑在安装于已浇筑混凝土的墙体或柱子上的牛腿上面,而不是支承在立于楼板的立柱上,这样,就可以减少楼面的施工荷载,加快模板的周转。

另外,为了脱模时台模顺利推出,悬架式台模的纵向两侧装有可翻转 90° 的活动翻转翼板,活动翼板下部用铰链与固定平板连接。

脱模时,在支承牛腿处设立挂架,挂在挂架上的手动葫芦吊住桁架下弦。然后卸下支承牛腿,放松葫芦,台模

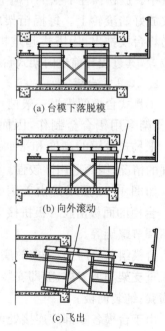

(a) 台模下落脱模

(b) 向外滚动

(c) 飞出

图 4-74 台模飞出过程

下降落到置于楼面的滚轮上。用人力将台模推出，用起重机吊运到下一位置。

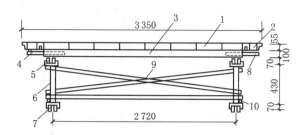

1—组合钢模板；2—翻转翼板；3—次梁；4—伸缩管；5—桁架上弦；
6—桁架腹杆；7—桁架下弦；8—垫块；9—支撑；10—吊环

图 4-75　悬架式台模

4. 隧道模

隧道模如图 4-76 所示，可看作是大模板与台模的结合。墙体和楼板的模板组成一个整体进行吊装、安装、拆除，从而大大简化了模板的安装、拆除工作。

整体式隧道模由于过于笨重，给吊运工作带来困难，现在已很少使用了。

目前使用较多的是由两个 ⌐ 形组成的双拼式隧道模，两半可以不等宽，中间还可加入一定宽度的插板（图 4-76）。这样，当一半宽为 a，另一半宽为 b，插板宽为 c 时，便可组成 6 种不同的开间尺寸（$2a$，$2b$，$2a+c$，$2b+c$，$a+b$，$a+b+c$）。

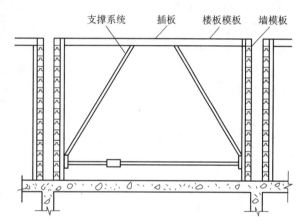

图 4-76　对拼式半隧道模示意图

用隧道模施工时，先在楼板面上浇筑导墙，在导墙上根据标高弹线。隧道模沿导墙就位，绑扎墙内钢筋，再按弹线调整模板的高度，然后绑扎楼板钢筋，浇筑墙体和楼板混凝土。

楼板混凝土强度达到设计强度的 60% 以上、墙体混凝土强度达到设计强度 25% 以上时，方可脱模。脱模时，先脱顶板、后脱墙板，然后用手动绞车将隧道模拖出，进入挑出墙面的挑台上，由塔式起重机吊运到下一施工位置使用。

4.3.4.3　用预应力薄板浇筑叠合楼板

用预应力薄板浇筑叠合楼板，节省了模板和支、拆模板的工作量。由于预应力薄板板面平整，不需再抹灰，也节省了装修工作量。在预应力薄板上浇筑混凝土后，薄板和新浇筑的混凝土形成一个整体，共同受力。组合截面的跨中纵向钢筋即预应力薄板中的钢丝，支座负弯矩筋则布置在叠合层内的钢筋承担。

1. 预应力筋薄板的制造、运输和堆放

为保证钢筋保护层的厚度和考虑到施工中的误差，薄板的最小厚度以 5 cm 为宜。预应力筋直径宜小，均匀分布在薄板内。板厚较小时以配一层为宜，设在截面中心或偏下位置，以使预应力引起的反拱抵消因薄板自重产生的变形。薄板厚度较大时，亦可配两

层钢丝。

用于生产薄板的台面应有较好的平整度,4 m 内高低相差不能大于 1 mm。隔离剂效果要好,且颜色最好与板底饰面涂料的颜色协调。

预应力薄板的制作工艺如下:清理台座→涂刷隔离层→布丝→张拉钢丝→绑扎横向钢筋→安放结合钢筋→支边模→浇筑混凝土→振捣→刮平→表面处理→养护→断丝放张→拆模→起吊出台→存放。

其中,表面处理是一项保证薄板与后浇混凝土形成整体的关键工序。试验证明,当试件不进行表面处理,试件破坏时叠合面出现明显错动,试件破坏强度仅为经过表面处理的同样试件的 50% 左右。

我国常用的表面处理方法是(图 4-77):

(1) 划毛。待混凝土振捣密实并刮平后,用工具对表面进行划毛。划毛时纵横间距以 150 mm 为宜,且粗糙面凹深不宜少于 4 mm。划毛时注意不要影响混凝土的密实度。

(2) 刻凹槽。待混凝土振捣刮平后,用简易设备在表面进行压痕,凹槽呈梅花形布置,凹槽长宽各 5 cm,深 1~2 cm,间距 15~20 cm。

(3) 预留结合钢筋。结合钢筋有格构式、螺旋式、波浪式等多种形状,我国常用者为点焊网片弯折成 V 字形的钢筋骨架,它加工简单、定位方便、效果较好。

上述三种处理方法一般都可以满足要求,以预留结合钢筋处理效果最好。试件试验证明,预留结合钢筋试件的抗剪强度较整体试件的抗剪强度高 20%~30%。

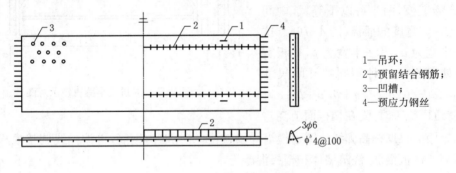

1—吊环;
2—预留结合钢筋;
3—凹槽;
4—预应力钢丝

图 4-77 预应力薄板

制作薄板时,其底面必须光滑。吊环应严格按设计位置放置,并必须锚固在主筋下面。制作时,应对尺寸偏差、表面状态、结合钢筋位置、钢丝外伸长度、钢丝张拉应力、预应力损失、放张时钢丝回缩和混凝土等加强检测,以保证薄板质量。

混凝土强度等于或大于设计强度等级的 70% 时才允许放松预应力钢丝,进行起吊和堆放。

薄板必须四点起吊,要求四点均匀受力。

薄板堆放时,垫木应靠近吊环,垫木应有足够长度和宽度。整间大楼板或长度超出 6 m 的条形薄板应垫 8 个支点。堆放高度不得超过 10 块。

薄板堆放时间的长短与堆放时支点的位置对堆放期间薄板产生的挠度影响重大。薄板存放时间不应超过 2~3 个月,以免产生过大挠度。支点距悬臂端点的长度与两支点的距离之比为 0.22 时,薄板产生的变形最小,当悬臂长度增加时,薄板变形急剧增大。因此堆放时,悬臂长度与两支点间距之比应在 0.2～0.25 范围内。

薄板宜采取平放运输,垫木必须上下对准、位置紧靠吊环。

2. 预应力薄板的安装与叠合板浇筑

预应力薄板安装在由立柱和顶梁组成的临时支撑上。立柱宜用可调节高度的钢管,或断面为 100 mm×100 mm 的方木,立柱间距 1.2～1.5 m 为宜。立柱高度超过 3 m 时,立柱间应设拉杆。上下层的立柱应在一条竖直线上,防止对楼板产生冲切剪力。顶梁可用50 mm×100 mm 或 100 mm×100 mm 方木,也可用 50 mm×100 mm×25 mm 的薄壁方钢管。

支承预应力薄板的墙或梁的顶部钢筋应整理好,并检查墙、梁顶部标高是否符合要求,如超高应预先处理。支承薄板的墙或梁顶标高应比设计标高低 20 mm 为宜。

薄板安装及混凝土浇筑的施工顺序如下:在墙或柱上弹水平线及薄板安装位置线→支临时支撑→找平临时支撑的顶梁上表面(薄板底面标高)并清扫干净→吊装预应力薄板、安装就位→检查薄板底面与顶梁接触情况,空隙较大处进行调整→支板缝模板及预留洞的模板→整理板端胡子筋,绑扎叠合层钢筋,埋设预埋件,安装预埋管道→清扫薄板上表面(宜用压缩空气)并用水冲洗,使薄板面充分湿润→浇筑叠合层混凝土。

吊装薄板时,吊索与水平面夹角应大于 45°。薄板的支座搁置长度一般为 20 mm±5 mm,板缝宽度一般为 4 cm。

板端的胡子筋应弯成 45°伸入对面板的叠合层内,不得将"胡子筋"弯成 90°或往回弯入自身的叠合层内。

混凝土强度大于或等于 70% 设计强度时,才允许拆除下一层的支撑,或待混凝土强度达到设计级别的 100%时,方可拆除该层的支撑。

预留孔洞直径如大于 150 mm,需在孔洞四周加设 ϕ12 钢筋制作的井字架,待叠合层混凝土达到设计强度的 70% 以上后,再凿穿薄板形成孔洞,但应尽量避免切断预应力钢丝。

4.3.4.4 用压延型钢浇筑楼板

压延型钢是将厚度约 1 mm 的钢板压制成槽形、波浪形等形状(图 4-78)。

在混凝土楼板施工中使用压延型钢有两种情况:一是只考虑压延型钢作为模板使用,承受施工荷载和混凝土重量,混凝土达到设计强度后,全部荷载由混凝土承受,不再考虑压延型钢受力;另一种情况是,在设计中采取构造措施,把压延型钢考虑作构件受力筋的一部分,不只是做模板,而且还和混凝土组成组合结构共同受力。

为确保压延型钢与混凝土能共同作用,连接方式和连接件的质量很重要。楼板施工中常用焊接连接和螺栓连接。

铺设压延型钢时,在搭接处,搭接长度应不少于 10 cm。

作为模板使用的压延型钢应按下式验算其强度和刚度:

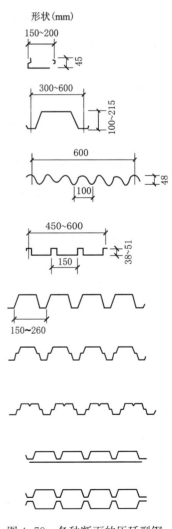

形状(mm)

图 4-78　各种断面的压延型钢

$$\sigma = \frac{M}{W} \leqslant [\sigma] \tag{4-51}$$

$$f = C \cdot \frac{5}{384} \cdot \frac{ql^4}{EI} \leqslant [f] \text{（简支时）} \tag{4-52}$$

$$f = C \cdot \frac{1}{185} \cdot \frac{ql^4}{EI} \leqslant [f] \text{（两跨或多跨时）} \tag{4-53}$$

式中　σ——压延型钢的应力；

M——压延型钢单位宽度上承受的弯矩；

W——压延型钢单位宽度上的截面抵抗矩，$W = \dfrac{I}{h}$；

I——单位宽度的压延型钢对中和轴的截面惯性矩；

h——压延型钢从受压边缘至中和轴的距离；

$[\sigma]$——压延型钢在短期荷载作用下的允许应力（为长期荷载作用下允许应力的1.5倍）；

f——压延型钢产生的挠度；

q——均布荷载；

l——压延型钢的跨度；

E——压延型钢的弹性模量；

C——挠度修正系数，$b_0 > b_e$ 时，$C = 1.2$，$b_0 \leqslant b_e$ 时，$C = 1.0$；

b_0——压延型钢一个波的翼缘宽度；

b_e——翼缘有效宽度，$b_e = 50\,t$；

t——压延型钢的厚度；

$[f]$——允许挠度，在施工荷载作用下不得大于跨度的1/180。

4.4　高层建筑混凝土工程施工

现浇混凝土结构高层建筑的施工，涉及模板、钢筋和混凝土工程施工，在上面已详细介绍了各种高层建筑施工中用的模板体系，此处介绍钢筋和混凝土施工技术。

4.4.1　粗钢筋连接技术

在现浇混凝土结构的高层建筑施工中，经常遇到水平向和竖向大直径钢筋连接问题，其不能再采用搭接绑扎和电弧焊接的方法，因为前者钢材消耗大且不利于高层建筑抗震，后者钢材消耗多、电焊量大，且给混凝土浇筑带来困难。为此，我国在工程实践中逐渐发展和采用了电渣压力焊、气压焊、挤压连接、螺纹套管连接等技术，大大改进了水平向和竖向大直径钢筋连接技术，经济效益较好。

4.4.1.1　电渣压力焊

钢筋焊接分压焊和熔焊两种形式，电渣压力焊属于熔焊，后面要介绍的气压焊则属于压焊。进行电渣压力焊时，利用电流通过渣池产生的电阻热量将钢筋端部熔化，然后施加压力使上、下两段钢筋焊接为一体（图4-79）。开始焊接时，先在上、下面钢筋端面之间引燃电弧，使电弧周围焊剂熔化形成渣池；随后进行"电弧过程"，一方面使电弧周围的焊剂不断熔化，使渣池形成必要的深度，另一方面将钢筋端部烧平，为获得优良接头创造条件；接着将上钢筋端部埋入渣池中，电弧熄灭进行"电渣过程"，利用电阻热使钢筋全断面熔化；最后，在断电同时迅速挤压，排除熔渣和熔化金属形成焊接接头。

电渣压力焊适用于现浇钢筋混凝土结构中竖向或斜向（倾斜度不大于 $10°$）钢筋的连接。若再增大倾斜度，会影响熔池的维持和焊包成形。直径 12 mm 的钢筋电渣压力焊时，应采用小型焊接夹具，上下两钢筋对正不偏歪，多做焊接工艺试验，确保焊接质量。

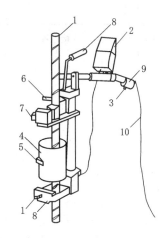

1—钢筋；2—监控仪表；3—电源开关；
4—焊剂盒；5—焊剂盒扣环；6—电缆插座；
7—活动夹具；8—固定夹具；9—操作手柄；
10—控制电缆

图 4-79　电渣压力焊构造原理图

进行电渣压力焊使用的主要设备和材料为焊机和焊剂。焊机由电源变压器、控制箱、电流转换器、夹具（机头）组成。夹具为套筒结构，能适应现场施工需要，在夹具上还安装有电压表、时间指示灯、钢筋熔化长度指示灯，用以掌握和调整工艺参数。

焊剂采用高锰、高硅、低氟型 431 焊剂。其作用是使熔渣形成渣池，保护熔化的高温金属，避免发生氧化、氮化作用，形成良好的钢筋接头。使用前必须经 $250℃$ 烘烤 2 h。

电渣压力焊焊机容量应根据所焊钢筋直径选定；焊接夹具应具有足够刚度，夹具形式、型号应与焊接钢筋配套，上下钳口应同心；电压表、时间显示器应配备齐全。

电渣压力焊工艺过程应符合下列要求：

（1）焊接夹具的上下钳口应夹紧于上、下钢筋上；钢筋一经夹紧，钢筋应同心，且不得晃动。

（2）引弧可采用直接引电弧法，或铁丝圈（焊条芯）引弧法。

（3）引燃电弧后，应先进行电弧过程，然后，加快上钢筋下送速度，使上钢筋端面插入液态渣池约 2 mm，转变为电渣的过程，最后在断电的同时，迅速下压上钢筋，挤出熔化金属和熔渣。

（4）接头焊毕，应稍作停歇，方可回收焊剂和卸下焊接夹具；敲去渣壳后，四周焊包凸出钢筋表面的高度，当钢筋直径为 25 mm 及以下时不得小于 4 mm；当钢筋直径为 28 mm 及以上时不得小于 6 mm。

电渣压力焊焊接参数应包括焊接电流、焊接电压和通电时间，采用 HJ 431 焊剂时，焊接工艺参数宜符合《钢筋焊接及验收规程》(JGJ 18—2012)中的规定（表 4-21）。在实际生产中，应通过焊接工艺试验，优选最佳焊接参数。合适的焊接参数还随采用的焊剂（例如，电渣压力焊专用焊剂）、焊机（例如，全自动电渣压力焊焊机）、钢筋牌号而有差异。

不同直径钢筋焊接时，钢筋直径相差宜不超过 7 mm，上下两钢筋轴线应在同一直线上，焊接接头上下钢筋轴线偏差不得超过 2 mm。

表 4-21   电渣压力焊焊接参数

钢筋直径 /mm	焊接电流 /A	焊接电压/V		焊接通电时间/s	
		电弧过程 $U_{2.1}$	电渣过程 $U_{2.2}$	电弧过程 t_1	电渣过程 t_2
12	280~320			12	2
14	300~350			13	4
16	300~350			15	5
18	300~350			16	6
20	300~400	35~45	18~22	18	7
22	350~400			20	8
25	350~400			22	9
28	400~450			25	10
32	450~500			30	11

在焊接生产中焊工应进行自检,当发现偏心、弯折、烧伤等焊接缺陷时,应查找原因和采取措施,及时消除。电渣压力焊焊接缺陷及消除措施见表 4-22。

表 4-22   电渣压力焊焊接缺陷及消除措施

焊接缺陷	消除措施
轴线偏移	1. 矫直钢筋端部; 2. 正确安装夹具和钢筋; 3. 避免过大的顶压力; 4. 及时修理或更换夹具
弯折	1. 矫直钢筋端部; 2. 注意安装和扶持上钢筋; 3. 避免焊后过快卸夹具; 4. 修理或者更换夹具
咬边	1. 减少焊接电流; 2. 缩短焊接时间; 3. 注意上钳口的起点和止点,确保上钢筋顶压到位
未焊合	1. 增大焊接电池; 2. 避免焊接时间过短; 3. 检修夹具,确保上钢筋下送自如
焊包不均	1. 钢筋端面应平整; 2. 填装焊剂尽量均匀; 3. 延长电渣过程时间,适当增加熔化量
烧伤	1. 钢筋导电部位除净铁锈; 2. 尽量夹紧钢筋
焊包下淌	1. 彻底封堵焊剂筒的漏孔; 2. 避免焊后过快回收焊剂

电渣压力焊接头的质量检验,应分批进行外观检查和力学性能检验。在现浇钢筋混凝土结构中,应以 300 个同牌号钢筋接头作为一个验收批;在房屋结构中,应在不超过连续二楼层中 300 个同牌号钢筋接头作为一个验收批;当不足 300 个接头时,仍应作为一批。每批随机切取 3 个接头试件做拉伸试验。

外观检查应符合下列要求：

(1) 四周焊包凸出钢筋表面的高度，当钢筋直径为 25 mm 及以下时，不得小于 4 mm；当钢筋直径为 28 mm 及以上时，不得小于 6 mm。

(2) 钢筋与电极接触处，应无烧伤缺陷。

(3) 接头处的弯折角度不得大于 2°。

(4) 接头处的轴线偏移不得大于 1 mm。

4.4.1.2 气压焊

钢筋气压焊是采用氧-燃料气体火焰将两钢筋对接处进行加热，使其达到塑性温度（约 1 250℃）或熔化温度（1 540℃以上）加压完成的一种压焊方法。达到塑性温度称为固态气压焊；达到熔化温度的称为熔态气压焊。可用于钢筋在垂直位置、水平位置和倾斜位置的对接焊接。

气压焊的机理，是钢筋在还原性气体保护下，产生塑性流变后紧密接触，促使端面金属晶体相互扩散渗透，再结晶和再排列，形成牢固的对焊接头。

气压焊按加热火焰所用燃烧气体的不同，主要可分为氧乙炔气压焊和氧液化石油气气压焊两种。氧液化石油气火焰的加热温度稍低。

气压焊所用设备（图 4-80）主要包括：供气装置，如氧气瓶、溶解乙炔气瓶或液化石油气瓶、干式回火防止器、减压器及胶管等；焊接夹具；采用半自动钢筋固态气压焊时，应增加电动加压装置、控制开关、钢筋常温直角切断机、使用带有加压控制开关的多嘴环管加热器，以及辅助设备带有陶瓷切割片的钢筋常温（亦称冷间）直角切断机；当采用氧液化石油气火焰进行加热焊接时，需要配备梅花状喷嘴的多嘴环管加热器。

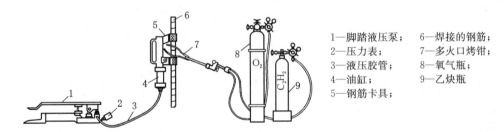

1—脚踏液压泵；　6—焊接的钢筋；
2—压力表；　　7—多火口烤钳；
3—液压胶管；　8—氧气瓶；
4—油缸；　　　9—乙炔瓶
5—钢筋卡具；

图 4-80　气压焊设备工作示意图

气压焊所用的氧气（O_2）应符合国家有关标准中Ⅰ类或Ⅱ类一级技术要求，纯度要求在 99.5％以上，作业压力在 0.5～0.7 N/mm² 以下。所用的乙炔（C_2H_2），宜采用瓶装溶解乙炔，其质量应符合国家有关标准中的规定，纯度按体积比应达到 98％，其作业压力在 0.05～0.07 N/mm² 以下。氧气和乙炔气的混合比例为 1∶1.27。

采用固态气压焊的工艺过程是：用砂轮锯切平钢筋端面，使断面与钢筋轴线垂直，去掉端面周边毛刺→用磨光机打磨钢筋压接面和端头（50～100 mm），去除锈和污物，使其露出金属光泽→安装夹具夹紧钢筋，使两钢筋轴线对正，缝隙不大于 3 mm，对钢筋轴心施加初压力（5～10 N/mm²）→用碳化焰（乙炔过剩焰，O_2∶C_2H_2 为 0.85∶1～0.95∶1）加热钢筋，待钢筋接缝处呈红黄色，压力表针大幅度下降时，对钢筋施加初期压力，使缝隙闭合→用中性焰（标准焰，O_2∶C_2H_2 为 1∶1）继续加热钢筋端部，使其达到合适的压接温度（1 150℃～1 250℃）→当钢筋表面变成炽白色时，边加热边加压，达到 30～40 N/mm²，形成接头→拆卸夹具,进行质量检验。

常用的三次加压法工艺过程包括顶压、密合、成型三个阶段,以 $\phi25$ mm 钢筋为例,见图 4-81。

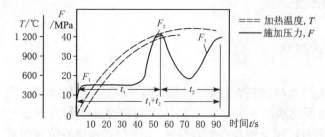

t_1—碳化焰对准钢筋接缝处集中加热;
F_1——次加压,预压;
t_2—中性焰往复宽幅加热;
F_2—二次加压,接缝密合;
t_1+t_2—根据钢筋直径和火焰热功率而定;
F_3—三次加压,镦粗成形

图 4-81 三次加压法焊接工艺过程图解

当采用半自动钢筋固态气压焊时,应使用钢筋常温直角切断机断料,两钢筋端面间隙控制在 $1\sim2$ mm,钢筋端面平滑,可直接焊接;另外,由于采用自动液压加压,可一人操作。

进行气压焊时掌握好火焰功率(取决于氧、乙炔流量)很重要,过大易引起过烧现象,过小易造成接面"夹生"现象,延长压接时间。在合理选用火焰基础上,加热时间见表 4-23。

表 4-23   加热器火口数与加热时间选择表

钢筋直径/mm	加热器火口数	加热时间/min
$16\sim22$	$6\sim8$	$1\sim1.5$
25	$8\sim10$	$1.5\sim2.0$
28	$8\sim10$	$2.0\sim2.5$
32	$10\sim12$	$2.5\sim3.0$
40	$12\sim14$	$3.0\sim4.0$
50	$16\sim18$	$4.5\sim7.0$

气压焊接头的质量检验,应分批进行外观检查和力学性能检验,并应按下列规定作为一个检验批:在现浇钢筋混凝土结构中,应以 300 个同牌号钢筋接头作为一批;在房屋结构中,应在不超过连续二楼层中 300 个同牌号钢筋接头作为一批;当不足 300 个接头时,仍应作为一批。在柱、墙的竖向钢筋连接中,应从每批接头中随机切取 3 个接头做拉伸试验;在梁、板的水平钢筋连接中,应另切取 3 个接头做弯曲试验。异径气压焊接头可只做拉伸试验。

钢筋气压焊接头外观检查结果,应符合下列要求:

(1) 接头处的轴线偏移 e 不得大于钢筋直径的 1/10,且不得大于 1 mm(图 4-82);当不同直径钢筋焊接时,应按较小钢筋直径计算;当大于上述规定值,但在钢筋直径的 3/10 以下时,可加热矫正;当大于 3/10 时,应切除重焊。

(2) 接头处不得有肉眼可见的裂纹。

(3) 接头处的弯折角度不得大于 $2°$;当大于规定值时,应重新加热矫正。

(4) 固态气压焊接头镦粗直径 d_c 不得小于钢筋直径的 1.4 倍,熔态气压焊接头镦粗直径 d_c 不得小于钢筋直径的 1.2 倍(图 4-82(b));当小于上述规定值时,应重新加热镦粗。

(5) 镦粗长度 L_c 不得小于钢筋直径的 1.0 倍,且凸起部分平缓圆滑(图 4-82(c));当小于上述规定值时,应重新加热镦长。

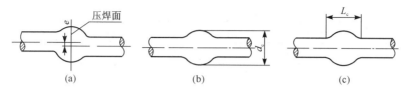

图 4-82　钢筋气压焊接外观质量图解

4.4.1.3　钢筋挤压连接

钢筋挤压连接亦称钢筋套筒冷压连接,是钢筋机械连接的一种,它是将需连接的变形钢筋插入特制钢套筒内,利用挤压机使钢套筒产生塑性变形,使它紧紧咬住变形钢筋以实现连接。它适用于竖向、横向及其他方向的较大直径变形钢筋的连接。由于它属于非冶金连接,与焊接相比,它具有节省电能、不受钢筋可焊性影响、不受季节影响、无明火、施工简便、接头可靠度高等特点。而且同一截面的接头百分率可高于搭接和焊接。

目前我国应用的钢筋挤压连接技术,有钢筋径向挤压和钢筋轴向挤压两种。

1. 钢筋径向挤压连接

钢筋径向挤压连接是利用挤压机径向挤压钢套筒,使套筒产生塑性变形,套筒内壁变形嵌入钢筋变形处,由此产生抗剪力来传递钢筋连接处的轴向力(图 4-83)。

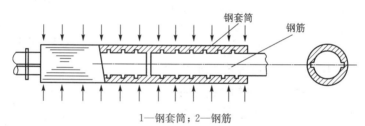

1—钢套筒;2—钢筋
图 4-83　钢筋径向挤压连接原理图

径向挤压连接适用于直径 20～40 mm 的带肋钢筋的连接。特别适用于对接头可靠性和塑性要求较高的场合。套筒之间净距要求不小于 25 mm,钢筋应符合国家标准《钢筋混凝土用钢筋第 2 部分:热轧带肋钢筋》(GB 1499.2—2007)的规定。

连接钢套筒,其抗拉强度 $f_t \geqslant 460$ N/mm²,屈服强度 $f_y \geqslant 310$ N/mm²,伸长率 $\delta_s \geqslant 20\%$,套筒的设计屈服承载力和抗拉承载力一般应比钢筋的标准屈服承载力和抗拉承载力大 10% 以上。钢套筒有多种形式,其中部分规格见表 4-24。

表 4-24　　　　　　　　　　　　　　钢套筒规格

钢筋直径 /mm	套筒型号	外径/mm		内径/mm		长度/mm		截面积 /mm²	重量 /(kg·个⁻¹)
		标准尺寸	允许误差	标准尺寸	允许误差	标准尺寸	允许误差		
20	SPT-20	35	±0.40	25	+0.40 −0.15	130	±1.0	471.0	0.48
22	SPT-22	38	±0.40	26	+0.40 −0.15	140	±1.0	602.9	0.66
25	SPT-25	45	±0.40	31	+0.40 −0.15	150	±1.0	835.0	0.98

钢筋直径/mm	套筒型号	外径/mm		内径/mm		长度/mm		截面积/mm²	重量/(kg·个⁻¹)
		标准尺寸	允许误差	标准尺寸	允许误差	标准尺寸	允许误差		
28	SPT-28	50	±0.40	34	+0.45 −0.20	170	±1.0	1 055	1.40
32	SPT-32	56	±0.40	38	+0.45 −0.20	180	±1.0	1 328	1.87
36	SPT-36	63	±0.40	43	+0.45 −0.25	230	±1.0	1 664.2	2.99
40	SPT-40	70	±0.40	48	+0.50 −0.30	250	±1.0	2 073	3.98

挤压设备有多种,如 YJ 型有 YJ-32,YJ-650,YJ-800 型,其额定压力分别为 650 kN,650 kN 和 800 kN;CY 型手持式挤压机也有 CY-16～CY40A 七种型号,分别适用于不同直径的钢筋。但其工作原理皆如图 4-84 所示,挤压机都是由超高压泵带动,通过模具对钢套筒进行横向挤压。

钢筋径向挤压连接的工艺过程是:钢筋、套筒验收→钢筋断料。划套筒套入长度标记→套筒按规定长度套入钢筋,安装压接模具→开动液压泵逐道压套筒→卸下压接模具等→检查接头外观。

压接有两种方式:一种是两根连接钢筋的全部压接都在施工现场进行;另一种是预先压接一半钢筋接头,运至工地就位后再压接另一半钢筋接头。后一种方法可减少现场作业,能加快连接速度。

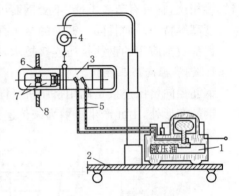

1—超高压泵;2—吊挂小车;3—挤压机;4—平衡器;5—超高压软管;6—钢套筒;7—模具;8—被连接的钢筋

图 4-84　钢筋径向挤压设备示意图

钢筋挤压的工艺参数,主要是压接顺序、压接力和压接道数。正确的压接顺序是从中间逐道向两端压接。压接力以套筒与钢筋紧密咬合为好,压接力过大,套筒过度变形,受拉时套筒易破坏;压接力过小,接头强度不足。压接道数直接影响接头质量和施工速度。压接力和压接道数取决于钢筋直径、套筒型号和挤压机型号。如采用 SPT 型套筒和 CY 型手持挤压机压接时,其压接力和压接道数见表 4-25。

表 4-25　　　　　　　　　压接力与压接道数参考表

钢筋直径/mm	套筒型号	压接后套筒总长/mm	每端压接道数	压力值/MPa
20	SPT-20	150	4	95～100
22	SPT-22	160	4	100～110
25	SPT-25	175	4	60～65
28	SPT-28	195	4	65～70
32	SPT-32	205	4	70～75
36	SPT-36	260	4	95～100
40	SPT-40	280	4	60～65

套筒挤压钢筋接头的安装质量应符合下列要求：

（1）钢筋端部不得有局部弯曲，不得有严重锈蚀和附着物；

（2）钢筋端部应有检查插入套筒深度的明显标记，钢筋端头离套筒长度中心点不宜超过 10 mm；

（3）挤压应从套筒中央开始，依次向两端挤压，压痕直径的波动范围应控制在供应商认定的允许波动范围内，并提供专用量规进行检查。

（4）挤压后的套筒不得有肉眼可见裂纹。

2. 钢筋轴向挤压连接

轴向挤压连接，是用挤压机和压模对钢套筒和插入的两根钢筋沿其轴线方向进行挤压，使钢套筒产生塑性变形与变形钢筋咬合而进行连接（图 4-85）。它用于同直径或相差一个型号直径的钢筋连接。

钢套筒与钢筋直径要配套（表4-26）。

表 4-26 不同钢筋使用的套筒规格

套筒尺寸/mm	钢筋直径	25 mm	28 mm	32 mm
外 径		$45^{+0.1}_0$	$49^{+0.1}_0$	$55.5^{+0.1}_0$
内 径		$33^0_{-0.1}$	$35^0_{-0.1}$	$39^0_{-0.1}$
长度	钢筋端面紧贴连接时	$190^{+0.3}_0$	$200^{+0.3}_0$	$210^{+0.3}_0$
	钢筋端面间隙≤30 mm 连接时	$200^{+0.3}_0$	$230^{+0.3}_0$	$240^{+0.3}_0$

挤压用设备有挤压机、超高压泵站等。挤压机如图 4-86 所示，由油缸、压模、压模座、导杆等组成，其工作推力达 400 kN，油缸最大行程达 104 mm。

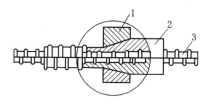

1—压模；2—钢套筒；3—钢筋

图 4-85 钢筋轴向挤压连接原理图

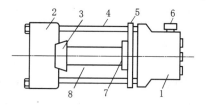

1—油缸；2—压模座；3—压模；4—导杆；
5—撑力架；6—接头；7—垫块座；8—钢套筒

图 4-86 GTZ32 型挤压机简图

钢筋轴向挤压连接，一般采用预先压接半个钢筋接头，运往作业地点后再挤压连接另半个钢筋接头。钢筋轴向挤压连接的质量检查，与钢筋径向挤压连接相同。

4.4.1.4 钢筋螺纹套管连接

钢筋螺纹接头是把钢筋的连接端加工成锥螺纹或直螺纹，通过锥螺纹或直螺纹套筒把两根带丝头的钢筋，按规定的力矩值连接成一体的钢筋接头。钢筋锥螺纹套管连接技术，美国、英国、前联邦德国、日本、东南亚国家以及我国香港特区、台湾地区自80年代起已用于要求较高的建筑物与构筑物，如高层与大型公共建筑、地铁、隧道、电站等。我国20世纪90年代在京、沪等地的一些重要工程中开始应用，目前已在工程广泛利用。这种连接的钢套管内壁在工厂或工地专用机床上加工成锥螺纹,用于连接直径16~40 mm同径、异径变形钢筋。钢筋的对接端头亦在钢筋套丝机上加工有与套管匹配的锥螺纹。钢筋连接时,经过螺纹检查无油污和损伤后,先用手旋入钢筋,然后用扭矩扳手紧固至规定的扭矩后即完成。这种钢筋连接全靠机械力保证,无明火作业,无焊接接头存在的受材料可焊性影响、气孔、裂纹、对中性差、质量不稳定等缺点,而且施工速度快,可连接多种钢筋,全天候施工,而且对后施工的钢筋混凝土结构可不需预留锚固筋。根据我国试验和使用的结果,证明这种机械连接,其抗拉或抗压强度,均能满足为钢筋屈服强度 f_y 的1.25倍的要求。

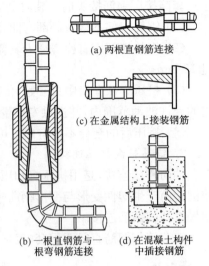

(a) 两根直钢筋连接

(c) 在金属结构上接装钢筋

(b) 一根直钢筋与一根弯钢筋连接 (d) 在混凝土构件中插接钢筋

图4-87 钢筋锥螺纹套管连接示意图

锥螺纹接头的现场加工要求是钢筋端部不得有影响螺纹加工局部弯曲;钢筋丝头长度应满足设计要求,使拧紧后的钢筋丝头不得相互接触,丝头加工长度公差应为 $-0.5p \sim -1.5p$;钢筋丝头的锥度和螺距应使用专用锥螺纹量规检验;抽检数量10%,检验合格率不应小于95%。

锥螺纹钢筋接头的安装质量应符合下列要求:

(1) 接头安装时应严格保证钢筋与连接套筒的规格相一致。

(2) 接头安装时应用扭力扳手拧紧,拧紧扭矩值应符合表4-27的规定。

(3) 校核用扭力扳手与安装用扭力扳手应区分使用,校核用扭力扳手应每年校核1次,准确度级别应选用5级。

表4-27 锥螺纹接头安装时的最小拧紧扭矩值

钢筋直径/mm	≤16	18~20	22~25	28~32	36~40
拧紧扭矩/(N·m)	100	180	240	300	360

直螺纹接头的现场加工要求钢筋端部应切平或镦平后加再工螺纹;墩粗头不得有与钢筋轴线相垂直的横向裂纹;钢筋丝头长度应满足企业标准中产品设计要求,公差应为 $0 \sim 2.0p$(p为螺距);钢筋丝头宜满足6f级精度要求,应用专用直螺纹量规检验,通规能顺利旋入并达到要求的拧入长度,止规旋入不得超过 $3p$。抽检数量10%,检验合格率不应小于95%。

直螺纹钢筋接头的安装质量应符合下列要求:

(1) 安装接头时可用管钳扳手拧紧,应使钢筋丝头在套筒中央位置相互顶紧。标准型接头安装后的外露螺纹不宜超过 $2p$。

(2) 安装后应用扭力扳手校核拧紧扭矩,拧紧扭矩值应符合表4-28的规定。

(3) 校核用扭力扳手的准确度级别可选用10级。

表4-28 直螺纹接头安装时的最小拧紧扭矩值

钢筋直径/mm	≤16	18~20	22~25	28~32	36~40
拧紧扭矩/(N·m)	100	200	260	320	360

4.4.1.5 规范对钢筋机械连接的规定

下面介绍行业标准《钢筋机械连接技术规程》(JB 107—2010)的有关规定。

1. 钢筋机械连接接头的设计原则和性能等级

钢筋机械连接接头的设计应满足强度及变形性能的要求。该规范规定,接头连接件的屈服承载力和受拉承载力的标准值应不小于被连接钢筋的屈服承载力和受拉承载力标准值的 1.10 倍。接头应根据其等级和应用场合,对单向拉伸性能、高应力反复拉压、大变形反复拉压、抗疲劳、耐低温等各项性能确定相应的检验项目。

该规范规定,钢筋机械连接接头应根据抗拉强度、残余变形以及高应力和大变形条件下反复拉压性能的差异,分为下列三个等级:

Ⅰ级:接头抗拉强度等于被连接钢筋实际抗拉强度或不小于 1.10 倍钢筋抗拉强度标准值,残余变形小并具有高延性及反复拉压性能。

Ⅱ级:接头抗拉强度不小于被连接钢筋抗拉强度标准值,残余变形较小并具有高延性及反复拉压性能。

Ⅲ级:接头抗拉强度不小于被连接钢筋屈服强度标准值的 1.25 倍,残余变形较小并具有延性及反复拉压性能。

Ⅰ级、Ⅱ级、Ⅲ级接头的抗拉强度应符合表 4-29 的规定。Ⅰ级、Ⅱ级、Ⅲ级接头应能经受规定的高应力和大变形反复拉压循环,且在经历拉压循环后,其抗拉强度仍应符合表4-29 的规定。

Ⅰ级、Ⅱ级、Ⅲ级接头的变形性能应符合表 4-30 的规定。

表 4-29   接头的抗拉强度

接头等级	Ⅰ级	Ⅱ级	Ⅲ级
抗拉强度	$f_{mst}^0 \geqslant f_{mst}$ 断于钢筋 或 $\geqslant 1.10 f_{stk}$ 断于接头	$f_{mst}^0 \geqslant f_{mst}$	$f_{mst}^0 \geqslant 1.25 f_{stk}$

注:f_{mst}^0 为接头试件实际抗拉强度;f_{mst} 为接头试件中钢筋抗拉强度实测值;f_{stk} 为钢筋抗拉强度标准值。

表 4-30   接头的变形性能

接头等级		Ⅰ级	Ⅱ级	Ⅲ级
单向拉伸	残余变形/mm	$\mu_0 \leqslant 0.10(d \leqslant 32)$ $\mu_0 \leqslant 0.14(d > 32)$	$\mu_0 \leqslant 0.14(d \leqslant 32)$ $\mu_0 \leqslant 0.16(d > 32)$	$\mu_0 \leqslant 0.14(d \leqslant 32)$ $\mu_0 \leqslant 0.16(d > 32)$
	最大力总伸长率	$A_{sgt} \geqslant 6.0\%$	$A_{sgt} \geqslant 6.0\%$	$A_{sgt} \geqslant 3.0\%$
高应力反复拉压	残余变形/mm	$\mu_{20} \leqslant 0.3$	$\mu_{20} \leqslant 0.3$	$\mu_{20} \leqslant 0.3$
大变形反复拉压	残余变形/mm	$\mu_4 \leqslant 0.3$ 且 $\mu_8 \leqslant 0.6$	$\mu_4 \leqslant 0.3$ 且 $\mu_8 \leqslant 0.6$	$\mu_4 \leqslant 0.6$

注:当频遇荷载组合下,构件中钢筋应力明显高于 $0.6 f_{yk}$ 时,设计部门可对单向拉伸残余变形 μ_0 加载峰值提出调整要求。

对直接承受动力荷载的结构构件,设计应根据钢筋应力变化幅度提出接头的抗疲劳性能要求。当无专门要求时,接头的抗疲应力幅限值不应小于国家标准《混凝土结构设计规范》(GB 50010—2010)中表 4.2.6-1 普通钢筋疲劳应力幅限值的 80%。

2. 施工现场接头的检验与验收

工程中应用钢筋机械接头时,应由该技术提供单位提交有效的形式检验报告。钢筋连接工程开始前,应对不同钢筋生产厂的进场钢筋进行接头工艺检验;施工过程中,更换钢筋生产厂时,应补充进行工艺检验。工艺检验应符合下列规定:

(1)每种规格钢筋的接头试件不应少于3根。

(2)每根试件的抗拉强度和3根接头试件的残余变形的平均值均应符合表4-29和表4-30的规定。

(3)接头试件在测量残余变形后可再进行抗拉强度试验,并宜按《钢筋机械连接技术规程》(JGJ 107—2010)附录A表A1.3中的单向拉伸加载制度进行试验。

(4)第一次工艺检验中1根试件抗拉强度或3根试件的残余变形平均值不合格时,允许再抽3根试件进行复验,复验仍不合格时判为工艺检验不合格。

接头安装前应检查连接件产品合格证及套筒表面生产批号标识;产品合格证应包括适用钢筋直径和接头性能等级、套筒类型、生产单位、生产日期以及可追溯产品原材料力学性能和加工质量的生产批号。

现场检验应按该规程进行接头的抗拉强度试验、加工和安装质量检验;对接头有特殊要求的结构,应在设计图纸中另行注明相应的检验项目;接头的现场检验应按验收批进行,同一施工条件下采用同一批材料的同等级、同形式、同规格接头,应500个为一个验收批进行检验与验收,不足500个也应作为一个验收批。螺纹接头安装后应按验收批抽取其中10%的接头进行拧紧扭矩校核,拧紧扭矩值不合格数超过被校核接头数的5%时,应重新拧紧全部接头,直到合格为止。

对接头的每一验收批,必须在工程结构中随机截取3个接头试件作抗拉强度试验,按设计要求的接头等级进行评定。当3个接头试件的抗拉强度均符合表4-29中相应等级的强度要求时,该验收批应评为合格。如有1个试件的抗拉强度不符合要求,应再取6个试件进行复检。复检中如仍有1个试件的抗拉强度不符合要求,则该验收批应评为不合格。现场检验连续10个验收批抽样试件抗拉强度试验一次合格率为100%时,验收批接头数量可扩大1倍。

现场截取抽样试件后,原接头位置的钢筋可采用同等规格的钢筋进行搭接连接,或采用焊接及机械连接方法补接。对抽检不合格的接头验收批,应由建设方会同设计等有关方面研究后提出处理方案。

4.4.2 混凝土泵送施工技术

4.4.2.1 混凝土泵送技术发展

在混凝土结构的高层建筑施工中,混凝土的垂直运输量十分巨大。上海曾对9幢13～16层剪力墙结构体系的高层住宅做过分析,在其施工过程中,混凝土的垂直运输量占总垂直运输量的75.64%。可见在高层建筑施工中正确选择混凝土的运输设备十分重要。

混凝土泵是在压力推动下沿管道输送混凝土的一种设备,它能一次连续完成水平运输和垂直运输,配以布料杆或布料机还可有效地进行布料和浇筑,因为它效率高、省劳动力,被广泛应用于国内外的高层建筑施工中,收到较好效果。我国上海、北京、广州等大中城市著名的高层建筑施工中多数都是采用混凝土泵输送混凝土,国外亦类似。深圳地王商业大厦将混凝土泵至325 m;上海金茂大厦更一泵泵至382 m高度。2013年6月,由上海建工集团总承包的上海中心大厦工程主楼核心筒结构泵送中,又创出了 C60 混凝土一次泵送至 114 层 527 m 高度的新纪录。这些实例都表明在高层建筑混凝土泵送施工中我国已达到相当高的水平。此外,在高层建筑桩基承台大体积混凝土施工中,亦广泛利用混凝土泵进行输送和浇筑混凝土。如 2010 年上海中心主楼大底板 6 万立方米 C50 混凝土一次浇筑会战中曾调集 8 个搅拌站、15 辆泵车、450 辆搅拌车,经过连续 60 h 的备战,创出了国内民用建筑一次浇筑混凝土方量的新纪录。

混凝土泵最先出现于德国,1907 年德国就开始研究混凝土泵,并有人取得专利权。此后,于 1913 年美国亦有人制造出混凝土泵样机也取得专利。至 1930 年,德国就制造了立式单缸的球阀活塞泵。1932 年荷兰人库依曼(J. C. Kooyman)制造出卧式缸的库依曼型混凝土泵,成功地解决了混凝土泵的构造原理问题,大大提高了工作的可靠性。

20 世纪 50 年代中叶,原联邦德国的托克里特(Torkret)公司首先发展了用水作为工作液体的液压泵,使混凝土泵进入了一个新的发展阶段。1959 年,原联邦德国的施维英(Schwing)公司生产出第一台全液压的混凝土泵,它用油作为工作液体来驱动活塞和阀门,使用后用压力水冲洗泵和输送管。这种液压泵功率大,排量大,运输距离远,可做到无级调节,泵的活塞还可逆向动作以减少堵塞的可能性,因而使混凝土泵的设计、制造和泵送施工技术日趋完善。此后,为了提高混凝土泵的机动性,在 60 年代中期又研制了混凝土泵车,并配备了可以回转和伸缩的布料杆,使混凝土的浇筑工作更加灵活方便。

我国于 20 世纪 70 年代就开始试制混凝土泵,于 1975 年试制成功排量 8 m³/h 的 HB-8 型活塞泵。80 年代和 90 年代是我国混凝土泵研制和生产的兴旺发达时期,湖北建设机械股份有限公司、沈阳建设机械总公司、中联建设机械产业公司、三一重工业集团有限公司、山东方园集团公司等企业都生产混凝土泵,品种齐全、品质较高,并已开始生产一些高压混凝土泵。

分配阀是活塞式混凝土泵中的一个关键部件,它直接影响混凝土泵的使用性能,也直接影响混凝土泵的整体设计,在进行混凝土泵的方案设计时,往往需要首先确定采用哪种形式的分配阀,然后才能确定其他部件的结构和布置。因此,可以认为分配阀是活塞式混凝土泵的心脏。目前,世界各国混凝土泵制造厂商生产的活塞式混凝土泵的种类繁多,但这些混凝土泵在基本构造上没有太大的差别,所不同的只在于分配阀。因此,目前各国对影响混凝土泵性能优劣的分配阀都很重视,作为关键部件进行研究。

对于双缸的活塞式混凝土泵,两个混凝土缸的吸入行程和排出行程相互转换,料斗口和输送管依次和两个混凝土缸相接通,因此必须设置分配阀来完成这一任务。分配阀要具有二位(吸料、排料)四通(通料斗、两个混凝土缸和输送管)的机能。

对于分配阀一般有下列一些要求:

(1) 具有良好的吸入和排出性能。要具有良好的吸入性能,就要求吸入通道短,通道流畅,截面和形状不变化或少变化,这样能使混凝土拌合物平滑的通过阀门,而且不产生起拱现象阻塞通道。要具有良好的排出性能,同样,亦要求通道截面不变或少变,以减少通过分配阀的压力损失。

(2) 具有良好的转换性。即吸入和排出的动作谐调、及时、迅速。分配阀(尤其是闸板阀)转换太快,机器振动大;转换太慢,又易被石子卡住。转换动作最好在 0.2 s 内完成,以防止灰浆倒流,这对于向上垂直泵送尤为重要。

(3) 阀门和阀体的相对运动部位具有良好的密封性。这样可以防止漏浆,漏浆易使混凝土拌合物的泵送性能变坏,而且也污染机器,不便工作。

(4) 具有良好的耐磨性。分配阀的工作环境恶劣,在工作过程中始终与混凝土拌合物进行强烈地摩擦,因而分配阀易于磨损。分配阀一旦磨损严重,会使混凝土泵的工作性能变坏,容积效率降低,而且在泵送过程中易于产生阻塞。因此,一方面要求分配阀的结构合理,另一方面也要求其材质具有良好的耐磨性。一般都对其进行热处理以提高其耐磨性能。

(5) 要求构造简单,便于加工制作。

此外,还要求分配阀有良好的排除阻塞的性能;分配阀如放在料斗内(如管形分配阀),还要保证搅拌叶片不要有死角,以保证搅拌性能良好。

混凝土泵用的分配阀,分为转动式分配阀、闸板式分配阀和管形分配阀三类,目前应用较多的是后两类,管形分配阀更是发展的方向。

1. 闸板式分配阀

闸板式分配阀是近年来许多新型的活塞式混凝土泵中应用较多的一种分配阀,它是在油压泵的作用下靠往返运动的钢闸板,周期地开启和封闭混凝土缸的进料口和出料口而达到进料和排料的目的。

闸板式分配阀的种类很多,主要有平置式(卧式)、斜置式和摆动式几种。

(1) 平置式闸板分配阀。平置式(卧式)闸板分配阀的闸板与混凝土流道呈直角配置,闸板以垂直方向切割混凝土拌合物,许多新型的双缸混凝土泵多用这种分配阀。平置式闸板分配阀由阀缸、阀杆、阀套、限位器、衬套、阀衬垫等组成,由油压驱动。这种分配阀的优点是:阀套的断面积无变化,混凝土拌合物的流通性能好,不易阻塞;密封性能好;闸板换向快,转换力大,闸板的换向速度随混凝土的排量和坍落度而变化,一般为 0.2 s,闸板以该速度换向,混凝土拌合物中的石子卡不住闸板,闸板可以粉碎石子而进行换向。转换力约 60 kN 以上,但由于有缓冲装置,可以减少冲击振动和噪音;耐久性好,使用寿命长。据估算,每泵送 10 000 m³ 坍落度为 18 cm 的混凝土拌合物,闸板来回运行次数达三千万次,因此要求有较好的耐磨性。现在用的闸板阀,板厚和阀杆直径都增大,而且还装有耐磨损的限位器坐板衬垫,因而延长了使用寿命。由于这种分配阀具有上述优点,日本石川播磨重工业公司、三菱重工业株式会社和德国施维英(Schwing)公司等的产品多采用这种分配阀。

(2) 斜置式闸板分配阀。这种分配阀的闸板与混凝土流道斜交,不是垂直切割混凝土拌合物。这种分配阀设置在料斗的侧面,可以降低料斗的离地高度,又能使泵体紧凑,而且流道合理,进料口大,密封性能好。其缺点是结构复杂,维修困难。单缸混凝土泵采用这种分配阀的较多。

(3) 摆动式板阀(扇形摆阀)。摆动式板阀由扇形闸板和舌形闸板组成,绕一水平轴来回摆动。两个混凝土缸通到料斗底部,摆动式板阀亦装在料斗底部。当扇形闸板将一个混凝土缸的出料口封闭时,舌形闸板会同时将另一混凝土缸的进料口封闭,因而能交替地进行运料和出料。这种分配阀构造简单,维修方便,磨损后可用堆焊修复,使用寿命长,开关迅速,是一种较好的分配阀。

2. 管形分配阀

管形分配阀是以管件的摆动来达到混凝土拌合物吸入和排出的目的。这种分配阀一般置于料斗中,其本身即输送管的一部分,它一端与输送管接通,另一端可以摆动。对于单缸混凝土泵,当管形阀管口摆离混凝土缸口而被料斗壁封住时,混凝土缸进行吸料;当管形阀管口摆回来对准混凝土缸口时,混凝土缸则进行排料。对于双缸混凝土泵,管形阀的管口与两个混凝土缸的缸口交替接通,对准哪一个缸口,哪一个缸就进行排料,同时另一个缸则进行吸料。

管形分配阀的优点是使料斗的离地高度降低,便于混凝土搅拌运输车向料斗卸料;结构简单,流道通畅,耐用,易损件磨损后便于更换;由于省去 Y 形管,还可以减少阻塞事故。管形分配阀的缺点是置于料斗中,使料斗中的搅拌叶片布置困难,弄不好容易产生死角;如混凝土的坍落度较小,阻力大,管阀的摆动速度较小,有时会影响混凝土缸的吸入效率。

管形分配阀目前有 S 形(图 4-88)、C 形和裙形管阀三种。在一些新型混凝土泵中多有应用。如 BRA2100H 型混凝土泵采用 C 形分配阀,BSA1406E 型和 NCP-9FB 型混凝土泵等都是采用的 S 形分配阀,德国 Schwing 公司近年来生产的一些混凝土泵还采用了裙形分配阀。

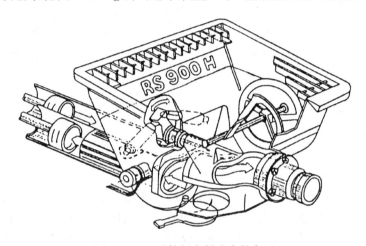

图 4-88 S 形管阀在料斗中的布置

管形分配阀立放,对带布料杆的混凝土泵车尤为适宜,因为布料杆通常安装在车身前部,混凝土拌合物经立放的管形分配阀可直接引至布料杆,可以减少堵塞。

4.4.2.2　混凝土拌合物的泵送性能

混凝土拌合物的泵送性能以混凝土可泵性表示。

混凝土的可泵性,用压力泌水试验结合施工经验进行控制,一般 10 s 时的相对压力泌水率 s_{10} 宜不超过 40%,s_{10} 按下式计算:

$$s_{10} = \frac{V_{10}}{V_{140}} \tag{4-54}$$

式中　s_{10}——混凝土拌合物在压力泌水仪中加压至 10 s 时的相对泌水率(%);

V_{10},V_{140}——分别代表加压至 10 s 和 140 s 时的泌水率(mL)。

V_{10},V_{140} 和 S_{10} 均取三次试验的平均值。

混凝土的可泵性与混凝土的原材料及配合比有密切关系。泵送混凝土用的粗骨料,应为最佳连续级配;针片状颗粒含量不宜大于 10%。其最大粒径与输送管径之比:当泵送高度在 50 m 以下,碎石不宜大于 1∶3,卵石不宜大于 1∶2.5;泵送高度为 50~100 m,宜为 1∶3~1∶4;泵送高度在 100 m 以上,宜为 1∶4~1∶5。细骨料宜为中砂,通过 0.315 mm

筛孔的砂,宜不少于15%,亦应符合最佳级配。泵送混凝土对水泥品种无特殊要求,但胶凝材料总量不宜小于300 kg/mm²。泵送混凝土的用水量与胶凝材料总量之比不宜大于0.6。砂率宜为35%～45%,对高强度等级混凝土不宜过高。应掺加适量符合"混凝土泵送剂"规定的外加剂,还宜掺加适量粉煤灰并符合有关规定。

泵送混凝土的坍落度,宜按不同泵送高度按表4-31选用。混凝土坍落度的经时损失如表4-32所示。

表4-31　　　　　　　　　不同泵送高度入泵时混凝土坍落度选用值

最大泵送高度/m	30以下	60	100	400	400以上
坍落度/mm	100～140	140～160	160～180	180～200	200～220

表4-32　　　　　　　　　　　混凝土坍落度经时损失值

大气温度/℃		10～20	20～30	30～35
坍落度损失值(mm)(掺粉煤灰和木钙经时1 h)		5～25	25～35	35～50

4.4.2.3　混凝土泵送施工

1. 泵送混凝土的供应

1) 泵送混凝土的拌制

泵送混凝土宜采用预拌混凝土,在商品混凝土工厂制备,按国家现行标准《预拌混凝土》的有关规定,在交货地点进行泵送混凝土的交货检验。

拌制泵送混凝土时,应严格按混凝土配合比的规定对原材料的质量进行检查,对原材料的计量标准,亦应符合《预拌混凝土》中有关的规定。搅拌时的投料顺序,如掺加粉煤灰,则粉煤灰宜与水泥同步投料。外加剂的添加宜滞后于水和水泥。混凝土的最短搅拌时间,应符合《预拌混凝土》中的有关规定,要保证混凝土拌合物的均匀性和可泵性。

2) 泵送混凝土的运送

搅拌好的混凝土拌合物宜用混凝土搅拌运输车进行运输。目前主要使用搅拌筒为6 m³的混凝土搅拌运输车。搅拌运输车在运输途中,搅拌筒以3～6 r/min的缓慢速度转动,以防止混凝土拌合物产生离析。

泵送混凝土的运送延续时间,要在混凝土初凝之前能顺利浇筑,为此要遵循表4-33、表4-34的规定。

表4-33　　　　　　　　未掺加外加剂的泵送混凝土运输延续时间

混凝土出机温度/℃	运输延续时间/min
25～35	50～60
5～25	60～90

表4-34　　　　　　掺加木质素磺酸钙时泵送混凝土运输延续时间(min)

混凝土强度等级	气温	
	≤25℃	>25℃
≤C30	120	90
>C30	90	60

混凝土泵宜连续作业，不但能提高泵送量，而且能防止输送管堵塞。为保证混凝土泵连续作业，则混凝土供应量要能满足不断泵送的要求，此时每台混凝土泵所需配备的混凝土搅拌运输车的台数可按下式计算：

$$N_1 = \frac{Q_A}{60V_1}\left(\frac{60L_1}{S_0} + T_1\right)$$ (4-55)

式中　N_1——混凝土搅拌运输车台数；

　　　Q_A——每台混凝土泵的实际平均输出量（m³/h），按式（4-58）计算；

　　　V_1——每台混凝土搅拌运输车的容量（m³）；

　　　L_1——混凝土搅拌运输车的往返距离（m）；

　　　S_0——混凝土搅拌运输车的平均行车速度（km/h）；

　　　T_1——每台混凝土搅拌运输车的总计停歇时间（min）。

搅拌运输车在装料前必须将搅拌筒内积水倒净。在运输过程中和给混凝土泵喂料时都不得随意向搅拌筒中加水。喂料前，宜以中、高速转动搅拌筒，以保证混凝土拌合物均匀。

泵送混凝土运抵工地后，应检查混凝土坍落度，混凝土入泵时的坍落度允许误差如表4-35所示。

表4-35　混凝土坍落度允许误差

所需坍落度/mm	坍落度允许误差/mm
≤100	±20
>100	±30

2. 混凝土泵的选择和配管

混凝土泵的选择，主要根据工程结构特点、施工组织设计要求（混凝土泵泵送距离或高度，以及需要的排量）、泵的技术参数及技术经济比较结果来定。

混凝土泵按混凝土压力高低分为高压泵和中压泵，凡混凝土压力大于7 N/mm² 者为高压泵，小于或等于7 N/mm² 者为中压泵。高压泵的输送距离大，但价格高，液压系统复杂，维修费用大，且需配用厚壁的输送管。

一般浇筑基础或高度不大的结构工程，如在泵车布料杆的工作范围内，最宜采用混凝土泵车。施工高度大的高层建筑，可用一台高压泵一泵到顶，亦可采用中压泵以接力输送方式亦可满足要求，这取决于方案的技术经济比较。

混凝土泵的主要参数，即混凝土泵的实际平均输出量和混凝土泵的最大输送距离。

混凝土泵的实际平均输出量，可根据混凝土泵的最大输出量、配管情况和作业效率，按下式计算：

$$Q_A = Q_{max}\alpha\eta$$ (4-56)

式中　Q_A——混凝土泵的实际平均输出量（m³/h）；

　　　Q_{max}——混凝土泵的最大输出量（从技术性能表中查出）（m³/h）；

　　　α——配管条件系数，为0.8～0.9；

　　　η——作业效率，根据混凝土搅拌运输车向混凝土泵供料的间歇时间、拆装混凝土输送管和布料停歇等情况，可取0.5～0.7。

混凝土泵的最大水平输送距离，可试验确定；参照产品的性能表（曲线）确定；或根据混凝土泵产生的最大混凝土压力（从技术性能表中查出）、配管情况、混凝土性能指标和输出

量,按下式计算:

$$L_{\max} = \frac{P_{\max}}{\Delta P_H} \tag{4-57}$$

$$\Delta P_H = \frac{2}{r}\left[K_1 + K_2\left(1 + \frac{t_2}{t_1}\right)v\right]\alpha \tag{4-58}$$

式中 $L_{\max}$——混凝土泵的最大水平输送距离(m);

$P_{\max}$——混凝土泵产生的最大混凝土压力(Pa);

ΔP_H——混凝土在水平输送管内流径1 m产生的压力损失(Pa/m);

r——混凝土输送管半径(m);

K_1——黏着系数(Pa):

$$K_1 = (3.00 - 0.1 \text{ s}) \cdot 10^2;$$

K_2——速度系数(Pa/m/s):

$$K_2 = (4.00 - 0.1 \text{ s}) \cdot 10^2;$$

S——混凝土坍落度(cm);

$\frac{t_2}{t_1}$——分配阀切换时间与活塞推压混凝土时间之比,一般取0.3;

v——混凝土拌合物在输送管内的平均流速(m/s);

α——径向压力与轴向压力之比,对普通混凝土取0.90。

当配管情况有水平管亦有向上垂直管、弯管等情况时,先按表4-36进行换算,然后再利用式(4-57)、式(4-58)进行计算。

表4-36 混凝土输送管水平换算长度

管类别或布置状态	换算单位	管规格		水平换算长度/m
向上垂直管	每米	管径	100 mm	3
			125 mm	4
			150 mm	5
倾斜向上管(倾角 α)	每米	管径	100 mm	$\cos\alpha + 3\sin\alpha$
			125 mm	$\cos\alpha + 4\sin\alpha$
			150 mm	$\cos\alpha + 5\sin\alpha$
垂直向下及倾斜向下管	每米			1
锥形管	每根	锥径变化	175 mm～150 mm	4
			150 mm～125 mm	8
			125 mm～100 mm	16

管类别或布置状态	换算单位	管规格		水平换算长度/m
弯管（张角 $\beta\leqslant90°$）	每只	弯曲半径	500 mm	$2\beta/15$
			1 000 mm	0.1β
胶管	每根	长 3～5 m		20

在使用中，混凝土泵设置处应场地平整，道路畅通，供料方便，距离浇筑地点近，便于配管、排水、供水、供电方便，在混凝土泵使用范围内不得有高压线等。

进行配管设计时，应尽量缩短管线长度，少用弯管和软管，应便于装拆、维修、排除故障和清洗；应根据骨料粒径、输出量和输送距离、混凝土泵型号等选择输送管。在同一条管线中应用相同直径的输送管，新管应布置在泵送压力较大处；垂直向上配管时，宜使地面水平管长不小于垂直管长度的 1/4，一般不宜小于 15 m，且应在泵机 Y 形管出料口 3～6 m 处设置截止阀，防止混凝土拌合物反流；倾斜向下配管时，地上水平管轴线应与 Y 形管出料口轴线垂直，应在斜管上端设排气阀，当高差大于 20 m 时，斜管下端设 5 倍高差长度的水平管，或设弯管、环形管满足 5 倍高差长度要求。

当用接力泵泵送时，接力泵设置位置应使上、下泵的输送能力匹配，设置接力泵的楼面应验算其结构所能承受的荷载，必要时需加固。

3. 混凝土泵送与浇筑

混凝土泵送之前应检查以下内容：模板和支撑的强度、刚度和稳定性；钢筋的绑扎是否正确；混凝土泵放置处是否坚实稳定；输送管路是否固定；有关的组织工作是否落实。

混凝土泵启动后，先泵送适量的水以润湿泵的料斗、混凝土缸和输送管内壁等。然后泵送适量的水泥浆或 1：2 水泥砂浆或与混凝土内除粗集料外其他成分相同配合比的水泥砂浆，以润滑泵和输送管。

开始泵送时，混凝土泵应处于慢速、匀速并随时可反泵状态，待各方面的情况都正常后再转入正常泵送。

正常泵送时，要连续进行尽量不停顿，遇有运转不正常，可放慢泵送速度。若混凝土供应不及时，宁可降低泵送速度，也要保持连续泵送。倘不得已停泵，料斗中应保留足够的混凝土，作为间隔推动管路内混凝土之用。

长时间停泵，应每隔 4～5 min 开泵一次，使泵正转和反转两个冲程。同时开动料斗中的搅拌器，使之搅拌 3～4 转以防止混凝土拌合物离析。如为带布料杆的混凝土泵车，可将软管对准料斗，使混凝土拌合物进行循环泵送。

如停泵时间超过 30～45 min（视气温、坍落度情况而定），宜将混凝土拌合物从泵和输送管中清除。

在泵送过程中，要定时检查活塞的冲程，不使其超过允许的最大冲程。为防止油缸不均匀磨损和阀门磨损，宜采用最大冲程进行运转。

在泵送过程中，料斗内的混凝土量应保持混凝土面不低于上口 20 cm。否则不但吸入效率低，而且易吸入空气形成阻塞。如吸入空气，宜进行反泵将混凝土拌合物反吸到料斗内，排除空气后再进行正常泵送。

在泵送过程中,水箱或活塞清洗室中应经常保持充满水,以备急需。

当混凝土泵出现压力升高且不稳定、油温升高、输送管明显振动等现象而泵送困难时,不得强行泵送,应立即查明原因,采取措施排除。可先使用木槌敲击输送管弯管、锥形管等易堵塞部位,并进行慢速泵送或反泵,防止堵塞。

当混凝土输送管堵塞时,可采取下列措施排除:

(1) 使混凝土泵重复进行反泵和正泵,逐步吸出堵塞处的混凝土拌合物至料斗中,重新加以搅拌后再进行正常泵送。

(2) 用木槌敲击输送管,查明堵塞部位,将堵塞处混凝土拌合物击松后,再通过反泵和正泵排除堵塞。

(3) 采用上述方法不能排除堵塞时,可在混凝土泵卸压后拆除堵塞部位的输送管,排出混凝土堵塞物后,再接管重新泵送。但应排除输送管内空气后,方可拧紧管段接头。

混凝土泵送即将结束前,应正确计算尚需的混凝土数量,并及时告知混凝土制备处。

泵送过程中废弃的和泵送终止时多余的混凝土拌合物,应按预先确定的场所和处理方法及时进行妥善处理。

混凝土泵送结束时,应及时清洗混凝土泵和输送管。清洗之前,宜反泵吸料降低管路内的剩余压力。

混凝土的浇筑,宜根据结构特点、平面形状和几何尺寸、混凝土泵泵送能力、施工组织安排等,划分混凝土浇筑区域,并明确设备和人员的分工,以保证结构浇筑的整体性和按计划进行浇筑。

5 高层建筑施工实例

5.1 上海金茂大厦深基坑支护技术[*]

金茂大厦位于上海浦东陆家嘴,建筑面积约为290 000 m^2、高420.5 m,共88层,是目前中国最高的建筑物,也是世界第三高的建筑物。金茂大厦基础工程开挖面积约20 000 m^2,开挖土方量约310 000 m^3。塔楼的开挖深度为−19.65 m,裙房的开挖深度为−15.1 m。基坑外围的地下连续墙为568延长米,厚度1.0 m,混凝土量约为20 000 m^3。基坑内围的钻孔灌注桩为218延长米,直径1.2 m,混凝土量约为6 100 m^3。钢筋混凝土桁架支撑总量达11 000 m^3。

5.1.1 总体支护施工方案的选择

本工程采用地下连续墙加钢筋混凝土桁架支撑方案。

1. 地下连续墙

地下连续墙是承重构件,设计要求地下连续墙落在承重的粉细砂层上,所以地下连续墙的设计深度为36 m。为了保证墙体沉降均匀,主楼和裙房的地下连续墙采用同一深度。为了满足地下连续墙的受力和抗渗要求,地下连续墙厚1 m。由于地下连续墙入土深度较深,对基坑的整体稳定,抗基坑隆起和抗管涌以及阻止基坑外的地下水进入基坑都有明显的效果。两墙合一的地下连续墙还能节约工程费用。图5-1为基坑外围地下连续墙的平面布置。

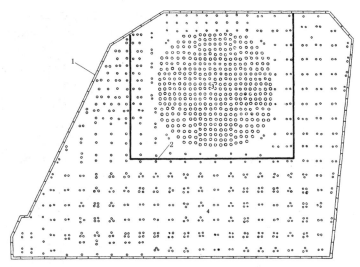

1—地下连续墙(两墙合一);2—钻孔灌注桩挡墙;3—塔楼基础;4—30根 φ914钢管桩;
5—裙房基础;6—30根 φ609钢管桩

图5-1 地下连续墙和钻孔灌注桩挡墙平面布置

---

* 金茂大厦实例分析由上海建工集团龚剑同志、陈若彦同志以及上海基础工程公司董正述同志的科技论文整理而得。

2. 钻孔灌注桩

基坑开挖采用先主楼后裙房的方案,这样在主楼区域要再进行一次围护。故在主楼东面采用两墙合一的地下连续墙围护,其余三面采用 $\phi 1.2$ m 钻孔灌注桩围护,整个主楼区域采用了两种不同类型的围护结构来共同工作。为使主楼基坑施工运输车辆能进入基坑,同时也为了减少钻孔灌注桩的投入量,钻孔灌注桩的顶标高设在−8.3 m 处,底标高设在−32.7 m 处。

3. 钢筋混凝土桁架支撑

主楼和裙房的基坑虽然分二阶段开挖,但钢筋混凝土桁架支撑必须统一设计,并要求主楼的主体结构施工不受钢筋混凝土桁架支撑未拆除的影响。

在地下连续墙的变形和受力允许的条件下,第一道支撑的标高较低对土方工程有利。故将第一道支撑设在地下一层楼板以上的−3.4 m 标高处,主楼和裙房的第二和第三道支撑分别设在−8.3 m 和−13.0 m 处。主楼区域−17.1 m 处设置了第四道支撑。

5.1.2 钢筋混凝土桁架支撑的平面布置

(1)在主楼和裙房地下连续墙四周设置桁架式支撑,在主楼基坑的南侧、西侧和北侧设置对撑,形成基坑最主要的受力构件。

(2)主楼基坑施工时,为使施工机械能进入基坑内挖土,利用主楼基坑西侧场地较大的特点,在支撑布置时形成大空间,为以后在此处设置通下基坑的道路创造条件。

(3)桁架支撑均应呈三角形,确保稳定,并减少节点的弯矩,未形成三角形的支撑,在节点构造上进行加强。

(4)支撑杆件由变形计算确定,在变形允许的条件下,尽量形成大空间,减少杆件的布置数量。第一至第三道支撑平面布置见图 5-2。

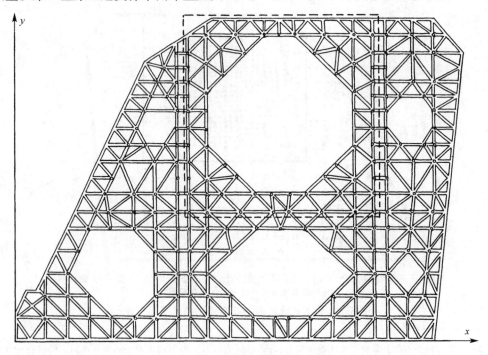

图 5-2 支撑平面布置

5.1.3 基坑支护系统的施工节点构造设计

1. 地下连续墙的构造设计

1) 地下连续墙的槽段接头设计

作为承重和围护两墙合一的地下连续墙,保证槽段接头的质量,使其具有较强的抗渗性是设计的关键。选择多楔槽形接头、十字钢板刚接头、锁口柔性接头、有止水措施的柔性接头、伸出钢筋的刚性接头和楔形接头进行比较,其中楔形接头具有较多的优点,它渗流途径长、拐点多、抗渗性能好、抗剪能力强、施工难度小、操作方便、容易保证其质量。图5-3是楔形接头形式。

2) 地下连续墙与桁架支撑围檩的连接设计

桁架支撑围檩与地下墙连接件用锥螺纹接驳器。在地下连续墙施工时,先预埋然后凿出,用接驳器接出钢筋与支撑围檩相连,见图5-4。

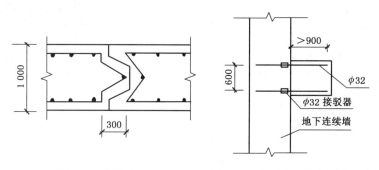

图5-3 楔形接头　　　　　图5-4 地下连续墙与围檩的连接

2. 钻孔灌注桩构造设计

1) 钻孔灌注桩与钢格构柱的连接

为了保证钢筋混凝土桁架支撑立柱具有一定的承载力,下部设计为钻孔灌注桩;为了方便与桁架支撑连接,上部设计为钢格构柱,钢格构柱插入钻孔灌注柱内5 m,构造见图5-5。

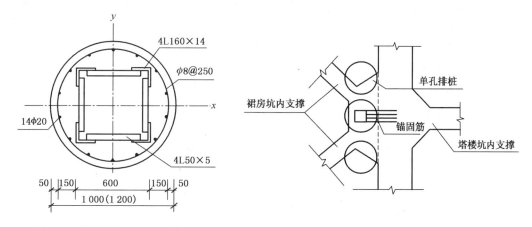

图5-5 钻孔桩与钢柱连接构造　　　　　图5-6 钻孔灌注桩与桁架支撑的连接

2) 钻孔灌注排桩与桁架支撑的连接

支撑围檩与钻孔桩的连接用电焊钢筋接出,将有钢格构柱的钻孔桩内角钢凿出进行电焊钢筋与支撑围檩相连,见图5-6。

3. 钢筋混凝土桁架支撑构造设计

1) 围檩、水平支撑主筋的断头位置

围檩主筋坑内侧钢筋断头设在围檩与水平支撑的结点处,坑外侧钢筋断头设在跨中。水平支撑主筋断头,下翼缘断在垂直支撑处,上翼缘断在垂直支撑跨中。

2) 水平支撑交结点加腋处理

各支撑交结点作平面加腋处理,加腋尺寸从两支撑边交点沿各边回退300 mm的两点连线形成的边线作为加腋边,构造见典型节点图5-7。

5.1.4 基坑支护系统的施工

5.1.4.1 主楼施工阶段施工顺序

主楼施工阶段施工顺序见图5-8。

5.1.4.2 地下连续墙施工技术

1. 地下连续墙的施工工艺

地下连续墙施工工艺流程见图5-9。

2. 地下连续墙施工技术

金茂大厦地下墙的厚度为1 m,深度为36 m,又遇到

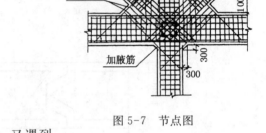

图5-7 节点图

铁板砂(地下29 m开始),施工难度是可以想象的,在长达568.4 m墙体上要成槽97幅槽段,针对超深作业这一特点,施工人员采取相应技术措施。

1) 采用合适设备,满足成槽要求

(1) 采用意大利进口导式液压抓斗成槽,按成槽程序,利用1 200 kN合斗力挖去地面以下29 m部分。

(2) 利用绳索式(德国来福尔或日本真砂)液压抓斗重量,再挖掘地面29 m以下的铁板砂部分。

(3) 采取二钻一挖工艺,先钻孔取土形成导向和工作面,再用液压抓斗成槽,使成槽机齿深深切入土中。

利用多种设备将7~1层、7~2层的粉砂层按设计要求挖至设计标高。

2) 采取有效的技术措施,防止槽段坍方

(1) 从控制泥浆物理力学指标来确保槽段稳定。护壁泥浆是槽段防坍方关键,对泥浆配合比和泥浆性能,规范所推荐内容及表述,对一般工程是适用的,但有些工程却不然,如某商厦地下墙由于是强液化砂原配合比失效,后改用钠基膨润土10%,加重晶石210 kg,CMC3 kg、铁铬盐1 kg、工业用淀粉0.3 kg,结果泥皮薄而有韧性,失水量小,效果很好。

所以金茂大厦地下墙的护壁泥浆经过试用,调整采用陶土粉9%,纯碱0.5%~0.75%,CMC0.05%~0.75%。

(2) 控制泥浆液面。在施工过程中,严格控制液面于导墙下30~50 cm,以保证泥浆液压和地下水压之差值,达到控制槽壁稳定目的。

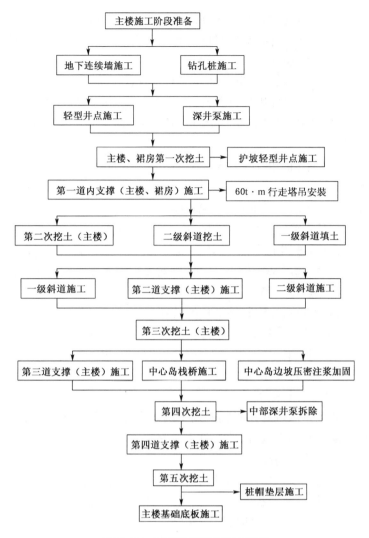

图 5-8　主楼施工阶段施工顺序

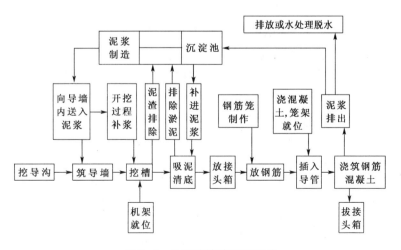

图 5-9　地下连续墙施工工艺

（3）为防止暴雨对泥浆影响,要求导墙比地面高出10 cm,同时敷设地面排水沟集水井。

（4）对每一槽段的泥浆指标,均要对槽段底标高以上20 cm处泥浆作检查,满足比重小于1.2 g/cm要求后方可继续施工。

（5）控制瞬间侧压力。对重型设备的侧压力采取有效的分散措施,在地下墙施工中,重型设备成槽机、50 t吊机和搅拌机等重载,或由汽车和混凝土熟料重量引起的侧压力将构成对槽壁的威胁。在导墙侧铺设路基箱、钢板以及铺设少筋混凝土道路来控制重型设备停走瞬间侧压力取得了成效。

（6）加强导墙的强度和刚度,并要求一定要坐落在密实的原状土上,防止导墙地基发生坍塌而引起槽壁坍方。

3）调整吊钩位置,使钢筋笼垂直吊入槽段内

金茂大厦超重超长钢筋笼,笼长34.8～35.6 m,笼宽4.8～7.2 m,重量为26～35.2 t,制作时必须在整平台上,做到上、下平整,纵、横向垂直,吊点位置准确,采用150 t大型履带吊机双吊一次就位方案,起吊平衡稳重,按主、副钩先后顺序逐渐脱离地面成垂直状,再缓缓进入槽,平顺就位,禁止强行入槽。

4）对邻近12根 φ609 mm钢管桩部位的特殊处理

地基中有12根 φ609 mm钢管桩离地下墙仅有20 cm,为防止土体扰动后在成槽时出现坍方,在14 m深送桩孔内回填砂并进行压密注浆处理,另外对送桩孔除地下墙一侧的三边4 m范围内的土体也进行压密注浆处理,保证了土体稳定,成槽顺利进行。

3．一墙两用的施工技术要求

金茂大厦地下墙既是深坑开挖时临时挡土的防渗墙,又是结构承重墙,故要求该墙垂直度、平整度要好,混凝土密实性要好,接头处无渗漏水等优异的施工质量。

1）采取确保垂直度技术措施

① 根据金茂大厦地下地质情况,采用各种测斜仪和对泥浆扰动小的成槽设备,如导杆式液压抓斗、绳索式液压抓斗及控制导向的二钻一抓成槽工艺。

（2）成槽机挖掘过程中,用经纬仪控制其导杆或绳索的垂直度,保证其挖掘垂直质量。

（3）用电脑控制的侧斜仪对每幅槽段的垂直度和坍孔情况进行跟踪测试,并掌握其规律。

（4）成槽机履带部分力争同槽段平行,使其抓斗尽量同槽段方向一致。

（5）挖掘时尽量受力均匀,避虚就实,保证垂直。

2）防止混凝土熟料在浇筑时出现绕流,确保接头箱安全拔除的措施

（1）确保接头处成槽时垂直度。接头处成槽时垂直度满足要求(不大于1/200),接头箱摆放垂直并靠壁无空隙,防止混凝土熟料绕流。

（2）接头箱摆放后,在浇混凝土过程中,严格控制接头箱上拔时间,使接头箱一直处于动态过程中,防止成为预埋件。

具体为浇筑混凝土4 h后,开始用专用顶升架顶起接头箱(上移微量),然后相隔15～29 min动一次(微升),一直到混凝土浇完后6～8 h将接头箱拔出。

3）确保混凝土密实度的措施

（1）适当提高混凝土强度,根据规范要求,设计强度为C40,实际浇筑的强度为C45。

（2）现场拌制混凝土施工过程中严格控制混凝土配合比及搅拌质量,对混凝土坍落度,

和易性以及水泥和原材料中的粗细骨料,掺和剂严格把关。

(3) 浇筑水下混凝土的导管位置应严格按施工组织设计要求摆放,导管离开接头箱处要小于 1.5 m。

(4) 导管要密封严格,按水下混凝土要求浇筑,第一次筑堆要有充足量,以后要连续供应混凝土,导管插入混凝土中要大于 2 m,直至混凝土浇筑完毕。

4) 确保接头处施工质量,防止渗漏水措施

(1) 凹凸楔槽刚性接头形式。单幅槽段接头不佳常是地下墙出现渗漏水的主要原因,地下墙漏水其背后砂土会流入,造成周围地基的失稳和主体结构漏水。本接头形式优点是抗渗性能好,有一定的抗剪切能力,得到美国 SOM 设计单位赞同,为了保证接头施工质量,设计加工了新的接头箱以及与之相配套的顶升系统和接头刷。已浇混凝土接头污泥要用接头刷洗干净,一般要刷洗 15～20 min,至接头刷无泥巴为止。

(2) 做好槽段的清基工作,尤其是接头处清基工作。地下墙是承重墙体,清基好坏对控制地下墙沉降值至关重要,规范规定沉渣厚 20 cm,金茂大厦设计要求为 10 cm,清渣方式要用空气吸泥方式和液压抓斗封闭斗清渣方式,对每幅槽段尤其是接头处清渣更要仔细,因为接头处沉渣在浇筑混凝土时,会在压力作用下,沿已浇混凝土壁向上挤压,逐渐形成较坚硬的夹泥,将严重影响墙体质量,这一点必须避免。

(3) 按照水下混凝土浇筑施工要求,浇筑好水下混凝土。并保证锁口管安全无恙地拔除。

5.1.4.3 钻孔灌注桩的施工

本工程的钻孔灌注桩是支护结构,共分为两类。第一类是支承钢筋混凝土内支撑的,第二类是主楼挡土围护排桩。各种类型钻孔桩的直径、孔底标高见表 5-1。

表 5-1 各种类型钻孔桩的直径、孔底标高

名称	桩径/mm	孔底标高/m
立柱桩	850	−37.52
立柱桩	1 000	−39.65
立柱桩兼排桩	1 200	−39.65
围护排桩	1 200	−32.70

灌注桩施工采用日产履带式液压钻孔机(干钻机)成孔。由于与地下连续墙同时施工,要求在使用场地上与地下连续墙施工进行流水作业。为保证钻孔灌注桩孔壁的稳定,在钻孔桩上口设护口管,护口管长 6～7 m。钢筋笼分两节吊放,钢立柱在地面拼装一次吊放,钢筋笼与钢立柱在洞口电焊连接。采用人造泥浆护壁保持孔壁稳定,泥浆密度为 1.06～1.15。二次清孔采用正循环方式,在清孔效果不理想时,结合反循环方式清孔,立柱桩沉渣控制在 100 mm 以内,排桩沉渣控制在 300 mm 以内。混凝土浇灌中,导管埋入混凝土中要求不小于 3 m,保证混凝土的密实度和翻浆能力。对于扩孔现象较大的围护排桩,采用外包锦纶布的做法进行施工。

5.1.4.4 钢筋混凝土内支撑施工

由于本工程钢筋混凝土内支撑纵横交错,错综复杂,有三根、四根多至八根相交,给施工

测量带来了一定的难度。实际施工中先用计算机计算出每根支撑交点的坐标,在现场用轴线法和坐标法相结合的方法进行施工测量工作。

在支撑施工中,每次土方开挖到各道支撑底,支撑底部用水泥砂浆作底模,支撑侧模用组合小钢模,对拉件用 3 mm 厚铁条制作,支撑交界处用木模拼配。支撑围檩与地下连续墙的连接用 φ32 锚固钢筋,采用锥螺纹接驳器连接方法,支撑围檩与钻孔排桩的连接用 φ32钢筋与排桩内的钢格构柱电焊连接锚固。

主楼和裙房的第一道支撑是同时施工的,主楼的第二、第三道支撑是先于裙房的第二、第三道支撑施工的。为此,在主楼与裙房的第二、第三道支撑分界处留设临时施工缝,并预留插筋和预埋件。在裙房支撑施工时,凿除钻孔排桩后,将裙房连接钢筋电焊在主楼支撑预埋件上,使主楼与裙房支撑连成整体共同工作。

5.1.4.5 基坑降水工程施工

根据地质资料提供的承压水头高度以及挖土深度进行验算,坑底不会出现大面积失稳情况,所以本工程不需要降承压水。基础最深处达 -19.65 m,根据地质资料,坑底的土层渗透系数小,可视为不透水层。此外,又因围护采用了地下连续墙,深度达 36 m,已有效地截断了内外水的渗透,所以本工程采用了在基坑内设深井泵及轻型井点降水的施工方案。为满足整个基坑各挖土阶段的降水要求,基坑降水采用浅层降水与深层降水相结合的方法。即第一阶段主楼采用深层降水方法,而裙房采用了浅层降水方法;第二阶段裙房不再打设井点降水。浅层降水采用 S1 轻型井点,深层降水采用 SB-2A 深井泵。

在主楼施工时,为了保证土方边坡及车道边坡的稳定,在裙房区域主楼边坡处及车道处还设了 8 套轻型井点,这部分轻型井点的施工均在第一次挖土后打设。

1. 深井泵埋管工艺

(1)先用清水作水源冲钻孔,孔径 φ850 mm,钻孔深度达到 -22 m。成孔后在 2 h 内及时清孔和沉管。清孔标准为泥浆重度 1∶1.1~1∶1.15,沉管时水箱溢出口高于基坑排水沟系统入水口 20 cm 以上。

(2)滤水介质采用中粗砂与 φ10~15 mm 细石。介质灌入顺序为:先灌入 φ10~15 mm 细石 1~1.5 m³,然后再灌入中粗砂至标高 -1.0 m,最后覆盖黏土封口,使全部介质处于密封的井腔内。

(3)黄砂灌入后单台深井泵马上安装完毕,随即通电预抽水,观察出水量与浑浊度情况,直至抽出清水。

(4)出水管以 φ60 mm 以上钢管可靠连接,要做到接头处不漏水,全部深井泵由专用电箱供电,确保连续抽水。

2. 深井泵的布置

在基坑内深井泵的布置分两种类型:一种是可以固定在支撑上作为一段时间保留的,另一种是设在支撑中的大空间内,这部分深井泵将随挖土过程逐个拆除。在主楼基坑内深井泵共有 28 口,其中,9 口随挖土先后拆除。保留的 19 口深井泵在第一道支撑面做了一处接头,可以在第一次挖土后将深井泵顶标高降至第一道支撑面。28 口深井泵平面布置见图5-10。

3. 轻型井点的布置

在第一阶段挖土前,先在地下连续墙以内整个基坑范围内打设了 6 套轻型井点。其管距控制在 2.4 m 左右,管长 6 m。这部分轻型井点在第一次挖土后即拆除。

4. 护坡轻型井点的布置

在主楼施工时,为了保证土方边坡及车道边坡的稳定,在裙房区域主楼边坡处及车道处共设了 8 套轻型井点,这部分轻型井点的施工均在第一次挖土后再打设。其平面布置见图 5-11。

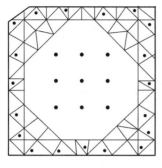 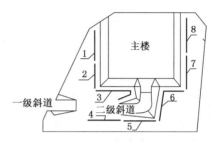

图 5-10 深井泵平面布置图　　　图 5-11 护坡轻型井点平面布置图

（1~8 为井点组编号）

5.1.4.6 土方开挖工程施工

1. 土方工程总体方案

为满足主楼施工进度要求,土方工程设计分为两阶段进行。第一阶段为主楼全部及裙房第一层土,土方量为 155 000 m³。第二阶段为裙房第二、三、四层土,土方量为 155 000 m³。主楼挖土分层见图 5-12。

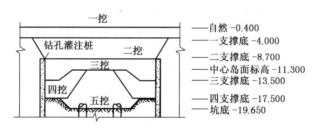

图 5-12 主楼挖土分层剖面

2. 主楼土方工程施工

（1）第一次挖土实挖量为 64 000 m³,开挖区域是主楼和裙房全部。开挖阶段五台挖土机在五个作业面同时开挖,挖至第一道支撑底标高-4.0 处;开挖由南向北退,运土车分别由工地上的两个大门进出。挖土工况见图 5-13。

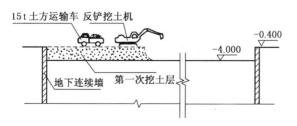

图 5-13 主楼和裙房第一次挖土工况图

（2）第二次挖土实挖量为 29 000 m³，开挖区域是主楼。开挖阶段主楼分三个作业面从东向西同时开挖，挖至二支撑底。另外开挖进入主楼一支撑以下的坡道，坡道斜率为 1/10。主楼基坑南、西、北三面及坡道两侧均按 45°放坡要求挖土。挖土工况见图 5-14。

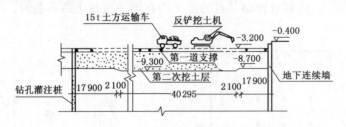

图 5-14　主楼第二次挖土工况图

（3）第三次挖土实挖量为 23 000 m³，开挖时两个作业面同时开挖，挖至三支撑底标高 −13.5 m。开挖由东向西退，车辆全部通过一、二级斜道进出。此次开挖主楼四周，中部留设中心岛。为保证中心岛不塌方，事先在坡脚进行了压密注浆处理。挖土工况见图 5-15。

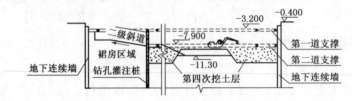

图 5-15　主楼第三次挖土工况图

（4）第四次挖土实挖量为 18 000 m³。这次挖土挖去主楼支撑四周，挖土工况见图5-16。

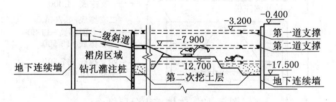

图 5-16　主楼第四次挖土工况图

（5）第五次挖土实挖量为 21 000 m³，挖土按两个作业面在中心岛南北两侧逐级挖出台阶，留出中间道路与栈桥入口相连。台阶最终标高在中心岛面至坑底处的 −15.65 m。台阶上挖土机可一斗挖到底，使主楼支撑中间的大空间敞开区全部收至 −19.65 m。工况见图 5-17。本次挖土车辆全部通过栈桥及斜道进出。

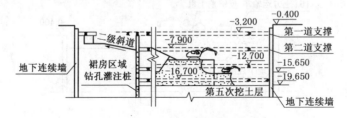

图 5-17　主楼第五次挖土工况图

3. 基坑开挖专项技术的应用

1) 中心岛栈桥挖土法的应用

在主楼挖土中,为加快挖土进度,须解决挖土机及运输车辆下基坑问题;为不影响支撑施工,挖土栈桥下部必须架空。栈桥的下端与中心岛相连,另一端与第二道支撑连接。栈桥由立柱支承,标高为-7.9～11.3 m。栈桥立柱下端为钻孔灌注桩,上端为钢格构柱,栈桥面为钢筋混凝土框架,框架上再搁置 H 型钢形成挖土栈桥。土方运输车辆通过一二级斜道和中心岛栈桥进入主楼中部,将土方运出基坑外。在中心岛挖土收底后,挖土机停在中心岛栈桥端部,将最后一部分土方挖出。

中心留岛法的技术关键有两条:一是留岛土体的高度应尽可能低,以防止土体自重的垂直力演变成向四周辐射的水平力,从而造成基坑变形;二是留岛坡度须小于45°,否则难以将坡留住并保持一定的时间。其次,为了确保留岛土体的稳定性,避免塌方,本工程对留岛边坡提前实施了压密注浆。这一技术措施取得了事半功倍的效果,土方始终保持了很高的成形度,对护坡起到了积极的作用。另外,在岛体约 1/2 高度处,留出一圈 4 m 宽的台阶,使中心岛的纵截面形成阶梯状,这样处理的结果解决了施工中挖土机停置平面的问题,对护坡的作用也是十分明显的。

2) 二级斜道的应用

坑内斜道分一级斜道和二级斜道两部分,一级斜道是指基坑顶面到第一道支撑面的斜道,二级斜道是指从第一道支撑面到第二道支撑面的斜道。由于主楼第二次挖土到第五次挖土均要使用这两条斜道,且主楼地下室施工也需使用这两条斜道,运输车辆行走频繁,所以采用了钢筋混凝土现浇路面。一级斜道在主楼和裙房第一道支撑施工完毕后,用垫土夯实的方法,形成 1:10 的坡度,上浇 8 m 宽,厚 0.25 m 的混凝土,坡道内配构造双向钢筋。二级斜道在主楼第二次挖土中直接由挖土形成,上浇钢筋混凝土路面。由于主楼的施工中有了这条从基坑顶到基坑中部的道路,大大加快了施工进度。

3) 坑内栈桥和停机平台的应用

为了满足主楼和裙房的施工,在基坑内设置两台 60 t·m 行走塔吊。为此在支撑设计中,根据塔吊路轨间距为 5 m 的要求,将支撑系统中主楼南北两侧跨中支撑间距设为 5 m,使塔吊路轨直接安装在支撑上使用。

为加快裙房的施工进度,解决坑内大面积挖土的难题,在挖土机不可能进入基坑底部的情况下,只能用抓斗挖土,为此须增加挖土点和运输道路,减少坑内小挖机的驳土距离。所以在基坑内第一道支撑上,在南区和北区各设计了一条土方运输道路。运输道路由进出基坑的斜向栈桥和水平道路组成,栈桥和道路均为现浇钢筋混凝土结构,其施工制作在裙房第二次挖土结束后进行。此时两台 60 t·m 行走塔吊固定在基坑西端使用,在坑内运输道路边有固定的挖土点,运输车辆进入基坑后,挖出的土方可直接运出。在裙房地下室结构施工中,这二条道路是材料进出的主干道,所以坑内运输道路的设置为裙房施工顺利进行创造了很好的条件。

为了进一步做到就近装车,并使挖土机设备不占用车道,裙房开挖时沿基坑四周和基坑中间二条车行栈桥边设置了若干停机平台,使机、车配合,既相互分工,又互不干涉,大大方便了挖土的进行。

停机平台按用途、支撑方法分为 A,B,C 三种类型:A 型为平台下采用钢管支撑来承受机械工作荷载;B 型为采用钢筋混凝土的强度来承受机械工作荷载;C 型是除满足 A 型要求外,还承担 50 t 汽车吊吊运坑内 0.4 m³ 挖机的工作平台。图 5-18 为坑内栈桥和停机平台的平面图。

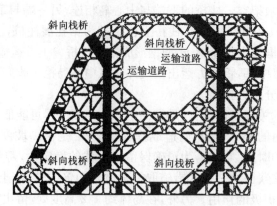

图 5-18　栈桥道路平面图

　　地下连续墙冠梁按正常施工顺序应与地下室顶板一起浇捣,但由于本工程基础占地面积很大,基坑四周没有足够宽的运输道路,为解决这个问题,采用了地下连续墙冠梁先期施工的方法,即在裙房第二次挖土前,将冠梁施工完毕,然后再浇捣基坑四周的道路,其标高同冠梁顶标高。由于地下墙宽 1 m,加上外挑 1 m,所以道路共加宽了 2 m,满足了裙房施工的需要。

5.1.5　钢筋混凝土内支撑系统及辅助设施的拆除

　　1. 钢筋混凝土内支撑系统辅助设施的拆除顺序

　　(1) 主楼基础底板施工完毕后,在养护期间用人工方法凿除中心岛栈桥。

　　(2) 基坑二级斜道在裙房第二次挖土中,用空压机凿除。

　　(3) 基坑一级斜道在裙房第二次挖土收尾时,用空压机凿除。

　　(4) 在裙房基础底板施工完毕,并达到一定强度后,用爆破的方法拆除主楼和裙房的第三道支撑。

　　(5) 在裙房地下三层楼板施工完毕(与第二道支撑相碰的部分后做),且置换支撑和楼板达到一定强度后,用爆破的方法拆除主楼和裙房的第二道支撑。

　　(6) 凿除所有停机平台和局部与结构柱相碰的第一道支撑。

　　(7) 部分±0.00 层施工完毕,用机械凿除所有斜向栈桥。

　　(8) 完成±0.00 层楼板后,用爆破的方法拆除主楼和裙房第一道支撑。

　　(9) 置换支撑在裙房地下三层后浇楼板施工完毕,并达一定强度后,用爆破方法拆除。

　　2. 钢筋混凝土内支撑的爆破方案

　　1) 钢筋混凝土内支撑爆破技术参数的选定

　　钢筋混凝土支撑施工时预埋纸制爆破孔。在爆破前对留孔进行清理,并按计算放置一定的药量。爆破时,采用延时起爆,一次起爆药量不超过 15 kg,保证不影响附近居民及设施的安全。

2）地下连续墙的保护措施

地下连续墙既是结构墙体，又可作为围护墙体，因而在爆破时，要确保连续墙不因爆破而产生裂缝或内伤。为确保连续墙体的安全，爆破作业时，在爆体和连续墙之间先实施预裂爆破，预裂孔爆破后所形成的预裂缝把要求保护的连续墙和爆体分为两个相对独立的部分，从而减小爆破时振动对墙体的影响。

预裂孔爆破采用隔孔装药，药量为正常破碎孔的 40%～50%，爆破时采用 2 号岩石硝铵炸药。

3）地下连续墙的爆破方案

每道支撑爆破为 1 期，每期根据支撑的分布共分五区分别进行爆破施工，为控制飞石，在每道爆破的支撑上覆盖 1 层草包，再在上层用搭竹笆封闭的方法进行防护，每区的爆破作业顺序是：支撑梁及围檩结合部的预裂爆破→支撑梁的爆破拆除→围檩的爆破拆除。

5.1.6　基坑支护工程施工体会

（1）为解决超大基坑基础施工的工期问题，在基坑内采用临时钻孔灌注桩围护主楼区域，使主楼先期施工是一种合理的围护设计安排。这样安排同时为运输车辆下基坑创造了条件，也加快了施工进度。

（2）主楼中心岛挖土方案是成功的。在考虑中心岛方案时，应认真研究中心岛土层的物理性质，在上海地区应尽量避免在淤泥质粉质黏土层设中心岛，否则应对该土层进行加固。进入中心岛的道路宜设架空栈桥，以减少运输车辆对中心岛土体的扰动。

（3）在裙房挖土施工中未打设深层降水井点，所挖土层成形度也较高。这主要是因为采用了二墙合一的地下连续墙，有效阻止了基坑外地下水的进入；采用多点栈桥式挖土方案对土层扰动很小，土层中的水随土方一起带走。所以栈桥式挖土对井点降水的要求较低，保证了挖土顺利进行。

（4）裙房地下连续墙的垂直变形（侧斜）较主楼大，经分析与地下连续墙挖土根部暴露时间及底板对地下连续墙的约束有直接关系。

（5）在上海地区，当挖土达到 20 m 深度时，地下承压水头与承压水层上部土层的重量基本平衡；若挖土深度超过 20 m，则须采取措施（如加固地基土层或降承压水），否则可能产生严重后果。本工程基础施工中，由于一不为人所知的勘察孔未做封闭处理，在担土达 17 m 深度时，勘察孔产生管涌，大量地下承压水从孔中涌出，承压水夹带着部分黄色泥沙，情况十分危险，最后采用重晶石粉浆和水泥浆封口，经 8 d 时间才得到控制。

5.1.7　结论与建议

（1）在上海地区，超大、超深基坑围护应优先采用围护和承重合二为一的地下连续墙，这是既经济又安全的施工方案。

（2）在目前的实际条件下，钢筋混凝土桁架支撑系统是较理想的支撑方案，它不但能满足围护支撑的需要，而且还能作为施工设施使用。

（3）为解决超大基坑基础施工的工期问题，在基坑内采用临时钻孔灌注桩围护主楼区域，使主楼先期施工是一种合理的围护设计安排。

（4）实践证明，地下连续墙和钻孔灌注桩两种不同围护结构可共同工作，地下连续墙侧的土体较钻孔灌注桩侧的土体高，易产生荷载不平衡问题，可通过土体的位移变形得到平衡。

（5）采用合二为一的地下连续墙，墙体的入土深度达到承重的粉细砂层，对基坑的整体稳定、抗基坑隆起和防止管涌发生都有明显效果。

（6）钢筋混凝土桁架支撑立柱采用钻孔灌注桩和钢格构柱的组合，是一种合理的设计。支承在粉细砂层的钻孔灌注桩同时使桁架支撑具有了足够的支承能力，满足抗压和抗拔的要求。

5.2 济南绿地中心核心筒平台式液压自动爬模系统施工专项方案[*]

5.2.1 工程概况、难点及编制依据

5.2.1.1 工程概况

上海建工四建集团承建的济南绿地中心位于济南市中区普利街、共青团路及顺河高架桥的三角地带，地处黄金地带，地理位置优越，东拥泉城路和泉城广场，西揽人民商场与大观园，南邻趵突泉，北依大明湖。

济南绿地中心工程主楼结构为钢混组合框筒结构体系，核心筒为混凝土结构，外框柱为钢管填充混凝土柱，框架和楼面梁均为钢结构，楼面采用压型钢板楼面。

核心筒结构平面形状等边三角形切角后形成的六边形。在六个转角处埋置有劲性钢骨柱，分别和外伸钢梁及外框架柱刚结。

结构层数为 60 层，总高度 249.7 m，结构层高 F1 层为 6 m，F2～F5 层每层层高 5.4 m，F6～F39 层层高为 4.2 m，F30 层层高为 4.8 m，F31 层层高为 5.3 m，F31M 层层高为 3.14 m，F32～F58 层层高为 3.6 m，F59 层层高为 5.4 m，F60 层层高为 5.6 m。其中 F31M 层为核心筒结构转换层，以此层为界，核心筒内部剪力墙平面布置有很大变化，详见图 5-19。

核心筒剪力墙外墙厚度有较大收缩变化，由 1 000 mm 收缩至 500 mm，内芯剪力墙厚度分别有 600 mm、500 mm 和 400 mm 三种。结构至 31M 层时，Tb3 与 Te4 轴线区间的部分剪力墙缺失，分别收缩至 400 mm、300 mm。

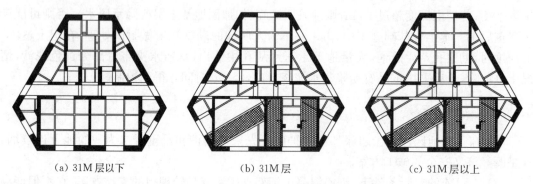

| (a) 31M 层以下 | (b) 31M 层 | (c) 31M 层以上 |

图 5-19 核心筒各层内部剪力墙布置图

* 由上海建工四建集团楼楠同志、曹汉卿同志根据济南绿地中心核心筒平台式液压自动爬模系统施工专项方案整理而成。

5.2.1.2 工程难点

(1) 核心筒平面形状呈六边形,内筒剪力墙分别分割布置对液压内平台的设计带来较大的难度。

(2) 在核心筒 6 个转角处埋置有劲性钢骨柱,外伸钢梁分别于钢骨柱和外框架柱刚结,此处钢梁需先行施工,因此,外爬架爬升需要解决穿越钢梁的困难。

(3) 内外剪力墙都发生截面收缩变化,这对爬升平台和爬升工艺的设计带来困难。

(4) 31 层以下和 32 层以上核心筒内部竖向结构布置发生很大变化,所以内平台要设计两套体系,才能满足工程结构施工全过程的要求。

(5) 剪力墙的不规则布置和变化形成多个尖角平面形状,对竖向模板的设计和施工带来相当的难度。

(6) 由于剪力墙结构形状复杂多变,层高变化多达 8 种,故模板的规格多、组拼施工难度大。

(7) 31M 层结构转换层的施工也是个难题。

5.2.1.3 专项方案的编制依据

(1) 本方案的编制充分考虑了本工程的结构特点、总承包采用的总体工程施工工艺技术和提出的工艺要求。

(2) 由项目部提供的济南绿地中心工程有效的设计文件,工地设备相关的技术条件及塔机布置等。

(3) 国家和地方相关的规范和规程以及上海市、山东省工程建设标准相关的技术、质量安全、文明施工等规定的通知文件。

5.2.2 核心筒混凝土结构平台式液压自动爬模技术方案综述

根据济南绿地中心的工程结构特点及总承包项目部的总体施工步骤要求,根据相关规范、规程及法规的要求,综合多方面的因素考虑,确定本工程筒体结构(地上部分)采用多功能液压爬升模架技术施工,现将方案总体简述如下。

5.2.2.1 结构施工的总体工艺和流程

筒体施工、模板和围护脚手采用液压爬模体系施工,钢大模随爬架同步上升。原则上竖向结构先行施工,水平结构滞后施工,31M 层以上局部水平结构与竖向结构同步施工。滞后的水平结构与外框楼面同步施工。如图 5-20 所示,斜线区域水平结构与竖向剪力墙结构同步施工。

5.2.2.2 液压爬模的平面布置

根据济南普利中心混凝土筒体施工部位的不同,将液压爬模分为外爬架和内平台两种结构形式。外爬架主要应用于筒体外围的爬升施工,每组有 2 个机位;内平台用于筒体内部施工,分为 2 机位和 4 机位平台。根据该建筑的尺寸和液压爬模的设计参数,本工程共设置外爬架 9 组,共 18 个爬升机位;4 机位内平台 5 组,共 20 个爬升机位,2 机位内平台 6 组,共12 各机位,总计 50 个爬升机位。

31 层以下和 32 层以上核心筒内部竖向结构布置发生很大变化,根据项目部施工具体需求,内平台要设计两套体系;F31 层以下机位布置图如图 5-21、图 5-22 所示。

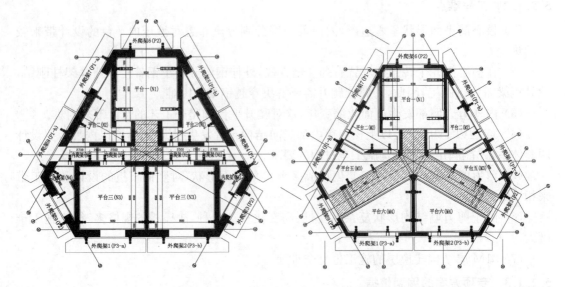

图 5-20　水平结构同步施工区域示意图

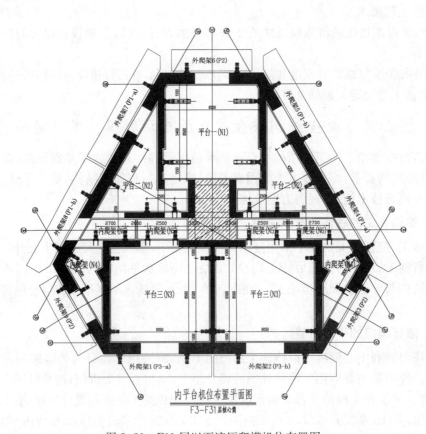

内平台机位布置平面图

F3-F31层核心筒

图 5-21　F31层以下液压爬模机位布置图

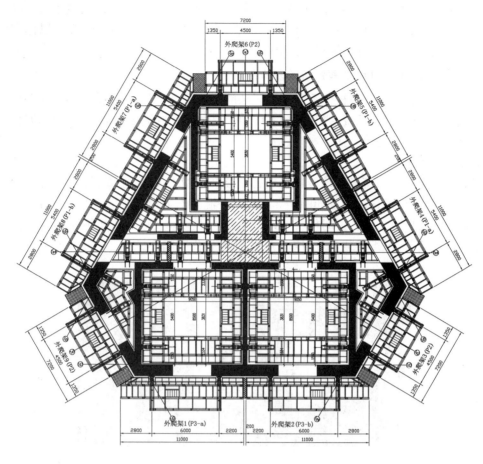

图 5-22　F31 层以下液压爬模主平台布置图

5.2.2.3　平台式液压自动爬模主要功能特点

平台式液压自动爬升模板系统是传统爬升模板系统的重大发展,工作效率和施工安全性都显著提高。与其他模板工程技术相比,液压自动爬升模板工程技术具有显著优点:

(1)自动化程度高。在自动控制系统作用下,以液压为动力不但可以实现整个系统同步自动爬升,而且可以自动提升爬升导轨。平台式液压自动爬升模板系统还具有较高的承载力,可以作为建筑材料和施工机械的堆放场地。钢筋混凝土施工中塔吊配合时间大大减少,提高了工效,降低了设备投入。

(2)安全性好。液压自动爬升模板系统始终附着在结构墙体上,在 6 级风作用下可以安全爬升,8 级风作用下可以正常施工。在爬升架上端增加拉结加固后液压自动爬升模板系统能够抵御 12 级风作用。液压爬升装置始终有一组卡在导轨内,坠落的问题得以避免。爬升作业完全自动化,作业面上施工人员很少,安全风险大大降低。

(3)施工组织简单。与液压滑升模板施工工艺相比,液压自动爬升模板施工工艺的工序关系清晰,衔接要求比较低,因此施工组织相对简单。特别是采用单元模块化设计,可以任意组合,以利于小流水施工,有利于材料、人员均衡组织。

（4）标准化程度高。液压自动爬升模板系统许多组成部分，如爬升机械系统、液压动力系统、自动控制系统都是标准化定型产品，甚至操作平台系统的许多构件都可以标准化，通用性强，周转利用率高，因此具有良好的经济性。

5.2.2.4 平台式液压自动爬模系统的基本组成

平台式液压自动爬升模板体系是一个复杂的系统，集模架、机械、液压、自动控制技术于一体；其主要可分为模板系统、操作平台系统、爬升机械系统、液压动力系统和自动控制系统五大部分。

1. 模板系统

模板系统由模板和模板移动装置组成。模板采用钢大模板，主要是因为钢模板经久耐用，回收价值高。模板移动装置如图5-23所示，在混凝土工程作业平台下部设置导轨，模板通过滑轮悬挂在导轨上，装、拆时模板可以沿轨道自由移动。该装置机械化程度相对较低，但是结构比较简单，模板安装就位、纠偏方便，所需操作空间小。

图 5-23　模板移动装置

2. 操作平台系统

操作平台系统是指为绑扎钢筋、模板支护等施工操作提供作业和堆载平台的，并且可携带钢大模整体爬升的架体系统。根据应用于结构的部位不同可分为外爬架和内平台两种，外爬架主要应用于混凝土核心筒外围，一般设置2个顶升机位；内平台应用于核心筒内部，需要4个顶升机位，部分采用2个机位。

1）操作平台的结构形式

（1）外爬架

外爬架用于核心筒外围的施工，其立面示意图如图5-24所示，由于采用了新式的承重三脚架，液压爬模在结构剪力墙上、框架梁部位处均能够顺利爬升。

（2）内平台

内平台顶部铺设活动木隔板，既能提供完整的堆载平台，又能保证材料的垂直运输。内平台如图5-25所示。

2）操作平台系统竖向功能区段的划分

虽然操作平台系统有多种结构形式，但其竖向功能区段的划分均类似，主要包括绑筋操作架、模板操作架、设备操作架、下挂围护架四部分，如图5-26所示。

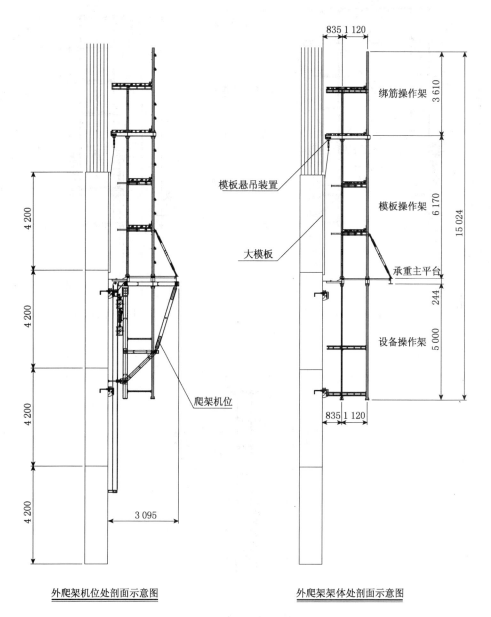

外爬架机位处剖面示意图　　　　　　外爬架架体处剖面示意图

图 5-24　外爬架示意图

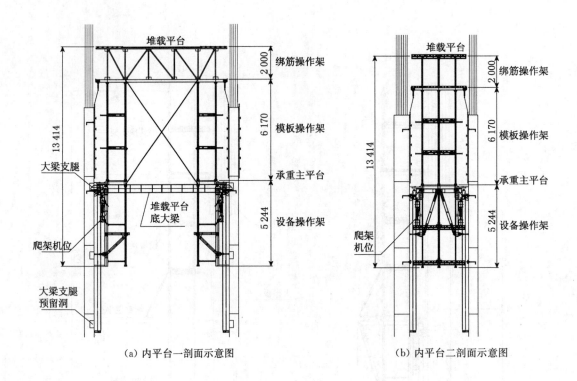

（a）内平台一剖面示意图   （b）内平台二剖面示意图

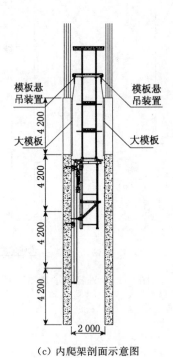

（c）内爬架剖面示意图

图 5-25　内平台剖面示意图

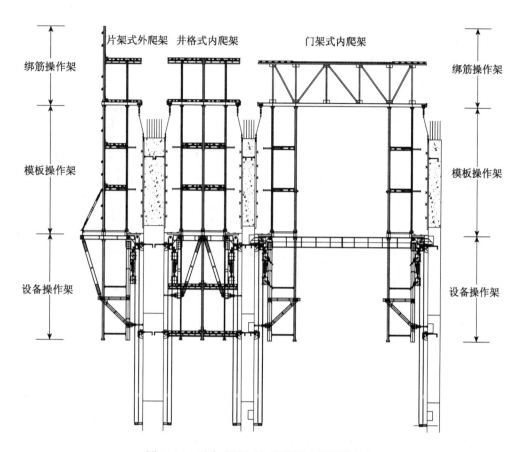

图 5-26　平台式液压自动爬模功能区段划分

（1）绑筋操作架：主要用于钢筋绑扎和提供堆载平台。共 2 层，每层高 2 m。

（2）模板操作架：用于模板的安装固定及拆卸。共 3 层，每层高 2 m。前立杆为双拼 8 号槽钢，后立杆为 HT100×100，模板悬挂梁为 16 号工字钢，模板操作架的横向水平连杆由一根 φ48 脚手管和一根 5 号槽钢组成，脚手管可根据需要进行伸缩。模板操作架顶部的模板悬挂梁安装有模板滑移悬挂装置，可进行模板的立模、拆模操作。

多组绑筋操作片架和模板操作片架由纵向水平连杆（脚手管）连接组成一个整体，连杆上铺设木隔板形成走道平台，操作架前立杆在结构施工层区间设置了水平拉结构造，作为安全保险措施与结构连接。后立杆内侧每层加设 2 道脚手管安全栏杆，后立杆 H 型钢翼缘内可安装钢丝网片。

（3）设备操作架：用于液压设备的布置和爬升机构的操作，结构已施工层的安全围护以及附墙装置的拆卸。设备操作架每个架片高度为 5 m。前立杆采用两根 φ48 钢管组成，后立杆采用型钢 HT100×100，走道横连杆为两根 φ48 钢管组成的组合连杆。各设备架片间水平走道采用钢管扣件连接，背立面也采用钢管扣件连接形成安全栏杆。

（4）下挂围护架：为了满足框架结构处施工需要而加设的架体。接长挂架每个架片高度为 3.5 m。前立杆、后立杆以及走道横杆采用的材料同设备操作架。

3. 爬升机械系统

爬模爬升机械系统根据构件的功能可分为附墙系统、导向系统、承重桁架系统、防坠系统四个子系统,如图5-27所示。

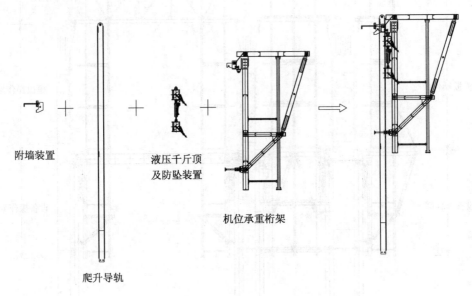

附墙装置

液压千斤顶
及防坠装置

机位承重桁架

爬升导轨

图5-27　爬升机械系统组装图

1) 附墙系统

整个爬模通过附墙系统和混凝土结构相联系,因此附墙系统承担着整个爬模传递过来的荷载,是爬模系统的生命线。附墙系统组装图如图5-28所示。

每个机位配置2组承力螺栓。承力螺栓采用M30,40Gr调质螺栓。经过试验室实测,每根螺栓抗拉可达300 kN,抗剪可达150 kN。

2) 防坠系统

防坠系统是爬模爬升时的重要受力构件,是爬模安全爬升施工的最关键部位,如图5-29所示。首先,它将液压千斤顶传递来的顶升力再传递给承重系统,上下防坠器的防坠卡爪通过在爬升导轨内的交替作用,从而顶升架体;其次,上下防坠卡爪又起到了双保险的作用,防止由于某个卡爪未进档而发生意外情况。

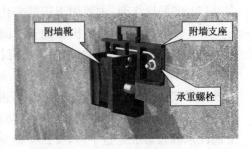

附墙靴　　　　　附墙支座

承重螺栓

图5-28　附墙系统组装图

3) 承重桁架系统

爬模的承重桁架系统是由承重挂钩、承重桁架、下支撑导轮、承重横梁组成的三脚架。它起到了爬模架体结构和机械结构之间联系的作用,如图5-30所示。

承重挂钩在爬模处于施工状态时,通过前端弯钩搁置于附墙靴的承重销轴上。在爬模处于爬升状态时,其内部的滚轮沿导轨翼缘滚动,起到了限位和导向的作用。

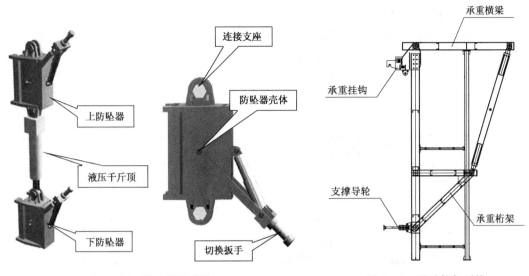

图 5-29 防坠器示意图   图 5-30 承重桁架系统

4. 液压动力系统

液压动力系统主要功能是实现电能→液压能→机械能的转换,驱动爬模上升,一般由电动泵站、液压千斤顶、磁控阀、液控单向阀、节流阀、溢流阀、油管及快速接头及其他配件构成。液压动力系统一般采用模块式配置,即两个液压千斤顶、一台电动泵站及相关配件(油管、电磁阀等)有机联系形成一个液压动力模块,为一个模块单元的爬模提供动力。在该液压系统模块中,两个液压缸并联设置。液压系统模块之间通过自动控制系统联系,形成协同作业的整体。

液压动力系统特点如下:

(1) 模块集成化设计,结构紧凑,配合合理,安装也十分方便。

(2) 爬模及爬模钢平台的同步精度≥2.5%,能很方便有效地实现爬模及爬模钢平台同步爬升,从而极大地简化了自动爬升电气控制系统,提高了设备的综合技术性能。

(3) 液压阻尼技术消除了模架及爬模钢平台在爬升(缩缸)时的振动,提高了模架及爬模钢平台系统的运行平稳性和安全可靠性,为模架实现全面同步和自动爬升提供了保证。

(4) 彻底避免了人为检测和计划控制失误,安全可靠性高。

(5) 设备系统通用性好、适用范围广,易于移植、重复利用,降低了工程施工的综合成本,提高经济效益。

5. 自动控制系统

自动控制系统由针对各爬升单元液压动力系统的强电系统和用于爬升单元之间同步爬升控制的弱电系统两大部分组成。既能实现模架系统单独手动控制的爬升,又能实现模架系统的自动连续爬升。

1) 自动控制系统功能

(1) 控制液压千斤顶进行同步爬升作业。

(2) 控制爬升过程中各爬升点与基准点的高度偏差不超过设计值。

(3) 供操作人员对爬升作业进行监视,包括信号显示和图形显示。

(4) 供操作人员设定或调整控制参数。

2）自动控制系统构成

自动控制系统的构成图、系统图分别见图5-31、图5-32。

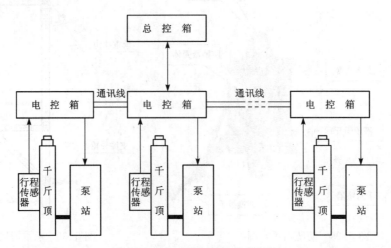

图5-31　自动控制系统的构成图

（a）总控箱　　　　　　　（b）电控箱　　　　　　（c）行程传感器

图5-32　自动控制系统图

3）系统爬升方式控制

自动控制系统能够实现连续爬升、单周（行程）爬升、定距爬升等多种爬升作业：

（1）连续爬升：操作人员按下启动按钮后，爬升系统连续作业，直至全程爬完，或停止按钮或暂停按钮被按下。

（2）单周爬升：操作人员按下启动按钮后，爬升系统爬升一个行程就自动停止。

（3）定距爬升：操作人员按下启动按钮后，爬升系统爬升规定距离（规定的行程个数）后自动停止。

自动控制系统由传感检测、运算控制、液压驱动三部分组成核心回路，以操作台控制进行人机交互，以安全连锁提供安全保障，从而形成一个完整的控制闭环。

6. 爬模设计具体节点示意图

爬模架体、爬模绑筋操作架层、爬模模板操作架走道层、爬模底平台走道层、爬模设备操作架层、爬模机械机构示意图，分别见图5-33—图5-38所示。

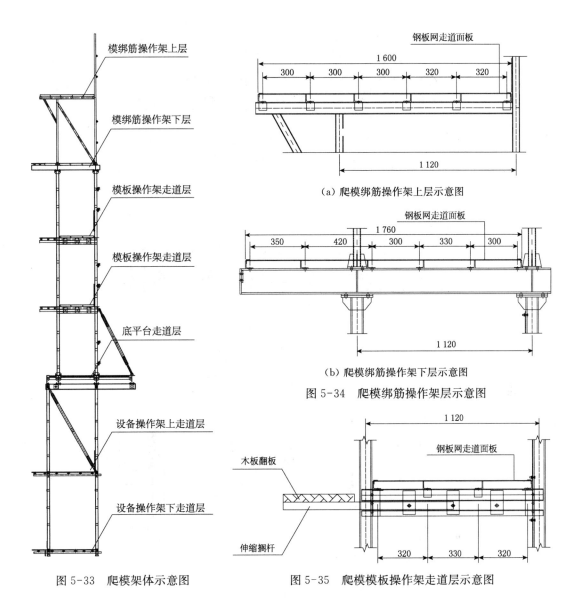

图 5-33　爬模架体示意图

（a）爬模绑筋操作架上层示意图

（b）爬模绑筋操作架下层示意图

图 5-34　爬模绑筋操作架层示意图

图 5-35　爬模模板操作架走道层示意图

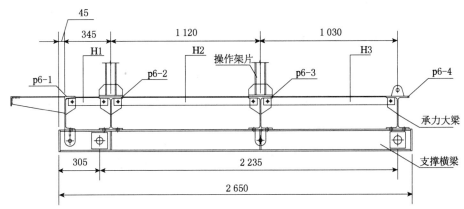

图 5-36　爬模底平台走道层示意图

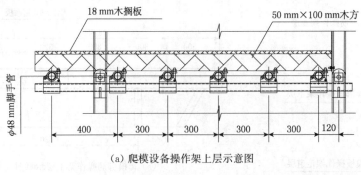

（a）爬模设备操作架上层示意图

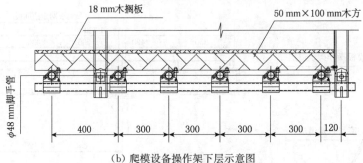

（b）爬模设备操作架下层示意图

图 5-37 爬模设备操作架层示意图

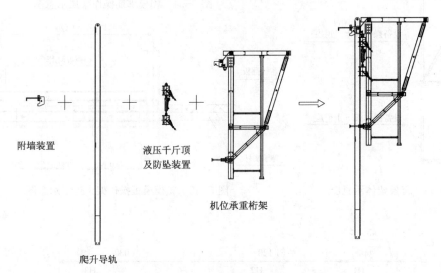

图 5-38 爬模机械机构示意图

5.2.2.5 平台式液压爬模的适用范围和功能参数

1. 液压爬模的适用范围

（1）高层、超高层、高耸构筑物的垂直或倾斜墙体以及特殊构筑物等的结构施工。

（2）爬升状态下抵抗 6 级风作用,施工状态下抵抗 8 级风作用。

（3）单元液压爬模的两机位间距控制在 6 m 以内,外侧悬挑长度应小于 3 m,两机位可控范围≤12 m。

（4）当液压整体式四机位顶升平台其自重小于 30 t 时,可提供最大堆载 15 t。

2. 功能和参数

(1) 爬模正常爬升速度设定为≤150 mm/min,爬升最大速度≤200 mm/min。

(2) 导轨正常爬升速度设定为≤150 mm/min,爬升最大速度≤200 mm/min。

(3) 单只油缸最大行程 250 mm,工作行程 150 mm,设计承载能力为 100 kN,极限顶升能力为 150 kN,油泵系统设定工作压力为 210 bar,系统额定极限压力可设定达 320 bar。

(4) 爬升控制可采用操控盒人工操作爬升和采用电脑控制自动爬升。

(5) 可进行单组二机位与单组四机位同步爬升,也可实现多组爬模遥控同步爬升。

(6) 其操作平台在混凝土养护同时可进行上层结构钢筋绑扎。

5.2.2.6 模板方案

1. 模板平面布置

结合本工程的结构特点,共设计了 31 块核心筒外围模板以及 101 块内模板。模板规格分别为平面模、外角模、内角模、门洞口模板及变截面收分条状模,采用 H 型对拉螺杆与钢大模相对配合施工,模板的平面布置图略。

2. 模板施工难点及解决方案

1) 墙体收分

本工程核心筒剪力墙外墙厚度有较大收缩变化,由 1 000 mm 收缩至 500 mm,从上至下厚度依次为 1 000 mm、950 mm、900 mm、800 mm、700 mm、600 mm、500 mm,内芯剪力墙厚度分别有 600 mm、500 mm 和 400 mm 三种。墙体的收分厚度超小,为模板的设计带来了很大的难题。比如 Td2 和 Td3 轴交点拐角处,当墙体内缩 50 mm 时,模板 M1 收缩 29 mm。

综合考虑,通过设计三种不同规格的角模,并结合收分条模,通过各模板之间的排列组合,实现墙体模板的正常施工。本工程角部墙体首先内缩 50 mm 两次,然后连续内缩 100 mm 四次,相应的模板首先内缩 29 mm,然后连续内缩 58 mm 四次。本工程角部模板选取收分段长度为 348 mm,选用收分角模分别为 116、87、58 三种,收分条长度为 2 条 116 mm。

2) 高度组合

本工程结构标准层高 4 200 mm,因此,模板标准段高度采用 4 350 mm,上部与楼层标高平,底部下放 150 mm。

32 层以上标准层高变为 3 600 mm,为最大限度地增加模板的利用率,将模板分成 600 和 3750 两段,施工至 32 层以上后拆除上段。

3) 墙体立面变化

结构 31 层上下外墙洞口变化较多,综合考虑,模板设计时在适当位置分块,方便模板的重新组合。Td3 轴线模板 M1、M2、M3,如图 5-39 所示。

4) 异形节点处理

(1) 阴角及凸角

本工程有两处尖阴角,施工困难大。通过和设计方协商,尖阴角可以适当外扩,外扩长度每边初定为 800 mm。平面布置如图 5-40 所示。

由于内墙收缩两次,墙体阴角及凸角位置变化较大。通过和项目部技术人员沟通,拟定设计三种规格阴角及凸角模板,每次收分通过置换部分模板实现。

(2) 墙体内凹处(内凹值变化)

墙体内凹值由 200 mm 变为 100 mm。通过设计异形角模,并配合 100 mm 收分条,可以满足施工要求,如图 5-41 所示。

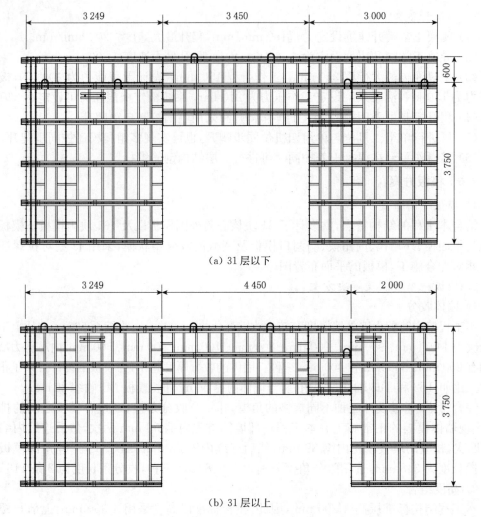

（a）31 层以下

（b）31 层以上

图 5-39　Td3 轴线模板 M1、M2、M3 示意图

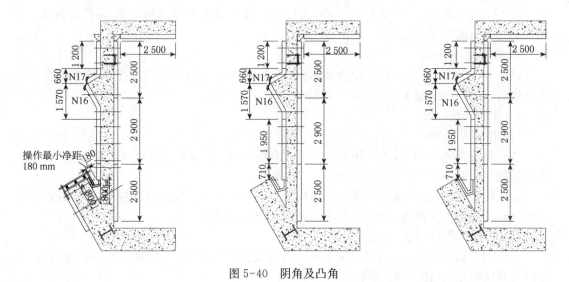

图 5-40　阴角及凸角

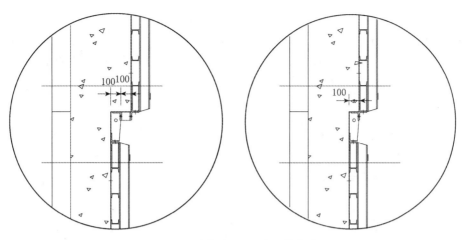

图 5-41 墙体内凹处(内凹值变化)

5) 梁模设计

本工程梁高有 1 400 mm、1 000 mm、800 mm,局部梁高 2 000 mm(32 层),其中,31 层以下梁内埋设有钢梁,钢梁高度随梁高变化。钢梁的位置影响到模板对拉螺杆的布置,因此,需要在钢梁腹板开设 $\phi 25$ 的对拉螺栓孔。

梁模高度选取 1 600 mm,立面布置如图 5-42 所示。对于 32 层梁高 2000 mm,钢模下放,上部采用木模接高。

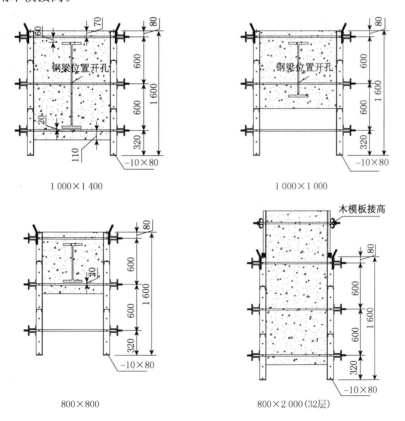

图 5-42 梁模设计

3. 模板构造

钢大模板面板采用 5 mm 钢板,肋采用 8 号轻型槽钢,回檩采用 10 号普通槽钢,边框采用∟ 80×8 角钢与 10×80 扁钢(图 5-43),以确保模板框的刚度,方便模板上、下流水段间的密贴安装,采用粘贴发泡泡沫粘带条的方法止浆。

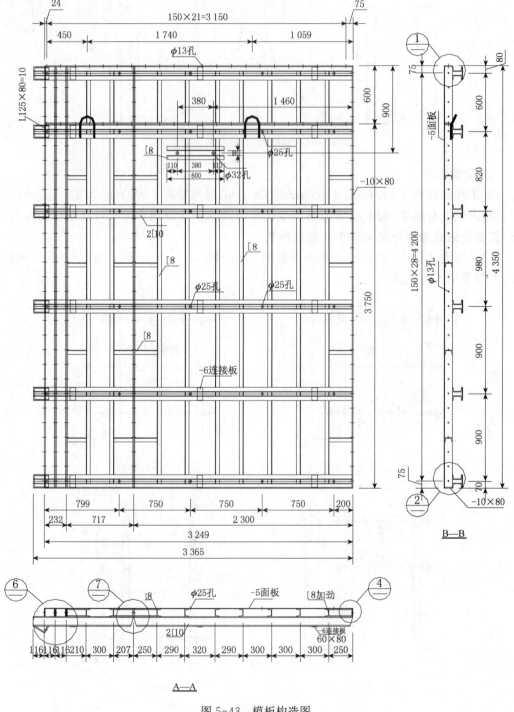

图 5-43　模板构造图

5.2.3 液压爬模的施工和难点解决方案

5.2.3.1 液压爬模施工总体部署

筒体施工、模板和围护脚手采用液压爬模体系施工,钢大模随爬架同步上升。原则上竖向结构先行施工,水平结构滞后施工,仅有核心筒内部局部水平结构与竖向结构同步施工。滞后的水平结构与外框楼面同步施工。核心筒竖向结构先行施工,核心筒施工通常比周边外框楼面结构超出5~6层以上。

经过综合考虑,核心筒第1~3层搭设排架采用落地脚手施工,从第四框开始采用液压爬模施工。

1. 液压爬模竖向施工流程

(1) 液压爬模拟在第三框结构施工完毕后开始组装,在第三框结构墙体上埋置安装固定螺栓。

(2) 4~5层为非标准层,层高5.4 m,总高度为10.8 m,拟划分为3次爬升,每次爬升高度为3.6 m。

(3) 6层以上进入标准层爬升。

(4) 30层层高4.8 m,31层层高5.3 m,一次性爬升;爬模施工完31层框后,内平台爬模架体停留在31层框位置。

(5) 利用内爬架平台,增加斜拉杆加强后,作为31M楼层梁板施工的支撑架,来完成31M层水平结构施工。

(6) 31M层框,以及32层、33层采用传统脚手架完成施工。

(7) 34层以上进入标准层,层高3.6 m,一次性爬升。59层层高5.4 m,爬升两次。60层无须爬升便可满足施工要求。

(8) 剪力墙厚度从底层往上,厚度依次为1000 mm、950 mm、900 mm、800 mm、700 mm、600 mm和500 mm,在墙体收分过程中,爬架转角处会出现碰撞,对爬架碰撞位置进行切割,设计中预留好切割的位置。

(9) 液压爬模爬升至60层后,拟在高空拆除,拆除分为上下两段,由塔机吊运至地面指定位置解体。(详见液压爬模拆除方案)

2. 水平结构的施工方法

核心筒竖向结构先行施工,考虑到核心筒竖向结构的整体性和液压爬模施工布置,仅有局部水平结构和竖向结构一起施工,其余部分水平结构都后做。核心筒内和竖向结构一起施工的水平结构区域见图5-44,斜线区域为水平结构与竖向剪力墙结构同步施工。

斜线区域水平结构楼层采用搭设排架支撑胶合木模施工,且保证剪力墙施工不受水平支模的影响。排架和施工用木模可以通过爬模翻运。

本工程其余大部分水平结构与外框楼面结构一起施工,通常比核心筒竖向结构滞后5~6层施工。水平楼层同样采用搭设排架支撑胶合木模施工,本工程中楼梯拟采用定型散拼木模翻转工艺。配备三层模板。

(1) 楼梯的底模的肋采用工程木,面板采用18 mm胶合板,以确保工程质量和周转次数。支架采用定型专用调节塔架。

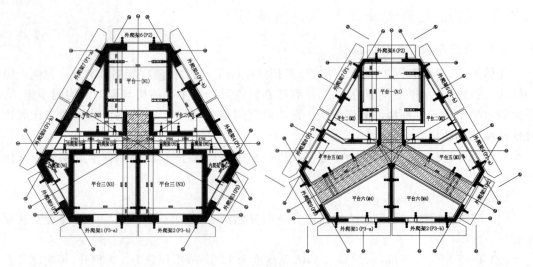

图 5-44　水平结构同步施工区域

（2）平台模板的支架拟采用普通脚手管支撑。为满足施工速度,考虑混凝土拆模强度在 75% 以上,养护时间 20 d 左右,拟配置 3 套支架翻转应用。对于跳空多层楼板支承,根据需要在墙体预留埋件安装临时支撑搁梁进行支承。对于预埋件的规格和临时支撑搁置梁的位置本爬模专项方案不再累述,详细施工方案见土建施工组织设计。

（3）部分不规则洞口,异形角模是难以周转的,这部分模板则采用普通国产胶合板和木方拼装。

（4）水平梁主筋接驳器的方法与竖向结构相接,水平楼板采用种植钢筋的方法与竖向结构相接。

5.2.3.2　液压爬模组装和验收

1. 液压爬模组装工艺

爬模首先在地面组装,组装成三脚架主平台及设备操作架、模板操作架及绑筋操作架两大部分,然后进行高空安装。

流程一(图 5-45):在施工第 3 结构段时,在模板上预埋爬模承力螺杆,剪力墙预留大梁支腿预留洞。

流程二(图 5-46):施工第 4 结构段,并在模板上预埋爬模承力螺杆,剪力墙预留大梁支腿预留洞。

流程三(图 5-47):在第 3 结构段上安装爬模附墙装置。

流程四(图 5-48):将施工脚手架拆至标高 11.00 m 左右,将在地面拼装完成的爬模机械机构三脚架及主平台、设备操作架同时吊装在第 3 结构段上,同附墙装置固定。

流程五(图 5-49):①外爬架吊装模板操作架及绑筋操作架,并将模板同操作架吊模梁上模板滑移装置相连;②内爬架先吊装井格立柱和模板操作架,随后吊装绑筋堆载平台架体。

流程六(图 5-50):①拆除下部脚手管;②完善爬升架体的安全围护措施,调试液压设备,进入液压爬升施工阶段。

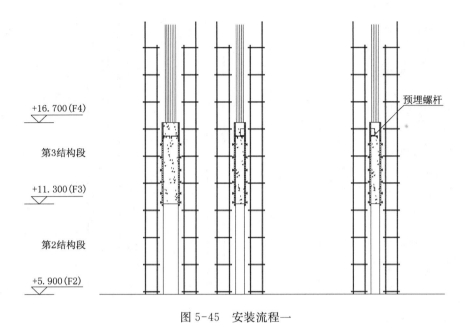

+16.700(F4)

第3结构段

+11.300(F3)

第2结构段

+5.900(F2)

预埋螺杆

图 5-45 安装流程一

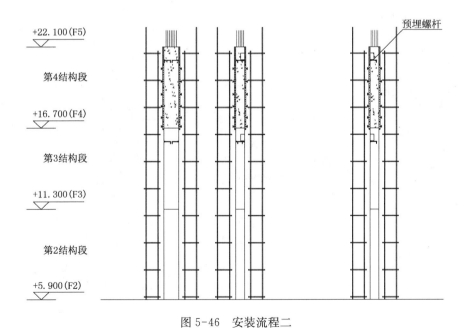

+22.100(F5)

第4结构段

+16.700(F4)

第3结构段

+11.300(F3)

第2结构段

+5.900(F2)

预埋螺杆

图 5-46 安装流程二

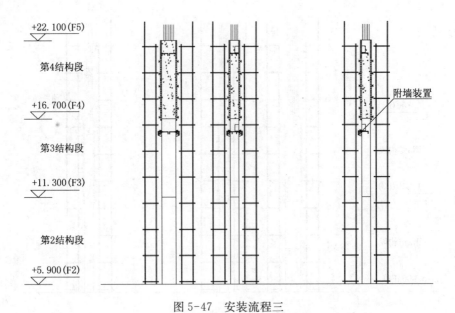

+22.100(F5)

第4结构段

+16.700(F4)

第3结构段

+11.300(F3)

第2结构段

+5.900(F2)

附墙装置

图 5-47　安装流程三

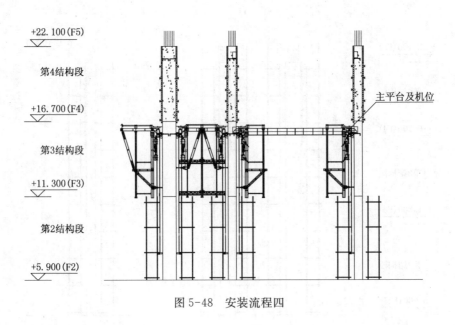

+22.100(F5)

第4结构段

+16.700(F4)

第3结构段

+11.300(F3)

第2结构段

+5.900(F2)

主平台及机位

图 5-48　安装流程四

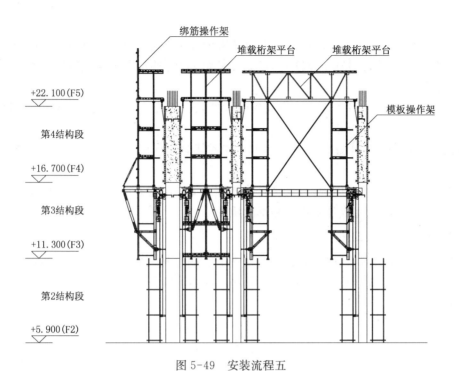

图 5-49　安装流程五

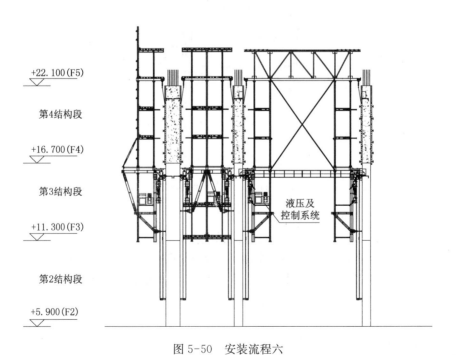

图 5-50　安装流程六

2. 液压爬模试爬升

在液压爬模组装完成后要进行试爬升,并相应进行操作人员的培训、考试、发证等管理措施。液压爬模无论在试爬升还是正式爬升中,都需要配备专业的机械管理、电气控制、操作人员。

3. 液压爬模验收

在液压爬模正式爬升前需要进行设备阶段性验收的程序,并取得安装验收合格证,出具安装检测报告后才能进行正式爬升。

安装验收拟请上海市建设机械检测中心或者其他具有相应检测资质的单位进行安装检测验收。

在液压爬模的正式使用中,每次爬升前操作人员内部检查,并且落实月度检查和季度检查制度,由上一级部门完成月度检查和季度检查。

5.2.3.3 标准层施工工艺

根据施工进度的需求以及结构特点,原则上竖向结构先行施工,水平结构滞后施工,滞后的水平结构与外框楼面同步施工。31M层以上局部水平结构与竖向结构同步施工,施工内平台示意图见图5-51。

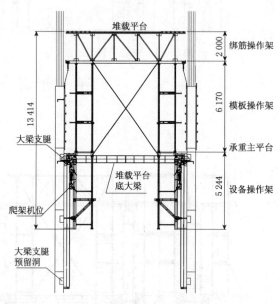

图 5-51 施工内平台示意图

1. 标准施工工艺流程

流程一(图5-52):浇捣第 N 结构段结构混凝土。

流程二(图5-53):养护第 N 结构段混凝土期间,绑扎第 $N+1$ 段钢筋。

流程三(图5-54):第 N 结构段混凝土养护等强后,拆模;同时安装爬模附墙装置。

流程四(图5-55):液压顶升导轨4.2 m(3.6 m),固定导轨;拆除最下端附墙装置,以备下次使用。

流程五(图5-56):液压顶升爬模4.2 m(3.6 m),由 $N-1$ 段爬升至 N 段,并完成力系转换堆载平台大梁支腿支撑于核心筒墙体预留洞内,平台完成力系转换。

流程六(图5-57):清理模板,安装爬架预埋螺杆,做好大梁支腿洞预留工作,测量定位校正立模;进入 $N+1$ 段结构施工流程。

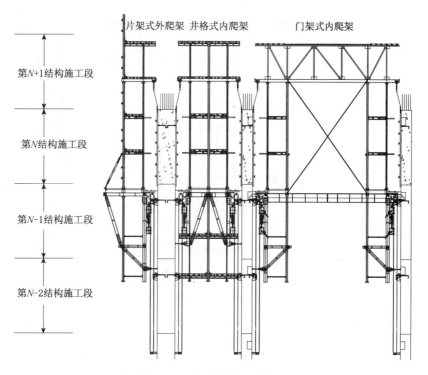

图 5-52　标准层施工流程一

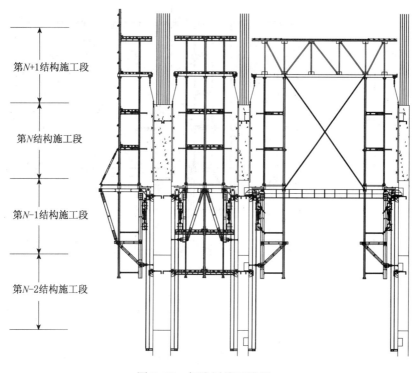

图 5-53　标准层施工流程二

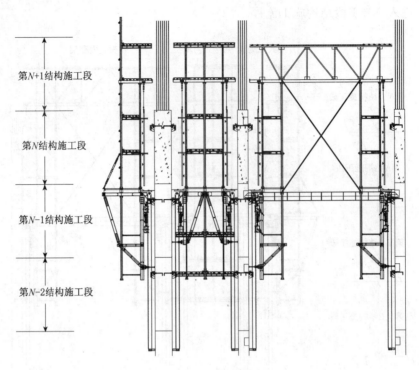

第N+1结构施工段

第N结构施工段

第N-1结构施工段

第N-2结构施工段

图 5-54　标准层施工流程三

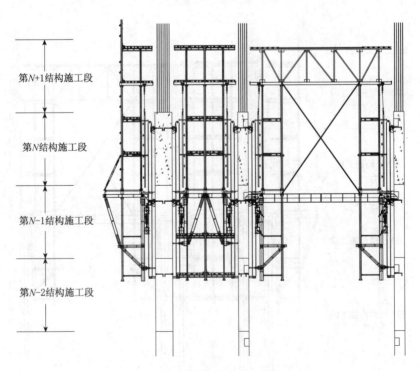

第N+1结构施工段

第N结构施工段

第N-1结构施工段

第N-2结构施工段

图 5-55　标准层施工流程四

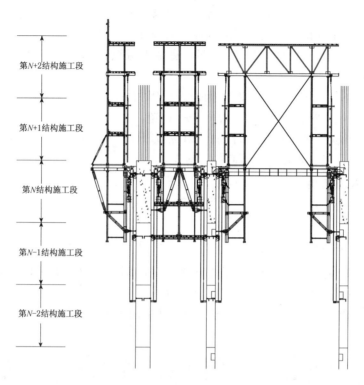

第N+2结构施工段

第N+1结构施工段

第N结构施工段

第N-1结构施工段

第N-2结构施工段

图 5-56　标准层施工流程五

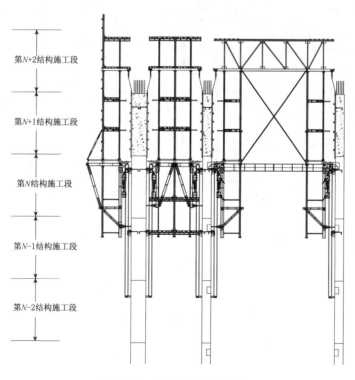

第N+2结构施工段

第N+1结构施工段

第N结构施工段

第N-1结构施工段

第N-2结构施工段

图 5-57　标准层施工流程六

2. 标准层施工进度计划、劳动力计划及主要设备

爬模核心筒标准层的施工进度计划需跟土建施工整体进度计划一致。其中进度计划中的绑扎钢筋以及模板作业时间，要与项目部土建施工组织设计中的进度计划相一致。施工进度计划表略。

爬模施工配备机械管理、电气控制、操作人员等相关技术人员。其中拟配备技术人员、机械管理、电气控制人员各1名，操作人员8～10名。

爬模施工中相关主要机械设备计划。10t螺旋千斤顶4台，电焊机、切割机各1台，5t手拉葫芦4台，还配备其他扳手、套筒、插板等工具。

5.2.3.4 施工难点解决方案

1. 液压爬模非标层爬升的处理

略。

2. 爬架围护的封闭设计和施工

液压爬模在进行高空施工时，最重要的就是保证施工人员的安全以及防止高空坠物。为此，必须对液压爬模采取安全、有效的封闭措施。

以外爬架P1和外爬架P2为例，介绍一下各封闭围护措施，见图5-58。

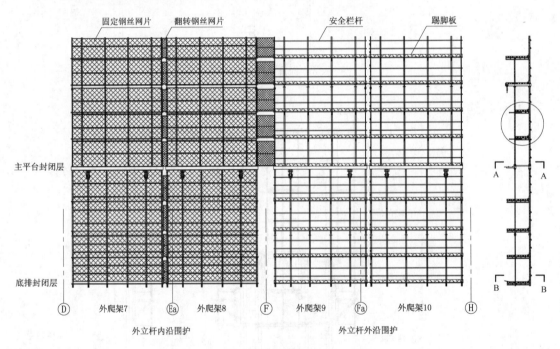

图5-58　外爬架封闭围护立面图

1）液压爬模外围封闭措施

为保证施工安全，在外围液压爬模架体的外侧采用了两道围护。首先在爬模每一层都安装200 mm高踢脚板，防止物品坠落，并在后立杆外沿安装围护栏杆脚手管，以保证施工人员的安全，见图5-59。同时，在架体后立杆内沿安装钢丝网片，进一步保证施工安全，见图5-60。

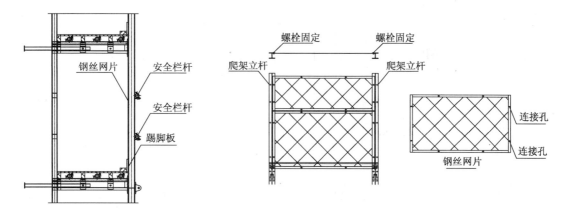

图 5-59 外爬架封闭围护剖立面图   图 5-60 钢丝网片安装固定图

2）主平台板及滑移挡板的封闭

液压爬模承重大梁同爬升机位的连接面形成主平台，主平台采用 4 mm 花纹钢板铺设，主平台同结构墙体间的施工间隙采用 5 mm 滑移挡板及机位盖板来封闭，见图 5-61。在爬模施工状态时，将各机位盖板及挡板推出抵住墙体，形成封闭施工环境；在爬模爬升状态时，将机位盖板和挡板推入平台，形成可爬升的作业环境。

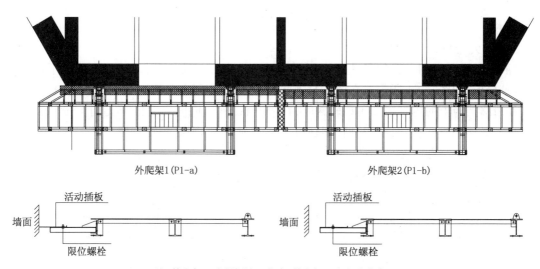

注：外爬架 1 为封闭施工状态，外爬架 2 为爬升状态。

图 5-61 外爬架主平台层封闭平面图

在爬模的机位处，采用 5 mm 钢板做成的盖板作为封闭构件，盖板在导轨位置处开孔，设置翻板，这样可以在爬升导轨时仍起到封闭作用，如图 5-62 所示。

3）下挂围护架底排的封闭

下挂围护架底排是整个爬模架体的最后一道作业面，该层主要提供门洞口及楼板处支撑模板拆除时的安全围护。底排采用的是钢管连接，间断铺设木方，并在木方上固定胶合板形成平台的形式。在架体同墙体的间隙处，采用 300 mm 宽的木胶合板作为翻板来封闭，见图5-63。

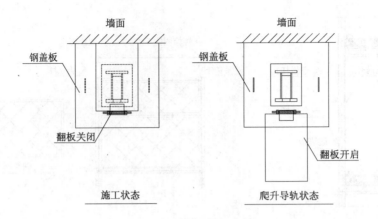

图 5-62　机位处钢盖板示意图

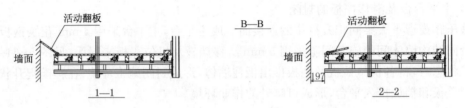

图 5-63　外爬架下挂围护架底排封闭平面图

4）单元与单元之间的封闭

液压爬模单元与单元间的主平台层封闭采用 5 mm 花纹钢翻板的形式,其他平台层采用木胶合板,如图 5-64 所示。在施工封闭状态中,爬架钢翻板 1 翻转到位,同时挡板抵住墙体,将滑移挡板上的钢翻板 2 再翻转封闭;在爬升状态中,同时爬升的单元间由于同步性较好,只需滑移挡板回收,可不用翻转钢翻板 2,若单独爬升,则需翻转翻板。

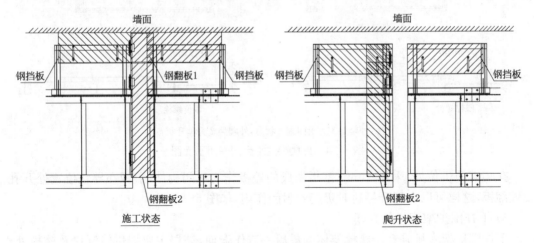

图 5-64　爬模单元间平面封闭图

相邻单元间的立面上,采用钢丝网片翻门的形式,翻门的转轴采用 U 形圆钢焊接在爬架立杆上,翻门边框一侧焊接连接套筒,安装时直接插入转轴即可,见图 5-65。

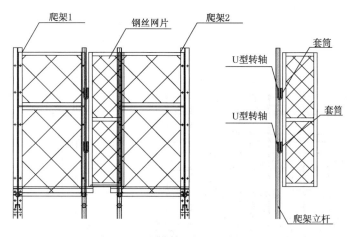

图 5-65 爬模单元间立面封闭图

5）桁架位置处两单元的封闭

在外爬架 P1 同外爬架 P2 之间，由于处于钢桁架的交接处，因此预留的间隙较大。该处主平台平面上的封闭采用的是钢骨边框，钢面板的翻板见图 5-66。其他各层可采用木方铺设胶合板的木搁板形式进行连通。立面上采用钢翻门形式见图 5-67。

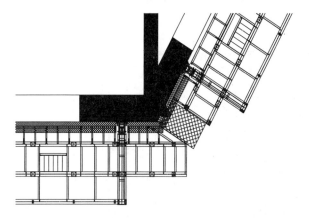

图 5-66　钢桁架处爬模单元间平面封闭图

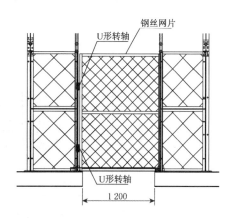

图 5-67　钢桁架处爬模单元间立面封闭图

3．穿越外伸钢梁的爬升

在核心筒的每个短边上两端设置外伸钢梁，外爬架在施工时，必须要避让这些钢梁。以下介绍一下爬架穿越外伸钢梁的流程。

流程一（图 5-68）：爬架附着于 N 框，施工 $N+1$ 框混凝土，此时钢桁架下弦梁已经穿越了爬架绑筋操作架，由于无法使用翻门，因此该处需临时设置安全栏杆和安全网。

流程二（图 5-69）：爬架爬升 4.2m 后，附着于 $N+1$ 框，施工 $N+2$ 框混凝土，此时钢桁架下弦梁已经穿越了爬架模板操作架，上弦梁穿越了绑筋操作架，需设置临时安全栏杆及网。

流程三（图 5-70）：爬架爬升 4.2m 后，附着于 $N+2$ 框，施工 $N+3$ 框混凝土，此时钢桁架下弦梁已经越过爬架连通区，上弦梁穿越了模板操作架，需设置临时安全栏杆及网。

流程四（图 5-71）：爬架爬升 4.2m 后，附着于 $N+3$ 框，施工 $N+4$ 框混凝土，此时钢桁架下已经穿越了爬架，恢复单元间的封闭，进入标准层的施工流程。

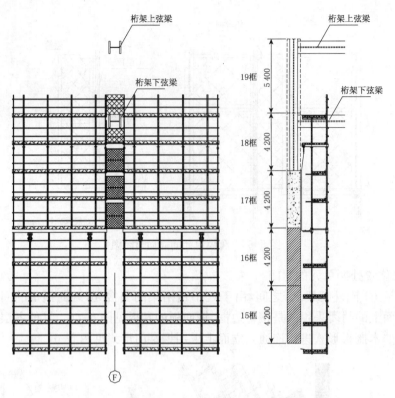

图 5-68　爬模单元穿越钢桁架流程图一

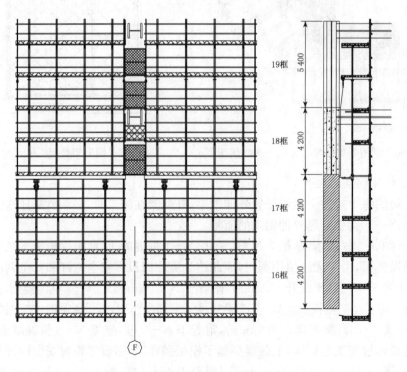

图 5-69　爬模单元穿越钢桁架流程图二

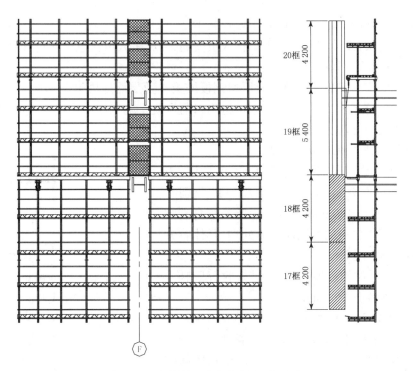

图 5-70 爬模单元穿越钢桁架流程图三

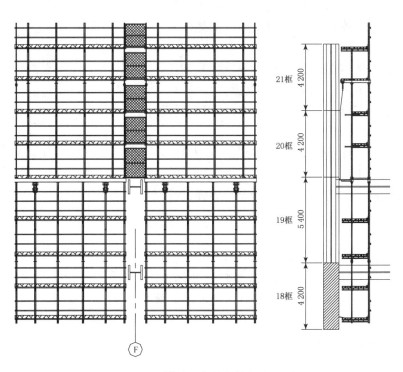

图 5-71 爬模单元穿越钢桁架流程图四

4. 核心筒结构施工阶段人员垂直交通设计

根据施工要求,设计在内平台上下挂人员交通架,施工人员从电梯通过外爬架下挂的人员交通架可抵达施工作业层。

由于施工电梯的安装高度限制及压型钢板楼板作业层滞后因素的影响,设计人员交通挂架为 12 m 高,跨越 3 个层高,底部人员进出口与混凝土施工作业层相差 6 个层高,满足电梯同楼层之间的交接,见图 5-72。

5. 剪力墙截面变化的收分处理

核心筒剪力墙外墙厚度有较大收缩变化,由 1 000 mm 收缩至 500 mm,内芯剪力墙厚度分别有 600 mm、500 mm 和 400 mm 三种。为此液压自动爬模模板系统也要作相应的变截面收分处理,具体收分的流程(图 5-73—图 5-76)如下:

流程一:第 N 结构段施工完成,进入收分段爬升工艺;(墙体截面收分 200 mm)。

流程二:在第 N 结构段先安装厚 100 mm 连接支座板,随后再在其上安装附墙支座及附墙靴。

流程三:液压爬升导轨适当高度,在导轨底部内侧面安置 5T 手动式液压千斤顶(每组爬架两机位同时安装)。

流程四:顶升 5T 手动千斤顶约 70 mm,在顶升千斤顶同时,调节支撑腿螺杆顶紧墙体,使架体倾斜,然后导轨爬升到位,固定导轨。

流程五:收起架体支撑腿,架体沿导轨爬升到位,完成力系转换;调节承重三脚架可调支撑。

流程六:①施工第 N+1 结构段,养护等强,拆模清理;②安装爬模附墙装置。

流程七:先后顶升导轨、爬模架体到位,进入第 N+2 结构段施工流程。

流程八:①施工第 N+2 结构段;养护等强,拆模清理;②安装爬模附墙装置;

流程九:
①顶升导轨适当高度;②拆除最下端附墙装置。

流程十:①调节架体支撑腿螺杆,使爬模架体以及导轨同墙面平行;②继续顶升导轨到位,插入固定承重插板;③调节承重三脚架可调支撑。

流程十一:①顶升架体到位,完成力系转换。至此全部完成墙体收分工艺。

6. 测量控制和爬模安装精度

1) 主体建筑物结构的测量控制
略。

2) 爬模安装精度保证措施

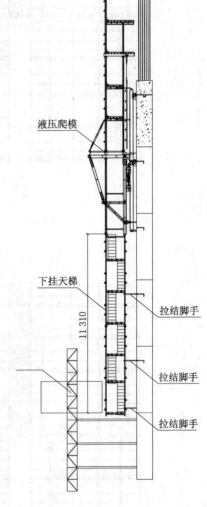

液压爬模

下挂天梯

11 310

拉结脚手

拉结脚手

拉结脚手

图 5-72 施工人员垂直交通立面布置图

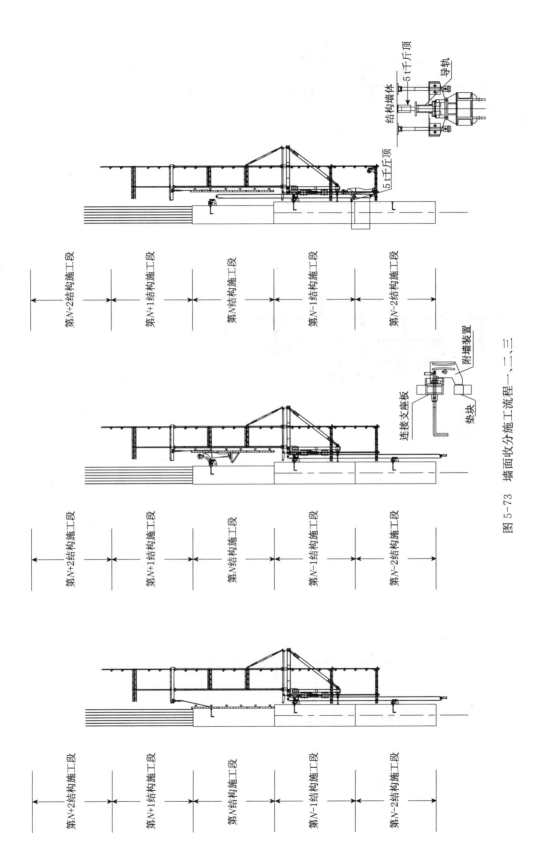

图 5-73 墙面收分施工流程一、二、三

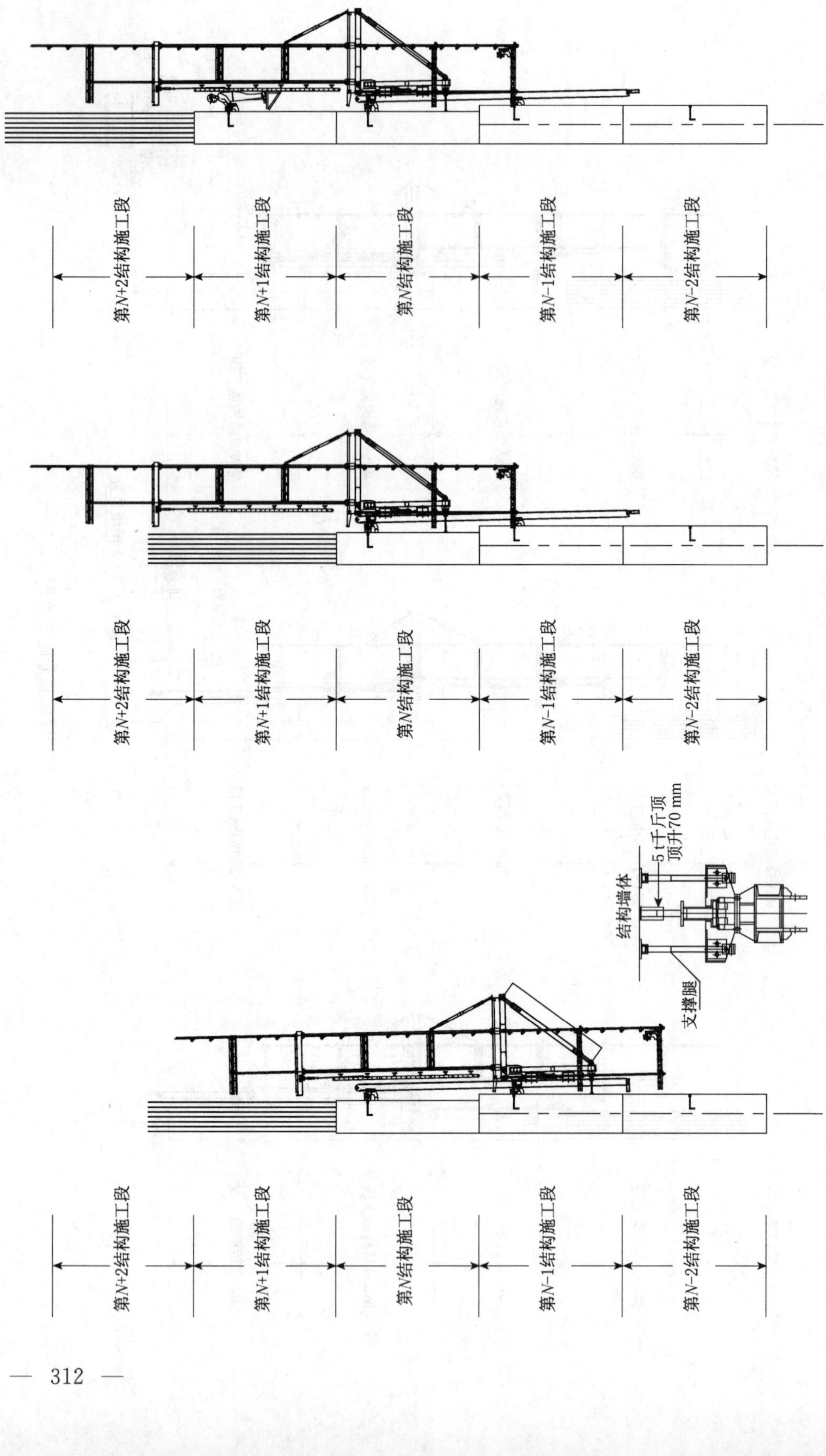

图 5-74　墙面收分施工流程四、五、六

第N+2结构施工段　第N+1结构施工段　第N结构施工段　第N-1结构施工段　第N-2结构施工段

第N+2结构施工段　第N+1结构施工段　第N结构施工段　第N-1结构施工段　第N-2结构施工段

5 t千斤顶
顶升70 mm

结构墙体

支撑腿

第N+2结构施工段　第N+1结构施工段　第N结构施工段　第N-1结构施工段　第N-2结构施工段

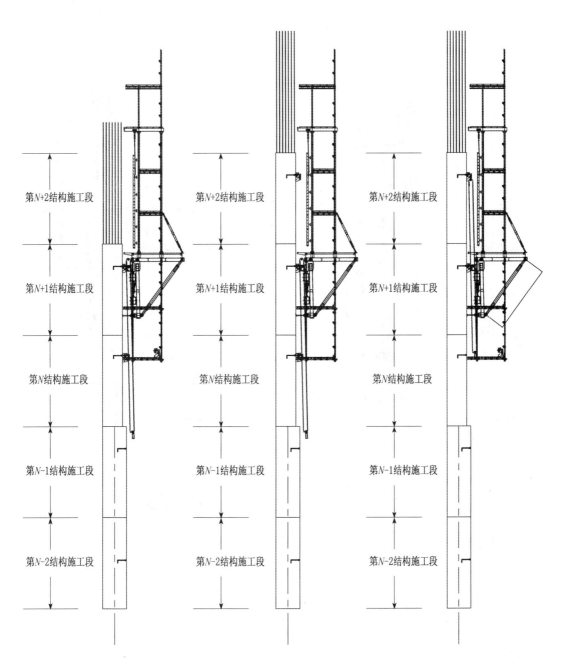

图 5-75　墙面收分施工流程七、八、九

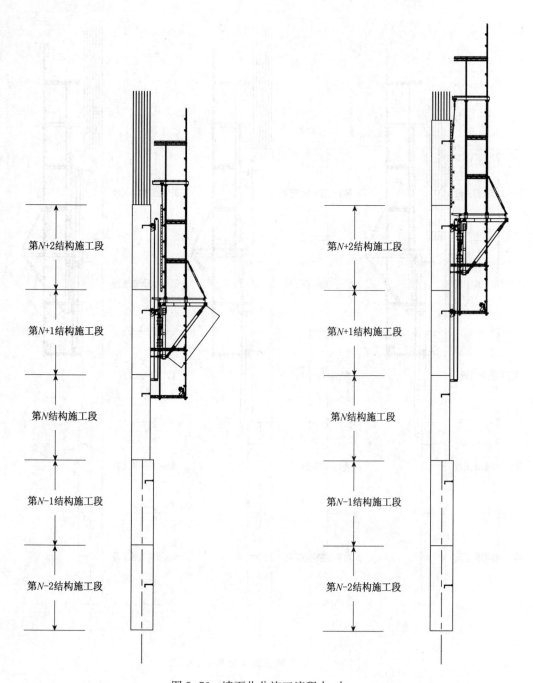

图 5-76　墙面收分施工流程十、十一

（1）爬模预埋螺杆的安装保证措施

济南普利中心大厦核心筒内外墙均采用钢大模施工，在钢大模加工时，设计预埋螺杆定位孔，爬模预埋螺杆的位置可以直接定位与钢大模板。钢模合模前，将预埋螺杆和锥形螺帽安装在钢模的预埋螺杆定位孔上。通过这样的措施，可以完成预埋螺杆的基本定位工作。预埋螺杆定位孔可见图5-77。

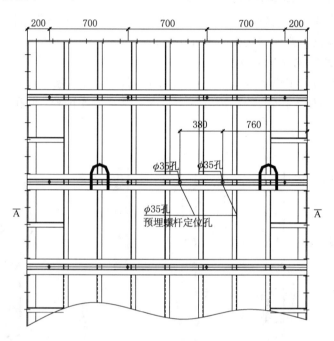

图 5-77　钢大模预埋螺杆定位孔

（2）附墙支座设计保证措施

利用可以模板完成爬模预埋螺杆的基本定位，这样的定位还可能存在一定的误差，因此在附墙支座的设计中进行了优化，可以消除预埋定位精度不够带来的影响。附墙支座设计如图5-78所示，预埋螺杆孔形状为腰形孔，能够允许一定的安装误差。

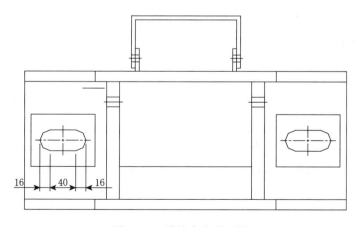

图 5-78　附墙支座平面图

7. 季节性施工措施

略。

8. 钢筋、混凝土的施工要点

略。

5.2.3.5 液压爬模的高空拆除和注意事项

爬模的拆除作业为高空作业,拆除的详细施工方案另见《济南普利中心液压爬模拆除方案》,在本方案中仅仅简要说明爬模的拆除工艺。

1. 高空拆除工艺流程和措施

首先要清除临时施工设备及架体上的杂物(电焊机、乙炔瓶等),防止在拆除过程中发生高空坠物的事故,伤人伤物,然后按以下顺序逐一规范操作拆除,见图5-79。

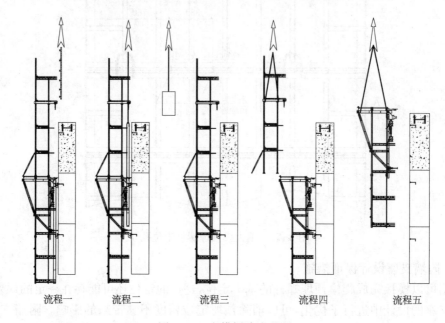

| 流程一 | 流程二 | 流程三 | 流程四 | 流程五 |

图5-79 爬模拆除流程图

流程一:清理爬模上临时施工设备,并吊运至地面,待第60框结构混凝土养护等强后,拆模;由塔机将模板运至地面。

流程二:液压顶升导轨5 m,利用塔机将导轨拔出,吊运至地面,导轨须一根一根吊装。

流程三:将爬架的液压设备和油管等拆除吊离架体。

流程四:在塔机协助下解除模板操作架同承重桁架间螺栓连接,并与绑筋操作架一起整体用塔机吊运至地面。

流程五:利用塔机将爬架主平台及下挂脚手架整体吊起,保持不动;上人拆除附墙装置;待拆除附墙装置后,将爬架主平台及下挂脚手架整体吊运至地面解体。

2. 高空拆除的注意事项

(1)液压爬模的拆除应有专项的拆除方案,并经项目部和监理方批准。

(2)拆除前必须对参与拆除人员进行技术交底,并与配合塔机人员和单位很好沟通协调。

（3）拆除顺序一般逆组装的顺序进行，如有特殊要求必须在方案中予以阐明。

（4）遇六级（含六级）以上大风、雨雪、浓雾和雷雨天气时，禁止进行架体的拆除工作，并预先对架体采取加固措施。

（5）严禁在夜间进行爬架的拆除工作。

（6）拆除前划定作业区域范围，并设警戒标识，禁止与拆除无关的人员进入。拆除爬模时应有可靠的防止人员与物料坠落的措施，严禁抛扔物料。

（7）爬架拆除人员应配备工具袋，手上拿钢管时，不准同时拿扳手，工具用后必须放在工具袋内。拆下来的脚手杆要随拆、随清、随运、分类、分堆、分规格码放整齐，要有防水措施，以防雨后生锈。

（8）正确使用个人安全防护用品，必须着装灵便（紧身紧袖），必须正确佩戴安全帽和安全带，穿防滑鞋。作业时精力要集中，团结协作，统一指挥。不得"走过挡"和跳跃架子，严禁打闹玩笑，酒后上班。

（9）爬模架体拆除时，拆杆和放杆时必须由2~3人协同操作，拆大横杆时，应由站在中间的人将杆顺下传递，下方人员接到杆拿稳拿牢后，上方人员才准松手，严禁往下乱扔脚手料具。

（10）拆除工作因故不连续时，应对未拆除部分采取可靠的固定措施。

（11）拆除爬模架子时有管件阻碍不得任意割移，同时要注意扣件崩扣，避免踩在滑动的杆件上操作。

（12）拆架时扣件必须从钢管上拆除，不准有松动的扣件遗留在被拆下的钢管上。

（13）拆除中途不得换人，如更换人员必须重新进行安全技术交底。

5.2.4 施工组织管理和质量、安全保证措施、应急预案

略。

参 考 文 献

［1］赵志缙,赵帆.高层建筑基础工程施工[M].3版.北京:中国建筑工业出版社,2005.

［2］赵志缙,赵帆.高层建筑结构工程施工[M].3版.北京:中国建筑工业出版社,2005.

［3］赵志缙,叶可明,吴君侯,等.高层建筑施工手册[M].2版.上海:同济大学出版社,1997.

［4］赵志缙,赵帆.混凝土泵送施工技术[M].北京:中国建筑工业出版社,1998.

［5］建筑施工手册编写组.建筑施工手册[M].4版.北京:中国建筑工业出版社,1997.

［6］刘建航,侯学渊,等.基坑工程手册[M].北京:中国建筑工业出版社,1997.

［7］陈仲颐,叶书麟.基础工程学[M].北京:中国建筑工业出版社,1990.

［8］赵锡宏,陈志明,等.高层建筑深基坑围护实践与分析[M].上海:同济大学出版社,1996.

［9］龚剑.上海金茂大厦深基坑支护技术[J].建筑技术,1997(8).

［10］陈若彦.金茂大厦超深基坑的土方开挖及专项技术的应用[J].建筑施工,1997(2).

［11］黄茂松,王卫东,郑刚.软土地下工程与深基坑研究进展[J].土木工程学报,2012(6):146-161.

［12］上海建工集团.济南绿地中心核心筒液压爬模施工专项方案.内部资料,2011.

［13］济南大学.GB 50739—2011 复合土钉墙基坑支护技术规范[S].北京:中国计划出版社,2012.

［14］中国建筑科学研究院.JGJ 120—2012 建筑基坑支护技术规程[S].北京:中国建筑工业出版社,2012.

［15］济南大学.GB 50497—2009 建筑基坑工程监测技术规范[S].北京:中国计划出版社,2009.

［16］中华人民共和国住房和城乡建设部.GB 50009—2009 建筑结构荷载规范[S].北京:中国建筑工业出版社,2012.

［17］中冶建筑研究总院.GB 50496—2009 大体积混凝土施工规范[S].北京:中国计划出版社,2009.

［18］中华人民共和国住房和城乡建设部.GB 50010—2010 混凝土结构设计规范[S].北京:中国建筑工业出版社,2011.

［19］中国建筑业协会建筑安全分会.JGJ 202—2010 建筑施工工具式脚手架安全技术规范[S].

［20］上海市建工设计研究院.DG/TJ 08—2002—2006 悬挑式脚手架安全技术规范[S].上海,2006.

［21］江苏省住房和城乡建设厅.DGJ 32/J 121—2011 建筑施工悬挑式钢管脚手架安全技术规程[S].2011.

［22］江苏江都建设工程有限公司.JGJ 195—2010 液压爬模技术规程[S].北京:中国建筑工业出版社,2010.

［23］中国建筑工业科学研究院.JGJ 107—2010 钢筋机械连接技术规程[S].北京:中国建筑工业出版社,2010.